银兴经济研究基金　南京大学国家双创示范基地　资助

江苏中小企业生态环境评价报告
（2017）

◎南京大学金陵学院企业生态研究中心　著

南京大学出版社

图书在版编目(CIP)数据

江苏中小企业生态环境评价报告. 2017 / 南京大学
金陵学院企业生态研究中心著. — 南京：南京大学出版
社，2018.11
 ISBN 978-7-305-21276-5

Ⅰ. ①江… Ⅱ. ①南… Ⅲ. ①中小企业－企业环境－
环境生态评价－研究报告－江苏－2017 Ⅳ.
①X322.253

中国版本图书馆 CIP 数据核字(2018)第 265245 号

出版发行　南京大学出版社
社　　址　南京市汉口路 22 号　　　　邮　编　210093
出 版 人　金鑫荣

书　　名　**江苏中小企业生态环境评价报告(2017)**
著　　者　南京大学金陵学院企业生态研究中心
责任编辑　尤　佳　　　　　　　　编辑热线　025-83592123

照　　排　南京南琳图文制作有限公司
印　　刷　南京鸿图印务有限公司
开　　本　787×1092　1/16　印张 22.5　字数 453 千
版　　次　2018 年 11 月第 1 版　2018 年 11 月第 1 次印刷
ISBN　978-7-305-21276-5
定　　价　49.00 元

网址：http://www.njupco.com
官方微博：http://weibo.com/njupco
官方微信号：njupress
销售咨询热线：(025) 83594756

《2017 年江苏中小企业生态环境评价报告》
编 委 会

序　言

　　江苏中小企业生态环境年度评价报告于 2014 年问世,至今已经连续四次公开发行。该报告既是南京大学金陵学院商学院"政、产、学、研"深度融合的应用型人才培养模式创新的新成果,也是南京大学金陵学院企业生态研究中心针对江苏中小企业研究的创新性成果,还是南京大学国家双创人才示范基地的标志性成果。

　　南京大学金陵学院企业生态研究中心针对江苏经济发展实际,在国内首创中小企业景气指数和中小企业生态环境评价体系,逐年发布江苏中小企业景气指数和江苏中小企业生态环境评价报告,及时向市场披露江苏中小企业的景气指数和江苏中小企业生态环境变化的关键信息,这具有非常重要的导向意义。这是因为,我们江苏的许多企业,尤其是中小企业,他们直接面对市场经营,景气状况及生态环境的变化状况对他们来讲影响很大,景气指数和生态环境评价的信息不仅仅是对过去的总结,更重要的是对未来的发展有重大导向作用,有利于中小企业根据这些变化的信息及时调整预期和优化发展策略,提升竞争力和防控风险隐患。

　　尤其需要强调的是,江苏的中小企业对江苏的就业贡献最大,对国民经济的发展贡献最大,并直接关乎民生及社会的和谐与稳定。显然,从政策层面关注中小企业景气指数和生态环境的变化,心系中小企业的成长态势和存在的问题,创建更适于中小企业发展的服务体系,是政府在新常态下尤其是经济下行时迫在眉睫的重要职责。

　　2017 年发布的江苏中小企业景气指数和生态环境评价报告是 2014 年以来连续四年研究基础上的延续,通过与 2014 年的基期数据进行比较,反映四年来江苏中小企业景气状况和生态环境的变化态势,研究价值进一步得到了提升。只有持续跟踪监测、研究、编制和发布,并形成时间序列,且持续时间越长,研究价值和应用价值才会越高。这意味着企业生态研究中心任重而道远,还将面临诸多困难和挑战。

所以我希望企业生态研究中心的老师们和同学们要全力以赴,努力整合南京大学、各级政府以及社会各界的优质资源,扎扎实实的夯实好这个研究平台,将每年推出的景气指数和评价报告打造成更加科学严谨和更有公信力的标志性成果,为江苏的中小企业和江苏的经济发展做出实实在在的贡献。

洪银兴

2018 年 10 月

前　言

　　2017 江苏中小企业生态环境评价报告是继 2014 年以来南京大学金陵学院企业生态研究中心持续推出的年度研究成果。报告以企业生态环境概念创建的中小企业景气指数体系和中小企业生态环境评价体系,针对江苏省 13 个城市的中小企业进行问卷调研,编制和发布江苏中小企业景气指数,出版江苏中小企业生态环境评价报告;分别对苏南、苏中和苏北三地区和江苏省 13 个地级市的中小企业景气指数和中小企业生态环境进行比较和评价。

　　南京大学金陵学院企业生态研究中心为更好地服务于江苏省中小企业的发展,依托南京大学,创建了高质量高水平的信息平台和研究平台。从 2014 年起,每年持续发布江苏中小企业景气指数,持续出版江苏中小企业生态环境评价报告,以连续的时间序列成果,动态地及时准确地公开披露江苏中小企业景气指数和生态环境变化的信息,充分发挥信息配置资源的市场功能,以期成为江苏中小企业决策优化和政府服务创新的重要依据。

　　南京大学金陵学院企业生态研究中心依托南京大学商学院高水平师资队伍和教学科研资源,拥有一大批从事产业经济、经济统计、金融和财务管理、企业管理、电子商务和市场营销、国际经济与贸易等学科的著名专家教授,所构成的专家顾问团队全程指导江苏中小企业景气研究和生态环境评价研究;同时,研究中心和顾问团队具有独立第三方特征,能确保调研报告中信息和观点的公信力和高水平。

　　南京大学金陵学院企业生态研究中心编制的江苏中小企业景气指数和江苏中小企业生态环境评价报告中的分析、观点和评价均源于问卷调查形成的数据和同期江苏省统计局公布的数据,研究中心将凭借独到的评价体系、大样本和全覆盖的问卷、官方统计数据以及高水平的研究实力，力求信息和评价的客观和公正。当然，这些研究成果肯定会存在许多不足，还有很多亟待修正和完善的地方。研究中心将广泛汲取各方建议，逐年改进存在的问题，不断提高成果的质量，努力使这一持续发布的年度报告成为市场、研究机构和各级政府高度关注和认可的标志性成果。

南京大学金陵学院企业生态研究中心

2018 年 10 月

目　录

第1章　江苏中小企业生态环境评价综述

中小企业生态环境评价能多角度的准确测度影响中小企业及国民经济健康发展的重要因素。在不断探寻改革举措以期提升我国市场经济资源配置效率的进程中，这种评价及评价信息的持续发布，意义尤为重大。本章通过诠释企业生态环境的概念，以加深对中小企业生态环境评价重要意义的认识，并进一步阐释这一原创性研究的意义和特色，以及系统介绍研究中心首创的中小企业景气指数指标体系、中小企业生态环境评价指标体系和评价模型。

1.1　企业生态环境的诠释

企业生态环境是一个全新的仿生概念，最早源于对"生态"的研究，后随着与人类密切相关的自然环境、经济环境、社会环境的变化，其研究领域不断延伸、丰富和拓展，提出并不断完善了"自然生态"→"自然生态系统"→"企业生态系统"→"生态环境""金融生态环境""企业生态环境"等诸多概念。本报告对其中一些概念作简要的梳理，并进一步诠释"企业生态环境"的概念。

1. 自然生态和自然生态系统

生态一词早期定义为"生物在一定的自然环境下生存和发展的状态"。由此，自然生态指"生物之间以及生物与环境之间的相互关系与存在的状态"；而自然生态系统"是由生物群落及其赖以生存的物理环境共同组成的动态平衡系统，由生物群落和物理环境两部分组成"。生物群落构成生命系统，由生产者、消费者和分解者共同组成；物理环境包括阳光、土壤、水、空气、有机物等，是生命系统赖以生存的基础。生物群落与物理环境之间不断进行物质循环和能量流动，从而保持动态平衡，使得整个生态系统得以存在和发展。也有将生态系统定义为"生物与环境构成的统一整体，在这统一整体中，生物与环境之间相互影响，相互制约，并在一定时期内处于相对稳定的动态平衡状态。"

2. 企业生态系统

随着人类经济社会的进步和发展，到 20 世纪末和 21 世纪初，在经济全球化、金融全球化浪潮的推进下，经济环境、市场环境和自然环境都发生了巨大变化。环境的恶化和竞争的加剧促使越来越多的研究从生态学角度，将自然、经济和社会纳入一个生态系统（生态环境）中，探索平衡、可持续、优化、和谐发展等问题。

1998年世界著名杂志《Nature》发表了一篇题为"The Bridging of Ecology and Economics"的论文提出生态经济学的概念，认为生态经济学是将生态和经济合二为一的新学科。近年来，生态经济学的研究领域不断拓展，涵盖企业生态、企业生态系统、产业生态、区域经济生态、全球经济生态、金融生态、金融生态环境等等。其中，企业生态及企业生态环境的研究成为生态经济学研究领域中最为活跃的部分。

企业作为经济活动中的生产者，是经济生态系统中最基础和最重要的主体之一，其生存与发展无时不受生态环境的影响。美国著名管理学家詹姆斯·弗·穆尔（James. F. Moore）1996年在其专著《竞争的衰亡》中首次提出了企业生态系统的概念，并将生态演化系统的理论应用到企业管理战略的分析中。同年，苏恩和泰森（Suan & Tan Sen，1996）在专著《企业生态学》（Enterprise Ecology）中将自然生态系统原理运用到人类企业活动中，所涉及的组织包括工业部门、学术领域和政府机构等。

国内关注企业生态系统的研究成果相对较少。韩福荣等（2002）在《企业仿生学》一书中把企业视为生物进行"解剖"，运用生物学原理诠释企业的功能系统。梁嘉骅等（2001，2005）将企业生态系统定义为企业与企业生态环境形成的相互作用、相互影响的整体，认为企业生态系统是一个开放的复杂的系统，可分为企业生物成分和非生物成分两部分。生物成分是由消费者、代理商、供应商以及同质企业群所构成；非生物成分就是企业生态环境，主要是经济生态、社会生态和自然生态；认为企业生态系统具有复杂性和演进性的特点，企业需要通过自身的调整来适应这种复杂性从而提升企业竞争力；企业生态与企业发展、企业管理的演化密切相关。

结合生态系统的定义（生物和环境构成的统一整体）和上述梁嘉骅的定义，即：企业生态系统＝企业生物成分＋非生物成分＝企业生物成分＋企业生态环境（经济生态＋社会生态＋自然生态），那么，企业生物成分具有企业生态的内生性（内源性）特征，而非生物成分具有企业生态的外源性特征。由此延伸：随着经济全球化和金融全球化的加速深化，国家之间、市场之间日益融合；全球化、一体化特征必将加速信息的国际传递和危机的国际传染，过去一些在企业生态系统中原本毫无关联的事件，可能会因"蝴蝶效应"而受到波及甚至冲击（如美国次贷危机、欧债危机等）；以致企业外部大环境的不确定性（如政策的不确定性和信息的不可预期性），这些外源性因素很有可能对企业生态环境乃至企业生态系统造成实质性的影响。

3. 金融生态与金融生态环境

周小川（2004）最早将生态学的概念引申到金融领域，并强调用生态学的方法来考察金融发展问题。中国社科院金融研究所李扬、王国刚、刘煜辉（2005）将金融生态系统定义为由金融主体及其赖以存在和发展的金融生态环境构成，两者之间彼此依存、相互影响、共同发展，形成动态平衡系统；他们还提出了金融生态环境的概念，将其界定为由居民、企业、政府和国外等部门构成的金融产品和金融服务的消费群体，以及金融主体在其中生成、运行和发展的经济、社会、法制、文化、习俗等体制、制度和传统环境。该研究所于 2005 年起陆续发布了中国城市(地区)金融生态环境评价报告,以城市经济基础、企业诚信、地方金融发展、法制环境、地方政府公共服务、金融部门独立性、诚信文化、社会中介服务、社会保障程度共计 9 个方面为投入,以城市金融生态现实表征为产出,通过数据包络分析,对中国大中城市(地区)的金融生态环境进行综合评价。

4. 对企业生态环境的诠释

近年来形成了一些企业生态系统的研究成果,但对企业生态环境的界定和研究的成果不多,也缺少两者的比较研究。鉴于本研究的对象是企业生态环境,有必要做出尽可能严谨的说明。

一般而言,我们通常认知的"生态"和"环境"(汉语词典的定义),是指生物在一定的自然环境下生存和发展的状态。"环境"意指周围的地方,或周围的情况和条件。"生态环境"[①]则是"由生态关系组成的环境"。若以自然科学视角定义生态环境,即是:"围绕生物有机体的生态条件的总体,由许多生态因子综合而成"。如果从经济学或社会学的视角定义生态环境,则是"与人类密切相关、影响人类生活和生产活动的各种自然力量和经济力量的总和"。由此推论,企业生态环境即是与企业密切相关、影响企业生存和发展的各种力量(生态条件及生态条件影响因子)的总和。

企业生态系统与企业生态环境,从定义上看,两者有很多共性,但有无区别? 有哪些区别? 怎样才能清晰界定两者的区别? 至今未能形成共识。若将研究对象和研究目的定位于江苏中小企业的成长和发展,用企业生态环境一词更为贴切,理由如下:

1. 从研究范畴看,研究单一企业成长的影响因素,用"企业生态系统"较为适宜;而研究一个城市、省区或者更大范围内不同规模、不同行业中小企业的成长与发展问题,用"企业生态环境"更为贴切。

2. 从综合生态条件的"内源性"和"外源性"考量,相对于"生态","环境"不但能涵盖企业、产业、行业的内源性生态条件,还更具外源性特征。研究企业生态环境,则是将区域内众多企业作为一个整体,研究哪些因素(生态条件影响因子)将影响这些企业的生产经营、如何影响、影响程度大小等问题,尤其是在经济和金融全球化、市场更加一体化和网络化趋势下,外部环境的不确定性及动荡不定,加大了企业成长和发展的压力,这种不确定性源于多种因素(生态条件影响因子),如资源供给的不确定性、市场需求的不确定性、金融市场的不确定性、政策环境的不确定性,甚至竞争压力的不确定性,这些不确定性大多具有外源性特征。本研究针对的是江苏中小企业的

---

① 在我国,生态环境(ecological environment)一词最早出现在 1982 年全国人民代表大会第五次会议的政府工作报告上,当时第四部宪法第二十六条的表述是"国家保护和改善生活环境和生态环境,防止污染和其他公害"。

景气指数（行业和经济运行状况），研究江苏整体的、地区的和主要城市的众多中小企业的生存和发展状态，因此用"企业生态环境"更为贴切。

因此，本报告将研究对象确定为江苏中小企业生态环境，并将影响企业生存和发展的各种因素归为四个生态条件，分别为：生产（服务）生态条件、市场生态条件、金融生态条件和政策生态条件（图1-1）。

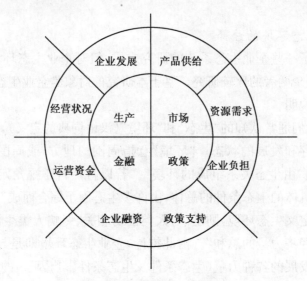

图1-1　企业生态环境的构成

图1-1中的生产（服务）生态条件从企业经营状况和发展状况两个维度综合考察，其影响因子主要有：企业综合生产（服务）经营状况、生产（服务）总量、经营（服务）成本、产能利用、营业收入、利润变化、产成品库存、劳动力需求与人工成本、固定资产投资、新产品开发，以及规模以上中小企业工业总产值、批发和零售业、住宿和餐饮业总额、专利授权数量、私营个体经济固定资产投资等统计指标。

图1-1中的市场生态条件从产品供给和资源需求两个维度综合考察，其影响因子主要有：新签销售合同、产品（服务）销售范围、产品或服务销售价格、营销费用、产成品库存、原材料及能源购进价格、劳动力需求与成本、融资需求与成本等，以及全社会用电量、亿元以上商品交易市场商品成交额、规模以上工业企业产品销售率、总资产贡献率、负债率、私营个体企业户数等统计指标。

图1-1中的金融生态条件从企业融资和运营资金两个维度综合考察，其影响因子主要有：应收款、流动资金、融资需求、融资可获性、融资成本、融资渠道、投资计划，以及规模以上工业企业流动资产、应收账款、单位经营贷款与存款余额、票据融资、年末金融机构贷款余额等统计指标。

图1-1中的政策生态条件从政策支持和企业负担两个维度综合考察，其影响因子主要有：融资优惠、税收优惠、税收负担、行政收费、专项补贴、政府效率、人工成本

等,以及一般公共服务、社会保障和就业财政预算支出、企业所得税、行政事业性收费收入占 GDP 比重、从业人数、城镇居民可支配收入等统计指标。

由图 1-1 的四个生态条件构成的企业生态环境是一个动态变化的、整体的循环系统,决定了企业的生存和发展状态,反映了企业整体的成长特征、规律与趋势,其综合评价信息能为企业和政府在管理决策、政策选择与战略制定方面提供依据;企业能根据企业生态环境变化的信息适时进行自我调整,主动应对多变的环境,以期赢得更多生存和发展的新机遇;政府能根据企业生态环境变化的信息不断创新和完善服务支持体系,优化政策生态环境,为企业的成长和竞争力的提升提供更为优质的支持和服务。

现将上述中小企业生态环境评价指标归纳为表 1-1。

表 1-1　中小企业生态环境评价指标体系

生态条件	生态条件维度	生态条件维度影响因子	
		问卷调查指标	统计年鉴指标
生产（服务）生态条件	经营状况维度	企业综合生产（服务）经营状况、生产（服务）总量、经营（服务）成本、产能利用、营业收入、盈利（亏损）变化、产成品库存、劳动力需求与人工成本、固定资产投资、新产品开发等	规模以上中小企业工业总产值、批发和零售业、住宿和餐饮业总额、专利授权数量、私营个体经济固定资产投资等
	企业发展维度		
市场生态条件	产品供应维度	新签销售合同、产品（服务）销售范围、产品或服务销售价格、营销费用、产成品库存、原材料及能源购进价格、劳动力需求与成本、融资需求与成本等	全社会用电量、亿元以上商品交易市场商品成交额、规模以上工业企业产品销售率、总资产贡献率、负债率、私营个体企业户数等
	资源需求维度		
金融生态条件	运营资金维度	应收款、流动资金、融资需求、融资可获性、融资成本、融资渠道、投资计划等	规模以上工业企业流动资产、应收账款、单位经营贷款与存款余额、票据融资、年末金融机构贷款余额等
	企业融资维度		
政策生态条件	政策支持维度	融资优惠、税收优惠、税收负担、行政收费、专项补贴、政府效率、人工成本等	一般公共服务、社会保障和就业财政预算支出、企业所得税、行政事业性收费收入占 GDP 比重、从业人数、城镇居民可支配收入等
	企业负担维度		

1.2　江苏中小企业生态环境评价的意义和特色

江苏统计年鉴显示,近几年江苏中小企业数占比在 97% 左右,工业总产值占比约 60%,总资产占比约 56%,平均资产收益率 10%(高于大型企业的 6.5%)左右,总资产贡献率 35%(高于大型企业的 9%)左右。2016 年,江苏中小企业对江苏全省工业增长的贡献率达 84.1％,拉动全省工业增长 5.9 个百分点,全省新增就业人数的 80％以上是中小企业贡献的[1]。显然,江苏中小企业对江苏经济做出了巨大贡献,同时也意味着江苏中小企业的成长和发展与江苏经济社会能否健康发展息息相关,与江苏社会的和谐与稳定息息相关,其地位和重要性可形象地比喻为"江苏经济生态环境中的生命之水、国计民生之水和社会和谐之水"。因此,培育和优化江苏中小企业生态环境,大力扶持江苏中小企业成长和发展,是江苏省各级政府、各行各业乃至全社会的共同责任,也是我们南京大学金陵学院企业生态研究中心积极参与和努力的方向。

2014 年—2017 年连续 4 年编制和发布的江苏中小企业景气指数,连续 4 年出版的 2014 年、2015 年、2016 年和 2017 年江苏中小企业生态环境评价报告,是本研究中心的阶段性成果和贡献。4 年来,研究中心利用南京大学暑期时间,组织师生约 1 700 人次赴江苏 13 个地级市中小企业,进行问卷调研、编制和发布江苏中小企业景气指数,出版发行江苏中小企业生态环境评价的年度报告。

党的十八届三中全会的一个重大决策,就是要从过去的市场发挥基础性作用向市场发挥主导性、决定性作用转型。这一转型意味着信息主导市场配置资源的功能将日益强化。信息经济学认为,商品或金融资产的价格凝聚着各种信息,信息变化必然会导致市场主体的预期变化和选择变化,进而改变商品或金融资产的供求和价格,最终改变其资源的配置效率;信息越充分和越对称,则市场效率越高;因此,信息决定着资源配置的效率[2]。显然,当代市场经济条件下,信息是决定经济运行效率的最关键、最核心的要素。

南京大学金陵学院企业生态研究中心深入江苏 13 市中小企业集聚区进行问卷调研,编制和发布江苏中小企业年度景气指数,分析、研究、撰写和出版发行江苏中小企业生态环境评价年度报告,及时、充分和准确地向市场持续发布企业运行态势的关键信息,发布企业生态环境变化及其趋势的关键信息,不但能很好地填补江苏中小企业统计信息的空白,并能为江苏中小企业以及各级政府的科学管理和决策奠定坚实基础,有助于总体提升江苏经济发展的资源配置效率。

近年来,传统企业,尤其是中小企业正面临着来自四个方面的日益严酷的竞争压力:一是源于经济全球化和金融全球化推动的市场竞争压力,二是源于基于互联网的大数据、云计算的信息技术创新的压力,三是源于产能过剩、经济下行的压力,四是融资难的压力。这四个方面的压力促使一些企业必须转变竞争理念背水一战:从传统的"渠道竞争"(实体店的产品销售渠道)向专注"平台竞争"(互联网平台＋)转型,并

---

[1] 数据来源:江苏省经济和信息化委员会 2017 年 2 月发布的 2016 年全省中小企业"年度数据"。
[2] 阐释这个观点的著名学者有 2001 年诺贝尔经济学奖得主斯蒂格里茨(为信息经济学的创立做出重大贡献)、2013 年诺贝尔经济学奖得主尤金.法玛(有效市场假说)等。

进一步提升"生态竞争"力①,即打造和完善基于互联网的大数据和云计算等信息技术的生态型公司,或融入企业生态环境,通过分工和合作求得生存和发展。显然,以企业生态环境为视角编制和发布年度的江苏中小企业景气指数,研究和出版发行江苏中小企业生态环境评价年度报告,有助于企业和政府及时准确地获取行业和市场运行的动态信息;有助于中小企业、市场主体和政府根据这些信息进行自我评估,做出前瞻性的研究和决策;有助于提升资源配置的效率;有助于市场健康稳定地运行和发展。

江苏中小企业生态环境评价的特色主要有以下 5 个方面:

特色 1:指数体系和生态环境评价体系的原创性。研究中心首次提出诠释企业生态环境的概念,并以企业生态环境为视角,在独创的中小企业景气指数体系基础上,首创中小企业生态环境评价体系(图 1-1、图 1-2 所示),这一评价体系(生态环境)由生产(服务)、市场、金融、政策四大生态条件构成,每一生态条件包括两个维度,每个维度由若干问卷指标和统计指标(国家统计局统计年鉴的指标)构成,涵盖了影响中小企业生存和发展的各种"生态条件影响因子",可以动态的、全方位的、客观真实地观察和评价中小企业的生存发展态势及存在的问题。

特色 2:填补统计和研究的空白。研究中心持续发布年度江苏中小企业景气指数和年度江苏中小企业生态环境评价报告,评价对象是江苏的中、小、微企业,并对区域(苏南、苏中、苏北)和江苏 13 个地级市的中小企业景气指数和生态环境进行深度比较。从指标体系看,统计局系统现行的统计都是针对规模以上企业的,而研究中心创建的指标体系则是针对中小微企业,可以与政府的统计数据形成互补,及时准确地反映影响中小微企业成长的生态环境的变化,这在江苏乃至全国都是首创,填补了这方面的统计空白和研究空白。

特色 3:更具真实性、准确性和前瞻性。研究中心发布的年度江苏中小企业景气指数和年度生态环境评价报告依据的信息数据,是南京大学师生团队在暑假期间赴江苏 13 市中小企业集聚区,通过对中、小、微企业家或企业主一对一的问卷调研后,将问卷收集整理和分析处理后形成的。问卷约 30 个问题,大部分问题分为两部分,即调查中小微企业对该问题的过去 6 个月(上半年)的主观感受(即期指数),和对该问题在未来 6 个月(下半年)的预期(预期指数),每年至少有 400 余人参加调研,每年通过收集、验收和整理得到有效问卷达 3 500 份~4 500 份左右,具有大样本、全覆盖的特征。一对一问卷和大样本、全覆盖,以及包含企业预期的特征,将显著提升景气指数和评价报告信息的真实性、准确性和前瞻性。

---

① "产品型公司值十亿美金,平台型公司值百亿美金,生态型公司值千亿美金"形象地说明企业提升竞争力的努力方向。生态型公司不但能凭借互联网+平台充分整合与利用信息,高效率配置资源,还具备内部管理低碳绿色,外部合作和谐共赢等特征。

特色4:独立第三方和高公信力。研究中心依托南京大学高水平师资队伍和丰富的教学科研资源,拥有一大批产业经济学、统计学、财务管理学、企业管理学、电子商务和市场营销学、金融学、国际贸易学方面的知名教授构成的专家顾问团队,全程指导景气指数的编制和生态环境的研究和评价;公开发布中小企业景气指数,公开出版中小企业生态环境评价报告;同时,基于南京大学这一平台的研究中心所形成的这一成果突出独立第三方特征,有助于确保景气指数和评价报告中信息和观点的公信力和高水平。

特色5:是产、政、学、研深度合作的结晶。本研究中心推出的江苏中小企业景气指数和中小企业生态环境评价报告是政、产、学、研深度融合的结晶和标志性成果,在景气指数问卷调研和编制发布,以及生态环境评价报告出版发行的过程中,不但得到南京大学商学院、南京大学金陵学院的大力支持,得到江苏13市中小企业家的大力支持,还得到江苏省经济信息化委员会、江苏统计局、江苏省金融办公室、江苏省委政策研究室信息处、江苏银行的鼎力支持,特别是江苏经济和信息化委员会为景气指数和生态环境评价的研究提供了大量翔实的文献资料,丰富了评价报告的内容,并帮助调研团队扩展和打通了江苏13市中小企业集聚区的联络渠道,创造了便利的调研条件,为确保研究质量奠定了良好的基础。

1.3 中小企业景气指数指标体系及指数计算方法

1.3.1 中小企业景气指数指标体系

景气指数方法是一种综合的经济运行状况的测量方法,宏观经济的景气波动是通过一系列经济流动来传导和扩散的。事实上,任何单一的经济变量波动都不足以完全代表或反映整个宏观经济景气状态。因此,分析宏观景气不能依靠某单一的指标,而要通过编制综合的经济景气指数,包括生产、消费、投资、财政、金融、就业等,构成景气指数体系,以此作为观测宏观经济景气的综合尺度。

研究中心创设的中小企业景气指数指标体系是中小企业生态环境评价指标体系的重要组成部分,由1个一级指数(综合指数)、4个二级指数(生产景气指数、市场景气指数、金融景气指数、政策景气指数)和若干三级指标构成。见表1-2。

表1-2 中小企业景气指数指标体系构成

二级指数 （分项指数）	三级指标	
	主要指标	相关指标
生产景气指数	企业综合生产经营状况、营业收入、经营成本、生产能力（设备）利用率、劳动力需求、技术人员需求、盈亏变化、技术水平评价、人工成本、产品创新、投资计划	总体运行状况、流动资金、应收款等
市场景气指数	总体运行状况、新签销售合同、产品（服务）通过互联网销售比例、产品（服务）销售价格、营销费用、主要原材料及能源购进价格、应收账款回款率、劳动力需求	产品（服务）销售范围、生产能力过剩、技术水平、技术人员需求、融资需求、融资成本等
金融景气指数	总体运行状况、固定资产投资、流动资金、融资需求、实际融资规模、本企业的融资渠道、融资成本、融资优惠、获得融资、专项补贴	生产能力过剩、应收款等
政策景气指数	税收负担、税收优惠、行政收费、专项补贴、政府效率或服务水平	总体运行状况、综合生产经营状况、融资成本、获得融资、人工成本等

一级指数（综合指数）

1.3.2 中小企业景气指数构成和指数等级

江苏中小企业景气指数指标体系反映江苏中小企业的经营者对过去6个月经营、发展情况的整体评价，以及对未来6个月的预期。包括综合指数、二级指数、地区指数、城市指数等，各分项指数都由相关的经济指标组合而成，以蓝、绿、黄、红、双红灯号直观描述中小企业运行状况，并且设置预警灯号。

研究中心将景气指数分为5个等级，突出景气指数的方向性，即更关注和监测中小企业景气指数下行的态势，特设预警、报警和加急报警，见表1-3。

表1-3 景气指数等级构成及说明

指数区间	颜色	预警状态
150～200	蓝灯区	运行状况良好
90～150	绿灯区	运行状况平稳
50～90	黄灯区	预警
20～50	红灯区	报警
0～20	双红灯区	加急报警

当景气指数在90～150区间为绿灯区，景气指数在150～200区间为蓝灯区。景气指数在绿灯区或蓝灯区时，表明企业景气呈比较乐观或乐观态势；景气指数在

90～50 区间为黄灯区,须启动预警;当景气指数下行到 50～20 区间,即红灯区,表明景气恶化,须立即启动报警;当景气指数暴跌到 20～0 区间,即双红灯区时,可能爆发危机,须加急报警。

江苏中小企业景气指数在指标体系建立、指标设计、抽样方法等方面与统计局现行的经济景气指数有相似之处,行业、地址、企业划分等均采用统计局现行的编码规则与统计口径。但其更侧重于中小微企业的生产、市场、金融、政策环境等方面的研究和预报,是一个专门针对中小企业生产、经营情况的指数体系。

1.3.3 景气指数计算方法

中小企业景气指数显示了中小企业的经营者对过去 6 个月和未来 6 个月经营、发展情况的评价和预期。采取 5 级评分制,即"增加""稍增加""持平""稍减少""减少",以 ω_j、μ_j 分别表示企业主管对本企业综合经营状况回答,则:

$$X_{t-6} = \frac{(\omega_5 \sum_{i=1}^{n_5} E_i + \omega_4 \sum_{i=1}^{n_4} E_i - \omega_2 \sum_{i=1}^{n_2} E_i - \omega_1 \sum_{i=1}^{n_1} E_i) \times 100}{\sum_{j=1}^{5} \omega_j \sum_{i=1}^{n_j} E_i} + 100$$

$$(1-1)$$

(1-1)式中:X_{t-6} 为企业主管对过去 6 个月本企业综合经营状况回答的景气指数,也称为即期企业景气指数;

ω_i 为企业主管对过去 6 个月本企业综合经营状况回答;

E_i 为回答的次数。

$$X_{t+6} = \frac{(\mu_5 \sum_{i=1}^{n_5} E_i + \mu_4 \sum_{i=1}^{n_4} E_i - \mu_2 \sum_{i=1}^{n_2} E_i - \mu_1 \sum_{i=1}^{n_1} E_i) \times 100}{\sum_{j=1}^{5} \mu_j \sum_{i=1}^{n_j} E_i} + 100$$

$$(1-2)$$

(1-2)式中:X_{t+6} 为企业主管对将来 6 个月本企业综合经营状况回答的景气指数,也称为预期企业景气指数;

μ_i 为企业主管对将来 6 个月本企业综合经营状况回答;

E_i 为回答的次数。

则有:

企业景气指数=0.4×X_{t-6}+0.6×X_{t+6}(对过去 6 个月评价的权重占 40%,对未来 6 个月评价的权重占 60%)。

1.3.4 调查样本分布与数据检验

2010 年,江苏省政府出台《关于进一步促进中小企业发展的实施意见》,从省级层面对中小企业发展进行总体部署,加快培育一批省级中小企业产业集聚示范区,支持重点特色产业基地和产业集群,提高特色产业比重,壮大龙头骨干企业,延长产业链,提高专业化协作水平,实现资源节约和共享的集群化发展。目前,江苏省已经认定的省级特色产业集群和中小企业产业集聚区已经达到 100 余个。本项研究在样本抽取时,侧重于这些产业集群,采取简单随机抽样方法抽取研究的样本。

2014 年以来,研究中心将每年的市场调查时点确定在 7 月至 8 月期间,收回有效问卷 3 500 份～4 500 份。采用 Alpha 信度系数法进行检验,即期样本的 Cronbach's Alpha＞0.90,预期样本的 Cronbach's Alpha＞0.90。4 年来即期、预期样本 Alpha 信度系数都超过 0.90,表明调查质量较高,调查问卷具有较高的可靠性和有效性,符合量表的一贯性、一致性、再现性和稳定性要求。

表 1-4　样本的企业类型构成

	2014 年		2015 年		2016 年		2017 年	
	数量	百分比	数量	百分比	数量	百分比	数量	百分比
中型企业	946	27.0%	712	13.1%	355	11.0%	557	14.3%
小型企业	1 696	48.4%	2 867	52.7%	1 563	48.5%	2 039	52.2%
微型企业	866	24.7%	1 861	34.2%	1 303	40.5%	1 308	33.5%
合计	3 508	100.0%	5 440	100.0%	3 221	100.0%	3 904	100.0%

从企业规模的构成看(表 1-4),2017 年样本企业中,中型企业有 557 家,占比 14.3%;小型企业 2 039 家,占比 52.2%;微型企业 1 308 家,占比 33.5%。总体看,从 2014 年到 2017 年,小、微企业占比分别为 73.1%、86.9%、89%、85.7%,小微企业占绝大比重,突出本研究对二、三产业小微企业的关注。

从样本企业的产业构成看(表 1-5),2017 年从事第一产业的企业 148 家,占比只有 3.8%,较 2015 年下降 1.4%;第二产业 2 325 家,占比 61.3%,比 2015 年增加 0.2%;第三产业 1 431 家,占比 34.9%,比 2015 年增加 1.2%。

表 1-5　样本的产业类型构成

产业类型	2014 年		2015 年		2016 年		2017 年	
	数量	百分比	数量	百分比	数量	百分比	数量	百分比
第一产业	20	0.6%	232	4.2%	168	5.2%	148	3.8%
第二产业	2 647	76.1%	3 493	64.2%	1 967	61.1%	2 325	61.3%
第三产业	814	23.4%	1 714	31.6%	1 086	33.7%	1 431	34.9%
合计	3 481	100.0%	5 439	100.0%	3 221	100.0%	3 904	100%

1.4　中小企业生态环境评价指标体系

在中小企业生态环境评价指标体系的设置方面,研究中心针对两个重要问题做出相应的解决方案:(1)与官方标准的一致性。评价体系要兼顾国家统计局现行统计标准和行业分类方法,并与相关统计标准和统计规则保持一致,以利于统计数据的引用和统计指标的对比分析,力求在更大范围内提升各指标的参考价值、研究价值和应用价值;(2)研究中心的问卷样本数据针对的是中小企业(大多为内源性生态条件维度影响因子),还需要一些行业(产业)数据因子甚至更宏观的经济数据(外源性生态条件影响因子)做补充,这意味着在中小企业生态环境评价中,综合统计局规模以上企业统计数据十分必要。为此,研究中心针对实际情况,选择专家法、因子分析法或层次分析法等确定指标权重,以期真实全面地反映中小企业的生态环境。

研究中心采用的中小企业划分依据,是国家工业和信息化部、国家统计局、国家发展和改革委员会、财政部《关于印发中小企业划型标准规定的通知》(工信部联企业〔2011〕300号)精神,和国家统计局制定的《统计上大中小型企业划分办法》。按现行国家标准,中小企业划分为中型、小型、微型三种类型。

如前论述,江苏中小企业生态环境评价由4个生态条件、8个维度、62个生态条件影响因子指标构成(图1-1,表1-1),形成中小企业生态环境综合评价指标体系。其中38.7%的指标选取江苏省统计年鉴的数据,61.3%的指标来自研究中心的问卷调研数据。这种指标合成评价方法,可以通过定性与定量相结合的方式,准确地反映内生性因素和外源性因素对中小企业生态环境的影响。

江苏中小企业生态环境评价以问卷调查数据和统计年鉴数据为基础。为方便建立两者间的比较关系,对问卷调查数据采取景气指数的计算方法进行计算,对一些更重要但不具可比性的数据,采用比重指标进行处理。比如,将企业所得税指标转化为用当地企业所得税除以当地GDP,以消除地区规模差异的影响;对统计年鉴数据,采用专家评估和打分来确定指标权重的方法进行处理,或采用因子分析法、层次分析法、全要素生产率分析法等确定指标权重。

根据各生态条件维度影响因子的资源禀赋特征,以及指标权重确定方法,给62个生态条件维度影响因子设置不同的权重,并将相应的问卷调查指标和统计年鉴指标数据汇总,得到8个维度评价的分数。根据这8个维度的得分,进行排序和维度的内涵分析,对江苏省的13个地级市中小企业8个维度的生态条件进行评价;将这8个维度汇总,可以对生产(服务)生态条件、市场生态条件、金融生态条件、政策生态条件进行评价;再将这4个二级指标合成,得到综合的中小企业生态环境的评价,即形成对13个地级市中小企业生态环境的整体评价,以及对苏南、苏中和苏北三个地区的整体评价。见表1-1。表中前7个维度指标都为正向指标,得分越高表明情况越好;而"企业负担维度"为负向指标,得分越高,表明企业的负担越轻。

综合上述内容,现将中小企业生态环境评价体系(中小企业景气指数+中小企业生态环境评价)归纳为图1-2。

图1-2表明,研究中心创设的中小企业生态环境评价体系包括:指数体系建立、

调查与数据收集、景气指数计算与数据分析、生态环境评价及分析等 4 个部分。

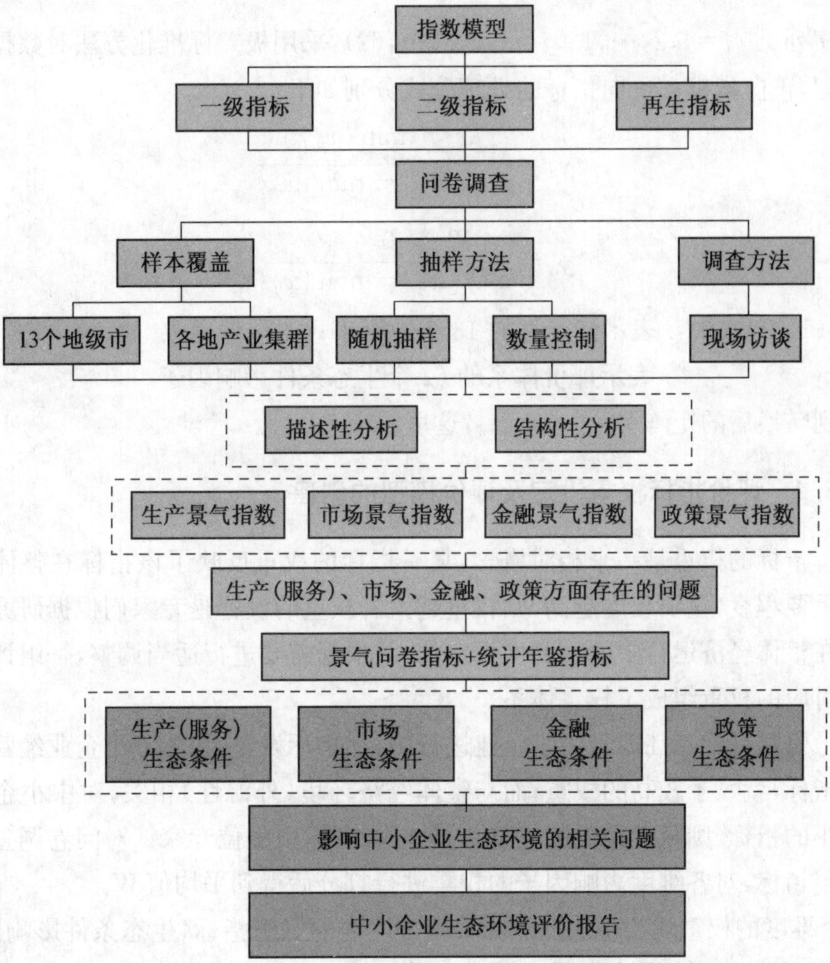

图 1-2　中小企业生态环境评价体系

1.5　中小企业生态环境评价模型

　　如前所述,中小企业生态环境评价体系由生产、市场、金融、政策 4 个生态条件二级指标组成,再由这 4 个生态条件二级指标分解出 8 个生态条件维度指标和 62 个生态条件维度影响因子指标(图 1-1、表 1-1),以利于从更加细分的层级上对中小企业生态环境进行深度评价。针对 8 个维度共 62 个生态条件影响因子(问卷调查指标和统计年鉴指标),选用专家法、因子分析法或层次分析法确定其权重后,运用加权组合的方式构建评价模型。

　　同时,在进行评价之前,采用极差标准化方法,对指标进行无量纲化处理,即对数据进行标准化处理,以增强各经济要素之间的可比性。

1.5.1 数据标准化

对序列 $x_{ij}(i=1,2,\cdots,13,j=1,2,3,\cdots,62)$,采用极差标准化方法对数据进行标准化处理,正向指标和负向指标的处理公式分别如下:

$$y_{ij} = \frac{x_{ij} - \min\limits_{1 \leqslant i \leqslant 13}\{x_{ij}\}}{\max\limits_{1 \leqslant i \leqslant 13}\{x_{ij}\} - \min\limits_{1 \leqslant i \leqslant 13}\{x_{ij}\}} \tag{1-3}$$

$$y_{ij} = \frac{\max\limits_{1 \leqslant i \leqslant 13}\{x_{ij}\} - x_{ij}}{\max\limits_{1 \leqslant i \leqslant 13}\{x_{ij}\} - \min\limits_{1 \leqslant i \leqslant 13}\{x_{ij}\}} \tag{1-4}$$

$(1-3)$、$(1-4)$式中:i 表示江苏省的 13 个地级市;

j 表示评价体系的 62 个生态条件影响因子。

得到转换后的矩阵 $Y=(y_{ij})_{13 \times 62}$,这里 $y_{ij} \in [0,1]$。

1.5.2 评价指标权重设定及评价模型的创建

评价指标的权重是一个相对概念,某一指标的权重反映了该指标在整体评价中的相对重要程度,重要程度越高,则权重越大。权重的设置是专家们根据研究内容以及指标在整体经济运行中的重要性而定的,并根据需要进行适当调整,一组评价指标体系相对应的权重组成了权重体系。

本项研究是针对江苏省中小企业进行的,在指标设置时,与中小企业经营相关性较大的指标,就赋予较高的权重;而与整体经济环境(外源性)相关,对中小企业影响相对较小的指标,则赋予稍低的权重。具体操作中,由多位专家针对问卷调查指标和统计年鉴指标,对各维度影响因子的权重进行打分后得到平均值 W_j。

8 个维度的权重均为 10 分,专家根据维度内的三级指标(生态条件影响因子)的特征及重要性,设置不同的权重。这种以等权的方式设置各维度指标,可以在维度之间建立可比关系。由此得到:

$$M_{ij} = \sum_{j=1}^{62}\sum_{i=1}^{13} W_j \cdot Y_{ij} \tag{1-5}$$

还可以根据中小企业评价系统中的 4 个生态条件指标、8 个维度指标和 62 个生态条件影响因子,建立如下关系模型:

$$F_{sum} = \sum_{env=1}^{4} W_{env} \cdot Y_{env} = \sum_{dim=1}^{8} W_{dim} \cdot Y_{dim} = \sum_{key=1}^{62} W_{key} \cdot Y_{key} \tag{1-6}$$

其中:F_{sum} 表示江苏省中小企业生态环境指数;

W_{env} 表示 4 个生态条件指数各自的权重;

Y_{env} 表示 4 个生态条件指数具体的数值;

W_{dim} 表示 8 个维度指数各自的权重;

Y_{dim} 表示 8 个维度指数具体的数值;

W_{key} 表示 62 个生态条件影响因子各自的权重；

Y_{key} 表示 62 个生态条件影响因子具体的数值。

1.5.3　确定指标权重的其他方法

如上所述,企业景气指数的指标有很多,各个指标权重的选择十分重要,指标权重设置的科学性直接影响评价结果的合理性。除上述权重确定方法外,还将从研究实际需要出发,选择适宜的权重确定方法。

从现有文献看,权重的确定方法有主观赋权法和客观赋权法两类。其中主观赋权法依据的是专家或个人的知识经验来确定权数,如德尔菲法、层次分析法(AHP)等;客观赋权法是由调查得到的数据确定,主要有因子分析法、均方差法、离差最大化法等。虽然从客观性角度来看,主观赋权不如客观赋权,但是主观赋权往往更贴近实际,解释性较好,而客观赋权法虽然得到的结果更客观,精度更高,但往往得到不符实际的结果。

因子分析的好处是赋权客观、方便横向比较,但不能进行纵向比较,这是因为不同年份得到的公共因子及其载荷不尽相同,各个评价指标在不同年份的权重不完全相同,因而难以建立一套稳定的指标权重体系。适用于产业集群分析中的特定问题。层次分析法的好处是利用专家比较,事先建立起稳定的权重体系,从而方便横向和纵向比较,所不足的是专家比较可能带有一定的主观性。

1.5.3.1　因子分析法

因子分析的目的在于对多个原始变量进行综合评价,将它们转换为少数几个不相关的综合指标。这种将多个变量转换为少数几个不相关的综合指标的多元统计分析方法,被称为因子分析(Factor Analysis),其中代表各类信息的综合指标称为因子。因子分析的步骤如下:

1. 提取因子

在统计分析软件中,提取因子的方法很多,有主成分法、最大似然法、映象因子提取法、α 因子提取法、不加权最小平方法等,其中以主成分法和最大似然法较为常用。本项目研究中也会根据实际需要采用主成分法(Principal Components)提取因子。在主成分分析中,是以各个变量的线性组合构成因子,一个主成分为一个因子,其中第一个主成分因子在样本变量线性组合中的方差最大,第二个主成分因子是与第一个主成分不相关的、具有第二大方差的线性组合,依次类推。也就是说,在主成分分析中,越在后面的因子,其方差越小。

2. 相关分析

通过计算原始变量的相关系数和提取公共因子后的再生相关系数,得到两者的残差,通过残差绝对值大于 0.05 的个数多少及其百分比的高低来检测因子模型是否适合,从而来决定因子提取的方法。

3. 因子旋转

在提取因子后得到因子矩阵。因子矩阵的系数表示因子与各变量的相关性。但由于一个因子与各变量的相关系数常常相差不明显，因而往往难以从中直观地看出各个因子所代表的意义，为此需要进行因子旋转，以达到一个变量尽可能地仅与某一个因子相关，而不是与几个因子相关，并希望每一个因子只与全部变量中的极少数变量有亲缘关系（即较高的载荷量值），以便解释各因子的潜在含意。在统计分析软件中有 Varimax 法、Quartimax 法、Equamax 法、Direct Oblimin 法等多种因子旋转方法，其中 Varimax 法最为常用，旋转的效果最好。

4. 解释因子

因子旋转后，需要对各因子的潜在含义进行归纳和解释。在归纳时，首先要考虑与该因子的相关系数较大的变量有哪几个，然后从这一组变量中归纳出一个总的含义，这个总的含义就代表了这个因子的实质。

5. 计算因子得分

因子分析的目的之一，是减少与因子相关的一些变量，即减少多余的变量。计算因子得分的方法有多种，包括 Regression 法、Bartlett 法和 Anderson-Rubin 法等三种方法。以 Bartlett 法为例，其因子得分为：

$$f = (B'\psi^{-1}B)^{-1}B'\psi^{-1}x \qquad (1-7)$$

其中，B 为因子旋转后的因子载荷阵，ψ 为对角矩阵 $\mathrm{ding}(\psi_1, \psi_2, \cdots, \psi_m)$，$\psi_i = 1 - \sum b_{ij}^2 (j = 1, 2, \cdots, n)$。

设原始变量为 x_1、x_2、x_3、$x_4 \cdots x_m$。假设这 m 个变量总的来说可以归结于 n 个方面，每一个方面即为一个因子，于是有 n 个因子：F_1、F_2、F_3、$F_4 \cdots F_n (n \leqslant m)$，各因子与原始变量之间的关系可以表示成：

$$\begin{cases} F_1 = b_{11}X_1 + b_{21}X_2 + \cdots + b_{m1}X_m \\ F_2 = b_{12}X_1 + b_{22}X_2 + \cdots + b_{m2}X_m \\ F_3 = b_{13}X_1 + b_{23}X_2 + \cdots + b_{m3}X_m \\ \qquad \cdots \\ F_n = b_{1n}X_1 + b_{2n}X_2 + \cdots + b_{mn}X_m \end{cases} \qquad (1-8)$$

写成矩阵即为：$F = BX + E$，其中 X 为原始变量向量，B 为因子负荷矩阵，其每个系数 b_{ij} 称为因子载荷量（factor loading），F 为公共因子，E 为残差向量，表示某个变量不能被公共因子包括的部分（又称"特殊因子"）。公共因子 F_1、F_2、$\cdots$、F_n 之间彼此不相关，称为正交模型。

6. 计算综合得分

以各因子的特征根所对应的总方差贡献率为权重，可以得到因子的综合得分：$F = \sum_{i=1}^{n} F_i W_i$，其中 W_i 为因子 F_i 所对应的总方差贡献率，其值越大，表示因子 F_j 越重要。

1.5.3.2　层次分析法

所谓层次分析法（Analytic Hierarchy Process，简称 AHP），是指将一个复杂的多目标决策问题作为一个系统，将目标分解为多个目标或准则，进而分解为多指标（或准则、约束）的若干层次，通过定性指标模糊量化方法算出层次单排序（权数）和总排序，以作为目标（多指标）、多方案优化决策的系统方法。

使用层次分析法权重的具体步骤包括：

1. 设计指标体系

将选定的评价指标建成由目标层、准则层和方案层（或措施层）组成的递阶层次结构。其中目标层只有一个元素，它是问题的预定目标或理想结果；准则层包括实现目标所涉及的中间环节需要考虑的准则，该层可由若干层次组成，因而有准则和子准则之分；方案层是为实现目标可供选择的各种措施或解决方案等。

该结构的层次数与问题的复杂程度及需要分析的详尽程度有关，层次数一般不受限制。每一层次中各元素所支配的元素通常不要超过 9 个，因为支配的元素过多会给两两比较判断带来困难。

2. 专家判分

根据各层次及各层次指标对上一层的重要性，由专家对各指标的重要性进行两两比较，并判值。假设某层有 n 个指标，$X = \{X_1, X_2, \cdots, X_n\}$，用 a_{ij} 表示第 i 个指标相对于第 j 个指标的重要性比较结果，对 a_{ij} 一般采用 $1\sim9$ 标度进行赋值，赋值标度表如表 1-6 所示。

也就是说，a_{ij} 有 9 种取值：$1/9, 1/7, 1/5, 1/3, 1/1, 3/1, 5/1, 7/1, 9/1$，它们分别表示 i 要素对于 j 要素的重要程度由轻到重。

（1）构造判断矩阵 $A = (a_{ij})_{n \times n}$。将各位专家的赋值结果取几何平均数（即 n 个数的乘积开 N 次方），并据此构造专家的综合判断矩阵：

$$A = (a_{ij})_{n \times n} = \begin{bmatrix} a_{11} & a_{12} & \cdots & a_{1n} \\ a_{21} & a_{22} & \cdots & a_{2n} \\ \cdots & \cdots & \cdots & \cdots \\ a_{n1} & a_{n2} & \cdots & a_{nn} \end{bmatrix} \quad (\text{其中 } a_{ii} = 1, a_{ji} \times a_{ij} = 1) \quad (1-9)$$

表 1-6　赋值标度含义表

标度（$a_{ij}=$）	重要性
$a_{ij} = 1$	i 和 j 同等重要
$a_{ij} = 3$	i 比 j 稍微重要
$a_{ij} = 5$	i 比 j 比较重要
$a_{ij} = 7$	i 比 j 十分重要
$a_{ij} = 9$	i 比 j 绝对重要
$a_{ij} = 2、4、6、8$	重要程度基于上述奇数之间
a_{ji} 为 a_{ij} 的倒数	因子 $a_{ji} = 1/a_{ij}$

（2）层次单排序和一致性检验。判断矩阵权重计算的方法有算术平均法（即"和法"）、几何平均法（即"根法"）、特征根法（简称 EM）、对数最小二乘法、最小二乘法等多种方法。可采用和法计算权重向量，计算方程如下：

将矩阵 A 的元素按列进行归一化处理，得到新的矩阵 $B=(b_{ij})_{n\times n}$，其中：

$$b_{ij} = a_{ij}/\sum_{k=1}^{n} a_{kj} \; ;$$

将 B 矩阵中的各元素按行相加求和，得到新的向量：

$$\widetilde{W}_i = \sum_{j=1}^{n} b_{ij}$$

将得到的新向量的每行元素除以 n，即得到权重列向量 W：

$$W_i = \frac{1}{n}/\sum_{i=1}^{n} \frac{a_{ij}}{\sum_{k=1}^{n} a_{kj}}, j=1,2,3,\cdots,n$$

计算矩阵 A 的最大特征根 $\lambda_{\max}$。和法下的最大特征根为：

$$\lambda_{\max} = \sum_{i=1}^{n} \frac{(AW)_i}{nW_i} \qquad (1-10)$$

所谓一致性是指判断思维的逻辑一致性。判断方法如下：

计算一致性指标 CI（Consistency Index）

$$CI=(\lambda_{\max}-n)/(n-1)$$

$CI=0$ 时表示判断的逻辑一致。CI 越大，表示 A 的不一致性程度越严重。

查找随机性指标 RI（Random Index）

表 1-7　平均随机一致性指标 RI 标准值

矩阵阶数	1	2	3	4	5	6	7	8
RI	0	0	0.58	0.90	1.12	1.24	1.32	1.41

计算一致性比率 CR（Consistency Ratio）

$$CR=CI/RI$$

若 $CR<0.10$，表示 A 的不一致性程度在容许范围内，表明该矩阵中各因素的重要性判断比较符合逻辑一致性，此时可用归一化特征向量作为权重向量，否则需要重新构造成对比较矩阵，对 A 加以调整。

3. 层次总排序及其一致性检验

根据构建的结构模型，计算最底层的每一个指标对应最上层的权重值。确定某层索引因素对于总目标相对重要性的排序权值过程，称为层次总排序。

排序的原则是从最高层到最底层逐层进行。设 A 层有 m 个因素 $A_1,A_2,\cdots,A_m$，分别对总目标 Z 的排序权重为 $a_1,a_2,\cdots,a_m$；B 层 n 个因素对上层 A 中因素 A_j 的层次单排序为 $b_{1j},b_{2j},\cdots,b_{nj}(j=1,2,\cdots,m)$，则 B 层的层次总排序为：

$$\begin{cases} B_1 : a_1 b_{11} + a_2 b_{12} + \cdots + a_m b_{1m} \\ B_2 : a_1 b_{21} + a_2 b_{22} + \cdots + a_m b_{2m} \\ \cdots \\ B_n : a_1 b_{n1} + a_2 b_{n2} + \cdots + a_m b_{nm} \end{cases} \tag{1-11}$$

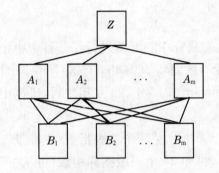

$\diagdown$	A	$A_1 , A_2 , \cdots , A_m$	B 层的层次
B		$a_1 , a_2 , \cdots , a_m$	总排序
B_1		$b_{11} , b_{12} , \qquad b_{1m}$	$\sum a_j b_{1j} = b_1$
B_2		$b_{21} , b_{22} , \qquad b_{2m}$	$\sum a_j b_{2j} = b_2$
$\vdots$		$\vdots \quad \vdots \quad \vdots$	$\vdots$
B_m		$b_{a1} , b_{a2} , \qquad b_{am}$	$\sum a_j b_{mj} = b_m$

对层次总排序也应做一致性检验，根据每一层次元素对应上一层次某个因素的 CI 和 RI，以及对应的上一层次因素的权重，计算总排序一致性比率 CR。

设 B 层 $B_1 , B_2 , \cdots , B_n$ 对上层（A 层）中因素 $A_j (j = 1, 2, \cdots , n)$ 的层次单排序一致性指标为 CI_j，随机一致性指标为 RI_j，则层次总排序的一致性比率为：

$$CR = \frac{a_1 CI_1 + a_2 CI_2 + \cdots + a_m CI_m}{a_1 RI_1 + a_2 RI_2 + \cdots + a_m RI_m} \tag{1-12}$$

若 $CR < 0.10$，则层次总排序的一致性是可以接受的，可以按照总排序权重向量表示的结果进行决策，否则需要重新考虑指标体系或重新构造那些一致性比率 CR 较大的成对比较矩阵。

第 2 章　2017 年江苏中小企业景气指数分析

2017 年暑假期间,南京大学金陵学院企业生态研究中心继续进行江苏省中小企业景气指数问卷调查,约 400 名师生参与,共收回有效问卷 3904 份,于 2017 年 11 月 27 日发布江苏省中小企业景气指数。这是继 2014 年、2015 年、2016 年之后,研究中心第 4 次成功发布江苏中小企业景气指数。

江苏中小企业景气指数体系由中小企业综合景气指数、4 个二级指数(生产景气指数、市场景气指数、金融景气指数、政策景气指数)和 31 个三级指标构成,可从"产业结构、企业规模、江苏三地区及 13 个地级市"4 个方面全面分析中小企业景气变化情况。2017 年的调查样本中,有 78.18% 的企业规模在 100 人以下(包含 100 人),比 2016 年上升了 1 个百分点。连续 4 年的样本构成显示本项调查小微企业的特征明显。

2.1　江苏省 2017 年中小企业景气指数综合分析

2017 年江苏中小企业景气指数为 111.6(见表 2-1),处在绿灯区间,呈相对景气状态,表明 2017 年江苏省中小企业景气指数走势回升。若以 2014 年为基准,2017 年的景气指数为 104.1,景气状态高于 2014 年,有 4.1 的升幅,已经升至 100 点之上。这是自 2015、2016 年景气指数下行以来,较为显著的反弹,显示出 2017 年江苏整体经济景气状况在经历了 2015、2016 年较大幅度下行之后明显好转,整体经济呈回升趋暖态势。

表 2-1　2014 年—2017 年度江苏中小企业景气指数

年份	2014 年	2015 年	2016 年	2017 年	2017 年比 2016 年上升
景气指数	107.2	105.5	106.9	111.6	4.7
即期指数	106.4	104.9	105.9	110.8	4.9
预期指数	107.8	105.9	107.7	112.1	4.4

从指数的构成来看(表 2-1),预期指数高于即期指数,显示出受调查的中小企业管理者对整体经济的前景抱有信心,表现出较为乐观的态度。2017 年即期指数和预期指数均较 2016 年有较大升幅,表明中小企业管理者信心明显增强。

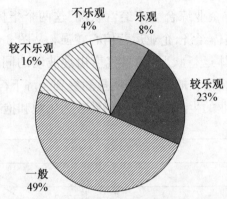

图 2-1　中小企业管理者对整体经济运行状况的评价

2017 年度江苏中小企业景气指数调查问卷显示:对于整体经济运行状况,80.0%的样本企业管理者给予"一般"以上的评价,较 2016 年上升了 1.8 个百分点。"不乐观""较不乐观"等负面评价的只有 20.0%,见图 2-1、表 2-2。与 2016 年相比,选择"一般"评价的比重下降了 0.9 个百分点,并且,"乐观""较乐观"两项积极评价都有所上升,而"不乐观""较不乐观"的负面评价都有不同程度的下降。相比较而言,"乐观"评价的上升幅度较大,显示出整体经济复苏的态势已经被广大中小企业管理者所认同。

表 2-2　2014 年—2017 年中小企业管理者对整体经济运行状况的评价

评价指标	2014 年	2015 年	2016 年	2017 年	2017 年比 2016 年上升
不乐观	5.6%	6.2%	4.6%	4.3%	-0.3
较不乐观	18.6%	14.9%	17.2%	15.7%	-1.5
一般	45.1%	47.3%	49.5%	48.6%	-0.9
较乐观	22.9%	24.6%	22.2%	22.8%	0.6
乐观	7.8%	7.0%	6.4%	8.6%	2.2

问卷中"总体运行状况"和"企业综合生产经营状况"是两个独立的、主观的指标,能够更加直接地反映企业管理者对整体经济状况和企业本身经营状况的主观评价。2017 年这 2 个指标数值分别为 137.1 和 137.8,位于所有 30 个指标的前列,较 2016 年分别上升了 12.6 和 10.6 个景气点,上升的幅度相当显著,且为 2014 年开展本项调查以来的最高点,显示出 2017 年大多中小企业管理者对现状和未来均持乐观评价和抱有向好信心。见表 2-3。

表 2-3　对总体运行状况和企业综合生产经营状况的评价

指标	2014 年	2015 年	2016 年	2017 年	2017 年比 2016 年上升
总体运行状况	125.5	119.3	124.5	137.1	12.6
企业综合生产经营状况	117.9	120.7	127.2	137.8	10.6

"总体运营状况"与"企业综合生产经营状况"这两个指标值均高于综合景气指数,表明企业管理者对整体经济、企业运营信心较强。从图 2-2 可以看到,连续 4 年的跟踪调查显示,在"总体运行状况"的景气度出现波动的同时,"企业综合生产(服务)经营状况"呈现出持续增长的态势,表明虽然受到经济下行压力的影响,江苏大多中小企业管理者对本企业的生产经营前景仍然较为乐观和抱有信心。

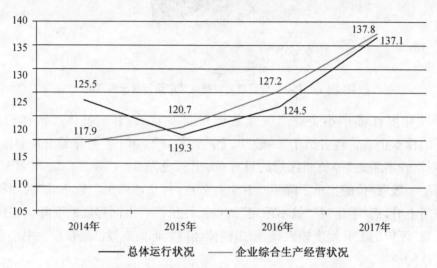

图 2-2 江苏中小企业管理者对总体运行状况、企业综合生产经营状况的评价

与往年所不同的是,"营业收入""盈利(亏损)变化""技术水平评价""新签销售合同""主要原材料及能源购进价格"等 5 项指标值也都位于 130 点以上,与"总体运营状况"与"企业综合生产经营状况"处于同一个水平,表明市场已经呈现非常积极的信号,盈利状况正在回升。而在 2016 年上述几个指标则没有一个能达到 130 以上。"技术水平评价"达 131.1,显示出中小企业管理者对技术的重视,在技术方面愿意加大投入。

但在面对与企业经营相关的一些具体问题时,也就是当企业管理者面对与生产经营管理直接相关的指标时,又显现出一些困扰,甚至表现出了焦虑与迷惘,特别是成本类指标的景气度几乎都位于 80 之下,其中"营销费用"是近年最低的(66.4)[1]。表明企业管理者面临现实的经营压力和成本压力越来越大,困难重重。

2.2 2017 年江苏中小企业二级景气指数分析

经济景气内涵十分广泛,为了能够更加准确地反映生产、市场、金融、政策等因素对中小企业景气状况的影响,研究中心创设生产(服务)景气指数、市场景气指数、金

---

[1] "营销费用"是一个逆指标,该指标数值下降表明营销费用增加,为营销投入的成本增加。

融景气指数和政策景气指数 4 项二级景气指数,分别由问卷上的 30 个三级指标组合而成。这 4 项二级景气指数之间、与综合指数之间相互影响,但彼此之间没有数量上的关联。

表 2-4　江苏省 2017 年中小企业二级景气指数

指数＼景气指数	综合指数	即期指数	预期指数	预期指数与即期指数之差
中小企业景气指数	111.6	110.8	112.1	1.3
生产景气指数	114.3	113.2	115.0	1.8
市场景气指数	109.1	108.4	109.5	1.1
金融景气指数	110.9	110.8	111.0	0.2
政策景气指数	102.8	101.9	103.3	1.5

2017 年的 4 个二级景气指数较均匀,且都高于 100,见表 2-4。生产景气指数稍高于综合指数,市场景气指数、金融景气指数、政策景气指数稍低于综合指数。从构成看,综合景气指数和 4 个二级景气指数的即期指数均小于预期指数,呈现对前景较为一致的乐观态度。其中:生产景气指数的预期指数与即期指数的差幅最大,表明中小企业管理者对生产愈发重视。虽然 2016 年经济下行让中小企业管理者面临巨大压力,现实生产环境确实面临诸多问题,但大多企业管理者仍保持积极心态,进一步强化生产管理。另外,大多中小企业管理者对政策环境给予了积极的评价,并且认为政策环境会继续向好,这表明各级政府的努力得到了中小企业管理者的广泛认可。

2017 年"生产""政策"两个二级景气指数都呈现上升态势,较 2014、2015、2016 年都有不同程度的升幅,见表 2-5,图 2-3。"市场景气指数"比 2015、2016 年稍有回升,但仍稍低于 2014 年。"金融景气指数"的升幅较大。

表 2-5　江苏省中小企业景气指标、二级指数比较

指标＼年份	2014 年	2015 年	2016 年	2017 年	2017 年比 2016 年上升
总指数	107.2	105.5	106.9	111.6	4.7
生产景气指数	103.9	107.4	108.5	114.3	5.8
市场景气指数	109.4	103.4	104.7	109.1	4.4
金融景气指数	100.3	106.3	106.0	110.9	4.9
政策景气指数	88.9	100.2	102.6	102.8	0.2

从整体上看,2017 年江苏中小企业的总体复苏态势已经显现,各二级指数比 2016 年都有不同程度的上升,见图 2-3。"生产景气指数"与企业内部管理相关联,反映企业常态化、事务性的运营状态,由一些与企业生产经营直接相关的三级指标构

成。跟踪调查发现近年来生产景气指数逐年上升,表明江苏中小企业的内部管理能力、资金控制能力稳步提升。2017 年"生产景气指数"继续保持上升态势,比 2016 年上升 5.8 点。生产景气指数的上升主要得益于营业收入、应收款、流动资金、产品(服务)创新等指标的景气度都有不同程度的提升,技术水平评价、技术人员需求、发展类指标的景气度也比较高,投资计划、劳动力需求等指标也都所好转,这些都表明中小企业在应对市场的频繁波动时不断强化内部管理和资金管理,更加重视创新和发展;但成本类指标普遍下降幅度较大,其中"人工成本"景气度 55.7,比 2016 年继续下降约 10 个景气点;"经营成本"62.1,比 2016 年下降 12.4,"营销费用"66.4,比 2016 年下降 7.5,这些都是拉动相关景气指标下行的主要因素。

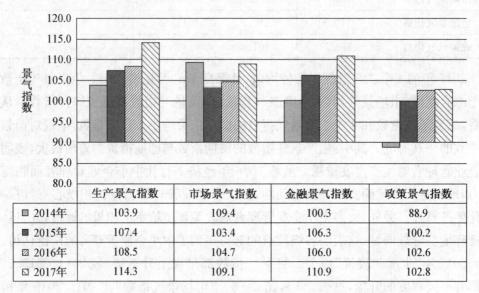

	生产景气指数	市场景气指数	金融景气指数	政策景气指数
☐ 2014年	103.9	109.4	100.3	88.9
■ 2015年	107.4	103.4	106.3	100.2
▨ 2016年	108.5	104.7	106.0	102.6
☐ 2017年	114.3	109.1	110.9	102.8

图 2-3 2014 年至 2017 年江苏中小企业景气指数的二级指标

"市场景气指数"经历 2016 年小幅回升后 2017 年又继续上涨。这个指数受供给和需求两方面的影响,且外部因素影响更大。市场景气指数回升,表明较 2015 年和 2016 年,江苏整体市场环境发生了较大变化,市场复苏态势明显,中小企业已经感受到这样的变化,并且给予积极评价。2014 年"市场景气指数"是二级指数中景气度最高的指数,2015 年下降了 6.0 点,2016 年出现小幅反弹(有 1.3 升幅),2017 年继续回升 4.4 点,表明市场正在积极转变。其中,三级指标如"新签销售合同""应收款""主要原材料及能源购进价格"景气度的回升对市场景气指数的提升起到了一定的积极作用。

"金融景气指数"在 2016 年出现小幅回落后 2017 年有 4.9 的较大幅度回升,其中:"应收款""流动资金"出现了较显著的上升,表明大多中小企业资金状况好转;"融资优惠""税收优惠""专项补贴"三项政策性指标有升有降;"融资需求""融资成本"指标值出现较显著的回落。产能过剩问题影响资金流动性,这一指标到 2017 年出现较明显的好转,虽然只有 93.0,但比 2016 年回升了 8.4。

"政策景气指数"是近年上升最快的二级指标,2017 年这个指标继续保持上升态势,但升幅有所减小,由 2014 年的 88.9 上升到 2015 年的 100.2 和 2016 年的 102.6,2017 年为 102.8,表明江苏中小企业的政策环境有显著改善。并且,这个指标的预期指数高于即期指数 1.5 点,也是 4 个二级指标中升幅最大的,表明大多中小企业管理者预期政策环境会继续得到改善。其中,"政府效率或服务水平"得到了较充分的肯定(比 2015 年上升 8.0,比 2016 年上升 3.5),"获得融资"指标继续保持较大幅度的上升,而"融资成本"与往年相比有所下降。不过"税收负担"与"行政收费"的景气度仍在继续下降,表明大多中小企业管理者认为税收负担仍然过重,行政收费仍然过高。

2.2.1　江苏中小企业生产景气分析

"生产景气指数"与企业内部经营管理密切相关,并从"经营状况""企业发展"两个维度观测中小企业内部管理与企业发展状况。其三级指标有 11 个:营业收入、经营成本、产能过剩、盈亏变化、技术水平与技术人员需求、劳动力需求、人工成本、应收款、投资计划、产品与服务创新、流动资金。

2017 年江苏中小企业生产景气指数为 114.3,高于综合指数。即期指数为 113.2,预期指数为 115.0,预期指数高于即期指数 1.8 点,表明 2017 年江苏中小企业生产状况继续保持良好的上升势头,大多中小企业管理者对生产前景表现出更为乐观的预期。见图 2-4。

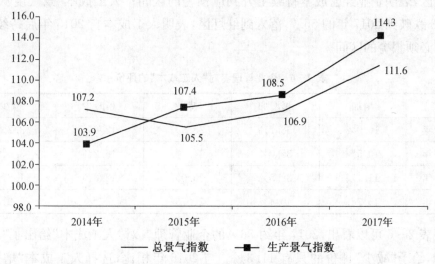

图 2-4　2014 年—2017 年总景气指数与生产景气指数的走势

从指数构成看,2017 年生产景气指数各项指标总体上呈现平稳上升态势,其中,以"营业收入""盈亏变化""劳动力需求"等指标的升幅较大,其中"盈亏变化"比 2016

年上升了 20.2 点,表明大多中小企业盈利水平显著提升(见图 2-5)。而"投资计划""产品创新"等发展类指标维持继续上升的势头,表明企业发展和创新的动力增强。但成本类指标表现堪忧,成本类指标均为逆指标,景气度下降表明成本上升,景气度上升表明成本下降。

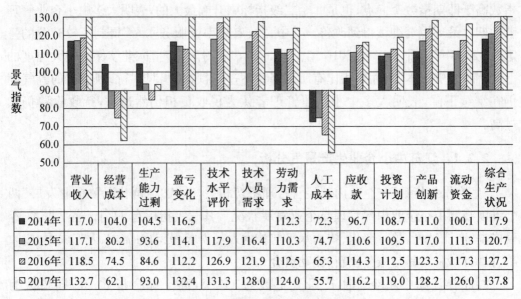

	营业收入	经营成本	生产能力过剩	盈亏变化	技术水平评价	技术人员需求	劳动力需求	人工成本	应收款	投资计划	产品创新	流动资金	综合生产状况
■2014年	117.0	104.0	104.5	116.5			112.3	72.3	96.7	108.7	111.0	100.1	117.9
■2015年	117.1	80.2	93.6	114.1	117.9	116.4	110.3	74.7	110.6	109.5	117.0	111.3	120.7
▨2016年	118.5	74.5	84.6	112.2	126.9	121.9	112.5	65.3	114.3	112.5	123.3	117.3	127.2
▢2017年	132.7	62.1	93.0	132.4	131.3	128.0	124.0	55.7	116.2	119.0	128.2	126.0	137.8

图 2-5　2014 年至 2017 年生产景气指数的三级指标

从图 2-5 可以看到,"经营成本"景气度连续 3 年下降,到 2017 年跌至 62.1,落在黄灯区,表明企业经营成本持续上升到应预警的区间;"人工成本"景气度从 2016 年 65.3 跌破到 2017 年的 55.7,落入到红灯区,表明人工成本自 2015 年后持续大幅飙升到必须报警的区间。

表 2-6　企业管理者对"人工成本"的评价

	增加	稍增加	持平	稍减少	减少
2014 年	10.0%	38.7%	35.5%	12.6%	3.2%
2015 年	10.5%	35.0%	34.7%	16.2%	3.6%
2016 年	11.1%	38.5%	36.0%	12.6%	1.8%
2017 年	15.7%	40.4%	32.7%	9.1%	2.2%

从表 2-6 可以看出,2017 年约 56% 的企业管理者对"人工成本"给出了"增加"的评价,给予"减少"评价的只有 11.3%。与 2016 年相比,选择人工成本"增加"和"稍增加"的比例上升,而选择"减少"和"稍减少"的比例下降,表明江苏中小企业面临人工成本增加的压力越来越大。企业经营成本、人工成本等的持续增加必将大大减损企业的盈利能力。

可喜的是产能过剩的指数在持续了 3 年的下降之后,2017 年出现了反弹,从 2016 年的 84.6 上升到 2017 年的 93.0,且即期指数为 91.7,预期指数为 93.8,预期指数高于即期指数 2.1 点。这些变化表明江苏大多中小企业通过不懈努力,已在"三去一降一补"的去产能方面初见成效。

"技术水平评价""技术人员需求"是 2015 年新增的三级指标,这两项指标的景气度 3 年来持续走高,结合"产品创新"等指标可以看出,江苏中小企业对技术、技术人员和创新的重视程度逐年提升。

2.2.2　江苏中小企业市场景气分析

"市场景气指数"包含:营销类指标、应收款、材料采购、人工成本等 12 个三级指标,可综合评价中小企业的市场景气状况。市场景气指数更加侧重于外部因素的影响。

2017 年度,江苏中小企业市场景气指数为 109.1,稍低于综合指数。比 2016 年上升了 4.4 个点,比 2015 年上升 5.7 点,仅比 2014 年低了 0.3 点,显然,2017 年市场环境呈明显复苏迹象,见图 2-6。

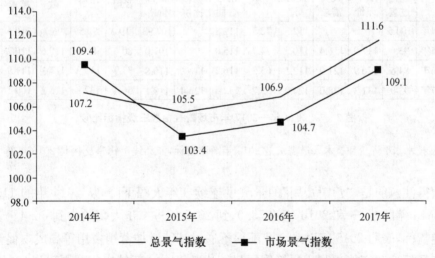

图 2-6　2014 年—2017 年总景气指数与市场景气指数

2016 年度市场景气指数的即期指数为 108.4,预期指数为 109.5,预期指数稍大于即期指数,表明大多中小企业管理者对市场前景持乐观态度。

从指标构成看,2014 年—2017 年的大部分三级指标增长的继续增长,下降的继续下降,如图 2-7 所示,"主要原材料及能源购进价格"的景气度①继 2016 年较大幅

---

① "主要原材料及能源购进价格"的景气度是逆指标,景气度上升表明其价格下降,成本降低;反之,景气度下降表明价格上升,成本上升。

度增长后,2017 年继续大幅度地上升,达到 137.8,成为景气度最高的调查指标(与 "企业综合生活经营状况"并列 2017 年度第 1)。同时,"新签销售合同"的景气度为 132.4,较 2016 年上升了 16.2 点。"产品销售价格"的景气度为 119.1,较 2016 年上 升了 8.3 点。这 3 个指标的大幅上升,提升了市场环境的整体景气度,也标志着市场 已经回暖。技术类指标也比较高,"技术水平评价""技术人员需求"的景气度都在 120 以上,表明江苏大多中小企业正在力求增长方式的改变,不断提高技术含量和市 场竞争力。

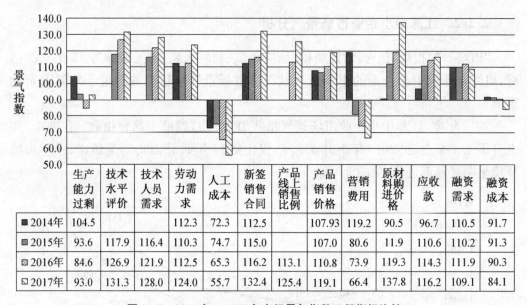

	生产能力过剩	技术水平评价	技术人员需求	劳动力需求	人工成本	新签销售合同	产品线上销售比例	产品销售价格	营销费用	原材料购进价格	应收款	融资需求	融资成本
■ 2014年	104.5			112.3	72.3	112.5		107.93	119.2	90.5	96.7	110.5	91.7
■ 2015年	93.6	117.9	116.4	110.3	74.7	115.0		107.0	80.6	11.9	110.6	110.2	91.3
▨ 2016年	84.6	126.9	121.9	112.5	65.3	116.2	113.1	110.8	73.9	119.3	114.3	111.9	90.3
▢ 2017年	93.0	131.3	128.0	124.0	55.7	132.4	125.4	119.1	66.4	137.8	116.2	109.1	84.1

图 2-7　2014 年—2017 年市场景气指数三级指标比较

注:技术水平评价和技术人员需求是 2015 年新增指标,产品线上销售比例是 2016 年新增指标。 后同。

值得注意的是,"营销费用"的景气度连续 3 年大幅下降,从 2014 年的 119.2 剧 降到 2015 年的 80.6 和 2016 年的 73.9,到 2017 年进一步大幅跳水到 66.4。营销费 用是逆指标,表明 2015 年以来企业不得不通过持续增加营销费用等高成本促销方式 应对市场低迷和产能过剩。尽管取得显著成效,比如"新签销售合同"景气度从 2014 年的 112.5 上升到 2015 年的 115.0 和 2016 年的 116.2,2017 年高达 132.4,表明产 品销售规模逐年增加;"产品线上销售比例"从 2016 年的 113.1 上升到 2017 年的 125.4,表明越来越多的企业选择线上销售和扩大线上销售比例,意味着这些企业愿 意增加投入改变销售模式和商业模式;从而推动这两个指标的景气度逐年上升。但 这种景气度的上升源于企业营销费用的增加或线上销售系统投入的增加,即企业营 销成本显著增加。

2.2.3　江苏中小企业金融景气分析

金融景气指数由融资类指标、资金类指标、以及"总体运行状况"多个三级指标构成。金融景气指数不仅有"融资成本""获得融资（融资的难易程度）""融资优惠"这些与获得融资直接相关的指标；也有涉及"应收款""流动资金"这些与企业流动性相关的指标；还有"融资需求""投资计划"这些与企业发展相关的指标；以及"融资优惠""专项补贴"这些与政策优惠相关的指标；企业"总体运行状况"也会影响其投融资需求，等等。可以说金融景气指数是从企业经营和发展的角度综合评估金融景气状况，以及投融资在企业的发展进程中所起的作用。

图 2-8 显示，2017 年江苏中小企业"金融景气指数"为 110.9，稍低于综合指数（总景气指数），比 2014 年上升 10.6 点，比 2016 年上升 4.9 点，表明江苏中小企业金融景气处于持续上升中，大多中小企业管理者确实感受到金融环境得到一定程度的改善。

2017 年江苏中小企业金融景气指数的即期指数为 110.8，预期指数为 111.0，预期指数与即期指数基本持平，有 0.2 个景气点的升幅，是 4 个二级指标中预期指数与即期指数差辐最小的指数，表明大多中小企业管理者对金融景气仍持中性（有待观望）的评价。

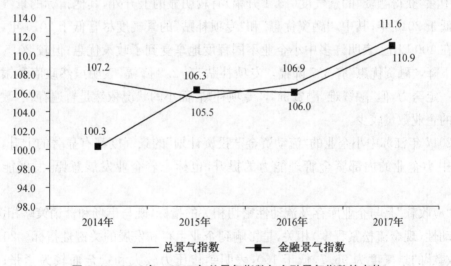

图 2-8　2014 年—2017 年总景气指数与金融景气指数的走势

金融景气指数的构成还可以分解为企业内部指标和企业外部指标。图 2-9 显示，内部指标中，2016 年，只有"生产（服务）能力过剩"的景气度低于 90，其他指标都位于 90 以上；2017 年这项指标有所回升，景气度重回 90 点上方区间。但"融资成本"景气度较 2016 年下降了 6.2，表明融资成本有较大幅度上升。"总体运营状况""应收款""投资计划""流动资金""获得融资"等 5 项指标的景气度都比 2016 年有不同程度的增加，表明大多中小企业的内部管理和资金管控比较正常和健康。

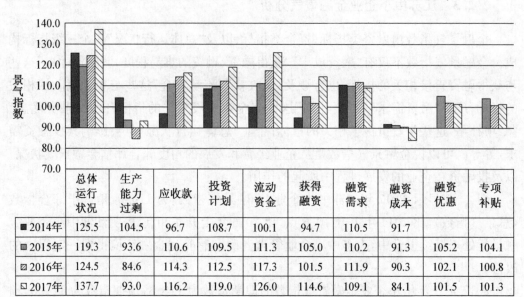

	总体运行状况	生产能力过剩	应收款	投资计划	流动资金	获得融资	融资需求	融资成本	融资优惠	专项补贴
■2014年	125.5	104.5	96.7	108.7	100.1	94.7	110.5	91.7		
■2015年	119.3	93.6	110.6	109.5	111.3	105.0	110.2	91.3	105.2	104.1
▨2016年	124.5	84.6	114.3	112.5	117.3	101.5	111.9	90.3	102.1	100.8
▢2017年	137.7	93.0	116.2	119.0	126.0	114.6	109.1	84.1	101.5	101.3

图 2-9　2014 年—2017 年金融景气指数的二级指标

　　外部指标包括"获得融资""融资需求""融资成本""融资优惠""专项补贴"，这些指标中除"获得融资"的景气度（13.1 升幅）有较明显的上升外，其他指标的景气度几乎都低于 2015 年；其中，"融资优惠"和"专项补贴"的景气度尽管低于 2016 年，但能保持在 100 以上，表明许多中小企业不同程度地享受到了政策优惠；但较 2015 年均有所下降，"融资优惠"有 3.7 降幅，"专项补贴"有 2.8 降幅，表明虽然政府和银行都做出一定努力，但"融资难、融资贵""专项补贴"面小的状况依然是普遍存在，政策惠及至的企业数量较少。

　　2017 年江苏中小企业的"流动资金""投资计划"的景气度都有显著的上升，既反映了中小企业的内部资金管理能力的提升，也标志着企业发展意愿、发展能力的增强。

　　"应收款"是与企业库存及流动性密切相关的指标，既与市场和营销策略相关，又与流动性（现金流松紧程度）相关，是影响到企业生存和发展的关键性指标。2014 年"应收款"的景气度为 96.7，低于 100，表明销售压力较大和资金面较为紧张；随后 2015 年大幅上升到 110.6，2016 年、2017 年继续上升到 114.3 和 116.2，"应收款"景气度逐年升高，表明江苏大多中小企业产品销售压力逐年减小，资金回笼速度加快，流动性逐年趋松。

2.2.4　江苏中小企业政策景气分析

　　政策景气指数涉及诸多因素，中小企业由于资源、能力方面的限制，放大了中小企业对成本控制的敏感性,更希望有一个适合其发展的政策环境。因此,"税收负担""行政收费""政府工作效率"等指标备受中小企业管理者关注。十八大以来,政府在扶持中小企业发展方面出台了一系列优惠政策,提高服务效率,做了很多努力,力求为中小企业营造更加健康的发展环境。政策景气指数就是针对这些新变化而创设的,其三级指标主要有:"税收负担""税收优惠""行政收费""政府工作效率""融资优惠""专项补贴"等。

图2-10显示,2017年江苏中小企业"政策景气指数"为102.8,继2014年最低点88.9之后连续3年攀升。将政策景气指数与综合景气指数(总景气指数)相比较可以看到,2014年到2015年间,江苏各级政府应对综合景气指数下滑(从107.2下降到105.5)积极出台多种扶持中小企业发展的政策,得到大多中小企业的肯定和认可,政策景气指数大幅上升(从88.9上升到100.2),其政策功效也助推综合景气指数上升到2016年的106.9和2017年的111.6。

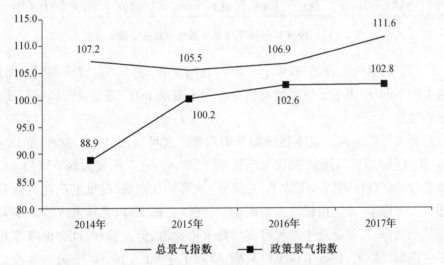

图2-10　2014年—2017年总景气指数与政策景气指数的走势

2017年政策景气指数的即期指数为101.9,预期指数为103.9,预期指数比即期指数有1.5的升幅,表明大多中小企业管理者抱有较好的政策景气预期。

问卷显示,2017年"政府效率"景气度达到125.3。这个指标从2015年的113.8上升到2016年的121.8,净升8个点,到2017年又有3.5个点的升幅,见图2-11。充分表明近年来江苏大多中小企业管理者对"政府效率"给予了相当积极的评价。

2017年虽然"税收优惠"景气度较2016年上升0.2,"专项补贴"较2016年上升0.5;但"税收负担"景气度较2016年下降8.7,"行政收费"景气度下降2.1,这两个逆指标的变化表明中小企业仍然认为税收负担过重,行政收费过多。

从融资方面看,"融资成本"的景气度较2016年下降6.2,表明融资成本有较大增加;"融资优惠"景气度较2016年下降0.6,表明大多企业认为融资优惠力度不够;

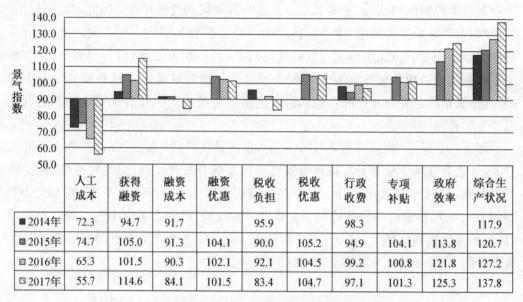

	人工成本	获得融资	融资成本	融资优惠	税收负担	税收优惠	行政收费	专项补贴	政府效率	综合生产状况
■ 2014年	72.3	94.7	91.7		95.9		98.3			117.9
■ 2015年	74.7	105.0	91.3	104.1	90.0	105.2	94.9	104.1	113.8	120.7
▨ 2016年	65.3	101.5	90.3	102.1	92.1	104.5	99.2	100.8	121.8	127.2
▢ 2017年	55.7	114.6	84.1	101.5	83.4	104.7	97.1	101.3	125.3	137.8

图 2-11　2014 年—2017 年政策景气指数各项指标状况

但"获得融资"的景气度较 2016 年上升 3.1，表明尽管 2017 年融资成本明显增加，融资优惠力度不够，但由于经济回暖促使企业资金需求上升，资金紧张程度较 2016 年有一定的缓解。

最需要关切的是人工成本持续飙升的问题。这可从图 2-11 发现，2015 年"人工成本"景气度为 74.7，随后 2016 年下降到 65.3，到 2017 年又大幅下降到 55.7，落入必须报警的红灯区，且"人工成本"是造成"政策景气指数"过低的决定性因素。如前所述，"人工成本"是逆指标，"人工成本"景气度大幅下降，意味着人工成本大幅上升。究其原因，一方面是近年来政府在最低工资标准、员工福利、社会保障等方面出台了不少强制性政策，提升了员工的薪酬，增加了企业的用工成本；另一方面，"用工荒"问题愈发突出，尤其是企业用工占比最大的生产第一线的工种"招工难"，也迫使企业不得不以"高薪、高待遇、高福利"等举措应对用工缺口大的难题；这些都是促使人工成本迅速上升的重要原因。

2.3　江苏中小企业景气指数的产业结构特征分析

2017 年问卷中，第一产业中小企业样本量占比为 3.8%，景气指数为 113.5，处在较乐观状态；第二产业样本量占比达到 61.3%，景气指数为 110.9，稍低于全省综合指数；第三产业样本量占 34.9%，景气指数为 112.4；二、三次产业都处于谨慎乐观状态，处于绿灯区，运行状态良好。与前 3 年相比，第二产业样本比重有所下降，第一、三产业样本比重有一定提升，但第一产业样本量仍偏少，见表 2-7。由于调查中第一产业的样本量偏少,因此这里略去对第一产业中小企业更深入的分析。

表 2-7　2014 年—2017 年各产业调查样本量和占比

时间 产业	2014 年		2015 年		2016 年		2017 年	
	数量	百分比	数量	百分比	数量	百分比	数量	百分比
第一产业	20	0.6%	17	0.3%	154	4.8%	148	3.8%
第二产业	2 647	76.1%	3 719	68.4%	1 846	57.3%	2 325	61.3%
第三产业	814	23.3%	1 704	31.3%	1 221	37.9%	1 431	34.9%
合计	3 481	100.0%	5 440	100.0%	3 221	100.0%	3 904	100%

从图 2-12 可看到,2017 年第二产业中小企业景气指数为 110.9,不但低于综合景气指数(111.6),而且明显低于第一产业中小企业景气指数(113.5)和第三产业中小企业景气指数(112.4),表明相对而言,2017 年江苏第二产业中小企业的景气状况弱于一产和三产,或换一种表述:江苏第二产业中小企业景气回升力度小于一产和三产。

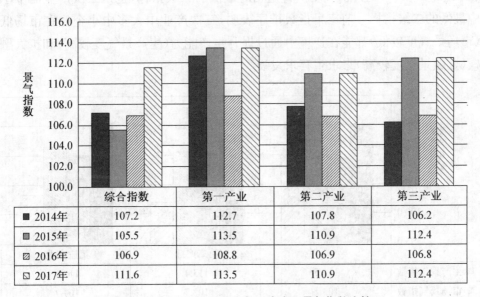

	综合指数	第一产业	第二产业	第三产业
■ 2014年	107.2	112.7	107.8	106.2
■ 2015年	105.5	113.5	110.9	112.4
◩ 2016年	106.9	108.8	106.9	106.8
▢ 2017年	111.6	113.5	110.9	112.4

图 2-12　2014 年—2017 年三次产业景气指数比较

图 2-13 显示,2017 年三次产业景气指数的预期指数均大于即期指数,表明大多中小企业选择市场走势向上的预期;一产和二产的预期指数与即期指数相差稍大,表明一产和二产的中小企业管理者对未来市场走势的预期更好一些;三产的中小企业的预期指数与即期指数差辐较小,表明三产中大多中小企业管理者认为未来市场走势趋于平稳。

图 2-14 可以看到,各次产业中"生产景气指数"最高,"金融景气指数"次之,"市场景气指数"偏低,"政策景气指数"在 2015、2016 年有了比较显著的提升,2017 年增

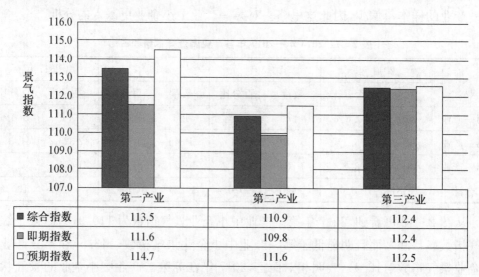

	第一产业	第二产业	第三产业
■ 综合指数	113.5	110.9	112.4
■ 即期指数	111.6	109.8	112.4
□ 预期指数	114.7	111.6	112.5

图 2-13 2017 年三次产业的即期指数和预期指数

幅收窄（图 2-10），但其景气度一直是相对最低的二级指标，也是三次产业的中小企业中最低的二级指标。前三个指数排序表明，三次产业中大多中小企业在市场低迷时（市场景气度较低）都能在逆境中通过提升生产能力（生产景气度较高）和扩大融资规模（金融景气度较高）来求生存求发展。

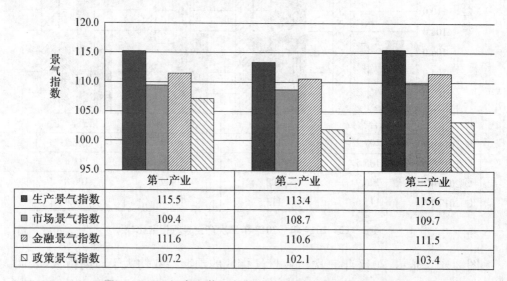

	第一产业	第二产业	第三产业
■ 生产景气指数	115.5	113.4	115.6
■ 市场景气指数	109.4	108.7	109.7
▨ 金融景气指数	111.6	110.6	111.5
□ 政策景气指数	107.2	102.1	103.4

图 2-14 2017 年江苏三次产业的各中小企业二级景气指数

"总体运营状况"和"企业综合生产经营状况"是两个能客观反映企业家信心的指标，图 2-15 显示，2017 年的这两个指标均明显高于其他三级指标，表明尽管市场、生产、金融、政策等少数三级指标的表现不尽人意，但江苏大多中小企业在把控企业自身运营方面显现出更强的信心和预期。

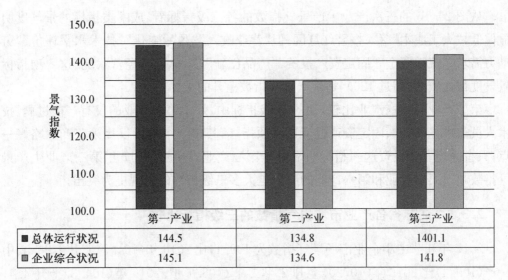

图 2－15　2017 年江苏省三次产业两个三级指标景气指数

2.3.1　江苏各产业生产景气指数的三级指标比较

2017 年江苏中小企业生态景气指数（114.3）比 2016 年（108.5）上升了 5.8，其中，一产（115.1）比 2016 年（110.0）上升 5.1，二产（113.4）比 2016 年（108.5）上升 4.9，三产（115.6）比 2016 年（104.9）上升 10.7；三产升幅最大。2017 年江苏中小企业生产景气指数中三次产业的预期指数都大于即期指数，显示出各产业的大多中小企业对生产运营的前景抱有信心。

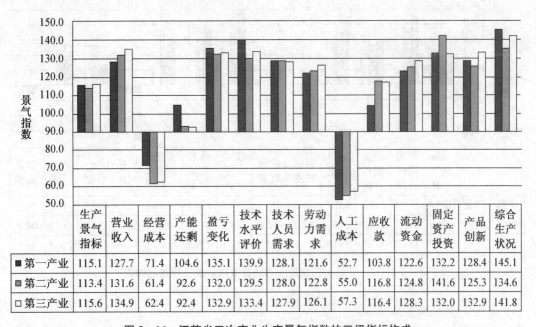

图 2－16　江苏省三次产业生产景气指数的三级指标构成

从图 2-16 的三次产业生产景气指数的各三级指标看,成本类指标的景气度明显偏低,"人工成本"落入报警红灯区;但"营业收入""盈亏变化""技术水平评价""劳动力需求""流动资金""固定资产投资""产品创新""综合生产经营状况"这 8 项指标景气度都比较高(超过 120),是生产景气指数上升的重要助力。

第二产业与第三产业比较,13 个三级指标中,好于第三产业的仅有产能过剩、技术人员需求、应收款、固定资产投资这 4 项指标,其中 3 个指标仅比第三产业略好一点;只有固定资产投资这一指标明显好于第三产业。显然,2017 年第三产业生产景气指数超过第二产业和第一产业的原因是大多三级指数的表现更为突出。

2.3.2　江苏省各产业市场景气指数的三级指标比较

2017 年江苏中小企业市场景气指数为 109.1,比 2016 年(104.7)上升 4.4。其中一产(109.4)比 2016 年(107.0)上升 2.4,二产(108.7)比 2016 年(104.3)上升 4.4,三产(109.7)比 2016 年(104.9)上升 4.8。

图 2-17 看到,将三产与二产比较[1],12 个三级指标中,三产有大部分成本类指标弱于二产,比如:"原材料购进价格"(-9.6),表明原材料成本上升[2],"营销费用"(-4.5),表明营销费用上升;"融资成本"(-1.0),表明融资成本上升;"产能过剩"问题也比二产突出一些(-0.2);只有"人工成本"景气度略好一些(+2.3)。在市场销售和市场需求方面看,三产企业稍好于二产企业,如:"新签销售合同"(+2.5),表明新签销售合同增加了;"产品销售价格"(+6.2),表明在一定的销售量上销售收入增

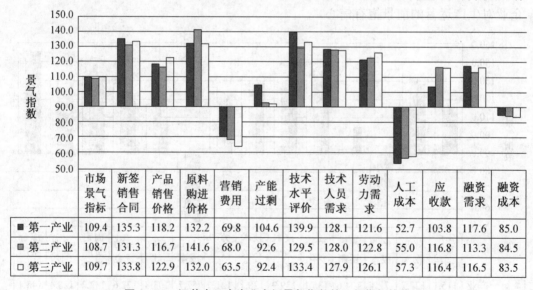

	市场景气指标	新签销售合同	产品销售价格	原料购进价格	营销费用	产能过剩	技术水平评价	技术人员需求	劳动力需求	人工成本	应收款	融资需求	融资成本
■ 第一产业	109.4	135.3	118.2	132.2	69.8	104.6	139.9	128.1	121.6	52.7	103.8	117.6	85.0
▨ 第二产业	108.7	131.3	116.7	141.6	68.0	92.6	129.5	128.0	122.8	55.0	116.8	113.3	84.5
□ 第三产业	109.7	133.8	122.9	132.0	63.5	92.4	133.4	127.9	126.1	57.3	116.4	116.5	83.5

图 2-17　江苏省三次产业市场景气指数的三级指标构成

---

[1]　一产企业占比小,这里不展开分析。

[2]　成本类指标是逆指标,负值表明景气度下降,即该项成本上升。

加了;"劳动力需求"(+3.3),表明用工需求增加,意味着生产能力增加;"融资需求"(+3.2),表明融资需求增加和扩张意愿增加。再有,在"技术水平评价"这个指标上,三产中小企业(+3.9),表明较多的三产中小企业认为自身的技术水平较同行业有一定的提升,其升幅高于二产中小企业。综上比较可以看出,2017年尽管三产中小企业的成本类指标大多弱于二产中小企业,但市场景气指数仍高于二产中小企业(+1.0)的原因,更多的是三产中小企业市场销售的景气度以及市场扩张的意愿高于二产中小企业。

2.3.3　江苏省各产业金融景气分析

2017年江苏中小企业金融景气指数为110.9,比2016年(106.0)上升4.9。其中一产(111.6)比2016年(107.1)上升4.5,二产(110.6)比2016年(106.2)上升4.4,三产(111.5)比2016年(105.5)上升6.0,三产升幅较大。

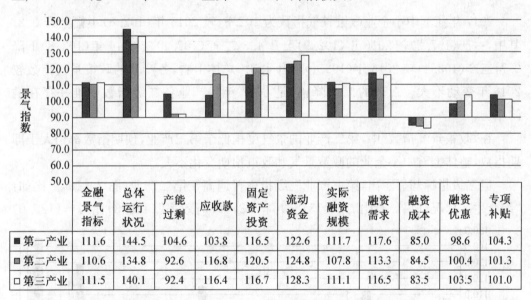

	金融景气指标	总体运行状况	产能过剩	应收款	固定资产投资	流动资金	实际融资规模	融资需求	融资成本	融资优惠	专项补贴
■第一产业	111.6	144.5	104.6	103.8	116.5	122.6	111.7	117.6	85.0	98.6	104.3
■第二产业	110.6	134.8	92.6	116.8	120.5	124.8	107.8	113.3	84.5	100.4	101.3
□第三产业	111.5	140.1	92.4	116.4	116.7	128.3	111.1	116.5	83.5	103.5	101.0

图2-18　江苏省三次产业金融景气指数的三级指标构成

图2-18显示,2017年从整体上看各产业的"金融景气指数"基本持平,第二产业的景气度稍低一些,预期指数都略大于即期指数。除了"融资成本"这一个成本类的指标以外,各三级指标的景气度都高于90,特别是"产能过剩"的景气度在2017年得到了显著的提升,其中一产(104.6)比2016年(70.0)上升34.6,二产(92.6)比2016年(85.8)上升6.8,三产(92.4)比2016年(84.5)上升7.9。产能过剩压力的缓解,有利于降低债务压力,改善流动性。

在2016年的调查中,第二产业的金融景气状况稍好于第三产业,比如"融资需求""实际融资规模""融资优惠""专项补贴"等指标的景气度高于第三产业。但2017年出现了较显著的变化,上述几个指标几乎都低于第三产业:"融资需求"(84.5)比三产(83.5)低 1.0,"实际融资规模"(107.8)比三产(111.1)低 3.3,"融资优惠"(100.4)比三产(103.5)低 3.1,"专项补贴"(101.3)与三产(101.0)大体持平,而 2016 年该项指标的二产(102.0)比三产(98.7)高 3.3。

2017 年各产业中小企业"融资成本"景气度进一步较大幅度下降,其中一产(85.0)比 2016 年(94.4)下降 9.4,二产(84.5)比 2016 年(89.9)下降 5.4,三产(83.5)比 2016 年(90.6)下降 7.1。这是一个逆指标,表明融资成本在进一步较大幅度的上升,明显弱化了"降成本"的政策功效。

2017 年各产业"流动资金"的景气度明显高于 2016 年,其中一产(122.6)比 2016 年(118.9)高 3.7,二产(124.8)比 2016 年(116.3)高 8.5,三产(128.3)比 2016 年(118.8)高 9.5。显然 2017 年三产的大多中小企业的流动资金(流动性)相对宽松一些。

2.3.4 江苏省各产业政策景气分析

2017 年江苏中小企业政策景气指数为 102.8,较 2016 年(102.6)小幅上升 0.2。其中,一产(107.2)较 2016 年(102.9)上升 4.3,二产(102.1)较 2016 年(102.8)下降 0.7,三产(103.4)较 2016 年(102.1)上升 1.3。总体上看,各产业的政策景气指数较 2016 年变动不大。二产的 0.7 降幅,是 2017 年各产业各二级指数中唯一存在的降幅。

在"政策景气指数"中,第二产业的景气度稍低于第三产业,预期指数都稍大于即期指数,整体上看中小企业的政策景气和政策预期变化不大。

但三级指标却显示出,第三产业三级指标普遍高于第二产业(图 2-19)。比如:"综合生产状况"(141.8)比二产(134.6)高 7.2,"政府效率"(125.3)比二产(125.0)

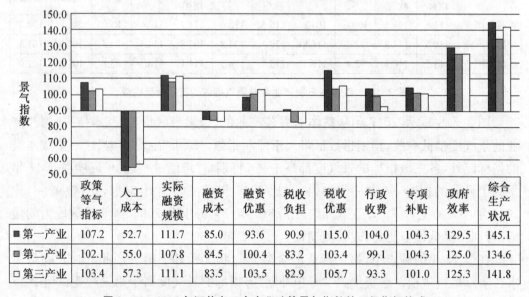

	政策景气指标	人工成本	实际融资规模	融资成本	融资优惠	税收负担	税收优惠	行政收费	专项补贴	政府效率	综合生产状况
■第一产业	107.2	52.7	111.7	85.0	93.6	90.9	115.0	104.0	104.3	129.5	145.1
▨第二产业	102.1	55.0	107.8	84.5	100.4	83.2	103.4	99.1	104.3	125.0	134.6
□第三产业	103.4	57.3	111.1	83.5	103.5	82.9	105.7	93.3	101.0	125.3	141.8

图 2-19   2017 年江苏省三次产业政策景气指数的三级指标构成

高 0.3,"税收优惠"(105.7)比二产(103.4)高 2.3,"融资优惠"(103.5)比二产(100.4)高 3.1,"实际融资规模"(111.1)比二产(107.8)高 3.3。这些是三产政策景气指数略高于二产的原因。

不过在与企业成本直接相关或间接相关的多数三级指标中,三产却不如二产。成本类指标是逆指标,指数下降即景气度下降,意味着成本上升。比如:"融资成本"指数(83.5)比二产(84.5)低 1.0,即融资成本高于二产;"税收负担"指数(82.9)比二产(83.2)低 0.3,即税收负担略高于二产;"行政收费"指数(93.3)比二产(99.1)低 5.8,表明行政收费高于二产。只有"人工成本"方面三产(57.3)稍好于二产(55.0)。

2.4　江苏省中小企业景气指数的企业规模特征分析

从样本构成看,2017 年调查中,中型企业的样本比重稍有回升,微型企业的样本比重稍有下降,小微型企业的比重占 85.7%,显示出本项调查更能体现小微企业的特点。见表 2-8。

表 2-8　2014 年—2017 年不同规模企业样本量统计

产业类型	2014 年		2015 年		2016 年		2017 年	
	数量	百分比	数量	百分比	数量	百分比	数量	百分比
中型企业	946	27.0%	712	13.1%	355	11.0%	557	14.3%
小型企业	1 696	48.4%	2 867	52.7%	1 563	48.5%	2 039	52.2%
微型企业	866	24.7%	1 861	34.2%	1 303	40.5%	1 308	33.5%
合计	3 508	100.0%	5 440	100.0%	3 221	100.0%	3 904	100.0%

2017 年度江苏省中小企业景气指数为 111.6,比 2016 年上升 4.7 点,属于乐观状态,在绿灯区运行。表 2-9 显示,不同规模企业的景气指数都位于 110 以上,且预期指数都大于即期指数,表明大多中小微企业对前景抱有信心。与 2016 年相比,中、小、微企业的景气指数都有不同程度的上升,其中,小、微型企业景气指数升幅较大。

表 2-9　不同规模企业景气指数比较

	2014 年	2015 年	2016 年	2017 年	2017 年比 2016 年上升
综合指数	**107.2**	**105.5**	**106.9**	**111.6**	**4.7**
中型企业	108.5	106.0	110.1	112.5	2.4
小型企业	107.4	105.9	107.9	112.3	4.4
微型企业	105.5	104.8	105.0	110.0	5.0

图 2-20 及表 2-9 清楚显示,2014 年至 2016 年不同规模企业的景气指数处在上下波动之中,到 2017 年均出现较大幅度的上升。以微型企业为例,前 3 年的景气

指数基本在 105 的区间波动,到 2017 年跳升到 110.0,升幅达 5.0。

图 2 - 21 显示,2017 年全省不同规模企业景气指数中,4 个二级指标的景气指数都高于 100,处在绿灯区间,与往年相比都有较为明显的上升。其中,生产景气指数最高,金融景气指数次之,金融景气指数上升较快,助力不同规模的企业尤其是小型企业生产规模扩张。从图 2 - 21 可以发现,小型企业的生产、金融景气度同向上升,意味着适当加大对于小型企业的金融支持,可以带来更高的生产回报。

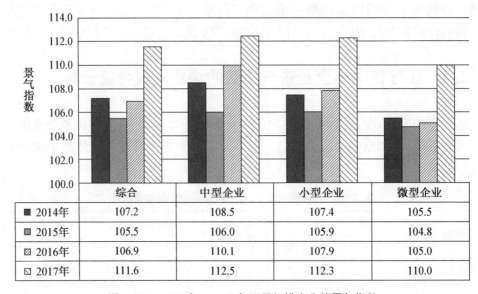

	综合	中型企业	小型企业	微型企业
2014年	107.2	108.5	107.4	105.5
2015年	105.5	106.0	105.9	104.8
2016年	106.9	110.1	107.9	105.0
2017年	111.6	112.5	112.3	110.0

图 2 - 20　2014 年—2017 年不同规模企业的景气指数

市场景气指数回升幅度相对小一些,表明仍有市场下行的压力,成本类指数在 2017 年更加低迷,表明成本压力持续上升,表明市场前景的不确定性依然存在。

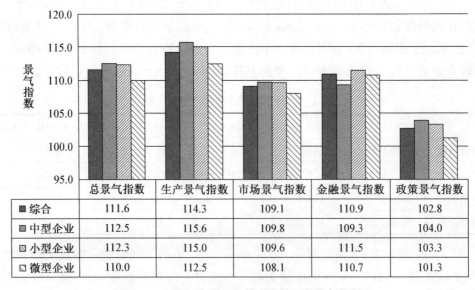

	总景气指数	生产景气指数	市场景气指数	金融景气指数	政策景气指数
综合	111.6	114.3	109.1	110.9	102.8
中型企业	112.5	115.6	109.8	109.3	104.0
小型企业	112.3	115.0	109.6	111.5	103.3
微型企业	110.0	112.5	108.1	110.7	101.3

图 2 - 21　2017 年不同规模企业的二级景气指数

从图 2－21 看到,政策景气指数及不同规模企业的政策景气指数均低于其他二级景气指数。这需要进一步分析:首先,尽管政策景气指数低于其他二级景气指数,但纵向看,从 2014 年至 2017 年,政策景气指数是逐年小幅递增的,2014 年为 88.9,2015 年 100.2,2016 年 102.6,2017 年 102.8;其次,与 2016 年相比较,2017 年中型企业和小型企业政策景气指数均有上升,其中,中型企业(104.0)比 2016 年(103.0)上升 1.0,小型企业(103.3)比 2016 年(102.9)上升 0.4;只有微型企业(101.3)比 2016 年(102.0)略有下降(－0.7)。所以总体上看,政策景气指数在逐年递增,表明江苏大多中小企业对政府持续的一系列扶持政策是予以肯定的。

图 2－22 显示,2014 年以来小型企业金融景气指数逐年上升,由 2014 年的 98.8,2015 年的 106.7,上升到 2016 年的 107.1,2017 年已经达到 111.5;尽管微型企业 2016 年的金融景气指数(104.7)略低于 2015 年(105.7),但到 2017 年大幅上升到 110.7,与 2014 年比有 9.8 的升幅,显示出金融环境更有利于小微企业,表明政府大力支持小微企业融资的政策取得一定成效。

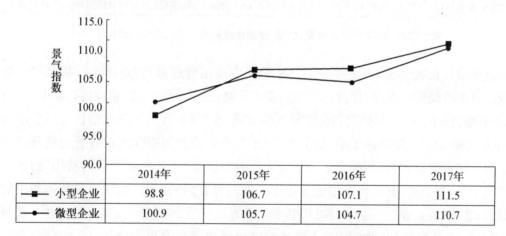

	2014年	2015年	2016年	2017年
■ 小型企业	98.8	106.7	107.1	111.5
● 微型企业	100.9	105.7	104.7	110.7

图 2－22　2014 年—2017 年小型、微型企业金融景气指数

注:中型企业同期的金融景气指数增幅相对较小,图中略去。

2.4.1　江苏省中型企业景气分析

2017 年调查中,中型企业有 557 家,约占总样本的 14.3%,样本规模比 2014 年稍下降,与 2015、2016 年基本持平。景气指数为 112.5,即期指数为 111.6,预期指数为 113.0,预期指数稍大于即期指数,显示出大多中型企业对前景抱有一定信心。图 2－23 显示中型企业的景气指数普遍较高,综合指数以及生产、市场、政策 3 个二级指数都高于小、微企业,其中以生产景气指数较为突出,达到 115.6,明显地高于小型、微型企业。

从具体构成指标看,2017 年中型企业景气指数(112.5)比 2016 年(110.1)上升2.4,其中一些三级指数明显高于小型、微型企业。从图 2－23 可以看到,2017 年中

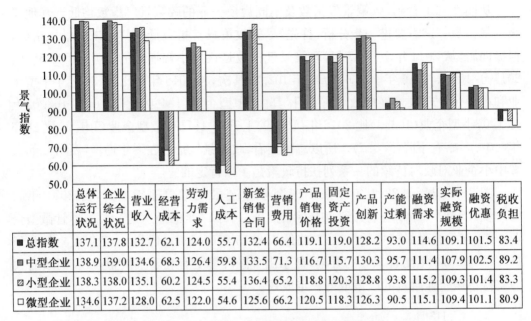

	总体运行状况	企业综合状况	营业收入	经营成本	劳动力需求	人工成本	新签销售合同	营销费用	产品销售价格	固定资产投资	产品创新	产能过剩	融资需求	实际融资规模	融资优惠	税收负担
■ 总指数	137.1	137.8	132.7	62.1	124.0	55.7	132.4	66.4	119.1	119.0	128.2	93.0	114.6	109.1	101.5	83.4
▨ 中型企业	138.9	139.0	134.6	68.3	126.4	59.8	133.5	71.3	116.7	115.7	130.3	95.7	111.4	107.9	102.5	89.2
▨ 小型企业	138.3	138.0	135.1	60.2	124.5	55.4	136.4	65.2	118.8	120.3	128.8	93.8	115.2	109.3	101.4	83.3
□ 微型企业	134.6	137.2	128.0	62.5	122.0	54.6	125.6	66.2	120.5	118.3	126.3	90.5	115.1	109.4	101.1	80.9

图 2-23 2017 年江苏中型、小型、微型企业景气指数的部分三级指标(一)

型企业景气指数出现了一些特征:① 中型企业高层管理者对"总体运行状况"和"企业综合生产经营状况"的评价在三类企业中最高,整体运营环境、企业运行状况良好;② 中型企业的生产、营销类指标的景气度较高,在"营业收入""新签销售合同""产品创新"方面的景气度都高于小、微企业(但小型企业营销类指标出现显著的提升,"营业收入""新签销售合同"都高于中型企业);中型企业"产品创新""营销费用"的景气度高于小、微企业,显示出中型企业在增加新销售合同的同时,也注意了营销费用的管控;③ 中型企业"产品(服务)销售价格"的景气度却低于小、微企业,这一点与2015、2016 年相似,表明中型企业更易通过价格战来争取更大市场;④ 中型企业在"投资计划""融资需求"的景气度低于小、微企业,表明中小企业在资金需求方面没有小、微企业那么强烈。而在 2017 年中型企业的投融资需求的景气度都低于小、微企业,显示出 2017 年中型企业扩张意愿有所下降;⑤ 中型企业的成本类指标有一些变化,2015 年中型企业在"经营成本""人工成本"等方面有所提升,2016 年这 2 项指标都低于小、微企业,而 2017 年又高于小、微企业,中型企业成本类指标的不稳定状况及成因还需要进一步更深入的研究;⑥ 2017 年中型企业的"融资优惠"的景气度高于小型企业和微型企业,而"税收负担"的景气度也高于小型企业和微型企业,"税收负担"是逆指标,景气度越高意味着税收负担相对轻一些。

2.4.2 江苏省小型企业景气分析

2017 年问卷中小型企业有 2 039 家,样本量约占 52.2%,景气指数为 112.3,低于中型企业、高于微型企业。即期指数为 111.3,预期指数为 112.9,预期指数高于即期指数,显示大多小型企业对前景较乐观。小型企业的生产、市场、政策景气指数都介于中型、微型企业之间,金融景气指数高于中型、微型企业,这种状况与前几年相似,见图 2-22、表 2-9。金融景气指数维持了 2015、2016 年上升走势,2017 年小型企业金融景气度继续上升到 111.5。

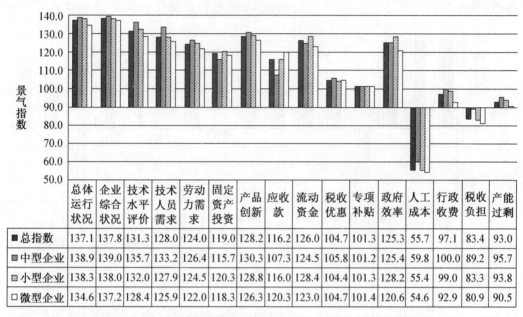

	总体运行状况	企业综合状况	技术水平评价	技术人员需求	劳动力需求	固定资产投资	产品创新	应收款	流动资金	税收优惠	专项补贴	政府效率	人工成本	行政收费	税收负担	产能过剩
■总指数	137.1	137.8	131.3	128.0	124.0	119.0	128.2	116.2	126.0	104.7	101.3	125.3	55.7	97.1	83.4	93.0
▣中型企业	138.9	139.0	135.7	133.2	126.4	115.7	130.3	107.3	124.5	105.8	101.2	125.4	59.8	100.0	89.2	95.7
▨小型企业	138.3	138.0	132.0	127.9	124.5	120.3	128.8	116.0	128.4	104.4	101.4	128.2	55.4	99.0	83.3	93.8
□微型企业	134.6	137.2	128.4	125.9	122.0	118.3	126.3	120.3	123.0	104.7	101.4	120.6	54.6	92.9	80.9	90.5

图 2-24 2017 年江苏中型、小型、微型企业景气指数部分三级指标比较(二)

从具体的构成指标看,小型企业有一些三级指标的景气度高于中型、微型企业,见图 2-24 和图 2-23:① 2017 年大多小型企业在"总体运行状况""企业综合生产经营状况"这两个具有主观感受特征的指标上,总体评价稍低于中型企业、高于微型企业。② 小型企业在"固定资产投资""融资需求""流动资金"等与金融相关的指标的景气度高于中型、微型企业。这是非常积极的信号,显示出小型企业有很强的内生发展意愿,同时流动性相对宽松一些,有助于提升稳健经营的能力;③ 小型企业在与市场相关的指标方面,如"营业收入"和"新签销售合同",也好于中型企业和微型企业。④ 小型企业在与成本和政策相关的一些指标上,如"人工成本""经营成本""营销费用""税收负担""行政收费",其景气度介于中型企业和微型企业之间;⑤ "产能过剩"问题在小型企业有明显改善。2014 年"产能过剩"的景气度高于中型和微型企业,2015 年为 92.8,低于中型企业(96.5)和小型企业(93.7),2016 年继续下滑到 80.6,低于中型企业(81.1)和微型企业(90.2),2017 年出现反弹,从 2016 年的 80.6 大幅上升到 93.8,升幅达 13.2,表明 2017 年小型企业在去产能方面进步显著。

2.4.3 江苏省微型企业景气分析

2017 年调查问卷中微型企业有 1308 家,占总样本的 33.5%,样本规模与 2014 年、2015 年基本持平,比 2016 年稍下降。2017 年微型企业的景气指数为 110.0,低于中型企业和小型企业。即期指数为 109.6,预期指数为 110.3,预期指数大于即期指数(见图 2-25、表 2-9)。4 个二级指标中,微型企业都低于中型、小型企业。

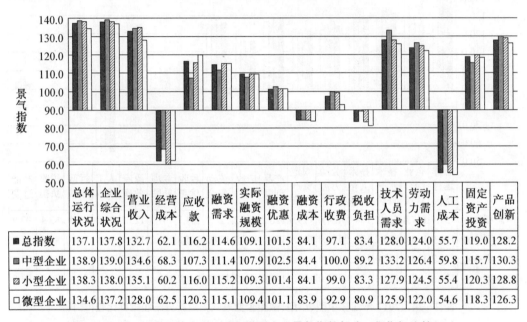

	总体运行状况	企业综合状况	营业收入	经营成本	应收款	融资需求	实际融资规模	融资优惠	融资成本	行政收费	税收负担	技术人员需求	劳动力需求	人工成本	固定资产投资	产品创新
■总指数	137.1	137.8	132.7	62.1	116.2	114.6	109.1	101.5	84.1	97.1	83.4	128.0	124.0	55.7	119.0	128.2
▨中型企业	138.9	139.0	134.6	68.3	107.3	111.4	107.9	102.5	84.4	100.0	89.2	133.2	126.4	59.8	115.7	130.3
▨小型企业	138.3	138.0	135.1	60.2	116.0	115.2	109.3	101.4	84.1	99.0	83.3	127.9	124.5	55.4	120.3	128.8
□微型企业	134.6	137.2	128.0	62.5	120.3	115.1	109.4	101.1	83.9	92.9	80.9	125.9	122.0	54.6	118.3	126.3

图 2-25 2017 年江苏中型、小型、微型企业景气指数部分三级指标比较(三)

从指标构成看,图 2-25 显示,2017 年微型企业几乎所有三级指标都低于中型、小型规模的企业,但也有一些特征:① 2017 年微型企业高层管理者对"总体运行状况"(134.6)、"企业综合生产经营状况"(137.2)这两个指标的景气度均低于中型(138.9,139.0)、小型企业(138.3,138.0),但与 2015 年(115.0,119.0)和 2016 年(118.1,119.4)比较,有了较大幅度的回升。这表明:微型企业受规模、资源、能力等方面的限制,市场生存能力相对弱小,尤其是在经济下行时这一特点更为突出。在整体经济复苏时,微型企业尽管也在回升,但回升步伐相对落后于中型企业和小型企业;② 在"应收款"(应收未收到的款项)方面,2014 年微型企业的景气指数是最高的,现场访谈也发现,微型企业更多地以"现款现货"的方式经营。但随着经济下行压力加大,微型企业的相对弱势日趋显现,2015 年"应收款"的景气度已经低于小型企业,到 2016 年已经明显低于中型企业和小型企业,到 2017 年随着经济的复苏和市场的复苏,微型企业的"应收款"指标(120.3)迅速回升,再次高于中型企业(107.3)和小型企业(116.0)。③ 金融类指标景气度较低或介于中型、小型企业之间。如:"融资成本"的景气度(83.9)略低于中型(84.4)、小型企业(84.1);"融资优惠"(101.1)低于中型企业(102.5)和小型企业(101.4);"融资需求"(115.1)高于中型企业(111.4)低于小型企业(115.2);"固定资产投资"(118.3)高于中型企业(115.7)低于小型企业(120.3)。微型企业大多以内源融资为主,以银行信贷等融资方式获得企业发展资金的意愿并不强烈,政策性金融支持对象更多的是中型企业和小型企业,这些实际因素决定了微型企业的金融能力弱于中小企业和小型企业。④ 大多成本类指标的景气度低于中型企业和小型企业。比如:"人工成本"(54.6)低于中型企业(59.8)和小型企业(55.4),已经接近报警的红灯区(50~20),"融资成本"(83.9)低于中型企业(84.4)和小型企业(84.1),"行政收费"(92.9)低于中型企业(100.0)和小型企业(99.0),"税收负担"(80.9)低于中型企业(89.9)和小型企业(83.3),税收负担和行政收费对微型企业更为敏感,表现出政府对微型企业的扶持政策与微型企业的期望还有一定距离。⑤ 技术人员、劳动力需求、产品创新的景气度相对较低。其中,"技术人员需求"(125.9)低于中型企业(133.2)和小型企业(127.9),"劳动力需求"(122.0)低于中型企业(126.4)和小型企业(124.5),"产品创新"(126.3)低于中型企业(130.3)和小型企业(128.8)。这些都表明,小型企业技术投入和用工需求弱于中型企业和小型企业,创新能力也弱于中小企业和小型企业。

2.5　江苏中小企业景气指数的区域特征分析

表 2-10 显示的是 2017 年问卷样本的区域分布情况。其中苏南地区样本最多,苏北和苏中地区样本相对较少。就三个地区样本企业规模分布而言,各地区的小型企业样本比例均最高,微型企业样本比例次之,中型企业样本比例最低。

表 2-10　2017 年江苏三地区中、小、微企业样本量及占比

	中型企业		小型企业		微型企业		总计
	数量	百分比	数量	百分比	数量	百分比	
苏南地区	281	12.73%	1 134	51.38%	792	35.89%	2 207
苏中地区	95	12.91%	420	57.07%	221	30.03%	736
苏北地区	181	18.83%	485	50.47%	295	30.70%	961
合计	557	14.27%	2 039	52.23%	1308	33.50%	3 904

比较 2017 年三地区的景气指数(图 2-26),区域间不同规模企业的景气指数高低不同。苏南地区的总景气指数(112.1)三地区最高,并高于全省总指数(111.6),其中,微型企业的景气指数远高于苏中和苏北地区,小型企业和中型企业的景气指数均处于苏中地区与苏北地区之间;苏中地区的总景气指数(111.7)在三地区排名第二,其中,中型企业的景气指数(116.3)远高于苏南和苏北地区,小型企业的景气指数略高于其他两地区,而微型企业的景气指数(107.2)在三地区中为最低;苏北地区的总

景气指数在三地区中为最低,该地区除微型企业的景气指数(108.3)略高于苏中地区外,中型与小型企业的景气指数均低于苏南和苏中地区。

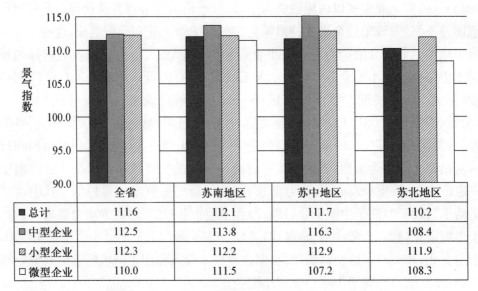

	全省	苏南地区	苏中地区	苏北地区
■ 总计	111.6	112.1	111.7	110.2
▦ 中型企业	112.5	113.8	116.3	108.4
▨ 小型企业	112.3	112.2	112.9	111.9
□ 微型企业	110.0	111.5	107.2	108.3

图 2-26 2017 年江苏三地区中、小、微企业景气指数

与 2016 年相比,2017 年江苏三地区的中、小、微型企业的景气指数有不同程度的升降,见表 2-11。其中,苏南地区微型企业景气指数升幅最大(7.1),中型企业景气指数上升 4.2,小型企业景气指数也有 2.6 的升幅。苏中地区中型企业景气指数相比 2016 年上升 6.9,小型企业景气指数上升 5.9,而微型企业景气指数小幅下降 0.2。苏北地区小型企业和微型企业景气指数均上升 5.8,而中型企业景气指数则下降 2.6。

表 2-11 2016 年和 2017 年江苏三地区不同规模企业景气指数比较

地区 企业 类型	全省		苏南地区		苏中地区		苏北地区	
	2017 年	2016 年	2017 年	2016 年	2017 年	2016 年	2017 年	2016 年
总计	111.6	106.9	112.1	107.3	111.7	107.4	110.2	105.7
中型企业	112.5	110.1	113.8	109.6	116.3	109.4	108.4	111.0
小型企业	112.3	107.9	112.2	109.6	112.9	107.0	111.9	106.1
微型企业	110.0	105.0	111.5	104.4	107.2	107.4	108.3	102.5

从三级指标看,表 2-12 显示,与 2016 年相比,2017 年苏南、苏中、苏北三个地区的“总体运行状况”和“企业综合生产经营状况”这两个指标都出现了明显的上升。

表 2 - 12 2014—2017 年江苏三地区两个综合指标景气指数比较

地区 年份	总体运行状况			企业综合生产经营状况		
	苏南	苏中	苏北	苏南	苏中	苏北
2014	132.3	137.3	113.8	123.2	132.2	105.7
2015	121.0	131.7	104.4	125.6	136.3	97.4
2016	128.3	119.3	124.1	128.1	128.1	124.2
2017	137.9	143.1	130.7	140.2	141.3	129.6

其中苏南地区的"总体运行状况"这一指标在经历了 2015 年的大幅下滑后,在 2016 年和 2017 年连续出现较大幅度增长;"企业综合生产经营状况"这一指标则在 2015 年至 2017 年呈现持续增长,尤其是 2017 年增幅最大(11.9)。苏中地区的"总体运行状况"这一指标在经历了 2015 年和 2016 年的连续下滑之后,2017 年出现了爆发式增长,增幅为 23.8;而"企业综合生产经营状况"指标则在 2016 年的下降之后于 2017 年上升了 13.2。苏北地区这两项指标在经历了 2015 年的下降后,出现了连续两年的增长,只是 2017 年的增长幅度(5.4)明显小于 2016 年(26.8)。

2.5.1 生产景气指数的地区间比较

2017 年江苏中小企业生产景气指数为 114.3,比 2016 年的 108.5 上升了 5.8,2014—2017 年连续四年呈现上升态势,其中 2017 年升幅最大(图 2 - 27)。从 2016 年和 2017 年江苏三个地区中小企业生产景气指数的对比来看,苏中地区升幅最大(11.8),苏北地区其次(7.7),苏南地区第 3(6.0)。

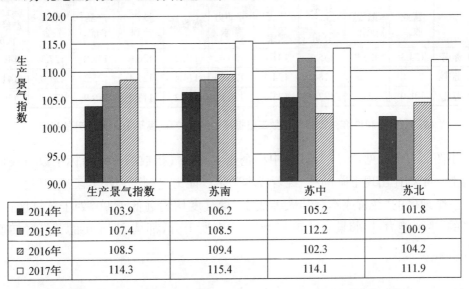

	生产景气指数	苏南	苏中	苏北
■ 2014年	103.9	106.2	105.2	101.8
■ 2015年	107.4	108.5	112.2	100.9
▨ 2016年	108.5	109.4	102.3	104.2
□ 2017年	114.3	115.4	114.1	111.9

图 2 - 27 2014 年—2017 年江苏三地区中小企业生产景气指数比较

从三个地区 2014 年至 2017 年生产景气指数的变化情况看,苏南地区呈连续 4 年递升态势,2017 年的生产景气指数(115.4)高于全省生产景气指数(114.3),且为江苏三地区最高;苏中地区生产景气指数在经历了 2015 年的显著上升和 2016 年的大幅下滑后,2017 年出现了最大幅度的上升(114.1),超过了 2015 年的水平(112.2);苏北地区生产景气指数则在经历了 2015 年的小幅下降和 2016 年的上升后,2017 年度呈现比前一年更大幅度的上升,但 2017 年其生产景气指数(111.9)为江苏三地区最低。

由图 2-28 可见,2017 年江苏中小企业生产景气指数的三级指标中数值较高(高于 100)并且与上一年相比出现上升的有"营业收入""盈亏变化""技术水平评价""技术人员需求""劳动力需求""应收款""投资计划""产品创新""流动资金"以及"综合生产经营状况"共 10 个指标。在这些指标中,苏南地区景气指数除了"投资计划"和"综合生产经营状况"略低于苏中地区外,其余指标均为三地区最高;而苏北地区景气指数除了"劳动力需求"和"应收款"外,其余指标均为三地区最低。

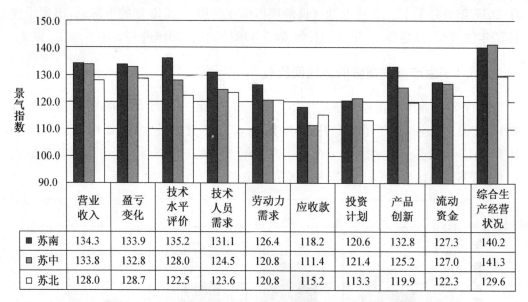

	营业收入	盈亏变化	技术水平评价	技术人员需求	劳动力需求	应收款	投资计划	产品创新	流动资金	综合生产经营状况
■ 苏南	134.3	133.9	135.2	131.1	126.4	118.2	120.6	132.8	127.3	140.2
▥ 苏中	133.8	132.8	128.0	124.5	120.8	111.4	121.4	125.2	127.0	141.3
□ 苏北	128.0	128.7	122.5	123.6	120.8	115.2	113.3	119.9	122.3	129.6

图 2-28 2017 年生产景气指数三级指标中数值较高(高于 100)且上升的指标

由图 2-29 可见,2017 年江苏中小企业生产景气指数的三级指标中数值较低或者与上一年相比出现下降的有"经营成本""生产能力过剩"以及"人工成本"这 3 个指标。三个地区的"经营成本"和"人工成本"景气度均远远低于 90,处于黄灯区;三个地区的"生产能力过剩"景气度较 2016 年均有所上升,都从 2016 年的黄灯区转变为绿灯区。

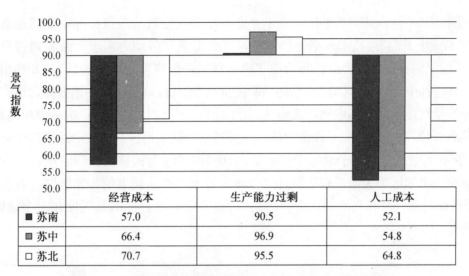

	经营成本	生产能力过剩	人工成本
■ 苏南	57.0	90.5	52.1
■ 苏中	66.4	96.9	54.8
□ 苏北	70.7	95.5	64.8

图 2 - 29　2017 年生产景气三级指标中数值较低或下降的指标

2.5.2　市场景气指数的地区间比较

2017 年江苏中小企业市场景气指数为 109.1,比 2016 年的 104.7 上升了 4.4,但仍略低于 2014 年的 109.4(见图 2 - 30)。从 2016 年和 2017 年江苏三个地区中小企业市场景气指数的对比来看,2017 年三个地区的市场景气指数均比前一年有所上升,其中苏北地区升幅最大(5.9),苏南地区升幅其次(4.7),苏中地区升幅最小(2.2)。从 2014 年至 2017 年市场景气指数的变化情况看,三个地区的市场景气指数均在经历了 2015 年的下降后连续两年呈现上升态势,并且 2017 年的上升幅度明显大于2016 年的上升幅度。

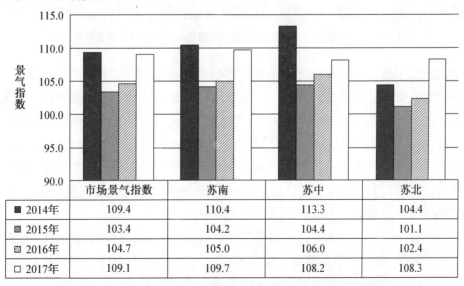

	市场景气指数	苏南	苏中	苏北
■ 2014年	109.4	110.4	113.3	104.4
■ 2015年	103.4	104.2	104.4	101.1
▨ 2016年	104.7	105.0	106.0	102.4
□ 2017年	109.1	109.7	108.2	108.3

图 2 - 30　2014 年—2017 年江苏三地区中小企业市场景气指数比较

图 2-31 所示,2017 年江苏中小企业市场景气指数的三级指标中数值较高(高于 110)或上升的有"技术水平评价""技术人员需求""劳动力需求""新签销售合同""产品线上销售比例""产品销售价格""原材料购进价格"以及"应收款"共 8 项指标。在这些指标中,苏南地区除了"原材料购进价格"景气度略低于苏中地区外,其余 7 项指标的景气度都高于苏中和苏北地区;苏中地区"原材料购进价格"这一指标的景气度最高(142.7),"技术水平评价""技术人员需求""新签销售合同""产品销售价格"这 4 个指标的景气度在三个地区中位居第二,而"产品线上销售比例"和"应收款"的景气度在三个地区中为最低;苏北地区"劳动力需求""产品线上销售比例""应收款"这 3 个指标的景气度在三个地区中位居第二,而其余 5 项指标的景气度在三个地区中为最低。

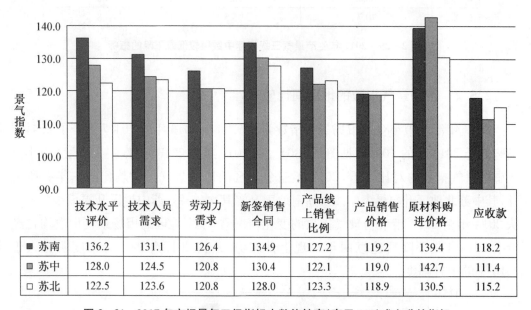

	技术水平评价	技术人员需求	劳动力需求	新签销售合同	产品线上销售比例	产品销售价格	原材料购进价格	应收款
■ 苏南	136.2	131.1	126.4	134.9	127.2	119.2	139.4	118.2
■ 苏中	128.0	124.5	120.8	130.4	122.1	119.0	142.7	111.4
□ 苏北	122.5	123.6	120.8	128.0	123.3	118.9	130.5	115.2

图 2-31　2017 年市场景气三级指标中数值较高(高于 110)或上升的指标

图 2-32 所示,2017 年江苏中小企业市场景气指数的三级指标中数值较低或下降的有"生产能力过剩""人工成本""营销费用"和"融资成本"这 4 项指标。苏南、苏中和苏北三个地区的"生产能力过剩"景气度较 2016 年均有不同程度的上升,并从黄灯区上升到 2017 年的绿灯区,表明三个地区均存在的严重产能过剩问题在一定程度上得到缓解;尤其是苏中地区产能过剩景气度从 2016 年的最低(82.6)上升到 2017 年的最高(96.9),上升幅度为三地区之最;而苏南地区产能过剩景气度(90.5)为三个地区的最低,产能过剩压力最大。

三个地区的"人工成本""营销费用"和"融资成本"的景气度都低于 90,位于黄灯区,且几乎都是在 2016 年的基础上出现不同程度的下滑;苏南地区尤为严重,这 3 个指标的景气度均为最低,表明苏南地区中小企业成本压力最大。

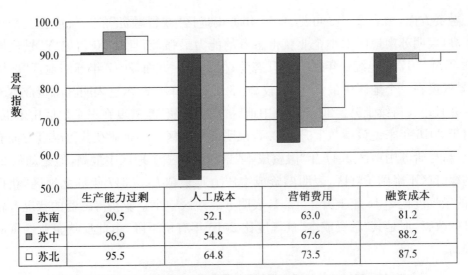

	生产能力过剩	人工成本	营销费用	融资成本
■ 苏南	90.5	52.1	63.0	81.2
■ 苏中	96.9	54.8	67.6	88.2
□ 苏北	95.5	64.8	73.5	87.5

图 2-32　2017 年市场景气指数的三级指标中数值较低或下降的指标

2.5.3　金融景气指数的地区间比较

2017 年江苏中小企业金融景气指数为 110.9,比 2016 年的 106.0 上升了 4.9。根据图 4-33,2017 年苏南地区金融景气指数 112.0 为三个地区最高,苏中地区(110.6)次之,苏北地区(108.8)最低。

与 2016 年相比,2017 年三个地区金融景气指数均有所上升,其中苏南地区和苏中地区升幅相同均为 5.0,苏北地区升幅为 4.2。从 2014 年至 2017 年的金融景气指数变化情况来看,苏北地区连续四年呈上行态势,金融景气逐步好转;苏南地区和苏中地区则在经历了 2015 年的上升、2016 年的下降后又再次上升,呈现出波动性。

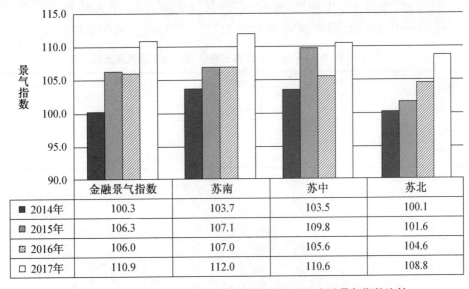

	金融景气指数	苏南	苏中	苏北
■ 2014年	100.3	103.7	103.5	100.1
■ 2015年	106.3	107.1	109.8	101.6
▨ 2016年	106.0	107.0	105.6	104.6
□ 2017年	110.9	112.0	110.6	108.8

图 2-33　2014 年—2017 年江苏三地区中小企业金融景气指数比较

融资方面,由表 2-13 可见,2017 年苏南地区"获得融资"的景气度在三个地区中最高,表明苏南地区中小企业获得融资的能力最强,而且其"获得融资"景气度在 2014 年至 2017 年连续 4 年保持上升态势;但是另一方面,2017 年苏南地区"融资成本"景气度在三个地区中最低,而且较 2016 年又下降了 8.7,这表明其融资成本不但较高并且还在持续上升。2017 年苏中地区"获得融资"景气度在三个地区中最低,但相对于 2016 年来说该指数上升了 9.4,说明苏中地区中小企业在获得融资方面有一定改善;尽管苏中地区 2017 年"融资成本"景气度在三个地区中最高,但是却从 2016 年的绿灯区下降到黄灯区,表明融资成本压力越来越大。2017 年苏北地区"获得融资"的景气度比 2016 年上升了 12.1,表明苏北地区中小企业获得融资的状况有较大程度的改善,但是其"融资成本"景气度比 2016 年有所下降,由此反映企业融资成本在提高。

表 2-13　2014 年—2017 年江苏三地区获得融资、融资成本景气指数比较

地区	获得融资				融资成本			
	2014 年	2015 年	2016 年	2017 年	2014 年	2015 年	2016 年	2017 年
苏南	94.6	105.4	109.6	115.9	93.0	89.8	89.9	81.2
苏中	91.8	106.4	101.7	111.1	82.4	85.9	92.0	88.2
苏北	91.6	103.2	102.4	114.5	88.8	98.8	89.9	87.5

在资金的流动性方面,表 2-14 与图 2-34 显示,苏南地区和苏北地区的"应收款"与"流动资金"这两个指标的景气指数在 2014 年至 2017 年连续 4 年呈现上升态势。在流动资金景气度提升的情况下,应收款景气度上升(应收未收货款增加)有利于企业通过"赊销"的方式去库存,减缓库存压力和产能过剩的压力,有利于稳定和提升企业整体经营能力。苏中地区"应收款"的景气度除 2015 年大幅上升外,2016 和 2017 连续两年出现下降,而该地区"流动资金"景气度则在近几年呈现出波动性。

表 2-14　2014—2017 年江苏三地区"应收款"景气度比较

地区	2014 年	2015 年	2016 年	2017 年
苏南	96.2	111.3	116.8	118.2
苏中	92.2	120.0	112.4	111.4
苏北	97.4	100.4	112.2	115.2

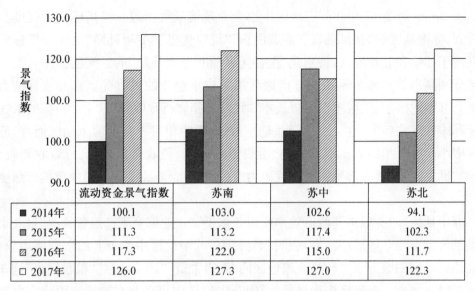

	流动资金景气指数	苏南	苏中	苏北
■ 2014年	100.1	103.0	102.6	94.1
■ 2015年	111.3	113.2	117.4	102.3
▨ 2016年	117.3	122.0	115.0	111.7
□ 2017年	126.0	127.3	127.0	122.3

图 2 - 34　2014 年—2017 年江苏三地区中小企业"流动资金"景气度比较

2.5.4　政策景气指数的地区间比较

2017 年江苏中小企业政策景气指数为 102.8,比 2016 年的 102.6 上升了 0.2。从图 2 - 35 看到,2017 年苏中地区的政策景气指数为 103.4,在三个地区中最高;而苏南地区的政策景气指数最低。与 2016 年相比,2017 年三个地区的政策景气指数出现了不同程度的升降,其中苏南和苏中地区稍有上升,升幅分别为 0.7 和 1.1,而苏北地区则下降 1.3。从 2014 年至 2017 年政策景气指数的变化来看,苏南和苏中地区连续四年呈现上升态势,苏北地区则呈现出由降转升进而又下降的波动性。

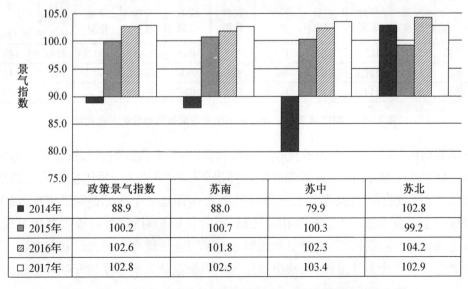

	政策景气指数	苏南	苏中	苏北
■ 2014年	88.9	88.0	79.9	102.8
■ 2015年	100.2	100.7	100.3	99.2
▨ 2016年	102.6	101.8	102.3	104.2
□ 2017年	102.8	102.5	103.4	102.9

图 2 - 35　2014 年—2017 年江苏三地区中小企业政策景气指数比较

图 2-36 为 2017 年江苏三地区中小企业政策景气指数三级指标的景气度。可以看到,苏南地区的"获得融资""融资优惠""税收优惠""专项补贴"这 4 个指标的景气度高于苏中和苏北地区,特别是"税收优惠"和"专项补贴"的景气度比排名第二的地区分别高出 3.6 和 3.8,说明苏南地区给予中小企业的税收优惠和专项补贴力度较大。苏南地区"人工成本""融资成本""税收负担""行政收费"这 4 个指标的景气度低于苏中和苏北地区,这 4 个指标都是逆指标,说明相对于其他两个地区而言,苏南地区中小企业承担的人工成本较高、融资成本较高、税收负担较重、行政收费较多。比较数据发现,尽管苏南地区税收优惠力度较大,但企业感受到的税收负担依然更重一些。

苏中地区"融资成本""政府效率或服务水平""企业综合生产经营状况"这 3 个指标的景气度在三个地区中最高,表明相对而言,苏中地区中小企业的融资成本较低,所在地区政府的服务水平较高。该地区的"获得融资""融资优惠""税收优惠"这 3 个指标的景气度在三个地区中为最低,说明苏中地区中小企业在融资和税收方面期望得到更多的政策扶持。

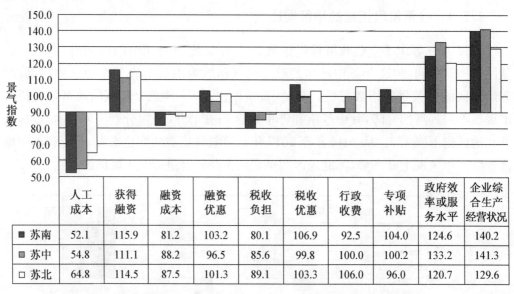

	人工成本	获得融资	融资成本	融资优惠	税收负担	税收优惠	行政收费	专项补贴	政府效率或服务水平	企业综合生产经营状况
■ 苏南	52.1	115.9	81.2	103.2	80.1	106.9	92.5	104.0	124.6	140.2
▨ 苏中	54.8	111.1	88.2	96.5	85.6	99.8	100.0	100.2	133.2	141.3
□ 苏北	64.8	114.5	87.5	101.3	89.1	103.3	106.0	96.0	120.7	129.6

图 2-36 2017 年江苏三地区中小企业政策景气指数的三级指标

苏北地区"人工成本""税收负担""行政收费"这 3 个指标的景气度在三个地区中最高,其中"人工成本"比排名第二的地区高出 10.0,"税收负担"比排名第二的地区高出 3.5,"行政收费"比排名第二的地区高出 6.0,而这 3 个指标都是逆指标,说明苏北地区中小企业承担的人工成本相对较低、税收负担相对较轻、行政收费相对较少;但是苏北地区"专项补贴""政府效率或服务水平""企业综合生产经营状况"这 3 个指标的景气度在三个地区最低,反映出该地区中小企业认为所享受的专项补贴较少、政府的服务效率或服务水平也相对较低。

　　通过与 2016 年江苏三地区中小企业政策景气指数的三级指标(图 2 - 37)相比较可见,苏南地区"人工成本""融资成本""税收负担"这 3 个逆指标的景气度明显下降,"人工成本"景气度从 2016 年的 63.3 下降到 2017 年的 52.1,"融资成本"景气度从 89.9 下降到 81.2,"税收负担"景气度从 89.4 下降到 80.1,这表明 2017 年苏南地区中小企业面临的人工成本、融资成本、税收负担明显上升。苏南地区"获得融资"景气度从 2016 年的 100.9 上升到 2017 年的 115.9,"融资优惠"景气度从 100.4 上升到 103.2,"税收优惠"景气度从 104.9 上升到 106.9,"专项补贴"景气度从 101.2 上升到 104.0,说明 2017 年苏南地区中小企业在融资、税收优惠、专项补贴等方面进一步得到了政府的政策扶持。

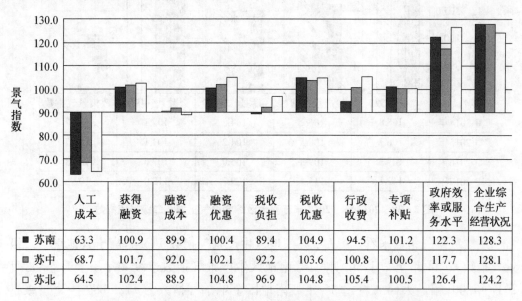

景气指数	人工成本	获得融资	融资成本	融资优惠	税收负担	税收优惠	行政收费	专项补贴	政府效率或服务水平	企业综合生产经营状况
■ 苏南	63.3	100.9	89.9	100.4	89.4	104.9	94.5	101.2	122.3	128.3
▨ 苏中	68.7	101.7	92.0	102.1	92.2	103.6	100.8	100.6	117.7	128.1
□ 苏北	64.5	102.4	88.9	104.8	96.9	104.8	105.4	100.5	126.4	124.2

图 2 - 37　2017 年江苏三地区中小企业政策景气指数的三级指标

　　苏中地区"人工成本"景气度从 2016 年的 68.7 大幅下降到 2017 年的 54.8,"融资成本"景气度从 92.0(绿灯区)下降到 88.2(黄灯区),"融资优惠"景气度从 102.1 下降到 96.5,"税收负担"景气度从 92.2(绿灯区)下降到 85.6(黄灯区),"税收优惠"景气度从 103.6 下降到 99.8,这些指标的变化表明 2017 年苏中地区中小企业在人工成本、融资成本、税收负担等方面面临着更大的压力,而感受到的融资优惠和税收优惠却有所下降。苏中地区"获得融资"景气度从 2016 年的 101.7 上升到 2017 年的 111.1,"政府效率或服务水平"景气度从三地区最低水平 117.7 上升到三个地区的最高水平 133.2。

　　苏北地区的各项指标中,值得关注的是"税收负担"景气度从 2016 年的 96.9(绿灯区)下降到 2017 年的 89.1(黄灯区),表明 2017 年苏北地区大多中小企业感受到的税收负担压力更重。

2.5.5 苏南地区中小企业的景气特征分析

由图 2-38 可见，2017 年苏南地区中小企业综合景气指数为 112.1，比 2016 年上升了 4.8；2014 年至 2017 年间，该指数在经历了 2015 年的下降后连续两年处于上升态势。

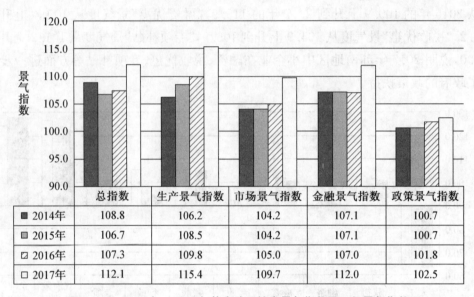

	总指数	生产景气指数	市场景气指数	金融景气指数	政策景气指数
■ 2014年	108.8	106.2	104.2	107.1	100.7
■ 2015年	106.7	108.5	104.2	107.1	100.7
▨ 2016年	107.3	109.8	105.0	107.0	101.8
□ 2017年	112.1	115.4	109.7	112.0	102.5

图 2-38 2014 年—2017 年苏南地区综合景气指数及二级景气指数

从二级景气指数来看，2017 年苏南地区生产景气指数 115.4，高于其他三个二级景气指数；2014 年至 2017 年期间，苏南地区生产景气指数连续 4 年呈上升态势，且 2017 年的升幅最大（5.6）。2017 年苏南地区金融景气指数为 112.0，在 4 个二级景气指数中处于第 2 位；2014 年—2017 年期间，该指数前 3 年水平比较稳定，第 4 年增幅较大（5.0）。2017 年苏南地区市场景气指数为 109.7，在 4 个二级景气指数中处于第 3 位；2015 年—2017 年间该指数连续 3 年呈现上升态势，且 2017 年的增幅最大（4.7）。2017 年苏南地区二级景气指数中，政策景气指数最低，为 102.5，2015 年—2017 年间该指数逐年小幅上升。

图 2-39 列出了 2017 年苏南地区三级景气指数较高的指标。2017 年苏南地区共有 16 个三级指标的景气度高于苏南和苏北地区，其中"技术水平评价""技术人员需求""劳动力需求""新签销售合同""产品线上销售的比例""应收款""产品创新""税收优惠""专项补贴"这 9 个指标的景气度比另两个地区高出很多，例如苏南地区"技术水平评价"的景气度比第二名的苏中地区高 8.2，"产品创新"的景气度比第二名高 7.6。

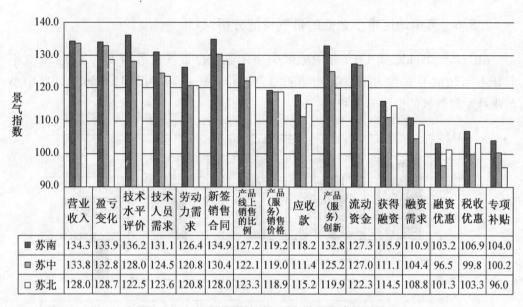

景气指数	营业收入	盈亏变化	技术水平评价	技术人员需求	劳动力需求	新签销售合同	产品线上销售的比例	产品(服务)销售价格	应收款	产品(服务)创新	流动资金	获得融资	融资需求	融资优惠	税收优惠	专项补贴
■ 苏南	134.3	133.9	136.2	131.1	126.4	134.9	127.2	119.2	118.2	132.8	127.3	115.9	110.9	103.2	106.9	104.0
▨ 苏中	133.8	132.8	128.0	124.5	120.8	130.4	122.1	119.0	111.4	125.2	127.0	111.1	104.4	96.5	99.8	100.2
□ 苏北	128.0	128.7	122.5	123.6	120.8	128.0	123.3	118.9	115.2	119.9	122.3	114.5	108.8	101.3	103.3	96.0

图 2-39　2017 年苏南地区三级指数较高的指标

但是如图 2-40 所示,2017 年苏南地区共有 7 个三级指标的景气度低于苏中和苏北地区,其中"经营成本""人工成本""营销费用""融资成本""税收负担"这 5 个指标的景气度低于 90,处于黄灯区,这表明苏南地区中小企业承担的经营成本、人工成本、营销费用、融资成本及税收负担压力都比较高,而且高于苏中和苏北地区;同时相对较低的"生产能力过剩""行政收费"景气度也表明,苏南地区中小企业的产能过剩问题比苏中和苏北地区严重,并承担了较大的行政收费压力。

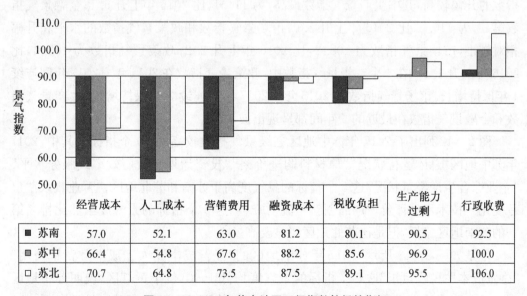

景气指数	经营成本	人工成本	营销费用	融资成本	税收负担	生产能力过剩	行政收费
■ 苏南	57.0	52.1	63.0	81.2	80.1	90.5	92.5
▨ 苏中	66.4	54.8	67.6	88.2	85.6	96.9	100.0
□ 苏北	70.7	64.8	73.5	87.5	89.1	95.5	106.0

图 2-40　2017 年苏南地区三级指数较低的指标

2.5.6 苏中地区中小企业的景气特征分析

由图 2-41 可见,2017 年苏中地区中小企业综合景气指数为 111.7,比 2016 年上升 4.3,结束了 2014 年—2016 年连续 3 年下降的态势,说明 2017 年苏中地区中小企业对发展前景的信心有所提高。

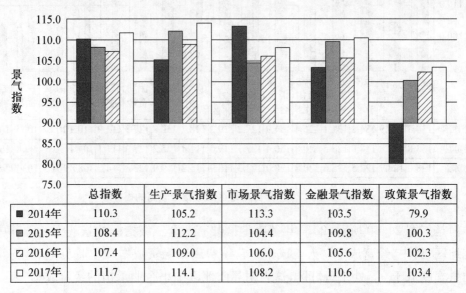

	总指数	生产景气指数	市场景气指数	金融景气指数	政策景气指数
■ 2014年	110.3	105.2	113.3	103.5	79.9
■ 2015年	108.4	112.2	104.4	109.8	100.3
▨ 2016年	107.4	109.0	106.0	105.6	102.3
□ 2017年	111.7	114.1	108.2	110.6	103.4

图 2-41 2014 年—2017 年苏中地区综合景气指数及二级景气指数

从 4 个二级景气指数间的比较来看,2017 年苏中地区生产景气指数和金融景气指数的升幅较高,其中生产景气指数最高,为 114.1,比 2016 年上升 5.1;金融景气指数第二,为 110.6,比 2016 年上升 5.0;市场景气指数和政策景气指数的水平和升幅相对较小,市场景气指数为 108.2,比 2016 年上升 2.2;政策景气指数为 103.4,比 2016 年上升 1.1。在 4 个二级景气指数中,政策景气指数在 2014 年—2017 年间连续 4 年保持增长,市场景气指数在 2015 年—2017 年间连续 3 年保持增长,生产景气指数和金融景气指数在最近的 4 年间都呈现出波动性。

图 2-42 列出了 2017 年苏中地区三级景气指数较高的 10 个指标。其中,2017 年苏中地区"总体运行状况""原材料购进价格""投资计划""政府效率或服务水平""企业综合生产经营状况"这 5 个指标的景气度高于苏南和苏北地区;"营业收入""盈亏变化""技术水平评价""产品创新""流动资金"这 5 个指标的景气度虽然比排名第一的苏南地区略低,但是比苏北地区明显要高。

但是如图 2-43 所示,2017 年苏中地区的"经营成本""人工成本""营销费用""融资成本""税收负担"这 5 个指标的景气度均低于 90,位于黄灯区,说明苏中地区中小企业普遍认为成本较高和税负较重。同时可以看到,2017 年苏中地区"应收款""获得融资""融资需求""税收优惠""融资优惠"这 5 个指标的景气度均比苏南和苏北

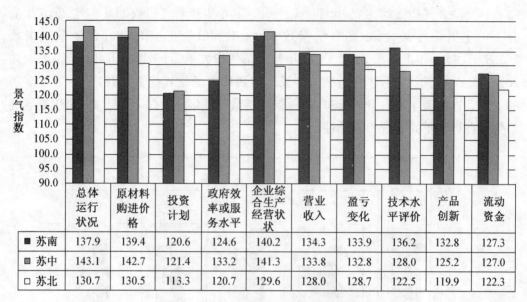

	总体运行状况	原材料购进价格	投资计划	政府效率或服务水平	企业综合生产经营状况	营业收入	盈亏变化	技术水平评价	产品创新	流动资金
■ 苏南	137.9	139.4	120.6	124.6	140.2	134.3	133.9	136.2	132.8	127.3
■ 苏中	143.1	142.7	121.4	133.2	141.3	133.8	132.8	128.0	125.2	127.0
□ 苏北	130.7	130.5	113.3	120.7	129.6	128.0	128.7	122.5	119.9	122.3

图 2 - 42　2017 年苏中地区三级指数较高的指标

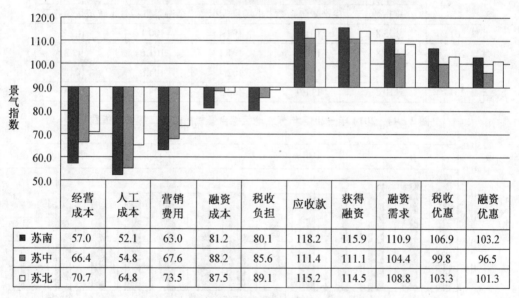

	经营成本	人工成本	营销费用	融资成本	税收负担	应收款	获得融资	融资需求	税收优惠	融资优惠
■ 苏南	57.0	52.1	63.0	81.2	80.1	118.2	115.9	110.9	106.9	103.2
■ 苏中	66.4	54.8	67.6	88.2	85.6	111.4	111.1	104.4	99.8	96.5
□ 苏北	70.7	64.8	73.5	87.5	89.1	115.2	114.5	108.8	103.3	101.3

图 2 - 43　2017 年苏中地区三级指数较低的指标

地区低。

2.5.7　苏北地区中小企业的景气特征分析

由图 2 - 44 可见,2017 年苏北地区中小企业综合景气指数为 110.2,比 2016 年上升 4.5。2016 年该地区的综合景气指数相对于 2015 年是下降的,而 2017 年由降转升,说明 2017 年苏北地区大多中小企业对发展前景还是比较乐观的。

从 4 个二级景气指数间的比较来看,2017 年苏北地区生产景气指数、市场景气指数和金融景气指数均比 2016 年明显上升。其中生产景气指数 111.9，比 2016 年上升 6.0，上升幅度最大；市场景气指数 108.3，比 2016 年上升 5.9；金融景气指数 108.8，比 2016 年上升 4.2。而 2017 年政策景气指数 102.9，比 2016 年下降 1.3。在 2014 年—2017 年期间，苏北地区生产景气指数和市场景气指数均在经历了 2015 年的下降后连续两年呈上升的走势，金融景气指数则连续 4 年呈上升走势，而政策景气指数则在近 4 年间表现出波动性。

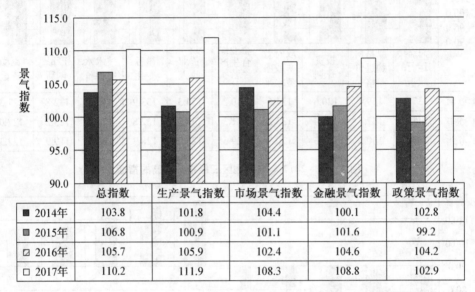

	总指数	生产景气指数	市场景气指数	金融景气指数	政策景气指数
■ 2014年	103.8	101.8	104.4	100.1	102.8
■ 2015年	106.8	100.9	101.1	101.6	99.2
▨ 2016年	105.7	105.9	102.4	104.6	104.2
□ 2017年	110.2	111.9	108.3	108.8	102.9

图 2-44　2014 年—2017 年苏北地区综合景气指数及二级景气指数

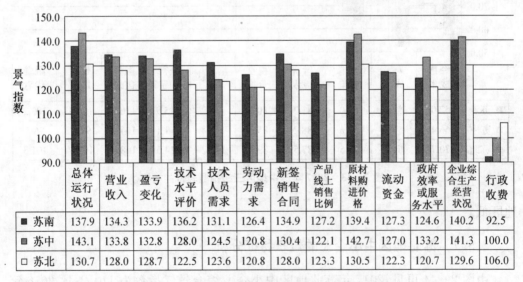

	总体运行状况	营业收入	盈亏变化	技术水平评价	技术人员需求	劳动力需求	新签销售合同	产品线上销售比例	原材料购进价格	流动资金	政府效率或服务水平	企业综合生产经营状况	行政收费
■ 苏南	137.9	134.3	133.9	136.2	131.1	126.4	134.9	127.2	139.4	127.3	124.6	140.2	92.5
■ 苏中	143.1	133.8	132.8	128.0	124.5	120.8	130.4	122.1	142.7	127.0	133.2	141.3	100.0
□ 苏北	130.7	128.0	128.7	122.5	123.6	120.8	128.0	123.3	130.5	122.3	120.7	129.6	106.0

图 2-45　2017 年苏北地区三级指数较高的指标

　　图 2-45 列出了 2017 年苏北地区三级景气指数较高的指标。如图所示，2017 年苏北地区"行政收费"指标的景气度比苏南和苏中地区都高，表明苏北地区中小企业

承担的行政收费压力比其他两个地区小一些;其余指标的景气度苏北地区几乎都低于苏南和苏中地区("劳动力需求"和"产品线上销售比例"除外),但是苏北地区这些指标的景气度都超过了 120,相对而言还是较好的。

但是由图 2-46 可见,2017 年苏北地区中小企业仍然面临较高的成本压力和税负压力。在如图所示的 5 个指标中,虽然除了"融资成本"外,其余 4 个指标的景气度苏北地区都是最高的(这些指标是逆指标,表明成本较低),但是这些指标的景气度均低于 90,处于黄灯区。

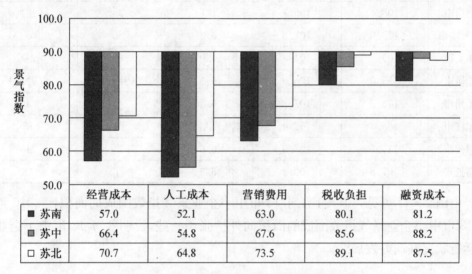

	经营成本	人工成本	营销费用	税收负担	融资成本
■ 苏南	57.0	52.1	63.0	80.1	81.2
▩ 苏中	66.4	54.8	67.6	85.6	88.2
□ 苏北	70.7	64.8	73.5	89.1	87.5

图 2-46　2017 年苏北地区三级指数较低的指标

2.6　江苏中小企业景气指数的城市特征分析

2017 年江苏 13 市中小企业景气指数均高于 103,位于绿灯区,表明 13 市中小企业的整体运行状况比较平稳。如表 2-15 所示,2017 年江苏 13 市中南京中小企业景气指数最高(116.8),比 2016 年上升 8.6;镇江景气指数最低(103.7),比 2016 年上升1.3。与 2016 年相比,2017 年江苏 13 市中小企业景气指数均有所上升,其中南京升幅最高(8.6),徐州升幅最低(0.5),升幅在 5.0 以上的有南京、苏州等 8 个地级市。

从各地级市的中小企业景气指数排名来看,与 2016 年相比,2017 年南京超过泰州成为排名第 1,泰州居第 2 位;苏州、扬州、连云港、盐城分别居第 3、4、5、6(并列)位;排名变化较大有 3 个城市,淮安从第 11 位上升到第 8 位,而常州从并列第 6 位下降到第 10 位,徐州从并列第 8 位下降到第 12 位(详见表 2-15)。

表2-15   2017年和2016年江苏13市中小企业景气指数比较

城市	2017年	2016年	相差	2017年排序	2016年排序
南京市	116.8	108.2	8.6	1	2
无锡市	113.0	106.7	6.3	6(并列)	8(并列)
徐州市	107.2	106.7	0.5	12	8(并列)
常州市	108.3	106.9	1.4	10	6(并列)
苏州市	114.9	107.9	7.0	3	3
南通市	108.4	106.7	1.7	9	8(并列)
连云港市	113.2	107.0	6.2	5	5
淮安市	109.7	104.8	4.9	8	11
盐城市	113.0	106.9	6.1	6(并列)	6(并列)
扬州市	113.5	107.1	6.4	4	4
镇江市	103.7	102.4	1.3	13	12
泰州市	115.5	108.9	6.6	2	1
宿迁市	107.6	102.3	5.3	11	13

　　由图2-47可见,2017年江苏13市中小企业景气指数围成的面积比2016年江苏13市中小企业景气指数围成的面积向外扩张了一些,说明江苏13市中小企业整体运行状况在向好发展。

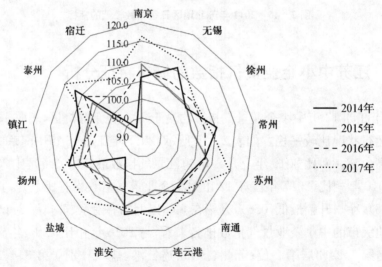

图2-47   2014年—2017年江苏13市中小企业景气指数

　　从2014年至2017年这4年间江苏13市中小企业景气指数的变化情况来看,各个城市之间还是有所差异的。南京、南通的中小企业景气指数在2014年至2017年间呈现出先升后降再上升的波动性,其中南京2017年的升幅较大;无锡、常州、连云港、泰州、宿迁的中小企业景气指数在经历了 2015 年的下降后,连续两年上升,其中无锡、连云港、泰州和宿迁 2017 年的景气指数已经超过了 2014 年的水平,而常州 2017 年的景气指数仍低于 2014 年;徐州、盐城中小企业景气指数则连续 4 年上升,盐城上升幅度更大一些;苏州 2014 年至 2016 年间中小企业景气指数走势基本稳定,2017 年则出现了较大幅度的上升;淮安、扬州、镇江的中小企业景气指数在前 3 年连续下降,2017 年则出现回升,但其中淮安和镇江的景气指数仍未能达到 2014 年的水平。

表 2－16　2014 年—2017 年江苏 13 市中小企业景气指数统计描述

年份	N	最小值	最大值	均值	极差	标准差	标准差离散系数
2017 年	13	103.7	116.8	111.1	13.1	3.751 6	0.033 8
2016 年	13	102.3	108.9	106.3	6.6	2.015 0	0.018 9
2015 年	13	90.0	112.6	105.4	22.6	2.230 3	0.021 3
2014 年	13	92.9	112.1	106.7	19.2	2.411 8	0.022 6
有效的 N（列表状态）	13						

表 2－16 显示的是 2014 年至 2017 年江苏 13 市中小企业景气指数的统计描述。2017 年江苏 13 市中小企业景气指数均值为 111.1,比 2016 年提高了 4.8,是近 4 年的最高值。2017 年江苏 13 市中小企业景气指数的最大值与最小值之间相差 13.1,大于 2016 年的极差 6.6,同时可见 2017 年 13 市中小企业景气指数的标准差和标准差离散系数与前 3 年相比有所增大,这表明 2017 年江苏 13 市中小企业景气指数的离散程度有所扩大。

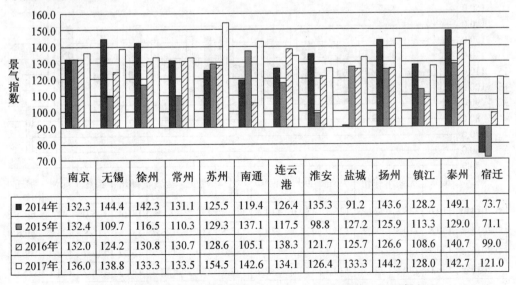

	南京	无锡	徐州	常州	苏州	南通	连云港	淮安	盐城	扬州	镇江	泰州	宿迁
2014年	132.3	144.4	142.3	131.1	125.5	119.4	126.4	135.3	91.2	143.6	128.2	149.1	73.7
2015年	132.4	109.7	116.5	110.3	129.3	137.1	117.5	98.8	127.2	125.9	113.3	129.0	71.1
2016年	132.0	124.2	130.8	130.7	128.6	105.1	138.3	121.7	125.7	126.6	108.6	140.7	99.0
2017年	136.0	138.8	133.3	133.5	154.5	142.6	134.1	126.4	133.3	144.2	128.0	142.7	121.0

图 2－48　2014 年—2017 年江苏 13 市中小企业"总体运行状况"景气度

　　"总体运行状况"与"企业综合生产经营状况"这两个三级指标反映的是中小企业经营者对行业总体运行状况和企业总体经营状况的主观评价。图2-48所反映的江苏13市中小企业"总体运行状况"景气度都高于120,表明各市中小企业对行业总体运行状况普遍持较乐观评价,其中苏州总体运行状况景气度154.5(蓝灯区)居江苏13市首位,宿迁总体运行状况景气指数121.0为江苏13市最低。与2016年相比,2017年江苏13市除连云港外,其余12个城市的总体运行状况景气度都有所上升,其中升幅最大的是南通,达37.5;升幅最小的是泰州,升幅为2.0;苏州、宿迁、镇江、扬州这4个城市的总体运行状况景气度的升幅也都在17.0以上,其中值得注意的是宿迁,从2016年唯一一个景气度不到100的城市上升到2017年的121.0。

　　再从2014年—2017年江苏13市总体运行状况景气度的变化看,尽管相比2016年有12个城市的总体运行状况景气度在2017年上升,但是其中仍然有无锡、徐州、淮安、镇江、泰州5个城市低于2014年的水平;而宿迁、盐城、苏州、南通4个城市的总体运行状况景气度比2014年超出很多,行业总体运行状况有明显好转。

　　图2-49所反映的江苏13市中小企业"企业综合生产经营状况"景气度可看到,2017年江苏13市中小企业"企业综合生产经营状况"景气度均高于115.0,表明江苏13市中小企业综合生产经营状况总体运行平稳,其中泰州和苏州超过了150,位于蓝灯区,表明这两个城市的中小企业综合生产经营状况良好;南京、扬州、连云港和无锡这4个城市的景气度也相对较高,在140以上;最低的是宿迁,为115.0。与2016年相比,2017年有9个城市的"企业综合生产经营状况"景气度有不同程度的上升,其中升幅最大的是苏州,升幅达25.5,泰州、镇江、南京的升幅也在15.0以上;升幅最小的是南通,升幅为7.8;徐州和连云港这2个城市的景气度有所下降,常州则保持不变。

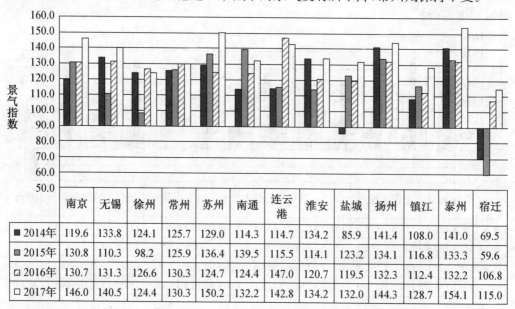

	南京	无锡	徐州	常州	苏州	南通	连云港	淮安	盐城	扬州	镇江	泰州	宿迁
■2014年	119.6	133.8	124.1	125.7	129.0	114.3	114.7	134.2	85.9	141.4	108.0	141.0	69.5
▨2015年	130.8	110.3	98.2	125.9	136.4	139.5	115.5	114.1	123.2	134.1	116.8	133.3	59.6
▨2016年	130.7	131.3	126.6	130.3	124.7	124.4	147.0	120.7	119.5	132.3	112.4	132.2	106.8
□2017年	146.0	140.5	124.4	130.3	150.2	132.2	142.8	134.4	132.0	144.3	128.7	154.1	115.0

图2-49　2014年—2017年江苏13市中小企业"企业综合生产经营状况"景气度

再从 2014 年至 2017 年江苏 13 市中小企业综合生产经营状况景气度的变化看，尽管 4 年间各市的景气度呈现出不同的波动性，但是 2017 年江苏 13 市企业综合生产经营状况景气度都达到了 2014 年的水平，其中盐城、宿迁、连云港、南京、苏州、镇江等城市已远远超过 2014 年水平。

2.6.1　江苏 13 市中小企业生产景气指数分析

如前所述，2017 年江苏中小企业生产景气指数为 114.3，比 2016 年的 108.5 上升了 5.8，2014 年—2017 年连续 4 年呈上升走势。

表 2 - 17　2017 年和 2016 年江苏 13 市中小企业生产景气指数比较

城市	2017 年	2016 年	相差	2017 年排序
南京市	120.7	112.2	8.5	1
无锡市	115.3	105.6	9.7	6
徐州市	109.6	107.9	1.7	9
常州市	110.7	108.9	1.8	8
苏州市	118.3	110.0	8.3	3
南通市	109.6	108.3	1.3	9（并列）
连云港市	117.1	107.0	10.1	4
淮安市	109.1	106.0	3.1	11
盐城市	114.8	105.8	9.0	7
扬州市	116.0	107.2	8.8	5
镇江市	107.1	102.6	4.5	12
泰州市	119.9	111.6	8.3	2
宿迁市	106.5	102.0	4.5	13

如表 2 - 17 所示，2017 年江苏 13 市中小企业生产景气指数均高于 100，其中最高的是南京 120.7，最低的是宿迁 106.5，泰州、苏州、连云港、扬州分列 2～5 位。与 2016 年相比，2017 年江苏 13 个城市的中小企业生产景气指数均有所上升，其中升幅最大的是连云港，达到 10.1，升幅最小的是南通（1.3）。

图 2 - 50 所示，2017 年江苏 13 市中小企业生产景气指数围成的面积比 2016 年有一定程度的扩张，表明 2017 年江苏 13 个城市的中小企业普遍对生产前景比较乐观。2014 年—2017 年，南京、徐州、盐城、泰州的生产景气指数连续 4 年保持上升走势；无锡、常州、淮安、宿迁的生产景气指数在经历了 2015 年的下降后连续两年呈上升走势，并已超过 2014 年的水平；苏州、南通、扬州、镇江的生产景气指数呈现出先升后降再升的波动性；连云港的生产景气指数结束了 2014 年—2016 年的连续下降，在

2017 年上升到 2014 年以来的最高水平。

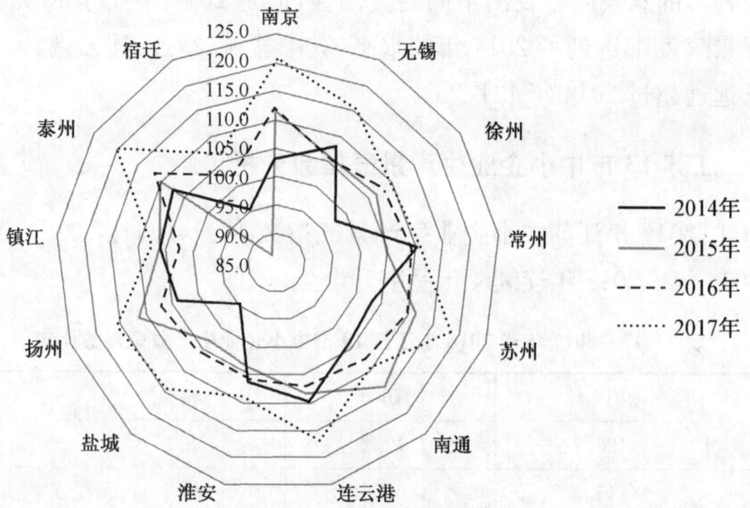

图 2-50　2014 年—2017 年江苏 13 市中小企业生产景气指数

　　表 2-18 显示的是 2014 年至 2017 年江苏 13 市中小企业生产景气指数的统计描述。2017 年江苏 13 市中小企业生产景气指数的平均值为 113.4，这一均值在 2014 年—2017 年连续 4 年上升。2017 年生产景气指数最高的南京（120.7）和最低的宿迁（106.5）之间的差值为 14.2，这一极差虽然比 2016 年的极差有所上升，但仍然小于 2015 或 2014 年的极差；同时从表中可见 2017 年江苏 13 市中小企业生产景气指数的标准差和标准差离散系数虽高于 2016 年但仍然小于 2015 或 2014 年的水平，这表明江苏 13 个城市之间的生产景气指数的差异程度在近两年有所缩小。

表 2-18　2014—2017 年江苏 13 市中小企业生产景气指数统计描述

年份	N	最小值	最大值	均值	极差	标准差	标准差离散系数
2017 年	13	106.5	120.7	113.4	14.2	4.702 8	0.041 5
2016 年	13	102.0	112.2	107.3	10.1	3.028 5	0.028 2
2015 年	13	86.2	113.9	106.4	27.7	6.925 6	0.065 1
2014 年	13	94.5	110.2	103.9	15.7	5.196 8	0.050 0
有效的 N（列表状态）	13						

　　接下来以南京和宿迁为例来分析江苏 13 市中小企业生产景气指数的三级指标情况。2017 年南京的生产景气指数在江苏 13 市中最高，继 2016 年以来连续两年第 1。从 2017 年南京生产景气指数的三级指标来看，"技术水平评价""技术人员需求""劳动力需求""应收款""产品创新"这 5 个指标的景气度位列 13 市第 1，"流动资金"

景气度位列第 2,"盈亏变化""投资计划"的景气度位列第 3,表明南京中小企业在技术水平与创新能力方面显著提升,资金流动性较好,有进一步扩大生产规模的需求,企业盈利能力有一定提高;但是另一方面,南京"经营成本""生产能力过剩"这两个指标的景气度在 13 市排名倒数第 3,表明南京中小企业仍然面临着较大的经营成本上升和产能过剩的压力。

2017 年宿迁的生产景气指数在江苏 13 市中最低,而且根据前几年的调研发现宿迁生产景气指数在 2014 年—2017 年连续 4 年在江苏 13 市中排名最后。从 2017 年宿迁生产景气指数的三级指标来看,"生产能力过剩""技术水平评价"的景气度为 13 市最低,"营业收入""盈亏变化""技术人员需求"等指标的景气度在 13 市排名倒数第 3,这些指标表明宿迁中小企业技术水平提升不足,产能过剩压力较大,企业盈利水平不太理想。

2.6.2　江苏 13 市中小企业市场景气指数分析

如前所述,2017 年江苏中小企业市场景气指数为 109.1,比 2016 年的 104.7 上升了 4.4,但仍略低于 2014 年的 109.4。如表 2 - 19 所示,从城市来看,2017 年江苏 13 市中小企业市场景气指数均高于 100,其中最高的是南京 115.6,最低的是镇江 102.9,盐城、连云港、泰州分别位列第 2 至 4 位,各城市之间的差异并不是很大。与 2016 年相比,2017 年江苏 13 个城市的中小企业市场景气指数中,徐州、常州、南通这 3 个城市有所下降,其余 10 个城市都有所上升,其中升幅最大的是南京(+7.4),升幅最小的是镇江(+0.5)。

表 2 - 19　2017 年和 2016 年江苏 13 市中小企业市场景气指数比较

城市	2017 年	2016 年	相差	2017 年排序
南京市	115.6	108.2	7.4	1
无锡市	109.1	106.7	2.4	7
徐州市	104.9	106.7	−1.8	12
常州市	105.6	106.9	−1.3	9
苏州市	110.3	107.9	2.4	5
南通市	105.3	106.7	−1.4	10
连云港市	111.3	107.0	4.3	3
淮安市	107.7	104.8	2.9	8
盐城市	112.3	106.9	5.4	2
扬州市	110.2	107.1	3.1	6
镇江市	102.9	102.4	0.5	13
泰州市	111.1	108.9	2.2	4
宿迁市	105.0	102.3	2.8	11

　　如图 2-51 可见，2017 年江苏 13 市中小企业市场景气指数围成的面积相比 2016 年有所扩张，但是总体上仍然小于 2014 年市场景气指数围成的面积，并且从图中可见，2017 年 13 个城市之间的差异程度较 2016 年有所变大。2014 年—2017 年，南京、徐州、连云港中小企业市场景气指数在经历了 2014 年—2016 年的下降后，2017 年出现一定幅度的上升；无锡、常州、苏州、淮安、扬州、泰州中小企业市场景气指数在经历了 2015 年的较大幅度下降后，2016 年到 2017 年连续两年上升；南通中小企业市场景气指数连续 4 年呈下降走势；盐城和宿迁中小企业市场景气指数则呈连续 4 年上升走势。

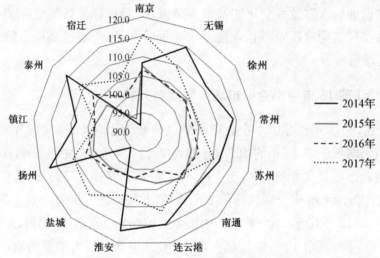

图 2-51　2014 年—2017 年江苏 13 市中小企业市场景气指数

　　表 2-20 显示的是 2014 年—2017 年江苏 13 市中小企业市场景气指数的统计描述。2017 年江苏 13 市中小企业市场景气指数的平均值为 108.6，这一均值在 2015 年—2017 年连续保持了增长态势，但是仍然低于 2014 年的水平。2017 年市场景气指数最高的南京（115.6）和最低的镇江（102.9）之间的差值为 12.7，这一极差相比 2016 年有所上升，但仍然小于 2015 年或 2014 年的极差；同时可见 2017 年江苏 13 市中小企业市场景气指数的标准差和标准差离散系数高于 2016 或 2015 年的水平。

表 2-20　2014—2017 年江苏 13 市中小企业市场景气指数统计描述

年份	N	最小值	最大值	均值	极差	标准差	标准差离散系数
2017 年	13	102.9	115.6	108.6	12.7	3.527 4	0.032 5
2016 年	13	100.1	106.6	104.0	6.5	2.093 2	0.020 1
2015 年	13	93.6	107.2	103.0	13.6	3.219 4	0.031 3
2014 年	13	91.8	116.9	110.0	25.1	7.936 9	0.072 1
有效的 N（列表状态）	13						

接下来以南京和镇江为例来分析 2017 年江苏 13 市中小企业市场景气指数的三级指标情况。2017 年南京中小企业市场景气指数在江苏 13 市中最高,在构成市场景气指数的三级指标中,"技术水平评价""技术人员需求""劳动力需求""新签销售合同""产品销售价格""应收款"这 6 个指标的景气度位列江苏 13 市第 1,"融资需求"和"产品线上销售比例"的景气度分别位列第 2 和第 3,这些表明 2017 年南京中小企业产品销售渠道扩展和销售价格提升方面较为景气,整体上市场销售情况较好;但是另一方面必须注意到,南京中小企业的"融资成本"和"生产能力过剩"的景气度分别位列江苏 13 市的倒数第 2 和倒数第 3,这表明南京中小企业仍然存在比较大的融资成本压力和产能过剩压力。

2017 年镇江中小企业市场景气指数在江苏 13 市中最低,在构成市场景气指数的三级指标中,"技术人员需求""产品销售价格""融资需求"这 3 个指标的景气度位列江苏 13 市最后 1 名,"人工成本""新签销售合同""产品线上销售比例""应收款"这 4 个指标的景气度为倒数第 2,这些表明 2017 年镇江中小企业产品销售情况不容乐观且面临较大的流动性压力。

2.6.3　江苏 13 市中小企业金融景气指数分析

2017 年江苏中小企业金融景气指数为 110.9,比 2016 年的 106.0 上升了 4.9。根据表 2-21 所示,2017 年江苏 13 市中小企业金融景气指数均高于 100,其中最高的是南京(117.6),最低的是镇江(100.2),苏州、泰州分别位列第 2 和第 3。与 2016 年相比,江苏 13 市中小企业金融景气指数中,仅有镇江是下降的(-2.8),其余 12 个城市均有所上升,其中升幅比较大的有泰州(10.6)、无锡(10.4)、南京(9.7)。

表 2-21　2017 年和 2016 年江苏 13 市中小企业金融景气指数比较

城市	2017 年	2016 年	相差	2017 年排序
南京市	117.6	107.9	9.7	1
无锡市	114.0	103.6	10.4	4
徐州市	105.1	104.9	0.2	12
常州市	106.9	105.3	1.6	10
苏州市	116.7	110.6	6.1	2
南通市	107.7	106.4	1.3	9
连云港市	113.1	105.7	7.4	5
淮安市	111.1	105.3	5.8	7
盐城市	106.7	104.6	2.1	11
扬州市	109.7	103.2	6.5	8
镇江市	100.2	103.0	-2.8	13
泰州市	116.5	105.9	10.6	3
宿迁市	111.5	102.5	9.0	6

如图 2-52 所示，2017 年江苏 13 市中小企业金融景气指数围成的面积相比 2016 年的面积有所扩张，同时各城市之间的金融景气指数差距相比 2016 年明显拉大。在 2014 年至 2017 年期间，13 市中仅有苏州中小企业金融景气指数连续 4 年呈上升走势；南京、无锡、徐州、南通、淮安、盐城、扬州、泰州中小企业金融景气指数呈现先升后降再上升的波动性，其中南京、无锡、淮安、盐城、泰州均在 2017 年升到最高水平；常州、连云港、宿迁中小企业金融景气指数在经历了 2015 年的下降后，2016 年—2017 年连续两年呈上升走势，且在 2017 年升到最高；镇江中小企业金融景气指数在 2016 年—2017 年连续两年呈下降走势，且 2017 年为近 4 年最低水平。

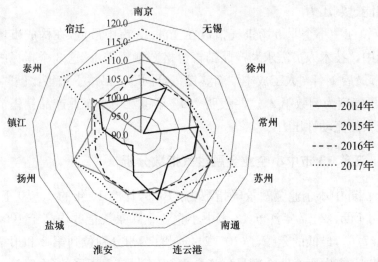

图 2-52 2014 年—2017 年江苏 13 市中小企业金融景气指数

表 2-22 是 2014 年至 2017 年江苏 13 市中小企业金融景气指数的统计描述。2017 年江苏 13 市中小企业金融景气指数的平均值为 110.5，比 2016 年上升 5.2，是 2014 年—2017 年的最高水平。2017 年金融景气指数最高的南京（117.6）和最低的镇江（100.2）之间相差 17.4，这一极差高于 2016 年的 8.1 和 2014 年的 17.1；同时从表中可见，2017 年江苏 13 市中小企业金融景气指数的标准差和标准差离散系数相比 2016 年也有上升，表明江苏各个城市金融景气指数之间的离散程度有所加大。

表 2-22 2014—2017 年江苏 13 市中小企业金融景气指数统计描述

年份	N	最小值	最大值	均值	极差	标准差	标准差离散系数
2017 年	13	100.2	117.6	110.5	17.4	4.933 0	0.044 6
2016 年	13	102.5	110.6	105.3	8.1	2.204 4	0.020 9
2015 年	13	90.5	112.0	105.6	21.5	5.396 8	0.051 1
2014 年	13	90.4	107.5	100.7	17.1	4.820 2	0.047 9
有效的 N（列表状态）	13						

2017 年南京中小企业金融景气指数位列江苏 13 市第 1,且比 2016 年上升 9.7,表明南京中小企业的金融环境相对较好而且明显改善。从金融景气指数三级指标看,南京中小企业的"应收款""获得融资""专项补贴"这 3 个指标的景气度在江苏 13 市位列第 1,"流动资金""融资需求""融资优惠"这 3 个指标的景气度在江苏 13 市位列第 2,表明南京中小企业的流动性趋于宽松,融资需求以及融资能力得到提升,融资压力得到一定程度的缓解。

泰州是 2017 年金融景气指数升幅最大的城市,该市"投资计划"的景气度位列江苏 13 市第 1,"专项补贴"指标的景气度为第 2,"应收款""流动资金""融资优惠"这 3 个指标位列第 3,这些表明泰州中小企业的金融景气有所提升,企业的流动性压力减小。

2017 年镇江中小企业金融景气指数位列江苏 13 市最后 1 位,且是 13 市中唯一一个金融景气指数下降的城市。从金融景气指数的三级指标看,镇江的"投资计划""获得融资""融资需求""融资优惠"这 4 个指标的景气度在江苏 13 市排名最后,"应收款"的景气度为倒数第 2,由此可见镇江中小企业面临较大的流动性压力,企业获得融资的能力比较有限。

2.6.4　江苏 13 市中小企业政策景气指数分析

2017 年江苏中小企业政策景气指数为 102.8,比 2016 年的 102.6 上升了 0.2,政策景气指数连续 4 年呈上行走势,可见总体而言江苏中小企业面临的政策环境在不断得到改善。根据表 2-23,2017 年江苏 13 市中小企业政策景气指数除了镇江外其余 12 个城市均高于 100,最高的是盐城(107.0),最低的是镇江(95.6),泰州、南京、苏州分列第 2 至 4 位。与 2016 年相比,南京、泰州、苏州、淮安和扬州的政策景气指数上升,其中升幅最大的是南京(5.6),升幅最小的是扬州(2.3);其余 8 个城市的政策景气指数下降,降幅最大的是连云港(-5.6),降幅最小的是盐城(-0.4)。从排序来看,盐城在 2017 年保持了 2016 年的第 1,其余城市中位次上升较快的有:泰州从 2016 年的第 9 位上升到 2017 年的第 2 位,南京从最后 1 位上升到第 3 位,苏州从第 10 位上升到第 4 位。

表 2-23　2017 年和 2016 年江苏 13 市中小企业政策景气指数比较

城市	2017 年	2016 年	相差	2017 年排序
南京市	104.9	99.3	5.6	3
无锡市	103.7	106.8	-3.1	6
徐州市	101.3	103.3	-2.0	10
常州市	101.6	104.3	-2.7	8(并列)
苏州市	104.8	100.5	4.3	4

（续表）

城市	2017 年	2016 年	相差	2017 年排序
南通市	101.2	102.8	−1.6	11
连云港市	100.5	106.1	−5.6	12
淮安市	103.5	100.0	3.5	7
盐城市	107.0	107.4	−0.4	1
扬州市	104.3	102.0	2.3	5
镇江市	95.6	99.9	−4.3	13
泰州市	106.4	101.7	4.7	2
宿迁市	101.6	103.5	−1.9	8(并列)

如图 2-53 所示,2017 年江苏 13 市中小企业政策景气指数围成的面积与 2016 年的面积相比变化程度不大,也比较均匀,表明江苏中小企业面临的政策环境总体上比较稳定。2014 年至 2017 年,南京、苏州、淮安中小企业政策景气指数经历了先升后降再升的变动过程,并在 2017 年达到最高值;无锡、徐州、常州、南通、连云港、盐城的中小企业政策景气指数在连续三年的上升走势后于 2017 年小幅下降;镇江中小企业政策景气指数连续两年下降,2017 年已降至 4 年来的最低水平;扬州、泰州中小企业政策景气指数则连续 4 年保持上升走势。

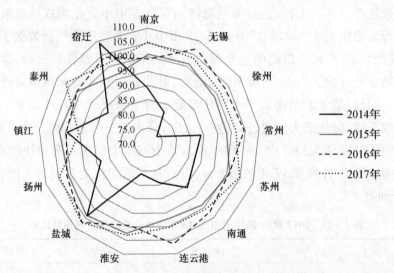

图 2-53 2014 年—2017 年江苏 13 市中小企业政策景气指数

表 2-24 是 2014 年至 2017 年江苏 13 市中小企业政策景气指数的统计描述。2017 年江苏 13 市中小企业政策景气指数的平均值为 102.8,略低于 2016 年,但高于 2015 年和 2014 年。政策景气指数最高的盐城(107.0)和最低的镇江(95.6)之间相差 11.4,这一极差与 2016 年相比进一步加大,但仍远远小于 2014 年的极差;各市中

小企业政策景气指数的标准差和标准差离散系数也是在 2016 年的基础上略有上升，但也是远远小于 2014 年的水平，表明江苏各市的政策景气指数存在一定的离散性，但总体上其离散程度已远小于 2014 年的离散程度。

表 2-24　2014—2017 年江苏 13 市中小企业政策景气指数统计描述

年份	N	最小值	最大值	均值	极差	标准差	标准差离散系数
2017 年	13	95.6	107.0	102.8	11.4	2.874 0	0.028 0
2016 年	13	99.3	107.4	102.9	8.1	2.693 3	0.026 2
2015 年	13	96.7	104.2	100.4	7.5	2.192 2	0.021 8
2014 年	13	73.9	109.0	89.7	35.1	9.503 8	0.105 9
有效的 N（列表状态）	13						

2017 年盐城中小企业政策景气指数在江苏 13 市中继续位列第 1，从政策景气指数的三级指标看，盐城"人工成本""融资成本""税收负担""行政收费"这 4 个指标的景气度位列江苏 13 市第 1，表明盐城大多中小企业感受到政府政策的扶持，并予以积极的评价。

2017 年连云港中小企业政策景气指数在江苏 13 市中降幅最大，且从 2016 年的排名第 3 降到 2017 年的排名第 12。从政策景气指数的三级指标看，连云港"专项补贴"这一指标的景气度位列江苏 13 市末位，"税收负担"景气度倒数第 2，"人工成本"景气度倒数第 3，表明连云港大多中小企业认为政府专项补贴较少，同时认为税收负担较重。

2017 年镇江中小企业政策景气指数在江苏 13 市排名最后，从政策景气指数的三级指标来看，镇江"获得融资""融资优惠""政府效率或服务水平"这 3 个指标的景气度在江苏 13 市排名最后，"税收优惠"景气度排名倒数第 2，"专项补贴"景气度倒数第 3，表明镇江大多中小企业认为政府优惠政策和补贴较少，政府效率和服务水平有待提升。

第3章 2017年江苏中小企业生态环境综合评价

　　本报告用专章阐释了研究中心创建的、以中小企业景气指数指标体系为基础的中小企业生态环境评价体系,由中小企业生态环境(一级指标)、4个生态条件二级指标、8个生态条件维度指标(三级指标)和60多个生态条件影响因子指标所构成(图1-1、表3-1)。2014年研究中心运用这一评价体系对江苏中小企业生态环境进行首次评价,引起广泛关注。2017年研究中心继续运用这一指标体系对江苏中小企业生态环境进行评价,并将2016年和2017年江苏中小企业生态环境变化的区域特征和城市特征进行比较。

3.1 总体评价

　　如表3-1所示江苏中小企业生态环境可细化为4个生态条件、8个生态条件维度指标和67个生态条件影响因子指标综合体现。

表3-1 中小企业生态环境综合评价指标构成

序号	二级指标	三级指标	评价指标(问卷指标和统计指标)
1			3. 营业收入
2			4. 经营成本
3			5. 生产(服务)能力过剩
4			6. 盈利(亏损)变化
5		经营状况维度	16. 应收款
6			31. 企业综合生产经营状况
7	生产生态条件		规模以上中小企业工业总产值
8			规模以上中小企业工业总产值占比
9			批发、零售和住宿、餐饮业总额
10			7. 技术水平评价
11		企业发展维度	8. 技术人员需求
12			9. 劳动力需求
13			10. 人工成本

（续表）

序号	二级指标	三级指标	评价指标（问卷指标和统计指标）
14			17. 固定资产投资
15			18. 产品（服务）创新
16			20. 流动资金
17			专利授权数量
18			私营个体经济固定资产投资
19			私营个体占新增固定资产投资比重
20	市场 生态条件	产品供给 维度	11. 新签销售合同
21			12. 产品线上销售比例
22			13. 产品（服务）销售价格
23			14. 营销费用
24			18. 产品（服务）创新
25			全社会用电量
26			亿元以上商品交易市场商品成交额
27			规模以上工业企业产品销售率
28		资源需求 维度	8. 技术人员需求
29			9. 劳动力需求
30			10. 人工成本
31			15. 主要原材料及能源购进价格
32			21. 融资需求
33			24. 融资成本
34			私营个体工商户户数
35			规模以上工业企业总资产贡献率
36			规模以上工业企业资产负债率
37	金融 生态条件	运营资金 维度	16. 应收款
38			17. 投资计划
39			20. 流动资金
40			22. 实际融资规模
41			规模以上工业企业流动资产
42			规模以上工业企业应收账款
43			年末单位存款余额

（续表）

序号	二级指标	三级指标	评价指标（问卷指标和统计指标）
44			1. 总体运行状况
45			17. 固定资产投资
46			22. 实际融资规模
47		企业融资维度	21. 融资需求
48			24. 融资成本
49			25. 融资优惠
50			年末金融机构贷款余额
51			票据融资
52			单位经营贷款
53			22. 实际融资规模
54			25. 融资优惠
55			29. 专项补贴
56		政策支持维度	30. 政府效率
57			31. 企业综合生产经营状况
58			一般公共服务财政预算支出占 GDP
59	政策生态条件		社会保障和就业财政预算支出占 GDP
60			从业人数
61			10. 人工成本
62			24. 融资成本
63			26. 税收负担
64		企业负担维度	28. 行政收费
65			企业所得税占 GDP 比重
66			行政事业性收费收入占 GDP 比重
67			城镇居民可支配收入

注1：指标前有序号的是问卷指标，没有序号的是统计指标。

注2：2017 年各指标的权重继续采用专家法设定。

注3：序号排列到 67 是因为有些三级指标会影响两个不同的二级指标，这就会重复使用，并视情况做相应技术处理。

2017 年江苏中小企业生态环境综合评价总分为 4.773 8，较 2016 年 4.844 8 有 0.071 0 的微小降幅。从表 3-2 可以看出，2017 年江苏中小企业生态环境的 8 个生态条件维度指标，最高维度分与最低维度分的差值为 2.336 1，极差大于 2016 年，这说明八个维度指标分值之间存在较大差异，且与 2016 年比差异在扩大。

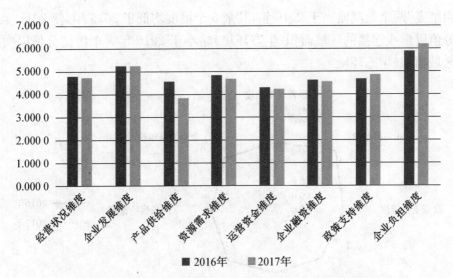

图 3-1　2016 年—2017 年江苏中小企业八个维度得分

2017 年江苏中小企业生态环境 8 个维度中,仅有"企业发展维度"和"企业负担维度"两个维度的得分高于 5.0,其余六个维度的得分在 3～5 分之间,"企业负担维度""企业发展维度"和"政策支持维度"的得分较高,分别列前 3 位。其中"企业负担维度"是逆指标,分值越高,代表企业负担越轻。2017 年这一指标分值较高,与 2016 年相比有 0.274 的涨幅,表明与 2016 年相比企业负担有小幅度的下降,见图 3-1 和表 3-2。

表 3-2　2016 年—2017 年江苏中小企业生态环境各维度得分

生态条件	生态条件维度	2016 年		2017 年		较 2016 年的分差
		评分	排序	评分	排序	
生产	经营状况维度	4.750 6	4	4.724 3	4	−0.026 3
	企业发展维度	5.207 4	2	5.202 4	2	−0.005 0
市场	产品供给维度	4.542 4	7	3.841 4	8	−0.701 0
	资源需求维度	4.845 2	3	4.664 0	5	−0.181 2
金融	运营资金维度	4.266 7	8	4.228 0	7	−0.038 7
	企业融资维度	4.600 5	6	4.531 8	6	−0.068 8
政策	政策支持维度	4.640 1	5	4.820 8	3	0.180 7
	企业负担维度	5.905 3	1	6.177 5	1	0.272 3

注:企业负担维度是一个逆指标,其经济含义是分值越高,企业负担越轻,反之越重。

将表 3-2 转换成图 3-2,可以直观地比较 2016 年到 2017 年江苏中小企业生态环境的变化。2017 年,4 个生态条件的 8 个维度的得分中仅有"政策支持维度"和"企业负担维度"两个维度略高于 2016 年,其余 6 个维度均低于 2016 年,使 2017 年 8 个维度分值以虚线连接的区域面积(生态环境)略小于 2016 年 8 个维度分值以实线连接的区域面积(生态环境)。

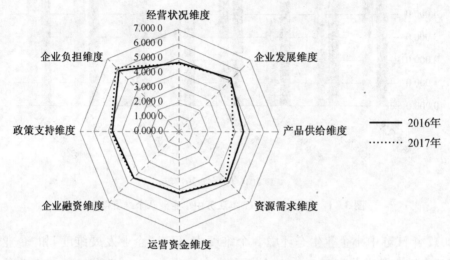

图 3-2　2016 年—2017 年江苏中小企业生态环境的变化

由表 3-3 和图 3-2 可知,2017 年江苏中小企业生态环境 8 个生态条件维度分值较为均衡,各维度指标间的离散幅度较低。

表 3-3　江苏中小企业生态环境维度指标统计描述

描述统计量						
	N	极小值	极大值	均值	标准差	方差
维度指标	8	3.841 4	6.177 5	4.780 8	0.752 1	0.565 6
有效的 N(列表状态)	8					

表 3-2 显示,从数值上看,2017 年生态环境条件的 8 个维度中前 6 个维度较 2016 年都有不同程度的下降:下降幅度最大的是市场生态条件的 2 个维度,其中产品供给维度降幅 0.701 0,资源需求维度降幅 0.181 2;表明与 2016 年相比较,2017 年江苏中小企业生态环境中的市场生态条件有小幅度恶化;其次是金融生态条件的企业融资维度和运营资金维度,与 2016 年相比较分别有 0.068 8 和 0.038 7 的降幅;降幅最小的是生产生态条件,与 2016 年相比经营状况维度有 0.026 4 的降幅,企业发展维度仅有 0.005 0 的降幅。与 2016 年相比政策生态条件的 2 个维度均有所上升,其中政策支持维度比 2016 年有 0.180 7 的上升,企业负担维度有 0.272 3 的上升。

2014 年到 2017 年,江苏中小企业生态环境经历了一个起伏波动的变化,这与我国宏观经济的大背景密切相关,江苏中小企业深植其中,必然受到全方位不同程度的影响。尽管如第 2 章所述,2017 年江苏中小企业景气指数有一定回升,江苏大多中小企业信心增强了,但江苏中小企业的总体生态环境还未得到真正改善。本报告将根据 2017 年收集到的中小企业样本和官方统计的数据信息,以中小企业生态环境评价体系和评价方法为基础,对江苏中小企业生态环境进行深入、全面和客观的评价。

3.2　2017 年江苏中小企业生态条件评价

中小企业生态环境由生产生态条件、市场生态条件、金融生态条件和政策生态条件构成,下面分别对 2017 年影响江苏中小企业生态环境的这四个生态条件逐一评价。

3.2.1　四大生态条件整体评价

表 3-4 反映的是 2017 年江苏省 13 地市生产、市场、金融、政策 4 个生态条件的得分及排序情况。从表中可以看出,苏州、泰州、南京的生产生态条件表现较好,分列第 1、2、3 位,而淮安、镇江、宿迁则位居后三位。南京、苏州、盐城在市场生态条件方面表现较好,排在前三位,而常州、镇江、宿迁表现较差,排在后三位。金融生态条件方面,苏州、南京、无锡的得分位居前三位,盐城、徐州、镇江金融生态条件较差,列居后三位。政策生态条件方面,南京、宿迁、泰州分列前三位,而南通、盐城、镇江政策生态条件最差,列在后三位。

表 3-4　2017 年江苏省 13 市 4 大生态条件整体评价

	生产生态条件		市场生态条件		金融生态条件		政策生态条件	
	数值	排序	数值	排序	数值	排序	数值	排序
南京	6.315 6	3	5.954 7	1	6.454 2	2	7.248 1	1
无锡	4.244 8	10	4.444 2	7	5.209 6	3	6.260 1	5
徐州	5.541 0	5	3.423 4	10	2.698 3	12	4.901 8	9
常州	5.170 6	7	3.327 9	11	3.430 0	10	4.606 5	10
苏州	7.259 1	1	5.625 6	2	7.771 5	1	6.541 2	4
南通	6.012 1	4	4.012 2	8	4.393 8	6	4.182 6	11
连云港	4.461 7	9	4.738 3	5	4.062 9	9	6.168 6	6
淮安	3.896 8	11	3.769 1	9	4.502 6	5	5.720 8	8
盐城	4.610 8	8	5.272 3	3	3.034 5	11	3.312 0	12
扬州	5.475 2	6	4.698 6	6	4.328 9	7	5.825 6	7
镇江	3.106 7	12	2.641 3	12	1.895 0	13	2.989 6	13
泰州	6.351 3	2	4.802 4	4	5.019 9	4	6.742 3	3
宿迁	2.077 6	13	2.575 3	13	4.137 4	8	6.989 9	2

3.2.2 生产生态条件评价

生产生态条件由"经营状况维度"和"企业发展维度"构成，可总体上反映江苏中小企业生产生态条件变化情况。

表 3-5　2016 年—2017 年江苏 13 市中小企业经营状况维度指标得分

	2016 年		2017 年		较 2016 年
	得分	排序	得分	排序	
南京市	5.343 7	3	5.322 8	6	−0.020 9
无锡市	4.779 5	6	4.676 9	7	−0.102 6
徐州市	4.762 2	7	4.545 3	9	−0.216 9
常州市	4.736 3	8	4.056 1	10	−0.680 2
苏州市	5.524 0	2	7.529 0	1	2.005 0
南通市	4.713 2	9	5.449 5	5	0.736 3
连云港市	4.913 6	5	4.658 1	8	−0.255 5
淮安市	4.084 3	11	2.899 1	12	−1.185 2
盐城市	5.262 1	4	5.610 0	4	0.347 9
扬州市	4.565 0	10	5.954 4	3	1.389 4
镇江市	3.706 9	12	3.399 4	11	−0.307 5
泰州市	5.604 3	1	5.993 9	2	0.389 6
宿迁市	3.153 5	13	1.321 1	13	−1.832 4

从表 3-5 可以看到 2016 年到 2017 年江苏中小企业在"经营状况维度"分值的变化情况。在 13 地市中仅有 5 个得分稍高于 2016 年，其中上升幅度最大的是苏州市（+2.005 0），扬州市的"经营状况维度"得分上升也较为明显，超过了一个维度分（+1.389 4）。其余 8 个地市中，下降幅度最大的是宿迁市（较 2016 年下降了 1.832 4）；此外，淮安市的得分也较 2016 年下降了一个维度分以上。

表 3-6 反映了 2016—2017 年江苏中小企业在"企业发展维度"分值的变化情况。从表中可以看出，与 2016 年相比，13 市中有七个城市的得分下降，6 个城市的得分上升，但不管是上升还是下降，变化幅度均不明显。其中徐州的分值上升幅度最大，但也仅上升了 0.205 4 个维度分。下降幅度最大的是苏州，下降了 0.157 4 个维度分。从"经营状况维度"和"企业发展维度"的分值变化中，可以看出 2017 年江苏中小企业生产生态条件比 2016 年仅有小幅度恶化，大致持平。

表 3 - 6　2016 年—2017 年江苏 13 市中小企业企业发展维度指标得分

	2016 年		2017 年		较 2016 年
	得分	排序	得分	排序	
南京市	7.307 3	1	7.308 3	1	0.001 1
无锡市	3.838 2	10	3.812 6	10	−0.025 6
徐州市	6.331 4	5	6.536 8	5	0.205 4
常州市	6.312 5	6	6.285 0	6	−0.027 5
苏州市	7.144 0	2	6.989 3	2	−0.154 7
南通市	6.722 5	3	6.574 6	4	−0.147 9
连云港市	4.314 5	9	4.265 2	9	−0.049 2
淮安市	4.794 8	8	4.894 5	8	0.099 6
盐城市	3.674 9	11	3.611 7	11	−0.063 2
扬州市	4.939 3	7	4.996 1	7	0.056 7
镇江市	2.763 4	13	2.814 0	13	0.050 6
泰州市	6.664 9	4	6.708 7	3	0.043 8
宿迁市	2.888 9	12	2.834 0	12	−0.054 9

　　表 3 - 7 是江苏中小企业生产生态条件的"经营状况维度"和"企业发展维度"得分的描述性统计。可以看出,13 市在"经营状况维度"的得分很不均衡,标准差为 1.576 2,离散程度较大。"企业发展维度"得分的离散程度依然很高,平均得分列各维度第二名,标准差为 1.620 8,这表明地区间在技术水平与创新、固定资产投资、流动资金等方面存在明显的差异。

表 3 - 7　江苏中小企业生产生态条件的描述性统计

	N	最小值	最大值	均值	标准差	方差
经营状况维度	13	1.321 1	7.529 0	4.724 3	1.576 2	2.484 4
企业发展维度	13	2.814 0	7.308 3	5.202 4	1.620 8	2.627 0
有效的 N(列表状态)	13					

　　图 3 - 3 显示了 2017 年江苏 13 市"经营状况维度"得分排序情况。从经营状况维度得分看,苏州、泰州、扬州分别位居第一、第二和第三位。苏州在"规模以上工业企业总产值占 GDP 比重"和"规模以上中小企业工业总产值"两个三级指标上得分最高,均列第一位。其中值得关注的是位于苏中地区的泰州和扬州,泰州在"经营状况维度"得分位居全省第二位,这主要得益于泰州中小企业在"企业综合生产经营状况"上的得分较高。扬州在"盈利(亏损)变化"的得分全省最高,此外在"营业收入"指标上的表现也较佳。

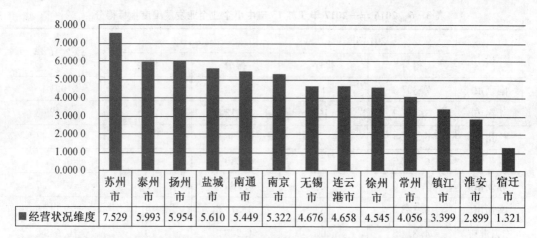

	苏州市	泰州市	扬州市	盐城市	南通市	南京市	无锡市	连云港市	徐州市	常州市	镇江市	淮安市	宿迁市
■经营状况维度	7.529	5.993	5.954	5.610	5.449	5.322	4.676	4.658	4.545	4.056	3.399	2.899	1.321

图 3-3　2017 年江苏 13 市中小企业生产生态条件经营状况维度得分排序

　　从图 3-4 可以看出，在"经营状况维度"方面，2017 年只有苏州、南通、盐城、扬州和泰州五个市的得分较 2016 年有所提升。宿迁、淮安、常州下降较为明显，其余地级市与 2016 年相比小幅度下降，总体大致持平。

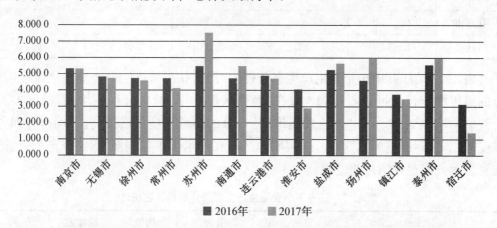

图 3-4　2016 年—2017 年江苏 13 市生产生态条件经营状况维度得分比较

　　图 3-5 是 2017 年生产生态条件的"企业发展维度"得分及排序情况，从"企业发展维度"看，最小值、均值、标准差、方差均大于"经营状况维度"。"企业发展维度"的标准差为 1.620 8，方差为 2.627 0，在 8 个维度中列居第一，这显示出江苏 13 市在"企业发展维度"方面具有较大的地区差异性。

　　从图 3-6 可以看出，2017 年江苏 13 市中大部分城市中小企业在"企业发展维度"的评分都低于 2016 年，但整体下降幅度较小。徐州、淮安、镇江、泰州市在"企业发展维度"的得分高于 2016 年，但上升幅度有限。南京、无锡、盐城、宿迁的得分与 2016 年基本持平。整体来看，江苏 13 市在"企业发展维度"的表现与 2016 年相比，变化不大。

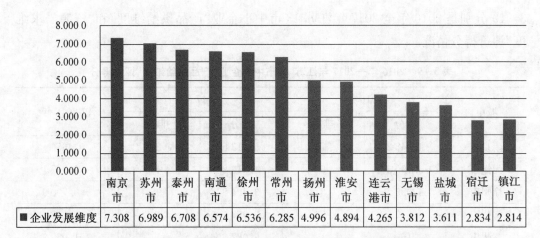

	南京市	苏州市	泰州市	南通市	徐州市	常州市	扬州市	淮安市	连云港市	无锡市	盐城市	宿迁市	镇江市
■企业发展维度	7.308	6.989	6.708	6.574	6.536	6.285	4.996	4.894	4.265	3.812	3.611	2.834	2.814

图 3-5　2017 年江苏 13 市中小企业生产生态条件"企业发展维度"得分排序

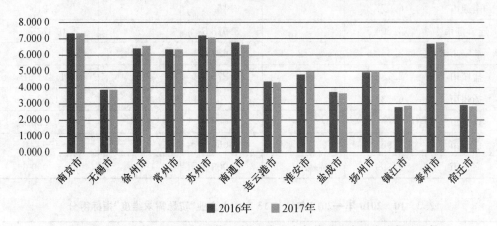

图 3-6　2016 年—2017 年江苏 13 市生产生态条件企业发展维度得分比较

表 3-8　2017 年江苏三地区中小企业生产生态条件维度指标得分

	苏南地区	苏中地区	苏北地区
经营状况维度得分	4.996 8	5.799 3	3.806 7
企业发展维度得分	5.441 8	6.093 1	4.428 4

从地区比较看,表 3-8 显示,在生产生态条件的 2 个维度指标中,苏中地区的得分均高于苏南地区和苏北地区,这得益于苏中地区在"营业收入""盈亏变化""企业综合生产经营状况""固定资产投资""流动资金"等方面得分较高,但"技术人员需求""专利授权数量"的得分低于苏南地区,说明苏中地区中小企业技术创新能力相对较弱。苏南地区在"经营成本"指标上的得分较低(逆指标,数值越小代表成本越大),说明苏南地区的中小企业经营成本压力相对大一些。

3.2.3　市场生态条件评价

市场生态条件从"产品供给维度"和"资源需求维度"两方面进行评价,表 3-9、

3-10 分别是 2016 年至 2017 年江苏 13 市中小企业"产品供给维度"和"资源需求维度"评价得分情况。

表 3-9 2016 年—2017 年江苏 13 市中小企业"产品供给维度"评价得分

城市	2016 年		2017 年		较 2016 年
	得分	排序	得分	排序	
南京市	4.948 2	7	5.413 6	2	0.465 4
无锡市	5.190 3	6	4.313 2	4	−0.877 1
徐州市	4.025 7	8	3.324 8	9	−0.700 9
常州市	5.249 6	5	2.977 4	11	−2.272 2
苏州市	7.156 3	1	6.087 0	1	−1.069 3
南通市	6.077 3	3	3.162 3	10	−2.915 0
连云港市	3.604 8	9	3.978 5	7	0.373 7
淮安市	2.648 6	12	3.687 9	8	1.039 3
盐城市	2.783 6	11	4.275 2	5	1.491 6
扬州市	6.237 4	2	4.701 6	3	−1.535 8
镇江市	2.268 7	13	2.048 3	12	−0.220 4
泰州市	5.961 9	4	4.060 3	6	−1.901 6
宿迁市	2.899 1	10	1.908 5	13	−0.990 6

表 3-10 2016 年—2017 年江苏 13 市中小企业"资源需求维度"指标得分

城市	2016 年		2017 年		较 2016 年的分差
	得分	排序	得分	排序	
南京市	5.873 3	1	6.495 7	1	0.622 4
无锡市	4.619 6	10	4.575 2	8	−0.044 4
徐州市	5.108 3	7	3.522 0	11	−1.586 2
常州市	4.239 3	11	3.678 4	10	−0.560 9
苏州市	5.491 3	3	5.164 2	5	−0.327 1
南通市	5.672 7	2	4.862 1	6	−0.810 6
连云港市	3.642 4	12	5.498 0	4	1.855 6
淮安市	5.120 6	6	3.850 3	9	−1.270 2
盐城市	5.485 5	4	6.269 4	2	0.783 9
扬州市	5.037 0	8	4.695 6	7	−0.341 4
镇江市	4.766 4	9	3.234 2	13	−1.532 2
泰州市	5.343 4	5	5.544 6	3	0.201 2
宿迁市	2.587 5	13	3.242 1	12	0.654 6

表3-9是与2016年相比,2017年江苏13市的市场生态条件中"产品供给维度"评分变动情况。2017年"产品供给维度"平均值较2016年下降了0.701 0,整体变化较为明显。其中降幅最大的是南通,下降了2.915 0个维度分,其次是常州下降了2.272 2。此外苏州、扬州、泰州3个城市在此维度的评分下降幅度也超过了1个维度分,下降较为明显。而盐城在"产品供给维度"的得分上升幅度最大,升幅达1.491 6,淮安在此维度的评分上升幅度也超过了一个维度分(+1.039 3),此外南京、连云港在此维度的评分也有了不同程度的上升。

表3-11 2017年江苏13市中小企业市场生态条件维度指标得分的统计描述

	N	最小值	最大值	均值	标准差	方差
产品供给维度	13	1.908 5	6.087 0	3.841 4	1.196 6	1.431 8
资源需求维度	13	3.234 2	6.495 7	4.664 0	1.107 0	1.225 5
有效的 N(列表状态)	13					

表3-11显示,"产品供给维度"得分的标准差为1.196 6,方差为1.431 8,离散程度相对稍高,说明江苏13市在"产品供给维度"指标得分上具有明显的地区差异性。从评分上看,13市的产品供给维度得分普遍较低,仅有苏州、南京两个城市的得分高于5.0分;"资源需求维度"的评分相对高一些,13市中有5个城市的得分高于5.0分。"资源需求维度"的标准差为1.107 0,方差为1.225 5,说明江苏各地区在此维度的得分较为不平衡,离散程度较大。从市场生态条件看,大部分城市在两个维度的分值都低于2016年。

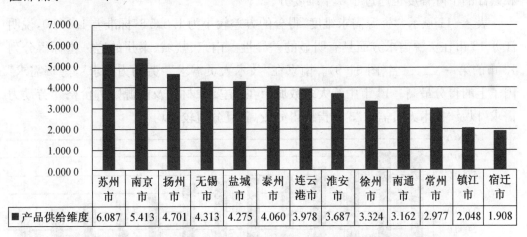

	苏州市	南京市	扬州市	无锡市	盐城市	泰州市	连云港市	淮安市	徐州市	南通市	常州市	镇江市	宿迁市
■产品供给维度	6.087	5.413	4.701	4.313	4.275	4.060	3.978	3.687	3.324	3.162	2.977	2.048	1.908

图3-7 2017年江苏13市中小企业市场生态条件的"产品供给维度"得分排序

在"产品供给维度"的得分上苏州、南京和扬州分列江苏省第一、二、三名,这主要得益于这3个城市在"产品线上销售比例""新签销售合同""全社会用电量""技术水平评价"4个正指标的得分较高,在"营销费用"这个逆指标上得分较低。南京"产品供给维度"得分位居第二,但在"生产(服务)能力过剩""规模以上工业企业产品销售率"指标上的得分较低,这说明南京中小企业依然存在较为明显的生产能力过剩问题。

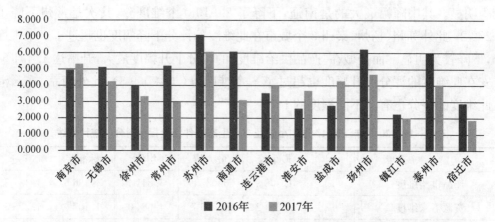

图 3 - 8　2016 年—2017 年江苏 13 市中小企业"产品供给维度"得分比较

资源需求维度得分源于"主要原材料及能源购进价格""技术人员需求""劳动力需求""融资需求""融资成本""私营个体工商户户数""规模以上工业企业总资产贡献率""规模以上企业资产负债率"等生态条件影响因子的评价。

2017 年,仅有南京、连云港、盐城、泰州、宿迁五个城市在"资源需求维度"的得分较 2016 年有了提升,其中,连云港上升幅度最大(+1.855 6);其余 8 个城市均有不同程度的下降,且下降幅度差别较大,如徐州下降幅度为 1.486 2 个维度分,此外淮安和镇江的下降幅度也超过了 1 个维度分。

表 3-11 显示,"资源需求维度"得分的方差较小为 1.225 5,标准差 1.107 0,说明江苏 13 市在资源需求方面具有明显的差异性。南京、盐城、泰州的这一指标得分列13 市的第一、二、三名(图 3-9)。南京在"技术人员需求""劳动力需求""融资需求"因子上的得分最高。13 市中绝大多数城市在"主要原材料及能源购进价格""劳动力需求"以及"技术人员需求"3 个指标得分较高,且分值较为均衡。

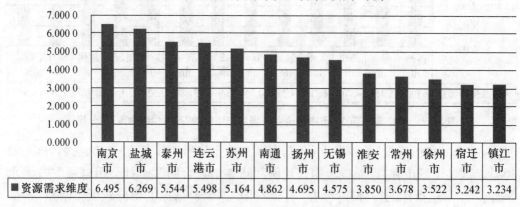

图 3 - 9　2017 年江苏 13 市中小企业"资源需求维度"得分排序

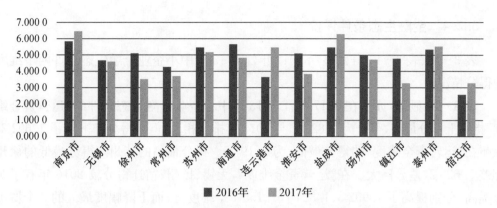

图 3－10　2016 年—2017 年江苏 13 市中小企业"资源需求维度"得分比较

2017 年苏州、南通、南京在"私营个体工商户户数"指标上得分最高,分列第一、第二、第三名,但同时苏州、南京在"私营个体经济新增固定资产投资"和"私营个体经济固定资产投资占全社会新增固定资产投资比重"因子上的得分很低,这说明苏州和南京的中小企业在经济发展中的地位相对较弱。

宿迁虽然在资源需求维度评分最低,位居第十三名,但宿迁在"融资需求"指标上得分较高,位居全省第二位,这说明宿迁中小企业对资金的需求较为旺盛,同时在"人工成本"指标的得分也较高,这主要是因为宿迁的平均工资水平较低。一方面融资需求旺盛,同时宿迁在"融资成本"上得分却最低(逆指标,得分越小,代表成本越高),结合被调查企业现有的融资渠道,我们可以看出宿迁中小企业普遍存在融资成本高、融资渠道窄等问题。

表 3－12　2017 年江苏三地区中小企业市场生态条件维度指标得分比较

	苏南地区	苏中地区	苏北地区	极差
产品供给维度	4.167 9	3.974 7	3.435 0	0.732 9
资源需求维度	4.629 5	5.034 1	4.476 4	0.447 7

从表 3－12 比较江苏三地区市场生态条件的两个维度指标得分可以看到,苏南地区、苏中地区、苏北地区在"产品供给维度"和"资源需求维度"得分差距均较小。苏南地区在"产品供给维度"得分高于苏中和苏北地区,而苏中地区在"资源需求维度"的得分高于苏南和苏北地区。苏南地区在"技术人员需求""技术水平评价""专利授权数量"等指标上得分较高,这说明苏南地区中小企业创新意识较强,技术水平相对较高。苏中地区在"产品线上销售比例""产品(服务)销售价格""规模以上工业企业产品销售率"等方面得分较高,说明苏中地区中小企业在营销方面表现较好。苏北地区各市在"亿元以上商品交易市场商品交易额"指标上得分较低,显示出苏北地区市场规模较小,市场潜力有待进一步开发。

3.2.4 金融生态条件评价

表 3-13、表 3-14 分别显示 2017 年江苏 13 市中小企业金融生态条件两个维度的得分情况。

表 3-13 显示，苏州在 2017 年江苏 13 市中小企业金融生态条件的"运营资金维度"指标上得分最高，得分为 7.822 7，与 2016 年排名相同，但是得分却下降了 1.692 2；徐州在"运营资金维度"的得分最低，为 2.197 5。得分最高的苏州与得分最低的徐州相差 5.625 2，差异巨大。在"运营资金维度"，无锡、扬州、宿迁得分较 2016 年有了明显提高，分别提高了 1.992 3、1.824 1、1.155 4 个维度分；而下降幅度最大的 3 个城市是苏州、常州、徐州，分别下降了 1.699 2、1.141 7、1.118 9 个维度分。

表 3-13　2016 年—2017 年江苏 13 市中小企业"运营资金维度"指标得分比较

	2016 年		2017 年		较 2016 年
	得分	排序	得分	排序	
南京市	6.435 4	2	6.084 9	2	-0.350 5
无锡市	3.524 7	8	5.516 9	3	1.992 3
徐州市	3.316 4	10	2.197 5	13	-1.118 9
常州市	4.277 9	6	3.136 2	10	-1.141 7
苏州市	9.515 0	1	7.822 7	1	-1.692 2
南通市	4.873 1	3	4.078 6	7	-0.794 4
连云港市	3.547 0	7	3.582 9	9	0.035 9
淮安市	4.305 3	5	4.746 0	5	0.440 7
盐城市	2.454 1	13	2.491 5	11	0.037 4
扬州市	2.987 6	11	4.811 7	4	1.824 1
镇江市	3.426 7	9	2.313 8	12	-1.112 9
泰州市	4.313 4	4	4.535 3	6	0.221 9
宿迁市	2.490 5	12	3.645 8	8	1.155 4

表 3-14 显示了 2016 年至 2017 年江苏 13 市金融生态条件的"企业融资维度"得分情况。苏州（7.720 2）和南京（6.823 5）在这一维度指标分列江苏省第一名和第二名，徐州（3.199 2）和镇江（1.476 2）分列这一指标的第十二名和第十三名。在此维度上，较 2016 年升幅较大的是泰州（+1.161 9），其次是南京（+1.155 7），较 2016 年上升的还有宿迁、扬州、苏州。除此之外，其余 8 个城市均较 2016 年有了不同程度的下降，其中下降幅度最大的是镇江（-1.943 5），下降幅度较为明显的还有盐城（-1.373 1）。

表 3 - 14　2016 年—2017 年江苏 13 市中小企业"企业融资维度"指标得分比较

	2016 年		2017 年		较 2016 年
	得分	排序	得分	排序	
南京市	5.667 7	2	6.823 5	2	1.155 7
无锡市	4.949 3	5	4.902 2	4	−0.047 1
徐州市	3.601 4	10	3.199 2	12	−0.402 2
常州市	4.165 4	9	3.723 8	10	−0.441 6
苏州市	7.170 6	1	7.720 2	1	0.549 5
南通市	5.524 0	3	4.709 0	5	−0.815 0
连云港市	4.691 9	6	4.542 8	7	−0.149 1
淮安市	4.378 1	7	4.259 1	8	−0.119 0
盐城市	4.950 7	4	3.577 6	11	−1.373 1
扬州市	3.575 9	11	3.846 1	9	0.270 2
镇江市	3.419 8	12	1.476 2	13	−1.943 5
泰州市	4.342 7	8	5.504 5	3	1.161 9
宿迁市	3.369 6	13	4.628 9	6	1.259 3

表 3 - 15　2017 年江苏 13 市中小企业金融生态条件维度指标统计描述

	N	最小值	最大值	均值	标准差	方差
运营资金维度	13	2.197 5	7.822 7	4.228 0	1.620 4	2.625 6
企业融资维度	13	1.476 2	7.720 2	4.531 8	1.574 9	2.480 2
有效的 N(列表状态)	13					

表 3 - 15 显示的是 2017 年江苏 13 市中小企业金融生态条件两个维度指标的描述性统计。从运营资金维度看,该指标的方差为 2.625 6,标准差为 1.620 4,在 8 个维度指标中排名第 3,最大值与最小值之间差距高达 5.7 个维度评分。这表明江苏 13 市中小企业在运营资金方面存在非常大的地区差异性,其中在"年末单位存款余额"以及"规模以上工业企业流动资产"这两个统计指标上,地区间差距最大。

从图 3 - 11 看到,苏州、南京、无锡分别位列第一、二、三名。苏州紧邻上海国际金融中心,南京是江苏省的金融中心,所以金融生态条件较好;徐州的得分最低,位列第十三名。

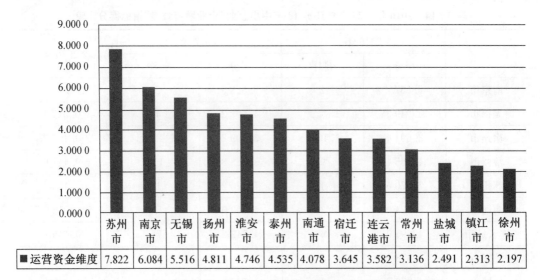

	苏州市	南京市	无锡市	扬州市	淮安市	泰州市	南通市	宿迁市	连云港市	常州市	盐城市	镇江市	徐州市
■运营资金维度	7.822	6.084	5.516	4.811	4.746	4.535	4.078	3.645	3.582	3.136	2.491	2.313	2.197

图 3‒11　2017 年江苏 13 市中小企业"运营资金维度"指标得分排序

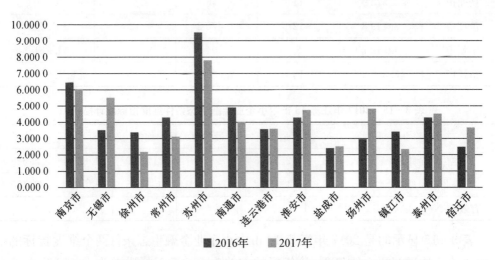

图 3‒12　2016 年—2017 年江苏 13 市中小企业"运营资金维度"得分比较

　　表 3‒13 和图 3‒12 显示 2017 年无锡、扬州、宿迁 3 个城市的中小企业在"运营资金维度"方面的得分有了明显的提高,且提高的幅度超过了 1 个维度分,尤其是无锡提高了近 2 个维度分;而徐州、常州、苏州、镇江 4 个城市在此维度的评分下降显著,下降幅度均超过了 1 个维度分;连云港和盐城在此维度的得分与 2016 年基本持平。

　　图 3‒13 显示江苏 13 市中小企业在"企业融资维度"得分排序情况。"企业融资维度"由"总体运行状况""实际融资规模""融资需求""融资成本""融资优惠""固定资产投资""年末金融机构贷款余额""票据融资"以及"单位经营贷款"等 9 个生态条件影响因子指标构成。

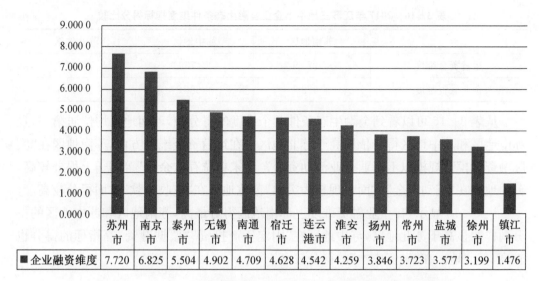

	苏州市	南京市	泰州市	无锡市	南通市	宿迁市	连云港市	淮安市	扬州市	常州市	盐城市	徐州市	镇江市
■企业融资维度	7.720	6.825	5.504	4.902	4.709	4.628	4.542	4.259	3.846	3.723	3.577	3.199	1.476

图 3－13　2017 年江苏 13 市中小企业"企业融资维度"得分排序

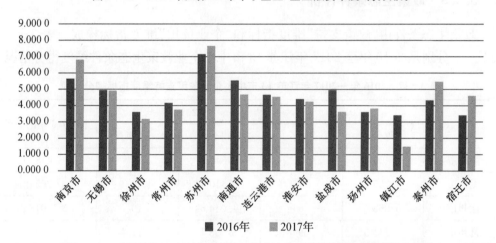

图 3－14　2016 年—2017 年江苏 13 市中小企业"企业融资维度"得分比较

表 3－15 显示,2017 年江苏 13 市"企业融资维度"指标的方差为 2.480 2,标准差为 1.574 9,离散程度较高,表明江苏 13 市中小企业融资状况在城市间具有明显的差异性。苏州、南京、泰州这三个城市在这个维度上得分位居第一、二、三名。苏州和南京在企业融资维度得分位居前两名,主要得益于这两个城市在"总体经济运行状况""实际融资规模""年末金融机构贷款""票据融资""单位经营贷款"方面得分较高;而过去通常排序为"苏锡常"的常州则因为在"融资成本""票据融资""年末金融机构贷款"等指标上得分较低,在此维度上仅排到第十位,比 2016 年的第九位下降了一个位次。

表 3-16 2017 年江苏三地中小企业金融生态条件维度指标得分比较

	苏南地区	苏中地区	苏北地区
运营资金维度	4.974 9	4.475 2	3.332 7
企业融资维度	4.929 2	4.686 5	4.041 5

从表 3-16 可以看到金融生态条件两个维度的得分中,苏南地区均位居第一,且苏南地区和苏中地区得分依旧高于苏北地区。在运营资金维度方面,苏南地区在"实际融资规模""规模以上工业企业流动资金""年末单位存款余额"等因子上得分较高,苏中地区在"流动资金"方面表现较为突出,苏北地区在"应收账款"方面得分较高。

表 3-16 显示,在企业融资维度上苏南地区得分最高,苏南地区和苏中地区的得分同样明显高于苏北地区,苏中地区在"固定资产投资""票据融资"等指标的得分也较高,苏北地区在"融资成本"的得分较高。

3.2.5 政策生态条件评价

政策生态条件由"政策支持"维度指标和"企业负担"维度指标构成。表 3-17、表 3-18 分别是 2016 年至 2017 年江苏 13 市中小企业政策生态条件维度得分情况。

表 3-17 2016 年—2017 年江苏 13 市中小企业政策支持维度指标得分比较

	2016 年		2017 年		较 2016 年的分差
	得分	排序	得分	排序	
南京市	3.400 7	11	6.849 2	1	3.448 4
无锡市	5.155 4	4	5.410 4	6	0.255 0
徐州市	5.063 5	6	4.044 6	10	−1.018 9
常州市	4.143 0	9	3.393 1	12	−0.749 9
苏州市	5.124 7	5	6.265 1	4	1.140 4
南通市	5.029 0	7	3.611 0	11	−1.417 9
连云港市	6.607 0	2	5.104 6	7	−1.502 4
淮安市	4.939 8	8	6.097 8	5	1.158 0
盐城市	5.577 7	3	4.160 9	9	−1.416 9
扬州市	2.693 8	12	4.458 2	8	1.764 4
镇江市	2.115 6	13	0.635 3	13	−1.480 3
泰州市	3.615 2	10	6.285 1	3	2.670 0
宿迁市	6.855 9	1	6.355 4	2	−0.500 5

表 3 - 18   2016 年—2017 年江苏 13 市中小企业负担维度指标得分比较

	2016 年		2017 年		较 2016 年的分差
	得分	排序	得分	排序	
南京市	7.149 8	3	7.647 1	1	0.497 3
无锡市	4.720 5	11	7.109 8	6	2.389 3
徐州市	8.406 8	1	5.759 1	9	−2.647 7
常州市	6.704 1	5	5.820 0	8	−0.884 1
苏州市	6.400 1	6	6.817 4	7	0.417 2
南通市	5.425 7	9	4.754 2	12	−0.671 5
连云港市	4.812 8	10	7.232 5	3	2.419 7
淮安市	7.065 1	4	5.343 8	11	−1.721 3
盐城市	3.446 1	13	2.463 1	13	−0.983 1
扬州市	5.598 6	7	7.193 0	5	1.594 4
镇江市	4.292 3	12	5.343 9	10	1.051 6
泰州市	7.250 0	2	7.199 5	4	−0.050 4
宿迁市	5.496 4	8	7.624 4	2	2.127 9

2017 年江苏中小企业政策生态条件的政策支持维度得分为 4.820 8,比 2016 年的 4.640 1 提高了 0.180 7 个维度分;企业负担维度得分为 6.177 5,较 2016 年的 5.905 3 提高了 0.272 3 个维度分(见表 3 - 2)。

从江苏 13 市情况看,2017 年政策支持维度得分最高的是南京(6.849 2),最低的是镇江(0.635 2)。这一维度指标得分较 2016 年上升的有 6 个城市,分别是:南京、无锡、苏州、淮安、扬州和泰州,其中升幅最大的是南京(+3.448 4),随后依次是泰州(+2.670 0)、扬州(+1.764 4)、淮安(+1.158 0)、苏州(+1.140 4)、无锡(+0.255 0)等;降幅最大的是镇江,从 2016 年的 2.115 6 下降到 2017 年的 0.635 3,降幅达−1.480 3,其原因是镇江在"融资优惠""社会保障和就业财政预算占 GDP 的比重""政府效率"等因子上得分过低;其余 6 个下降的城市中有 4 个城市下降幅度超过了 1 个维度分。

2017 年江苏 13 市中小企业政策生态条件的"企业负担维度"得分最高的是南京(7.647 1),最低的是盐城(2.463 1)。这一维度指标得分较 2016 年上升的城市有 7 个,其中升幅最大的是连云港(+2.419 7),此外无锡(+2.389 3)、扬州(+1.594 4)、镇江(+1.051 6)3 个城市的涨幅也超过了 1 个维度分。有 6 个城市在此维度的得分下降,其中下降幅度最大的是徐州(−2.647 7),其次是淮安,下降了 1.721 3 个维度分。企业负担维度是逆指标,得分越高表明企业负担越轻。

表 3-19　2017 年江苏 13 市中小企业政策生态条件维度指标统计描述

	N	最小值	最大值	均值	标准差	方差
政策支持维度	13	0.635 3	6.849 2	4.820 8	1.706 6	2.912 4
企业负担维度	13	2.463 1	7.647 1	6.177 5	1.478 6	2.186 3
有效的 N（列表状态）	13					

　　从表 3-19 看到，"政策支持维度"指标的方差为 2.912 4，标准差为 1.706 6，在 8 个维度中列居第一名，表明江苏 13 市在政府支持方面存在较大的地区差异性。

　　"政策支持维度"包括："融资优惠""实际融资规模""专项补贴""政府效率""企业综合生产经营状况""一般公共服务财政预算支出占 GDP 的比重""社会保障和就业财政预算支出占 GDP 的比重"以及"从业人数"8 个政策生态条件维度影响因子。这一维度得分排名前三的分别是南京、宿迁和泰州。南京"政策支持维度"的排名较 2016 年的第 11 名提高了 10 个位次，这主要得益于南京在"融资优惠""专项补贴"指标上得分较高；苏北地区的宿迁在"融资优惠""社会保障和就业支出占 GDP 的比重"指标上得分上最高；泰州的"政府效率"和"企业综合生产应经状况"得分较高。

　　常州和镇江的政策支持维度得分列第十二和第十三名。值得关注的是镇江在政府支持维度得分最低的主要原因是"融资优惠""实际融资规模""政府效率""从业人员"指标上得分最低。

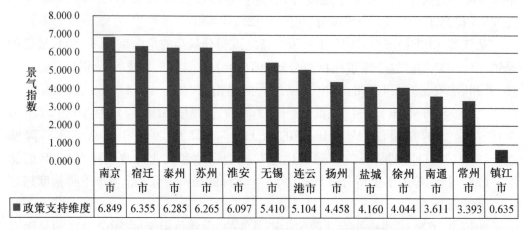

图 3-15　2017 年江苏 13 市中小企业"政策支持维度"得分排序

　　与 2016 年相比，2017 年南京、苏州、扬州、泰州 4 个城市"政策支持维度"的得分明显提高，说明这 4 个城市的地方政府扶持中小企业发展的政策措施已经初显成效。但常州、南通、镇江、盐城等城市"政策支持维度"的得分却明显下降。

　　"企业负担维度"主要从"融资成本""税收负担""行政收费""人工成本""企业所得税占 GDP 比重""行政事业性收费收入占 GDP 的比重""城镇居民可支配收入"等

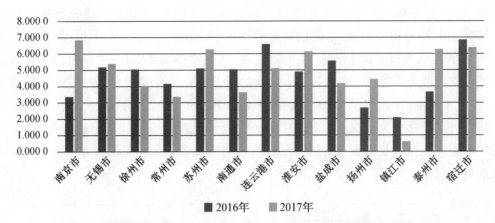

图 3‑16 2016 年—2017 年江苏 13 市中小企业"政策支持维度"得分比较

7 个企业负担影响因子进行综合评价。

"企业负担维度"是一个负向指标,得分越高代表企业的负担越轻[①]。从表 3‑19 可以看出"企业负担维度"指标的标准差为 1.478 6,方差为 2.186 3,排在 8 个维度中前五名的位置,离散程度较大,表明各城市中小企业在企业负担方面存在较大差距。

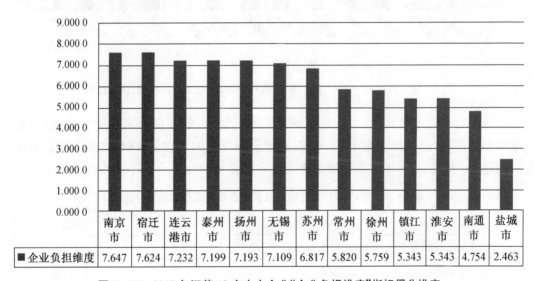

	南京市	宿迁市	连云港市	泰州市	扬州市	无锡市	苏州市	常州市	徐州市	镇江市	淮安市	南通市	盐城市
企业负担维度	7.647	7.624	7.232	7.199	7.193	7.109	6.817	5.820	5.759	5.343	5.343	4.754	2.463

图 3‑17 2017 年江苏 13 市中小企业"企业负担维度"指标得分排序

图 3‑17 显示 2017 年江苏 13 市企业负担维度得分普遍较高,其中有 11 个城市得分超过了 5 个维度分,6 个城市得分超过了 7 个维度分,是 8 个维度中得分最高的一个维度。南京、宿迁、连云港在企业负担维度得分位居第一、二、三名。南京在"企业负担维度"得分最高,这主要得益于南京在"行政收费""融资成本""企业所得税占

---

① 企业负担维度三级指标中的问卷指标,如融资成本、税收负担和行政收费都是逆指标。

GDP 的比重"等影响因子上得分较高。宿迁和连云港在该维度的得分和排名均较 2016 年有了明显提升,其中宿迁的得分较 2016 年提高了 2.127 9 个维度分,排名从 2016 年的第八名提高到了 2017 年的第二名,这主要得益于宿迁在"融资成本""城镇居民可支配收入""税收负担"指标得分的提高;连云港的得分较 2016 年提高了 2.419 7 个维度分,排名从 2016 年的第十名上升到了 2017 年的第三名,主要得益于"税收负担"指标得分较高。南通和盐城分列第十二和十三位,其中盐城在"行政收费""融资成本""税收负担"指标得分最低,表明盐城中小企业在税费方面以及融资方面的负担较重。

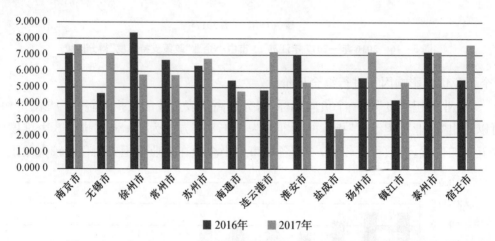

图 3 - 18　2016 年—2017 年江苏 13 市中小企业"企业负担维度"得分比较

从图 3 - 18 可以看出,2017 年无锡、连云港、扬州、镇江以及宿迁中小企业的"企业负担维度"分值均显著高于 2016 年,企业负担维度为逆指标,评分越高说明企业的负担越小,表明 2017 年这 5 个城市中小企业的企业负担压力有不同程度的缓解。

表 3 - 20　2017 年江苏三地区政策生态条件维度指标得分比较

	苏南地区	苏中地区	苏北地区
政策支持维度	4.510 6	4.784 8	5.152 6
企业负担维度	6.547 6	6.382 3	5.684 6

表 3 - 20 显示,在中小企业政策生态条件的两个维度指标中,苏北地区唯一一个超过苏南和苏中地区分值的就是政策生态条件的政策支持维度得分,这表明苏北地区的地方政府在政策扶持中小企业发展方面更为积极,但苏北地区的徐州、盐城市在政策支持维度的得分排在了中等偏下的位置,明显拖了苏北地区的后腿。

苏南地区在"企业负担维度"上的得分最高,说明苏南地区的中小企业成本负担相对较低。

3.3　2017 年江苏中小企业生态环境的区域特征评价

改革开放以来,地处东部沿海地区的江苏经济发展迅速,GDP 多年来持续位居全国前三名。但是多年来,由于资源禀赋、区位条件、经济基础、经济结构以及地域文化等方面的原因,江苏区域经济发展不平衡的特征也非常突出。苏南地区(苏州、无锡、南京、镇江、常州)、苏中地区(扬州、泰州、南通)、苏北地区(徐州、淮安、盐城、连云港、宿迁)三个地区分别呈现较发达、次发达和欠发达三个不同的层次,苏南地区发展水平较高,苏中地区次之,苏北地区较低。不过近几年来,苏中地区几个城市的中小企业发展势头强劲,与苏南地区的差距日益缩小。

3.3.1　2017 年江苏三大区域中小企业生态环境条件比较

从江苏省企业分布看,企业多密集分布在苏南地区沿海和沿江一带。据统计,苏南地区的中小企业数量占全省的比重超过了 60%。经过改革开放近 40 年的发展,苏南地区的中小企业已经相对成熟,并形成了一大批产业集群。近年来,苏南地区许多中小企业正在不断进行转型升级,做大做强,有的已经变身成中大型企业。

近年来苏中地区经济发展势头强劲,正在努力赶超苏南地区。苏中地区企业充分把握江苏省政府发展沿江工业带的契机,积极与苏南地区企业合作,组建跨江经济联合体,加快与苏南地区经济的一体化进程,与苏南地区的经济差距日益缩小,在某些行业甚至已经超过了苏南地区。

苏北地区整体经济发展相对落后。近年来,苏北地区积极对接苏南地区、苏中地区的经济辐射,利用其资源、劳动力等方面的优势吸引外部资金,支持新兴产业发展,加快城镇化进程,带动苏北地区经济发展。在中小企业发展方面,一些苏北地区城市表现出强劲的发展活力,后发优势逐步显现。

表 3 - 21 是 2016 年到 2017 年江苏三地区企业生态环境 8 个维度指标的得分情况。

表 3 - 21　2016 年—2017 年江苏三大区域中小企业生态环境维度指标得分比较

	苏南		苏中		苏北	
	2016 年	2017 年	2016 年	2017 年	2016 年	2017 年
经营状况维度	4.818 1	4.996 8	4.960 8	5.799 3	4.435 1	3.806 7
企业发展维度	5.473 1	5.441 8	6.108 9	6.093 1	4.400 9	4.428 4
产品供给维度	4.962 6	4.167 9	6.092 2	3.974 7	3.192 4	3.435 0
资源需求维度	4.998 0	4.629 5	5.351 0	5.034 1	4.388 9	4.476 4
运营资金维度	5.435 9	4.974 9	4.058 0	4.475 2	3.222 6	3.332 7

	苏南		苏中		苏北	
	2016 年	2017 年	2016 年	2017 年	2016 年	2017 年
企业融资维度	5.074 6	4.929 2	4.480 8	4.686 5	4.198 3	4.041 5
政策支持维度	3.987 9	4.510 6	3.779 3	4.784 8	5.808 8	5.152 6
企业负担维度	5.853 3	6.547 6	6.091 5	6.382 3	5.845 5	5.684 6
综合评价	5.075 4	5.024 8	5.115 3	5.153 8	4.436 6	4.294 7

将表 3－21 中 2017 年的数据转换成图 3－19，可以直观比较江苏三地区 2017 年中小企业的生态环境。

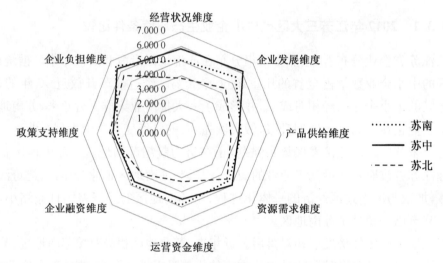

图 3－19　2017 年江苏三大区域中小企业生态环境的比较

从图 3－19 看到，中小企业生态环境可通过其 8 个维度指标分值连接的封闭型区域面积来考量。短虚线连接围成的区域面积是 2017 年苏南地区中小企业生态环境，实线连接围成的区域面积是 2017 年苏中地区中小企业生态环境，而长虚线连接的区域面积是 2017 年苏北地区中小企业生态环境。实线围成的区域面积略大于短虚线围成的区域面积，而长虚线围成的区域面积最小。即：2017 年苏中地区中小企业生态环境略优于苏南地区和苏北地区的中小企业生态环境，苏南地区中小企业的生态环境稍弱于苏中地区但优于苏北地区。

3.3.2　苏南地区中小企业生态环境变化分析

从表 3－21 和图 3－20 看到，相比于 2016 年，2017 年苏南地区 8 个维度中有 5 个维度的得分都呈不同程度的下降，仅有经营状况维度、政策支持维度和企业负担维度有小幅上升，显现苏南地区中小企业整体生态环境的弱化；2017 年苏南地区 8 个

维度中仅有"企业发展维度""企业负担维度"2 个维度的分值在 5.0 以上,而在 2016
年苏南地区有 4 个维度的得分在 5.0 以上,进一步说明苏南地区整体生态环境条件
的弱化。

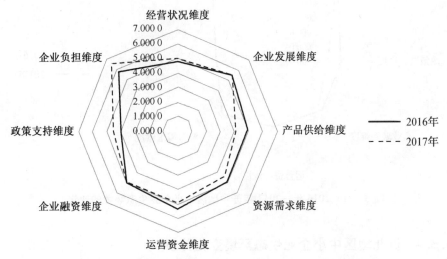

图 3 - 20　2016 年—2017 年苏南地区中小企业生态环境的变化

2017 年苏南地区"政策支持维度"排在最后一位,"经营状况维度""企业发展维
度""资源需求维度"这 4 个维度得分排名居中,"产品供给维度""运营资金维度""企
业融资维度""企业负担维度"4 个维度排名第一,显示出苏南地区良好的金融生态条
件,但政策生态环境相对较差。

图 3 - 20 中,由蓝色实线围成的区域面积代表 2016 年苏南地区中小企业生态环
境,橘色短虚线实线围成的区域面积代表 2017 年苏南地区中小企业生态环境,橘色
虚线面积小于蓝色实线面积,表明 2017 年苏南地区中小企业生态环境比 2016 年有
轻微程度的恶化。

3.3.3　苏中地区中小企业生态环境变化分析

从表 3 - 21 和图 3 - 21 看到,2017 年苏中地区仅有"企业发展维度""产品供给维
度"和"资源需求维度"的得分较 2016 年有所下降,其余五个维度得分均不同程度的
上升。从排名上看,除"产品供给维度""运营资金维度""企业融资维度""政策支持维
度""企业负担维度"排在三大区域第二位,其余 3 个维度的得分位列三大区域之首,
这显示出苏中地区生态环境有所提升。

图 3 - 21 可直观地看到苏中地区中小企业生态环境的变化。虚线围成的区域面
积代表 2016 年苏中地区中小企业生态环境,实线围成的区域面积代表 2017 年苏中
地区中小企业生态环境,实线围成的面积略大于虚线围成的区域面积,显示 2017 年
苏中地区中小企业生态环境较 2016 年有一定程度的好转。

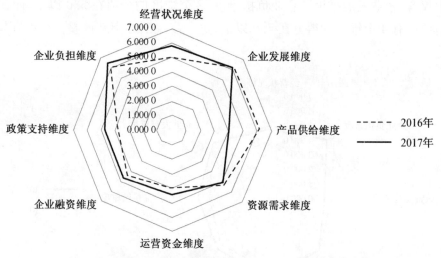

图 3‑21　2016 年—2017 年苏中地区中小企业生态环境的变化

3.3.4　苏北地区中小企业生态环境变化分析

从图 3‑22 看到,2017 年苏北地区中小企业 8 个生态条件维度指标中只有"企业发展""产品供给维度""资源需求维度"和"运营资金维度"4 个维度得分较 2016 年有小幅度上升;其余 4 个维度得分较 2016 年均有不同程度的下降,但整体下降幅度不大;而苏北地区的"政策支持维度"2017 年排在三地区的第一位。

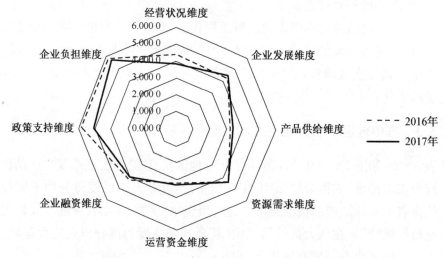

图 3‑22　2016 年—2017 年苏北地区中小企业生态环境的变化

在图 3‑22 中,虚线围成的区域面积代表 2016 年苏北地区中小企业生态环境,实线围成的面积代表 2017 年苏北地区中小企业生态环境,实线围成的区域面积略小于虚线围成的区域面积,表明 2017 年苏北地区中小企业生态环境较 2016 年有一定程度弱化。

结合表 3-21 及图 3-20、图 3-21，比较苏北地区与苏南地区和苏中地区的中小企业生态环境的差距。苏北地区仅在"政策支持维度"位列第一名，其余 7 个维度得分都低于苏南地区和苏中地区，凸显苏北地区经济发展相对落后。除"政策支持维度""企业负担维度"得分高过 5.0 外，其余维度得分都在 5.0 以下，意味着苏北地区中小企业发展基础、发展水平、市场环境等方面与苏南地区和苏中地区的差距较大。不过"政策支持维度"和"企业负担维度"的两个维度得分都高于 5.0，这说明苏北地区政府重视对中小企业的扶持，且取得了一定的成效，中小企业整体负担相对较低。

3.3.5　江苏三地区中小企业生态条件维度影响因子比较分析

1. 苏南地区

苏南地区在"企业发展维度"和"企业负担维度"得分超过了 5.0 个维度分，且排名居中。其中"企业发展维度"涉及"技术水平评价""技术人员需求""劳动力需求""人工成本""产品（服务）创新""流动资金""专利授权量""私营个体固定资产投资""私营个体固定资产投资占新增固定资产投资的比重"等 10 个影响因子。"企业负担维度"涉及"融资成本""税收负担""行政收费""人工成本""企业所得税占 GDP 的比重""行政事业性收费收入占 GDP 的比重""城镇居民可支配收入"等 7 个影响因子。

2. 苏中地区

2017 年苏中地区中小企业生态环境整体较 2016 年有所好转，体现在苏中地区 8 个维度中仅有 3 个维度（企业发展维度、产品供给维度、资源需求维度）的得分较 2016 年有所下降，其余 5 个维度均有不同程度的上升。同时从分值上看，2017 年苏中地区 8 个维度中有 4 个维度得分在 5.0 分以上。

从排名上看，苏中地区在八个维度中表现较好，其中有 3 个维度排在了三地区的第一名，这 3 个维度分别是"经营状况维度""企业发展维度""资源需求维度"。这显示出苏中地区的生产生态条件、市场生态条件、金融生态条件和政策生态条件较为良好。这 8 个维度的影响因子中，苏中地区在"营业收入""盈亏变化""企业综合生产经营状况""流动资金""政府效率"等影响因子上得分较高，表明苏中地区中小企业在政府政策的扶持下，企业负担下降，企业经营状况有所好转，盈利增长，正在加快投融资步伐，加大引进技术人员力度，不断进行技术创新，提高产品服务技术水平。

但苏中地区"政策支持维度"排在三地区中间位置，在"融资优惠""一般公共服务财政预算支出占 GDP 的比重""社会保障和就业财政预算支出占 GDP 的比重"等影响因子上得分较低，存在比较劣势。

3. 苏北地区

苏北地区经济发展相对滞后，整体评分较低，2017 年苏北地区 8 个维度中只有两个维度得分高于5.0,分别为政策支持维度和企业负担维度,且整体生态环境条件较2016年有所恶化。

苏北地区"政策支持维度"得分位居三地区第一名,这主要得益于"融资优惠""专项补贴""一般公共服务财政预算支出占GDP的比重""社会保障和就业财政预算支出占GDP的比重"等影响因子上的得分较高。

虽然与苏南地区、苏中地区相比较,苏北地区经济发展水平较低,以致各个维度的评分相对较低,但苏北地区在人工成本、政策支持方面的优势最为突出。进一步发挥现有优势,高度重视和积极应对现存的差距,努力改善适于中小企业发展的生态环境,是全社会对苏北地区未来发展的期望。

3.4　2017年江苏中小企业生态环境的城市特征评价

3.4.1　综合评价

研究中心创建的中小企业生态环境指标体系分别由景气指数问卷指标和相关统计指标构成,形成定性和定量相结合的评价体系,既可以有效地平抑单纯的定性调查而出现的数据波动与评价偏差,也可以补充和修正统计指标存在的一些不足,以确保中小企业生态环境评价更客观、更系统和更全面。

表3-22　2016年—2017年江苏13市中小企业生态环境得分比较

城市	2016年		2017年	
	得分	排序	得分	排序
南京市	5.765 8	2	6.493 1	2
无锡市	4.597 2	8	5.039 7	5
徐州市	5.077 0	5	4.141 2	9
常州市	4.978 5	6	4.133 7	10
苏州市	6.690 7	1	6.799 3	1
南通市	5.504 7	3	4.650 2	7
连云港市	4.516 7	9	4.857 8	6
淮安市	4.667 1	7	4.472 3	8
盐城市	4.204 4	11	4.057 4	11
扬州市	4.454 3	10	5.082 1	4
镇江市	3.345 0	13	2.658 1	13
泰州市	5.387 0	4	5.729 0	3
宿迁市	3.717 7	12	3.945 0	12

表 3－22 是 2016 年—2017 年江苏 13 地市中小企业生态环境评价变化情况,图 3－23 是 2017 年江苏 13 地市中小企业生态环境综合评价排序情况。可以看到,2017 年江苏 13 市中小企业生态环境评价得分最高分(6.799 3)与最低分(2.658 1)之间的差距为 4.141 2 个维度分,13 市生态环境综合评分差异性较大。

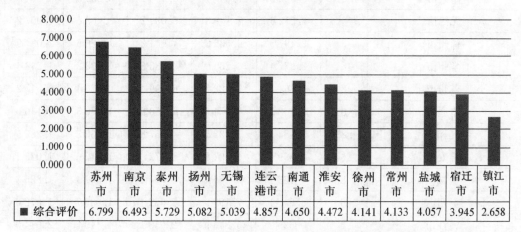

图 3－23　2017 年江苏 13 市中小企业生态环境评价得分排序

	苏州市	南京市	泰州市	扬州市	无锡市	连云港市	南通市	淮安市	徐州市	常州市	盐城市	宿迁市	镇江市
■ 综合评价	6.799	6.493	5.729	5.082	5.039	4.857	4.650	4.472	4.141	4.133	4.057	3.945	2.658

2017 年,苏州、南京、泰州三个城市的中小企业生态环境评价得分列前三位。2016 年排在前三位的是苏州、南京和南通;苏州和南京继续保持领先态势。从分值变化看,苏州得分有小幅上升,从 2016 年的 6.690 上升到了 2017 年的 6.799 3,继续保持第一名的领先地位。南京的综合评价得分从 2016 年的 5.765 上升到了 2017 年的 6.493 1,排名稳居全省第二;南通的得分从 2016 年的 5.504 下降到了 2017 年的 4.650 2,得分明显下降,排名下降了 4 个位次;泰州则从 2016 年的第四位上升到了 2017 年的第三位。排名下降幅度最大的是徐州和常州,分别从 2016 年的第五名和第六名下降到了 2017 年的第九名和第十名。排名上升幅度最大的是扬州,从 2016 年的第十名上升至 2017 年的第四名。

表 3－23　2017 年江苏 13 市中小企业生态环境得分的描述统计量

	N	最小值	最大值	均值	标准差	方差
综合平均	13	2.658 1	6.799 3	4.773 8	1.108 2	1.228 0
有效的 N(列表状态)	13					

由表 3－22、表 3－23 可以看出,江苏 13 市中小企业生态环境综合评分依然存在明显的地区差异性,标准差为 1.108 2,方差为 1.228 0。

表 3－24 为 2017 年江苏 13 市中小企业生态环境维度指标得分的统计性描述,可以看到,绝大部分城市的标准差在 1.0 以上。宿迁、徐州、镇江是标准差最大的 3 个城市,这 3 个市的 8 个维度得分最大值与最小值之差分别为 6.303 3、4.339 3、

4.708 6,表明这 3 个城市的维度指标离散程度相对较大。

表 3 - 24　2017 年江苏 13 市中小企业生态环境维度指标得分的统计描述

统计指标地区	N	最小值	最大值	均值	标准差	方差
南京市	8	5.322 8	7.647 1	6.493 1	0.839 5	0.704 8
无锡市	8	3.812 6	7.109 8	5.039 7	1.003 6	1.007 2
徐州市	8	2.197 5	6.536 8	4.141 2	1.426 5	2.034 9
常州市	8	2.977 4	6.285 0	4.133 8	1.238 3	1.533 4
苏州市	8	5.164 2	7.822 7	6.799 4	0.920 4	0.847 2
南通市	8	3.162 3	6.574 6	4.650 2	1.070 5	1.146 0
连云港市	8	3.582 9	7.232 5	4.857 8	1.133 8	1.285 5
淮安市	8	2.899 1	6.097 8	4.472 3	1.012 6	1.025 4
盐城市	8	2.463 1	6.269 4	4.057 4	1.351 4	1.826 3
扬州市	8	3.846 1	7.193 0	5.082 1	1.035 7	1.072 6
镇江市	8	0.635 3	5.343 9	2.658 1	1.419 2	2.014 0
泰州市	8	4.060 3	7.199 5	5.729 0	1.055 3	1.113 6
宿迁市	8	1.321 1	7.624 4	3.945 0	2.160 2	4.666 5
有效的 N（列表状态）	8					

3.4.2　南京市中小企业生态环境综合评价

2017 年南京中小企业生态环境得分为 6.493 1,列全省第 2 位,评分较 2016 年的 5.765 8 上升了 0.727 4 个维度分,排名与 2016 年持平。8 个维度指标得分标准差为 0.839 5,方差为 0.704 8,最大值与最小值之间相差 2.324 3,是 13 市中标准差最小的城市,表明南京中小企业生态环境 8 个维度指标的离散程度较小,即在各个维度上发展差异性较小。

表 3 - 25　2016 年—2017 年南京中小企业生态环境维度指标得分

生态条件	生态条件维度	2016 年		2017 年		较 2016 年分差
		得分	排序	得分	排序	
生产	经营状况维度	5.343 7	3	5.322 8	6	−0.020 9
	企业发展维度	7.307 3	1	7.308 3	1	0.001 0
市场	产品供给维度	4.948 2	7	5.413 6	2	0.465 4
	资源需求维度	5.873 3	1	6.495 7	1	0.622 4
金融	运营资金维度	6.435 4	2	6.084 9	2	−0.350 5
	企业融资维度	5.667 7	2	6.823 5	2	1.155 8

（续表）

生态条件	生态条件维度	2016 年		2017 年		较 2016 年分差
		得分	排序	得分	排序	
政策	政策支持维度	3.400 7	11	6.849 2	1	3.448 5
	企业负担维度	7.149 8	3	7.647 1	1	0.497 3
综合评价		5.765 8	2	6.493 1	2	0.727 4

表 3-25 是 2016 年至 2017 年南京中小企业生态环境 8 个维度得分情况。从各个维度评分的绝对数来看,8 个维度仅有"经营状况维度"和"运营资金维度"得分较 2016 年有所下降,且下降的幅度不大(-0.020 9 和-0.350 5);其余 6 个维度得分均有不同程度的上升。从排名上看,8 个维度中仅有"经营状况维度"得分排名有所下降,从 2016 年的第三名下降到了 2017 年的第六名;3 个维度得分排名有所上升,分别是"产品供给维度""政策支持维度"和"企业负担维度",其中升幅最大的是"政策支持维度",从 2016 年的第十一名上升至 2017 年的第一名,表明南京市政府加大了扶持中小企业的力度。"企业发展维度""资源需求维度""运营资金维度"和"企业融资维度"得分的排名与 2016 年一致,且排在前三名的位置,表明 2017 年南京中小企业生态环境整体明显改善。

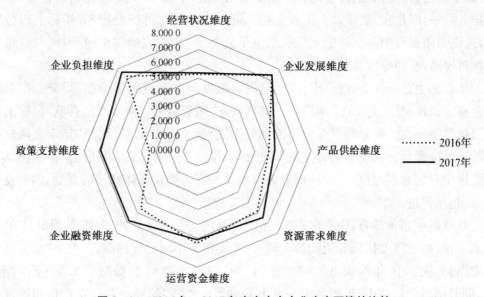

图 3-24　2016 年—2017 年南京中小企业生态环境的比较

从图 3-24 直观地看到,图中虚线围成的区域面积代表 2016 年南京市中小企业生态环境,实线围成的区域面积代表 2017 年南京中小企业生态环境。实线围成的区域面积明显大于虚线围成的区域面积,显示出 2017 年南京市中小企业生态环境明显改善。再有,从图形的形状可以看出 2017 年南京中小企业在 8 个维度的分值的差异性较小,更均衡一些。当然也可以从南京市中小企业生态环境的综合评分看到,2016年南京的综合评分为5.765 8,而2017年南京的综合评分为6.493 1,上升0.727 3。

从生态环境的4个生态条件看,南京市中小企业的政策生态条件得分最高,其次是金融生态条件,生产生态条件得分位居第三,市场生态条件得分第四。

从生产生态条件看,南京市的"经营状况维度"和"企业发展维度"分值分别排在江苏13市第六位和第一位,虽然整体排名较为靠前,但是"企业状况维度"的得分拉低了生产生态条件的整体评分。从生产生态条件影响因子指标构成上看,统计指标的"私营个体固定资产投资占新增固定资产投资的比重"得分在13市中排名倒数第一,问卷指标"人工成本""经营成本""生产(服务能力)过剩"得分较低,排在13市倒数后三位;但统计指标"批发、零售和住宿、餐饮业总额"以及问卷指标"劳动力需求""固定资产投资""产品服务创新"、"技术人员需求"得分最高,列13市第一位,这与南京市第三产业占比较高、南京市平均工资水平在13市中排名靠前的特征是相互吻合的,同时也显示出南京市中小企业创新意识比较强烈,创新能力相对较强。

从市场生态条件看,南京市在"产品供给维度"和"资源需求维度"得分排名分别为第二名和第一名,"产品供给维度"得分排名较2016年上升了6个位次。南京市在"产品服务创新""新签销售合同""产品线上销售比例""产品(服务)销售价格"指标得分排名第一,但是在"规模以上工业企业总资产贡献率""营销费用"等指标上得分较低,这说明南京市中小企业能充分利用电子商务平台,拓宽销售渠道,但同时营销费用相对较高,从而导致盈利能力不高。

从金融生态条件看,南京市在"运营资金维度"和"企业融资维度"得分上排名均居全省第二位,排名与2016年持平。南京市在"融资需求""年末单位存款"指标上的得分排名第一,在"实际融资规模""流动资金"指标上排名第二,此外"年末金融机构贷款""单位经营贷款"和"融资优惠"等指标也排在靠前的位置,说明南京市依托其区域金融中心的有利地位,充分利用金融市场的发展来推动实体经济的发展,两者良性发展,相互促进。

从政策生态条件看,南京市在"政策支持维度"与"企业负担维度"的得分排在13市第一位,两个维度指标分值和排名较2016年都有不同程度的提高,其中"政策支持维度"得分从2016年的3.400 7提高到了2017年的6.849 2,提高了3.448 5个维度分,同时排名也从2016年的第十一名上升到了2017年的第一名。企业负担维度得分较2016年提高了0.497 3个维度分,排名较2016年提高了两个位次。南京市在"政策支持维度"的提高主要得益于其在"专项补贴""融资优惠"等指标上较高的评分。

图3-24显示,2017年南京市中小企业生态条件各个维度分值差异较小,8个维度的评分全部在5.0分以上,而短板主要在"企业发展维度",说明南京市中小企业生

态环境整体较好。政府更应该充分利用具有优势的市场环境和金融环境,更加积极地为中小企业提供必要的政策支持和政策优惠,鼓励中小企业的投资活动,进一步助推中小企业的发展。

3.4.3　无锡市中小企业生态环境综合评价

表 3-26 显示的是 2016 年至 2017 年无锡市中小企业生态环境各生态条件维度得分情况。2017 年无锡市中小企业生态环境综合评分为 5.039 7,排在全省第五位。8 个维度指标标准差为 1.003 6,方差为 1.007 2,标准差数值列居江苏省第十一位,说明无锡市各个维度指标有一定的差异性,但是离散程度不大,各个维度相对较为均衡。

与 2016 年相比,2017 年无锡市中小企业生态环境的 8 个维度中,四个维度分值上升,四个维度分值下降,但是上升的幅度普遍高于下降的幅度,这显示出无锡市中小企业生态环境整体有所好转。从分值绝对数上看,2017 年无锡市中小企业生态环境八个维度中仅有"企业融资维度""政策支持维度"和"企业负担维度"三个维度得分高于 5.0 分。

表 3-26　2016 年—2017 年无锡市中小企业生态环境维度指标得分

生态条件	生态条件维度	2016 年		2017 年		较 2016 年的分差
		得分	排序	得分	排序	
生产	经营状况维度	4.779 5	6	4.676 9	7	−0.102 6
	企业发展维度	3.838 2	10	3.812 6	10	−0.025 6
市场	产品供给维度	5.190 3	6	4.313 2	4	−0.877 1
	资源需求维度	4.619 6	10	4.575 2	8	−0.044 4
金融	运营资金维度	3.524 7	8	4.902 2	4	1.377 5
	企业融资维度	4.949 3	5	5.516 6		0.567 6
政策	政策支持维度	5.155 4	4	5.410 4	6	0.255 0
	企业负担维度	4.720 5	11	7.109 8	6	2.389 3
综合		4.597 2	7	5.039 7	5	0.442 5

图 3-25 是 2016 年至 2017 年无锡市中小企业生态环境变化雷达图,图中实线围成的区域面积代表 2017 年无锡市中小企业生态环境,而虚线围成的区域面积代表 2016 年无锡市中小企业生态环境,实线围成的区域面积明显大于虚线围城的区域面积,说明 2017 年无锡市中小企业生态环境明显好转。从生态环境的综合评分也看出,2016 年无锡市中小企业生态环境综合评分为 4.597 2,而 2017 年无锡市中小企业生态环境综合评分提高到了 5.039 4。

从生产生态条件看,无锡市在"经营状况维度""企业发展维度"的得分分别位居

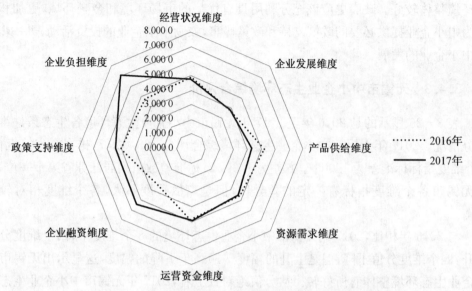

图 3-25　2016 年—2017 年无锡市中小企业生态环境的比较

全省第七名和第十名,"经营状况维度"排名较 2016 年下降了一个名次,"企业发展维度"排名与 2016 年持平。从分值上看,这两个维度的得分均低于 5.0 分,得分明显偏低,表明 2017 年无锡市中小企业生产生态条件较差。从生产生态条件的 2 个维度的影响因子指标构成看,无锡市中小企业的"经营成本""固定资产投资""私营个体固定资产投资占新增固定资产投资的比重"等指标得分非常低,表明无锡市中小企业在无锡经济发展中的地位相对较弱;流动资金紧缺、劳动力需求下降、投资规模萎缩等显现无锡市大多中小企业扩张动力不足,运营活力下降。据调查,由于无锡市人工成本以及整体生存环境的恶化,不断有企业外迁,这也是造成无锡市中小企业发展缺乏活力的一个原因。无锡市中小企业的"生产服务能力过剩"指标得分虽然从 2016 年的最后一名上升到了 2017 年的倒数第四名,但是该指标得分依然较低,意味着在国家"三去一补一降"政策的背景下,无锡市中小企业产能过剩问题依然十分突出。

从市场生态条件看,无锡市的"产品供给"和"资源需求"两个维度的得分排在 13 市第四位和第八位,排名较 2016 年均上升了两个位次,但是分值却所有下降,其中"产品供给维度"下降了 0.877 1 个维度分,"资源需求维度"下降了 0.044 4 个维度分。从这两个维度的因子指标构成上看,无锡市中小企业的"人工成本"得分最低,同时"劳动力需求"指标上的得分较低,这表明由于用工成本高带来企业用工需求的下降。无锡市在"营销费用"指标上得分较低(逆指标,得分越低代表营销费用越高);"规模以上工业企业产品销售率"得分很低,列居全省倒数后三位,同时其他几个指标如"规模以上工业企业总资产贡献率""私营个体工商户户数"等得分均很低,表明无锡市中小企业营销能力不足,盈利能力较弱,人工成本和营销费用的上升导致企业缺乏投资动力。

从金融生态条件看,无锡市中小企业的"运营资金"和"企业融资"维度得分列居13市的第四名和第三名,排名和得分均较2016年上升,其中"运营资金维度"排名上升了4个位次,"企业融资维度"排名上升了2个位次,分值分别比2016年提高了1.377 5和0.567 6,表明无锡市中小企业金融生态环境明显好转,金融市场服务实体经济的作用进一步凸显。从维度的影响因子构成看,无锡市中小企业在"流动资金""规模以上工业企业流动资产""票据融资""年末单位存款余额"等指标上的得分相对较高,这说明无锡市的中小企业资金运营状况相对较好。

从政策生态条件看,无锡市政策生态条件两个维度指标得分均列全省第六名,政策支持维度得分较2016年提高了0.255 0,但是排名从2016年的第四名下降至2017年的第六名;而企业负担维度得分从2016年的4.720 5提高到了2017年的7.109 8,排名从2016年的第十一名上升到2017年的第六名,分值与排名的提高均较为显著,表明无锡市政府进一步增大了对中小企业的政策扶持,且政策效果已卓有成效。

3.4.4　徐州市中小企业生态环境综合评价

2017年徐州市中小企业生态环境综合维度分值为4.141 2,比2016年的5.507 7减少了0.935 8,排名也从2016年的第五名下降到了2017年的第九名,下降了4个位次。8个维度分值的标准差为1.426 5,方差为2.034 9,居13市的第二位,表明徐州市在各个维度上的评分离散程度较大,最大值与最小值之差为4.339 3个维度评分。从表3-27可以看出,2017年徐州市中小企业生态环境8个维度得分排名差异性也较大。

表 3-27　2016 年—2017 年徐州市中小企业生态环境维度指标

生态条件	生态条件维度	2016 年		2017 年		较 2016 年的分差
		得分	排序	得分	排序	
生产	经营状况维度	4.762 2	7	4.545 3	9	−0.216 9
	企业发展维度	6.331 4	5	6.536 8	5	0.205 4
市场	产品供给维度	4.025 7	8	3.324 8	9	−0.700 9
	资源需求维度	5.108 3	7	3.522 0	11	−1.586 3
金融	运营资金维度	3.316 4	10	2.197 5	13	−1.118 9
	企业融资维度	3.601 4	10	3.199 2	12	−0.402 2
政策	政策支持维度	5.063 5	6	4.044 6	10	−1.018 9
	企业负担维度	8.406 8	1	5.759 1	9	−2.647 7
综合		5.077 0	5	4.141 2	9	−0.935 8

徐州市2017年中小企业生态环境综合分值为4.141 2,比2016年下降了接近1个维度分,下降幅度较为明显。2017年,徐州市中小企业生态环境仅有"企业发展维

度"分值比 2016 年有所上升,但此维度的排名与 2016 年相同,依然排在第五位。分值和排名下降最为明显的是"企业负担维度",其分值从 2016 年的 8.407 8 下降到了 2017 年的 5.759 1,有 2.647 7 的降幅,排名从 2016 年第一名下降到 2017 年的第九名,表明徐州市中小企业的整体生态环境相对 2016 年有明显恶化。

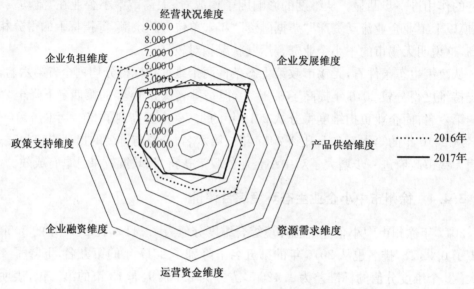

图 3 - 26 2016 年—2017 年徐州市中小企业生态环境比较

图 3 - 26 是 2016 年至 2017 年徐州市中小企业生态环境维度评分情况。虚线围成的区域面积代表 2016 年徐州市中小企业生态环境,实线围成的区域面积代表徐州市 2017 年中小企业生态环境,实线围成的区域面积明显小于虚线围成的区域面积。

从生产生态条件看,徐州市中小企业生态环境的"经营状况维度"和"企业发展维度"分值分别位居第九位和第五位,处在中等偏后的位置,其中"经营状况维度"得分排名比 2016 年下降了 2 个位次,"企业发展维度"得分排名与 2016 年持平。从生产生态环境影响因子的分值看,徐州市在"规模以上中小企业工业总产值占比"指标得分较高,显示出中小企业在徐州市经济发展中的重要作用。徐州市在"专利授权数量"指标上得分较低,这说明徐州市中小企业整体技术水平偏低;但是其在"技术人员需求"指标上得分最高,排在 13 市第一名,表明徐州市中小企业具有强烈的技术创新意识;同时我们看到徐州市的"私营个体经济固定资产投资额"全省最高,且占比也较去年有所提高。民企强则徐州强,期待徐州进一步促进民间投资和民营企业的发展,使其成为经济增长的主要动力。

从市场生态条件看,2017 年徐州市中小企业生态环境的"产品供给维度"和"资源需求维度"得分位居 13 市的第九位和第十一位,排名和分值均较 2016 年所有下降,尤其"资源需求维度"得分比 2016 年下降了 1.586 3 个维度分,排名较 2016 年下降了 4 个位次。可见相比 2016 年,徐州市中小企业市场生态环境明显恶化。从影响因子指标构成上看,徐州市中小企业在"新签销售合同""劳动力需求"指标上得分全省最低;此外在"产品线上销售比例""亿元以上商品交易市场成交额""全社会用电量"等指标上得分也较低,排在靠后的位置,表明徐州市中小企业存在整体缺乏活力、市场规模相对较小、企业营销能力较弱、开拓营销渠道能力相对低下等问题。但同时徐州市的"规模以上工业企业总资产贡献率"得分为 13 市最高,反映出徐州市较多的规模以上企业盈利能力较强。

从金融生态条件看,2017 年徐州市中小企业生态环境的"运营资金维度"和"企业融资维度"分值分别位居 13 市的第十三名和第十二名,且排名和分值较 2016 年有明显下降。其中"运营资金维度"较 2016 年下降了 1.118 9 个维度分,排名下降了 3个位次,"企业融资维度"下降了 2 个位次。从金融生态条件的影响因子指标构成看,徐州市在"流动资金"和"规模以上工业应收账款"等指标上的得分较低,问卷指标"实际融资规模"景气指数低于"融资需求"景气指数,这凸显出徐州市中小企业存在严重的融资难问题。此外徐州市在"年末金融机构贷款余额"、"票据融资"指标上得分较低,说明虽然徐州市中小企业有很强烈的资金需求,但是由于中小企业总体"融资成本"高以及很难获得融资等因素,使徐州市中小企业在金融生态环境的劣势更为突出。

从政策生态条件看,徐州市中小企业生态环境的"政策支持维度"和"企业负担维度"分值分别列居 13 市的第十位和第九位,得分较 2016 年分别下降了 1.018 9 和2.647 7,排名分别下降了 4 个和 8 个位次,是 4 个生态条件中恶化程度最高的。从政策生态条件维度影响因子构成看,徐州市在"政府效率""税收负担"等指标上得分较低,表明徐州市中小企业整体负担较重,政府应进一步落实中小企业减负政策,提升政府效率,加大对中小企业的扶持力度。

3.4.5　常州市中小企业生态环境综合评价

表 3-28 是 2016 年至 2017 年常州市中小企业生态环境综合评价得分情况。2017 年常州市中小企业生态环境综合评分为 4.133 8,位列江苏 13 市第十位,分值比2016 年的 4.978 5 下降了 0.844 7,排名比 2016 年的第六名下降了 4 个位次。8 个维度分值的标准差为 1.238 3,方差为 1.533 4,排 13 市第五位,最大值与最小值的差距为 3.307 6,说明常州市中小企业生态环境的 8 个维度评分的离散程度较高。

表 3-28　2016—2017 年常州市中小企业生态环境维度指标得分比较

生态条件	生态条件维度	2016 年		2017 年		较 2016 年的分差
		得分	排序	得分	排序	
生产	经营状况维度	4.736 3	8	4.056 1	10	−0.680 2
	企业发展维度	6.312 5	6	6.285 0	6	−0.027 5

（续表）

生态条件	生态条件维度	2016 年		2017 年		较 2016 年的分差
		得分	排序	得分	排序	
市场	产品供给维度	5.249 6	5	2.977 4	11	−2.272 2
	资源需求维度	4.239 3	11	3.678 4	10	−0.560 9
金融	运营资金维度	4.277 9	6	3.136 2	10	−1.141 7
	企业融资维度	4.165 4	9	3.723 8	10	−0.441 6
政策	政策支持维度	4.143 0	9	3.393 1	12	−0.749 9
	企业负担维度	6.704 1	5	5.820 0	8	−0.884 1
综合		4.978 5	6	4.133 8	10	−0.844 7

2017 年常州市中小企业生态环境 8 个维度得分均低于 2016 年,下降幅度最大的是"产品供给维度",下降了 2.272 2 个维度分,排名从 2016 年的第五名下降至第十一名;此外"运营资金维度"得分下降也超过了 1 个维度分。除"企业发展维度"得分排名与 2016 年一致外,其余 7 个维度排名均有不同程度的下降。常州市 2017 年只有"企业发展维度""企业负担维度"得分超过 5.0,其他维度得分均比较低。这可从图 3 - 26 清楚地看到,虚线围绕的区域面积代表 2016 年常州市中小企业生态环境,实线围绕的区域面积代表 2017 年常州市中小企业生态环境,实线围成的区域面积明显小于短虚线围成的区域面积,表明常州市中小企业总体生态环境有明显恶化。

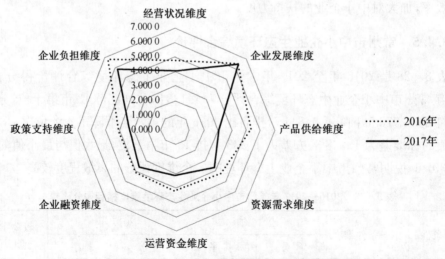

图 3 - 27   2016 年—2017 年常州市中小企业生态环境的比较

从生产生态条件看,2017 年常州市的"经营状况维度"分值低于 5 分,在 13 市中排名第十;"企业发展维度"分值高于 5 分,在常州市中小企业生态环境 8 个维度指标中排名第一,是常州中小企业生态环境表现最好的一个维度,可在 13 市中只能排在第六。从生产生态条件维度影响因子指标看,常州市中小企业在"盈亏变化""企业综合经营状况""生产服务能力过剩"等指标上得分较低,说明产能过剩和盈利能力等问题是常州中小企业发展的主要制约因素。

　　从市场生态条件看,2017 年常州市中小企业的"产品供给维度"和"资源需求维度"得分在 13 市中列第十一名和第十名,"产品供给维度"排名比 2016 年下降了 6 个位次,"资源需求维度"比 2016 年上升了一个位次,但这两个维度的分值均低于 2016 年。从市场生态条件维度影响因子指标构成上看,常州市中小企业的"新签销售合同""产品线上销售比例""产品(服务)销售价格""规模以上工业企业总资产贡献率"指标表现较差、评分较低,同样可反映出常州市中小企业凸显的产能过剩压力较大,同时表明常州中小企业议价能力和营销能力相对较弱,盈利能力欠佳。但常州市的"规模以上工业企业资产负债率"得分最高,排在 13 市第一位,表明常州市规模较大的企业负债水平相对较为合理,偿债能力较强。在"产品服务创新"指标上常州市得分也较高,这在一定程度上反映出常州市大多中小企业有较强的提高技术水平的意识,有较强的产品创新和服务创新的动力。

　　从金融生态条件看,2017 年常州市中小企业生态环境的"运营资金维度"和"企业融资维度"得分均位列江苏省第十位,排在相对靠后的位置。从金融生态条件维度指标的影响因子看,常州市中小企业的"流动资金"指标得分最低,排在第十三位;此外在"实际融资规模""规模以上工业企业流动资金""年末金融机构贷款"等指标上得分较低,也排在非常靠后的位置,表明常州市中小企业获得融资的能力满足不了融资需求,同样面临融资难的问题,可见资金约束是制约常州中小企业发展的主要障碍之一。

　　从政策生态条件看,常州市中小企业生态环境的"政策支持维度"和"企业负担维度"得分列 13 市的第十二位和第八位,分值与排名均比 2016 年明显下降,表明常州市中小企业政策生态环境相对恶化。从具体影响因子看,常州市中小企业的"行政收费""税收负担"指标得分排在中间靠前的位置,但"行政事业性收费占 GDP 的比重"指标得分较低,说明政府在一般公共服务上财政支持力度较小。

3.4.6　苏州市中小企业生态环境综合评价

　　2017 年苏州市中小企业生态环境综合评分为 6.799 4,比 2016 年的 6.690 7 提高了 0.108 6 个维度分,依然保持 13 市第一名的位置。2014 年到 2017 年,苏州市中小企业生态环境综合评价已经连续 4 年蝉联第一,说明苏州市中小企业的生态环境在江苏 13 市中具有绝对优势。

　　2017 年苏州市中小企业生态环境 8 个维度指标分值的标准差为 0.920 4,方差为 0.847 2,标准差大小在 13 市中排在第十二名,最大值与最小值之间的差距在 2.7 个维度评分,表明苏州市中小企业生态环境 8 个维度得分的离散程度相对较低,8 个维度得分相对均衡。

表 3-29 2016 年—2017 年苏州市中小企业生态环境维度得分比较

生态条件	生态条件维度	2016 年		2017 年		较 2016 年的分差
		得分	排序	得分	排序	
生产	经营状况维度	5.524 0	2	7.529 0	1	2.005 0
	企业发展维度	7.144 0	2	6.989 3	2	−0.154 7
市场	产品供给维度	7.156 3	1	6.087 0	1	−1.069 3
	资源需求维度	5.491 3	3	5.164 2	5	−0.327 1
金融	运营资金维度	9.515 0	1	7.822 7	1	−1.692 3
	企业融资维度	7.170 6	1	7.720 2	1	0.549 6
政策	政策支持维度	5.124 7	5	6.265 1	4	1.140 4
	企业负担维度	6.400 1	6	6.817 4	7	0.417 3
综合		6.690 7	1	6.799 4	1	0.108 6

表 3-29 显示 2016 年至 2017 年苏州市中小企业生态环境维度指标得分变化情况。从评分的绝对数上看,2017 年苏州市中小企业生态环境 8 个维度中,企业发展维度、产品供给维度、资源需求维度和运营资金维度的得分较 2016 年有所下降,下降幅度最大的是运营资金维度(−1.692 3),上升幅度最大的是经营状况维度(+2.005 0)。从排名上看,除"资源需求维度"和"企业负担维度"两个得分排名分别下降了 2 个和 1 个名次外,其余维度的排名均等于或者高于 2016 年。生产生态条件、市场生态条件、金融生态条件得分均排在江苏 13 市前三名的位置,显示出苏州市中小企业生态环境持续维系领先态势。

表 3-24 显示,2017 年苏州市中小企业生态环境综合评价得分为 6.799 4,与 2016 年的 6.690 7 相比有小幅上升。这也可从图 3-27 看到,实线围成的区域面积代表 2017 年苏州市中小企业生态环境,虚线围成的区域面积代表 2016 年苏州市中小企业生态环境,虚线围成的区域面积略微小于实线面积,表明 2017 年苏州市中小企业生态环境较 2016 年有小幅优化。

从生产生态条件看,苏州市中小企业生态环境的"经营状况维度"和"企业发展维度"分值分别位居江苏 13 市的第一位和第二位,其中"经营状况维度"得分较 2016 年提高了 2.005 0 个维度分,排名提高了 1 个位次。"企业发展维度"较 2016 年下降了 0.154 7 个维度分,但是排名不变。从生产生态条件维度影响因子指标构成上看,苏州市中小企业在"规模以上中小企业工业总产值""规模以上中小企业工业总产值占 GDP 的比重""流动资金""专利授权数量"5 项指标的得分排名位居江苏 13 市第一,显示出苏州市中小企业整体经营状况良好,企业整体技术水平较为先进,且知识产权

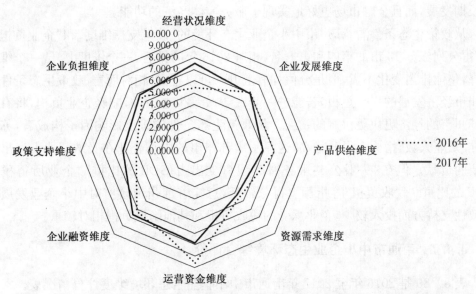

图 3‑28　2016 年—2017 年苏州市中小企业生态环境的比较

保护意识较强。但同时苏州市中小企业的"经营成本""人工成本"指标得分较低,这说明随着苏州经济的发展,平均工资水平不断攀升,劳动力成本不断提高,促使越来越多的中小企业走上转型升级的道路,由劳动密集型向知识和资本、技术密集型转变。再有,"批发、零售和住宿、餐饮业总额"得分排在江苏 13 市第二位,表明苏州市中小企业的产业结构中第三产业的传统服务业占比较高,同时苏州市私营个体经济固定资产投资占 GDP 的比重排在全省倒数第二名,凸显中小企业在苏州市经济发展中的作用相对弱化。

从市场生态条件看,苏州市中小企业生态环境的"产品供给维度"和"资源需求维度"的分值分别列江苏 13 市的第一和第五名,这两个维度的分值分别比 2016 年下降了 1.069 3 和 0.327 1,"产品供给维度"虽然得分下降,但是得分依然在 5 个维度分以上,且继续保持第一名的位置。从市场生态条件维度影响因子构成上看,苏州市中小企业在"产品服务销售价格""全社会用电量""亿元以上商品交易市场成交额""个体工商户户数"这 4 个统计指标的得分排在江苏 13 市的第一位,充分显示苏州市中小企业相对雄厚的经济实力和强劲的发展势头。同时,苏州市中小企业在"营销费用"得分却排在 13 市倒数第一名,这说明苏州市中小企业营销成本较高。

从金融生态条件看,苏州市中小企业生态环境的"运营资金维度"和"企业融资维度"得分均列江苏 13 市的第一位,显示出苏州市具有良好的金融生态环境,实体经济和金融市场能够协调发展,相互促进。从具体的金融生态条件维度影响因子指标上看,苏州市在"总体运行状况""规模以上工业企业流动资产""规模以上工业企业应收账款""年末金融机构贷款""票据融资""单位经营贷款"等 6 项指标的得分都在 13 市排名第一,同时"固定资产投资"指标得分也较高,显示出苏州市大多中小企业更为重视长期发展,而且金融市场更好地实现了服务实体经济的功能。

从政策生态条件看,苏州市中小企业生态环境的"政策支持维度"和"企业负担维度"得分列江苏13市的第四和第七名,相对2016年的排名,一个维度上升,一个维度下降,整体排名变化不大,但是分值均有上升。可以看出,相对而言,政策生态条件是苏州市经济发展的一个短板,若能进一步改善政策生态条件,减轻企业负担,将有助于苏州市的经济更快更协调的发展。从政策生态条件的维度影响因子构成看,苏州市在"从业人数"指标上得分最高,这显示出苏州市的中小企业在吸纳就业上做出了重要的贡献。但在"一般公共服务财政预算支出占 GDP 的比重""企业所得税占GDP 的比重""税收负担"等指标上得分较低,意味着苏州市政府对中小企业发展的财政性支持方面投入较少,企业承受的税收负担和其他隐形负担相对较重。

3.4.7　南通市中小企业生态环境综合评价

表 3-30 是 2016 年至 2017 年南通市中小企业生态环境维度评分情况表。2017年南通市中小企业生态环境综合评价得分为 4.650 2,相比 2016 年的 5.504 7 下降了0.854 5 个维度分。2017 年南通市中小企业生态环境综合评价排在 13 市第七名,比2016 年下降了 4 个名次。8 个维度指标的标准差为 1.070 5,方差为 1.146 0,表明南通市中小企业生态环境 8 个维度得分离散程度相对较高,各维度评分较为不均衡。在企业生态环境的 8 个维度中,只有"经营状况维度"得分和排名较 2016 年有所上升,其余 7 个维度的分值与排名均在下降。从得分的绝对值上看,2017 年南通市只有两个维度的得分在 5.0 以上,这说明南通市中小企业生态环境处在较低的水平,表明在整个经济大环境不景气的情况下,南通市中小企业生态环境也出现了一定程度的恶化。

表 3-30　2016 年—2017 年南通市中小企业生态环境维度得分比较

生态条件	生态条件维度	2016 年		2017 年		较 2016 年的分差
		得分	排序	得分	排序	
生产	经营状况维度	4.713 2	9	5.449 5	5	0.736 3
	企业发展维度	6.722 5	3	6.574 6	4	−0.147 9
市场	产品供给维度	6.077 3	2	3.162 3	10	−2.915 0
	资源需求维度	5.672 7	2	4.862 1	6	−0.810 6
金融	运营资金维度	4.873 1	3	4.078 6	7	−0.794 5
	企业融资维度	5.524 0	3	4.709 0	5	−0.815 0
政策	政策支持维度	5.029 0	7	3.611 0	11	−1.418 0
	企业负担维度	5.425 7	9	4.754 2	12	−0.671 5
综合		5.504 7	3	4.650 2	7	−0.854 5

图 3-28 显示 2016 年至 2017 年南通市中小企业生态环境的变化,从图中可以

直观地看到,2017 年南通市中小企业生态环境 8 个维度中只有"经营状况维度"得分有所上升,其余 7 个维度得分较 2016 年均有不同程度的下降。实线围成的区域代表 2017 年南通市中小企业生态环境,虚线围城的面积代表 2016 年南通中小企业生态环境,实线围成的面积明显小于虚线围成的面积,说明 2017 年南通市中小企业生态环境较 2016 年显著恶化。

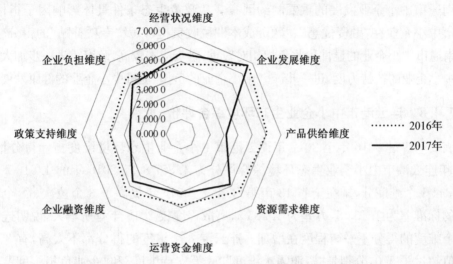

图 3-29　2016 年—2017 年南通市中小企业生态环境的比较

从生产生态条件看,南通市中小企业生态环境的"经营状况维度"和"企业发展维度"分值分别位列江苏 13 市的第五名和第四名,是 8 个维度中得分和排名表现最好的两个维度。从生产生态条件维度影响因子看,南通市中小企业在"应收账款""规模以上中小企业工业总产值占 GDP 比重""劳动力需求""固定资产投资"等指标上得分相对较高,显示出中小企业在南通经济发展中的重要地位,也表明南通市大多中小企业比较注重长远发展。

从市场生态条件看,南通市中小企业生态环境的"产品供给维度"和"资源需求维度"得分列 13 市的第十位和第六位,"产品供给维度"得分较 2016 年下降了 2.915 个维度分,排名下降了 7 个位次,"资源需求维度"得分较 2016 年下降了 0.810 6 个维度分,排名下降了 4 个位次,可见南通市中小企业的市场生态条件较弱。从市场生态条件维度影响因子得分看,南通市中小企业在"产品线上销售比例""新签销售合同""营销费用""劳动力需求"指标上得分较低,同时"规模以上中小企业工业总产值占比"以及"私营个体工商户户数"得分相对较高,表明南通市中小企业虽然数量较多,但是经营状况不佳,资源需求相对低迷,营销推广能力上处于相对弱势。

从金融生态条件看,南通市中小企业生态环境的"运营资金维度"和"企业融资维度"分值分别列江苏 13 市的第七名和第五名,较 2016 年分别下降了 4 个和 2 个位次,且得分降到了 4 分以下,表明南通市中小企业金融生态条件的恶化。从金融生态条件的具体影响因子上看,南通市中小企业的"获得融资""实际融资规模""票据融资""年末金融机构贷款"指标的得分较低,表明南通市中小企业依然存在着较为严峻的融资难的问题。

从政策生态条件看,南通市中小企业生态环境的"政策支持维度"和"企业负担维度"的得分列 13 市的第十一位和第十二位,是南通市排名最为靠后的一个生态条件,也是南通市中小企业发展的重要制约因素。从政策生态条件具体影响因子指标看,南通市中小企业在"融资优惠"、"融资成本""税收负担"以及"专项补贴"的得分较低,说明南通市中小企业的显性税收负担相对较重,融资成本较高,政府需进一步加大对南通市中小企业的扶持力度,进一步减轻中小企业的负担,促进中小企业的健康发展。

3.4.8 连云港市中小企业生态环境综合评价

表 3-31 是 2016 年至 2017 年连云港市中小企业生态环境维度指标得分情况。2017 年连云港市中小企业生态环境综合评分为 4.857 8,较 2016 年的 4.516 7 提高了 0.341 1 个维度分,排在全省 13 市第六名,比 2016 年提高了 3 个位次。8 个维度分值的标准差为 1.133 8,方差为 1.285 5,离散程度较 2016 年有所增大,说明连云港市 8 个维度的得分不平衡程度在增加。连云港 8 个维度的得分都不太高,有 3 个维度分值超过了 5.0,分别是"资源需求维度""政策支持维度"和"企业负担维度",而在 2016 年得分超过 5.0 的只有 1 个维度,表明连云港市中小企业生态环境明显好转。

从表 3-31 可以看出,2017 年连云港市中小企业生态环境的 8 个维度中,"经营状况维度""企业发展维度""企业融资维度"和"政策支持维度"的得分较 2016 年有所下降,其余 4 个维度的得分均有不同程度的上升。而在评分的排名上,有"经营状况维度""运营资金维度""企业融资维度"3 个维度的排名较 2016 年有所下降,其中降幅最大的是"政策支持维度"(从 2016 年的第二名降至 2017 年的第七名)。排名升幅最大的是"资源需求维度"(从 2016 年的第十二名上升至 2017 年的第四名)。

表 3-31 2016 年—2017 年连云港市中小企业生态环境维度指标得分比较

生态条件	生态条件维度	2016 年		2017 年		较 2016 年的分差
		得分	排序	得分	排序	
生产	经营状况维度	4.913 6	5	4.658 1	8	−0.255 5
	企业发展维度	4.314 5	9	4.265 2	9	−0.049 3
市场	产品供给维度	3.604 8	9	3.978 5	7	0.373 7
	资源需求维度	3.642 4	12	5.498 0	4	1.855 6
金融	运营资金维度	3.547 0	7	3.582 9	9	0.035 9
	企业融资维度	4.691 9	6	4.542 8	7	−0.149 1

(续表)

生态条件	生态条件维度	2016 年		2017 年		较 2016 年的分差
		得分	排序	得分	排序	
政策	政策支持维度	6.607 0	2	5.104 6	7	−1.502 4
	企业负担维度	4.812 8	10	7.232 5	3	2.419 7
综合		4.516 7	9	4.857 8	6	0.341 1

从图 3-29 可直观地看出 2016 年至 2017 年连云港市中小企业生态环境的变化。图中虚线围成的区域面积代表 2016 年连云港市中小企业生态环境,实线围成的面积代表 2017 年连云港市中小企业生态环境。实线围成的区域面积明显大于虚线围成的区域面积,说明 2017 年连云港市中小企业生态环境显著好转。

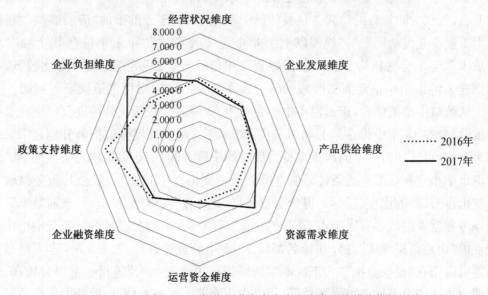

图 3-30　2016 年—2017 年连云港市中小企业生态环境维度指标评价

从生产生态条件看,连云港市在"经营状况维度"和"企业发展维度"的得分列江苏 13 市的第 8 和第 9 名,其中"经营状态维度"排名较 2016 年上升了 3 个位次,显示出连云港市中小企业总体经营状态有所好转。从生产生态条件的维度影响因子指标得分看,连云港市在"营业收入"指标上得分最高,这显示出连云港市中小企业较好的盈利能力。但连云港市在"规模以上工业企业总产值占 GDP 的比重""专利授权数量""私营个体经济固定资产投资"指标上的得分排在全省最后一位,表明连云港市中小企业体量相对较小,在经济发展中的作用相对较弱,整体技术水平较低,需进一步提升技术创新水平和能力。与 2016 年相比,连云港市中小企业在"产品(服务)过剩"指标的得分有所提高,这说明产能过剩问题得到了一定的遏制和缓解。"批发、零售和住宿、餐饮业总额"指标得分较低说明连云港市的经济结构依然以第二产业为主,服务业占比较低。

从市场生态条件看,连云港市在"产品供给维度"和"资源需求维度"得分列13市的第七和第四位,且得分与排名均明显超过了2016年,说明连云港中小企业的市场生态环境整体呈现不断优化的趋势。从具体影响指标上看,连云港市在"全社会用电量""亿元以上商品交易市场成交额""私营个体工商户户数"的得分较低,这进一步凸显了连云港市中小企业整体规模较小。此外在"新签销售合同""主要原材料及能源购进价格"指标上连云港市的得分较2016年有所提升,这说明连云港市中小企业营销推广能力有所提升,但产品线上销售比例得分较低,下一步可充分利用互联网资源,进一步拓展销售渠道。

从金融生态条件看,连云港市的"运营资金维度"和"企业融资维度"的得分都在5.0以下,整体金融生态环境依然处在一般水平;得分排名分别列13市的第九名和第七名,处在中间靠后的位置。从具体的影响因子看,连云港市的"应收账款""规模以上工业企业流动资产"、"规模以上工业企业应收账款""年末单位存款余额""融资成本""年末金融机构贷款""票据融资""单位经营贷款"等指标得分都比较低,显示出连云港市中小企业面临严峻的融资成本高、融资难、融资渠道狭窄等问题。

从政策生态条件看,连云港市中小企业生态环境的"政策支持维度"和"企业负担维度"得分在13市中排在第七和第三位,2016年这两个维度分值排名分别是第二位和第十位,可见连云港市的政策支持力度有所下降,同时企业负担压力明显减小。连云港市中小企业政策生态条件分值有所上升主要得益于其在"一般公共服务财政预算支出占GDP的比重"指标上得分全省最高,此外在"实际融资规模""政府效率""社会保障和就业财政预算支出占GDP的比重"等指标上的得分也较高。连云港市中小企业的"企业负担维度"得分和排名都较2016年显著提升(+2.419 7),这主要是因为连云港市在"税收负担""人工成本""城镇居民可支配收入"等指标上得分较高,这说明由于连云港平均工资水平较低,所以中小企业人工成本较低;此外由于政府减负政策的进一步落实,企业的税收负担进一步下降,政府应进一步降低行政事业性收费负担。

3.4.9 淮安市中小企业生态环境综合评价

表3-32是2016年至2017年淮安市中小企业生态环境维度指标得分情况。表3-32显示,2017年淮安市中小企业生态环境综合评分为4.472 3,较2016年的4.667 1下降了0.194 8个维度分,排名从2016年的第七名下降至2017年的第八名,整体变化不大。2017年淮安市中小企业8个维度评分中,"企业发展维度""产品供给维度""运营资金维度""政策支持维度"的得分高于2016年,其中涨幅最大的是"政策支持维度"(+1.158 0),下降幅度最大的是"企业负担维度"(-1.721 3)。淮安市中小企业生态环境8个维度的标准差为1.012 6,方差为1.025 4,说明淮安市8个维

度的离散程度较大。

表 3 - 32　2016 年—2017 年淮安市中小企业生态环境维度指标得分比较

生态条件	生态条件维度	2016 年		2017 年		较 2016 年的分差
		得分	排序	得分	排序	
生产	经营状况维度	4.084 3	11	2.899 1	12	−1.185 2
	企业发展维度	4.794 8	8	4.894 5	8	0.099 7
市场	产品供给维度	2.648 6	12	3.687 9	8	1.039 3
	资源需求维度	5.120 6	6	3.850 3	9	−1.270 3
金融	运营资金维度	4.305 3	5	4.746 0	5	0.440 7
	企业融资维度	4.378 1	7	4.259 1	8	−0.119 0
政策	政策支持维度	4.939 8	8	6.097 8	5	1.158 0
	企业负担维度	7.065 1	4	5.343 8	11	−1.721 3
综合		4.667 1	7	4.472 3	8	−0.194 8

图 3 - 30 可直观看到淮安市中小企业生态环境从 2016 年到 2017 年的变化。图中实线围成的区域面积代表 2017 年淮安市中小企业生态环境,虚线围成的区域面积代表 2016 年淮安市中小企业生态环境。由于 8 个维度中有 4 个维度的得分低于 2016 年,四个维度的得分高于 2016 年,但是整体而言下降的幅度大于上升的幅度 (−0.194 8),导致实线围成的区域面积略小于虚线围成的区域面积,即 2017 年淮安市中小企业生态环境较 2016 年轻微恶化。

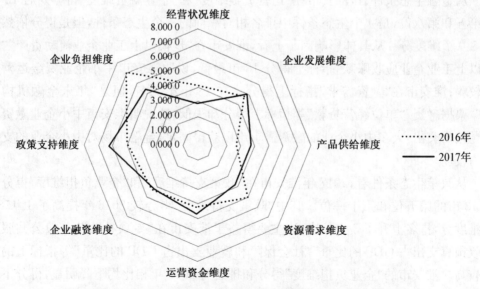

图 3 - 31　2016 年—2017 年淮安市中小企业生态环境的比较

　　从生产生态条件看，2017年淮安市中小企业生态环境的"经营状况维度"和"企业发展维度"得分排在13市的第十二位和第八位，"企业发展维度"排名不变，"经营状况维度"较2016年下降了一个名次，排名依然在全省倒数后三名，说明大多经营状况维度指标是制约淮安市中小企业发展的短板。从生产生态条件的维度影响因子指标看，淮安市在"营业收入""生产（服务）能力过剩""专利授权数量""私营个体经济固定资产投资""产品（服务）创新""固定资产投资"等指标的低评分显示出淮安市中小企业依然存在较为严重的产能过剩问题，整体技术水平较低，企业盈利能力较差，且缺乏长远发展的规划。此外淮安市"批发零售和住宿、餐饮业总额"指标上得分较低，说明淮安市经济结构以第一产业和第二产业为主，第三产业比重较低。但"规模以上中小企业工业总产值占GDP比重"评分较高，在13市中排在前三名，显示出淮安市虽然规模以上中小企业规模整体较小，但中小企业在经济中的比重较高，在淮安市经济发展中的作用较大。

　　从市场生态条件看，淮安市"产品供给维度"和"资源需求维度"的得分列居13市的第八位和第九位，得分和排名均是一个上升一个下降，"产品供给维度"得分较2016年提高了1.039 3，排名提高了4个位次，"资源需求维度"得分下降了1.270 3个维度分，排名下降了3个位次。从市场生态条件的维度影响因子构成指标看，淮安市的"主要原材料及能源购进价格"得分13市倒数第一，说明淮安市中小企业由于规模较少，在原材料购进方面缺乏议价能力。此外淮安市在"全社会用电量""亿元以上商品交易市场成交额""私营个体工商户户数"的得分较低，这进一步凸显了淮安市整体经济规模较小，中小企业规模较小，从而市场规模也相对较小。

　　从金融生态条件看，淮安市在"运营资金维度"和"企业融资维度"得分列居13市的第五和第八位，是4个生态条件中排名相对靠前的一个生态条件，但是得分依然低于5.0个维度分。从具体影响因子上看，淮安市在"规模以上工业企业流动资产""规模以上工业企业应收账款"指标上得分13市最低，说明淮安市中小企业资金运营能力较弱；淮安市在"融资需求"指标上得分排在13市第二名，但是"年末金融机构贷款""票据融资""单位经营贷款"等指标上得分却很低，这说明淮安市中小企业融资难问题较为突出，大多中小企业的融资需求难以获得满足，金融市场对中小企业的支持能力较弱。

　　从政策生态条件看，2017年淮安市在"政策支持维度"和"企业负担维度"得分排在13市的第五位和第十一位。其中"政策支持维度"得分较2016年提高了1.158 0个维度分，排名上升了3个位次，这主要得益于淮安市在"专项补贴""一般公共服务财政预算支出占GDP的比重""社会保障和就业支出占GDP的比重"等指标上的得分较高。淮安市的"企业负担维度"得分和排名与2016年相比均下降明显，得分下降了1.723 1，排名下降了7个位次。这主要是因为淮安市在"行政事业性收费收入占GDP的比重""融资成本"等指标得分较低。

3.4.10　盐城市中小企业生态环境综合评价

表 3-33 是 2016 年至 2017 年盐城市中小企业生态环境维度指标得分的比较。2017 年盐城市中小企业生态环境综合评分为 4.057 4,比 2016 年的 4.204 4 下降了0.146 9 个维度分,排在 13 市的第十一名,与 2016 年持平。其中,8 个维度的标准差为 1.351 4,方差 1.826 3,标准差大小排在 13 地市第四位,最大值与最小值之间相差 3.8 个维度分,说明盐城市各个维度评分离散程度较高,各维度得分较为不平衡。

8 个维度总体上看得分较低,仅有"经营状况维度"和"资源需求维度"这两个维度得分在 5.0 以上,表明盐城中小企业生态环境整体处在较低的水平。与 2016 年相比,盐城市的"经营状况维度""产品供给维度""资源需求维度"和"运营资金维度"得分有所上升,升幅最大的是"产品供给维度"(+1.491 6),其余 4 个维度得分均有不同程度的下降。

表 3-33　2016 年—2017 年盐城市中小企业生态环境维度指标得分

生态条件	生态条件维度	2016 年		2017 年		较 2016 年的分差
		得分	排序	得分	排序	
生产	经营状况维度	5.262 1	4	5.610 0	4	0.347 9
	企业发展维度	3.674 9	11	3.611 7	11	−0.063 2
市场	产品供给维度	2.783 6	11	4.275 2	5	1.491 6
	资源需求维度	5.485 5	4	6.269 4	2	0.783 9
金融	运营资金维度	2.454 1	13	2.491 5	11	0.037 4
	企业融资维度	4.950 7	4	3.577 6	11	−1.373 1
政策	政策支持维度	5.577 7	3	4.160 9	9	−1.416 8
	企业负担维度	3.446 1	13	2.463 1	13	−0.983 0
综合		4.204 4	11	4.057 4	11	−0.146 9

表 3-33 显示,2016 年盐城市中小企业生态环境综合评分为 4.204 4,2017 年为4.057 4,有 0.146 9 的降幅。

可从图 3-31 直观地比较 2016 年至 2017 年盐城市中小企业生态环境的变化。从图中可以看到,虚线围成的区域面积代表 2016 年盐城市中小企业生态环境,实线围成的区域面积代表 2017 年中小企业生态环境,实线围成的区域面积较小于短虚线围成的区域(−0.146 9),说明 2017 年盐城市中小企业生态环境较 2016 年有微小恶化,且总体依然保持在较低的水平。

从生产生态条件看,盐城市的"经营状况维度"和"企业发展维度"得分在 13 市中列第四和第十一位,排名与 2016 年相同,"经营状况维度"依然是盐城市中小企业表

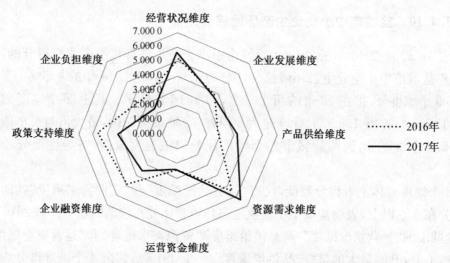

图3-32　2016年—2017年盐城市中小企业生态环境的比较

现相对较好的一个维度。从具体影响因子上看，盐城市在"经营成本""生产（服务）能力过剩"指标上得分较高，表明盐城市中小企业的产能过剩问题已经得到了较好的遏制。盐城在"企业综合经营状况""流动资金""专利授权数量""规模以上中小企业工业总产值占 GDP 的比重""批发、零售和住宿、餐饮业总额""私营个体经济固定资产投资"等指标的得分较低，表明盐城市中小企业整体技术水平较低，规模较小，投资的动力不足，对盐城经济增长的推动作用较小，且第三产业发展较为滞后。

从市场生态条件看，盐城市的"产品供给维度"和"资源需求维度"得分在 13 市中列第五和第二位，得分与排名均较 2016 年明显上升，其中"产品供给维度"得分上升了 1.491 6，排名上升了 6 个位次，"资源需求维度"得分排名从 2016 年的第四名上升至第二名，继续保持相对领先的位置。从具体市场生态条件维度的影响因子上看，盐城市在"技术水平评价""产品服务销售价格""产品线上销售比例""全社会用电量""规模以上工业企业产品销售率""亿元以上商品市场商品成交额"的得分较低，拉低了其在市场生态条件的得分，这进一步凸显了盐城市中小企业技术水平较低，企业营销推广能力较差，市场规模相对较小，从而导致在产品销售和原材料购进方面缺乏议价能力。

从金融生态条件看，盐城市在"运营资金维度"和"企业融资维度"上得分均位列 13 市的第十一位，得分与排名一个维度上升，一个维度下降。"运营资金维度"得分小幅上升（+0.037 4），排名上升了 2 个位次；"企业融资维度"得分下降了 1.373 1，同时排名下降了 7 个位次，波动幅度较大，表明盐城市中小企业融资难的问题进一步加剧。

在政策生态条件方面，盐城市"政策支持维度"和"企业负担维度"的得分排在 13 市的第九位和第十三位，两个维度的分值均低于 2016 年，但是"政策支持维度"的排名较 2016 年下降了 6 个位次,可见盐城中小企业认为政府对中小企业的支持力度有所减弱,中小企业整体负担较重,制约了中小企业的发展。盐城市在"融资成本""税收负担""行政收费"指标上得分全省最低(逆指标,得分越低代表负担越重),可见盐城市中小企业在融资、行政收费和税收等方面的负担较重,说明盐城市政府应进一步调整行政收费政策,在进一步减轻企业税收负担上加大政策力度。

综上,盐城市 8 个维度得分和排名差异较大,有排在前三名的维度,也有排在倒数后三名的维度,中小企业发展空间较大;而完善支持中小企业的总体规划、提高经营管理效率、切实减轻企业负担、提高市场活力等方面是盐城市政府和中小企业需要重点关注的问题。

3.4.11　扬州市中小企业生态环境综合评价

2017 年扬州市中小企业生态环境综合评分为 5.082 1,比 2016 年的 4.454 3 上升了 0.627 8 个维度分,排在 13 地市第四位,排名较 2016 年上升了 6 个位次。2017 年扬州市中小企业生态环境的 8 个维度指标得分的标准差为 1.035 7,方差 1.072 6,最高得分与最低得分相差 3.3 分,说明扬州市中小企业生态环境的 8 个维度得分离散程度相对较大。表 3 - 34 是 2016 年至 2017 年扬州市中小企业生态环境维度得分的比较。

表 3 - 34　2016 年—2017 年扬州市中小企业生态环境维度得分的比较

生态条件	生态条件维度	2016 年		2017 年		较 2016 年的分差
		得分	排序	得分	排序	
生产	经营状况维度	4.565 0	10	5.954 4	3	1.389 4
	企业发展维度	4.939 3	7	4.996 1	7	0.056 8
市场	产品供给维度	6.237 4	2	4.701 6	3	−1.535 8
	资源需求维度	5.037 0	8	4.695 6	7	−0.341 4
金融	运营资金维度	2.987 6	11	4.811 7	4	1.824 1
	企业融资维度	3.575 9	11	3.846 1	9	0.270 2
政策	政策支持维度	2.693 8	12	4.458 2	8	1.764 4
	企业负担维度	5.598 6	7	7.193 0	5	1.594 4
综合		4.454 3	10	5.082 1	4	0.627 8

表 3 - 34 显示,2017 年扬州市只有"产品供给维度"和"资源需求维度"得分较 2016 年下降,其余 6 个维度得分均有不同程度的上升,上升幅度最大的是"资金运营维度",上升了 1.824 1 个维度分。

图 3 - 32 可直观地观察 2016 年至 2017 年扬州市中小企业生态环境的变化。虚线围成的区域面积代表 2016 年扬州市中小企业生态环境,实线围成的区域面积代表

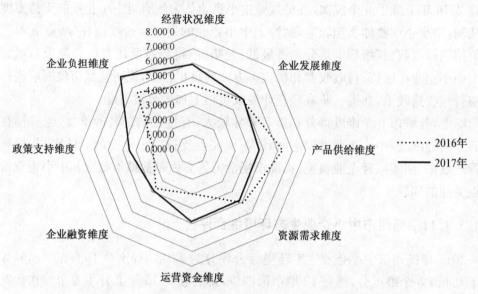

图 3 - 33　2016 年—2017 年扬州市中小企业生态环境的变化

2017 年扬州中小企业生态环境。2017 年 8 维度中有 6 个维度得分上升，使实线围成的区域面积远大于虚线围成的区域面积（＋0.627 8），表明 2017 年扬州市中小企业生态环境较 2016 年有显著改善。

　　从生产生态条件看，扬州市在"经营状况维度"和"企业发展维度"上的得分排在 13 市的第三位和第七位，"经营状况维度"得分较 2016 年提高了 1.389 4 个维度分，排名上升了 7 个名次，且得分高于 5.0 分，说明 2017 年扬州市中小企业的生产生态条件明显好转。在具体的生产生态条件维度影响因子指标上，扬州市在"营业收入""盈亏变化""企业综合经营状况"指标上得分较高。与 2016 年相比，扬州市中小企业在"产品（服务）能力过剩"指标上得分有所提高，这显示出扬州市去产能去库存成果显著，扬州市中小企业产能过剩问题已经得到一定程度的缓解。扬州市"规模以上中小企业工业总产值"和"私营个体经济固定资产投资"的得分很低，但是"规模以上中小企业总产值占 GDP 的比重"和"私营个体经济固定资产投资占比"却较高，说明扬州市中小企业虽然经济总量小，但是在扬州市经济发展中的作用巨大。

　　从市场生态条件看，扬州市"产品供给维度"与"资源需求维度"的得分排在 13 市的第三位和第七位。"产品供给维度"是 8 个维度得分排名最靠前的 1 个维度，说明扬州市中小企业在产品供给维度中一些影响因子具有相对优势。具体而言，扬州市的营销类指标如"新签销售合同""产品线上销售比例""产品服务销售价格"等指标的得分较高，这说明扬州市中小企业具有较强的营销推广能力，且能合理利用互联网技术，拓宽营销渠道。同时，扬州在"全社会用电量""亿元以上商品交易市场成交额""个体工商户户数"的得分较低，说明扬州市整体经济规模较小，个体私营经济主体体量也相对较少。

　　从金融生态条件看,扬州市"运营资金维度"和"企业融资维度"的得分排名分别位居 13 市的第四位和第九位,得分和排名均较 2016 年显著上升,尤其是"资金运营维度"得分上升了 1.8241 个维度分,排名上升了 7 个位次,这显示扬州市中小企业的金融生态条件不断改善。扬州市在"流动资金"指标上得分全省第一,另外在"固定资产投资"指标上得分也较高,显示出扬州市中小企业资金运营状况良好。但"实际融资规模""年末金融机构贷款余额""票据融资""单位经营贷款"等指标得分却很低,表明虽然扬州市中小企业金融环境不断优化,但金融市场仍然不能充分满足企业的资金需求。

　　从政策生态条件看,扬州市"政策支持维度"和"企业负担维度"的得分列 13 市的第八位和第五位,分值和排名同样较 2016 年大幅度上升,分值提高的幅度均超过了 1.5 个维度分,说明 2017 年扬州市中小企业政策生态条件显著好转。"政策支持维度"和"企业负担维度"得分和排名的大幅上升主要得益于扬州市在"政府效率""税收负担""行政收费""人工成本""企业所得税占 GDP 的比重"等指标上得分较高。由此可见,扬州市政府加大了对中小企业的重视和扶持力度,着力于为中小企业改善政策整体条件,助力中小企业的健康稳定发展。

3.4.12　泰州市中小企业生态环境综合评价

　　表 3-35 是 2016 年至 2017 年泰州市中小企业生态环境维度指标得分情况。2017 年泰州市中小企业生态环境综合评分为 5.729 0,比 2016 年的 5.387 0 上升了 0.342 个维度分,排在江苏 13 市的第三位,较 2016 年提升了 1 个位次。8 个维度指标的标准差为 1.055 3,方差 1.113 6,最大值与最小值之间差距 3.1 分,离散程度较大,泰州在 8 个维度的得分相对不均衡。

表 3-35　2016 年—2017 年泰州市中小企业生态环境维度指标得分

生态条件	生态条件维度	2016 年		2017 年		较 2016 年的分差
		得分	排序	得分	排序	
生产	经营状况维度	5.604 3	1	5.993 9	2	0.389 6
	企业发展维度	6.664 9	4	6.708 7	3	0.043 8
市场	产品供给维度	5.961 9	4	4.060 3	6	-1.901 6
	资源需求维度	5.343 4	5	5.544 6	3	0.201 2
金融	运营资金维度	4.313 4	4	4.535 3	6	0.221 9
	企业融资维度	4.342 7	8	5.504 5	3	1.161 8
政策	政策支持维度	3.615 2	10	6.285 1	3	2.669 9
	企业负担维度	7.250 0	2	7.199 5	4	-0.050 5
综合		5.387 0	4	5.729 0	3	0.342 0

从图 3-33 也可直观看到,代表 2017 年泰州市中小企业生态环境的实线围成的区域面积大于代表 2016 年泰州市中小企业生态环境的虚线围成的区域面积(+0.342 0),表明 2017 年泰州市中小企业生态环境得到进一步改善。

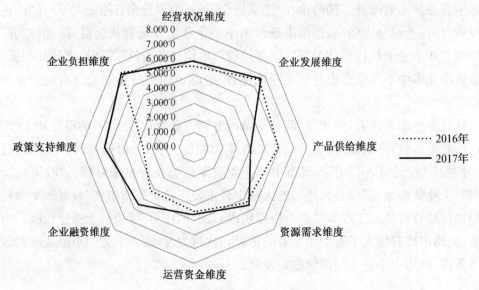

图 3-34　2016 年—2017 年泰州市中小企业生态环境的比较

与 2016 年相比,2017 年泰州市只有"产品供给维度"和"企业负担维度"2 个维度的分值下降,其余 6 个维度的得分均有不同程度的上升,且 8 个维度中有 6 个维度的得分超过了 5.0 个维度分,表明泰州市中小企业的生态环境整体较好。

从生产生态条件看,泰州市在"经营状况维度"和"企业发展维度"的得分列 13 市的第二位和第三位,是 4 个生态条件中排名最高的一个条件。"经营状况维度"是泰州市表现最好的一个维度,从具体的生态条件维度影响因子指标的得分看,泰州市"企业综合经营状况"得分全省最高,此外在"技术人员需求""固定资产投资"等指标上得分也较高。虽然泰州市在"专利授权数量""产品(服务)创新"指标上得分较低,即中小企业技术水平普遍偏低,但是泰州市在"技术人员需求""固定资产投资"等几个指标上得分较高,说明泰州市的中小企业意识到自己技术水平与先进技术的差距,创新意识强烈,放眼未来,重视长远发展与创新问题。

从市场生态条件看,泰州市"产品供给维度"和"资源需求维度"的得分位居江苏 13 市的第六位和第三位,排名与分值一个维度上升、一个维度下降。从具体影响因子指标看,泰州市在"主要原材料及能源购进价格""融资需求""规模以上工业企业总资产贡献率""规模以上工业企业资产负债率""规模以上工业企业产品销售率"等因子上得分相对较高,显示出泰州市中小企业营销推广能力较好,融资需求和发展动力较强;但"全社会用电量"以及"亿元以上商品交易市场商品交易额"几个指标得分较低,显示出相对较小的经济规模。

从金融生态条件看,泰州市"运营资金维度"和"企业融资维度"的得分排在 13 市的第六位和第三位,其中"企业融资维度"较 2016 年上升了 1.1618 个维度分,排名上升了 5 个名次。泰州市"企业融资维度"的得分和排名大幅上升主要来源于其在"流动资金""实际融资规模""固定资产投资"较高的得分。但是其在"票据融资""年末金融机构贷款"几个指标上得分较低,表明扬州中小企业票据融资和银行信贷融资的能力相对较弱。

从政策生态条件看,泰州市"政策支持维度"和"企业负担维度"的得分列 13 市的第三位和第四位,得分都在 6.0 个维度分以上。"政策支持维度"得分和排名的上升幅度均排在 8 个维度第一位,较 2016 年上升了 2.6699 个维度分,排名上升了 7 个位次。"政策支持维度"的显著上升主要得益于其在"融资优惠""专项补贴""政府效率""企业综合生产经营状况"等指标得分较高。但同时泰州市在"一般公共服务财政预算支出占 GDP 的比重""社会保障和就业财政预算支出占 GDP 的比重"等指标上的得分排在相对靠后的位置。政府应加大对一般公共服务和社会保障的支出,进一步改善政策生态环境。"企业负担维度"的排名虽然较 2016 年下降了两个位次,但是得分依然超过了 7 个维度分,说明泰州市政府扶持中小企业发展的举措已经取得了一定的成效,企业负担明显减轻。

3.4.13　镇江市中小企业生态环境综合评价

表 3-36 是 2016 年至 2017 年镇江市中小企业生态环维度指标得分情况。2017 年镇江市中小企业生态环境综合评分为 2.6581,相比 2016 年的 3.3450 下降了 0.6868 个维度分,是苏南地区排名最后的一个城市;全省排名与 2016 年相同,依然是排在 13 市的最后一名。8 个维度指标的标准差为 1.4192,方差 2.014,最大值与最小值相差 4.7 个维度分,离散程度排在 13 市第 3 名,说明各维度之间离散程度较高,同时 8 个维度的得分普遍较低。表明镇江市中小企业生态环境处在较低水平,且在持续恶化,这与镇江市整体经济发展水平有一定关系。

虽然镇江市位于苏南地区,但统计显示,2016 年镇江市从业人员仅有 193.1 万人,在 13 市中倒数第一,且 2016 年的 GDP 总量为 3 833.84 亿元,仅排在 13 市的第 11 位,经济总量相对较小。

表 3-36　2016 年—2017 年镇江市中小企业生态环境维度指标得分比较

生态条件	生态条件维度	2016 年		2017 年		较 2016 年的分差
		得分	排序	得分	排序	
生产	经营状况维度	3.706 9	12	3.399 4	11	−0.307 5
	企业发展维度	2.763 4	13	2.814 0	13	0.050 6

（续表）

生态条件	生态条件维度	2016 年		2017 年		较 2016 年的分差
		得分	排序	得分	排序	
市场	产品供给维度	2.268 7	13	2.048 3	12	−0.220 4
	资源需求维度	4.766 4	9	3.234 2	13	−1.532 2
金融	运营资金维度	3.426 7	9	2.313 8	12	−1.112 9
	企业融资维度	3.419 8	12	1.476 2	13	−1.943 6
政策	政策支持维度	2.115 6	13	0.635 3	13	−1.480 3
	企业负担维度	4.292 3	12	5.343 9	10	1.051 6
综合		3.345 0	13	2.658 1	13	−0.686 8

从表 3-36 可以看到，2017 年，镇江市中小企业生态环境的 8 个维度中仅有"企业发展维度"和"企业负担维度"的得分较 2016 年有所上升，其中"企业发展维度"仅上升了 0.050 6 个维度分，"企业负担维度"上升了 1.051 6 个维度分，其余 6 个维度均是下降，且排名整体较靠后，排名第一的"企业负担维度"也仅排在 13 市第十名的位置。排名方面也仅有"经营状况维度""产品供给维度""企业负担维度"3 个维度较 2016 年有小幅上升。

由于 2017 年镇江市有 6 个维度的得分较 2016 年有所下降，导致 2017 年生态环境综合评分显著低于 2016 年。这也可以从图 3-34 中看出，实线围成的区域面积代表镇江市 2017 年中小企业生态环境，虚线围成的区域面积代表 2016 年中小企业生态环境，实线围成的区域面积小于短虚线围成的区域面积（−0.686 8），即相对 2016 年，镇江市 2017 年的生态环境明显恶化。

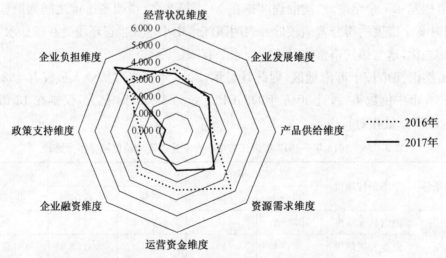

图 3-35　2016 年—2017 年镇江市中小企业生态环境的比较

从生产生态条件看,2017 年镇江市在"经营状况维度""企业发展维度"的得分和排名分别列居 13 市的第十一和第十三位,即都排在了 13 市倒数后三名的位置。在具体评价因子上,镇江市在"盈亏变化""技术人员需求""产品服务创新"指标上得分在 13 市中最低,此外镇江在"营业收入""规模以上工业企业总产值占 GDP 的比重""批发、零售和住宿、餐饮业总额"等指标的得分也较低,表明镇江市服务业发展相对落后,经济结构偏重第一、第二产业,大多中小企业生产经营水平偏低,盈利能力受外界环境影响较大,技术水平偏低且创新动力不足。

从市场生态条件看,2017 年镇江市的"产品供给维度"和"资源需求维度"得分列居 13 市的第十二位和第十三位,虽然"产品供给维度"较 2016 年提升了一个名次,但是分值却下降了 0.220 4 个维度分。在具体影响因子指标上,镇江市的"产品(服务)销售价格""技术人员需求""固定资产投资"等指标得分最低,排在 13 市的最后一名,另外在"新签销售合同""产品线上销售比例""劳动力需求"得分也较低,说明镇江市中小企业营销推广能力较差,由于规模较小,产品和服务销售中缺乏议价能力,且发展动力不足。"亿元以上商品交易市场成交额""个体工商户户数""年末单位存款余额"指标上得分较低,排在 13 市的倒数后几位,显示出镇江市市场规模较小。

从金融生态条件看,2017 年镇江市"运营资金维度"和"企业融资维度"的得分居 13 市的第十二位和第十三位,得分与排名均较 2016 年有所下降,且得分下降的幅度均超过了 1 个维度分。在影响因子评价指标方面,镇江市在"实际融资规模""固定资产投资""融资需求""单位经营贷款"指标上评价全省最低,显示出镇江市中小企业投融资意愿低迷,一方面融资难问题突出,另一方面也存在不愿融资的问题。

从政策生态条件看,2017 年镇江市在"政策支持维度"和"企业负担维度"的得分排在了 13 市的第十三位和第十位,其中"政策支持维度"得分较 2016 年下降了 1.480 3 个维度分,排名维持不变;"企业负担维度"分值较 2016 年上升了 1.051 6 个维度分,排名上升了两个位次。在具体影响因子指标方面,镇江市的"政府效率""专项补贴""税收负担""行政收费"的得分也比较低,说明镇江市中小企业显性和隐性负担均较重,政府应进一步落实对中小企业的减负政策,加大对中小企业的扶持力度,为中小企业的发展创造良好的政策环境。

3.4.14　宿迁市中小企业生态环境综合评价

表 3-37 是 2016 年至 2017 年宿迁市中小企业生态环境维度评分情况。宿迁市在江苏 13 市中属于经济发展相对滞后的城市,其地区生产总值连续 11 年位居 13 市的最后一名。2017 年宿迁市中小企业生态环境综合评价为 3.945 0,较 2016 年的 3.717 7 上升了 0.227 4 个维度分,排名依然维持在 13 市倒数第二的位置。

8 个维度分值的标准差为 2.160 2,方差为 4.666 5,离散程度全省最高,最高分与最低分相差 6.3 分。8 个维度得分均很低,只有"政策支持维度"和"企业负担维度"

的评分超过了 5.0 分。与 2016 年相比较,8 个维度指标中"资源需求维度""运营资金维度""企业融资维度""企业负担维度"得分有所上升,其余 4 个维度的得分均不同程度的下降,其中升幅最大的是"企业负担维度",较 2016 年提高了 2.128 0 分。

表 3 - 37　2016 年—2017 年宿迁市中小企业生态环境维度得分比较

生态条件	生态条件维度	2016 年		2017 年		较 2016 年的分差
		得分	排序	得分	排序	
生产	经营状况维度	3.153 5	13	1.321 1	13	−1.832 4
	企业发展维度	2.888 9	12	2.834 0	12	−0.054 9
市场	产品供给维度	2.899 1	10	1.908 5	13	−0.990 6
	资源需求维度	2.587 5	13	3.242 1	12	0.654 6
金融	运营资金维度	2.490 5	12	3.645 8	8	1.155 3
	企业融资维度	3.369 6	13	4.628 9	6	1.259 3
政策	政策支持维度	6.855 9	1	6.355 4	2	−0.500 5
	企业负担维度	5.496 4	8	7.624 4	2	2.128 0
综合		3.717 7	12	3.945 0	12	0.227 4

图 3 - 35 可直观考察 2016 年至 2017 年宿迁市中小企业生态环境的变化。图中的虚线围成的区域面积代表 2016 年宿迁市中小企业生态环境,实线围成的区域面积代表 2017 年宿迁市中小企业生态环境,实线围成的区域面积代略大于虚线围成的区域面积(+0.227 4),表明 2017 年宿迁市中小企业生态环境较 2016 年呈现小幅改善态势。

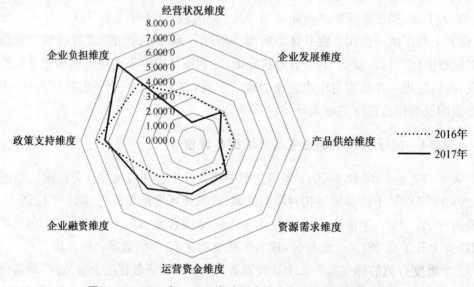

图 3 - 36　2016 年—2017 年宿迁市中小企业生态环境的变化

　　从生产生态条件看,宿迁市在生产生态环境的两个维度分值均排在倒数后三名(十三名和十二名)。从具体的影响因子上看,宿迁市在"生产(服务)能力过剩""企业综合生产经营状况""规模以上中小企业工业总产值""规模以上中小企业工业总产值占比""批发、零售和住宿、餐饮业总额""技术水平评价""劳动力需求""固定资产投资"得分最低,排在最后一名,说明宿迁市中小企业整体运行状况较差,技术水平较为落后,发展动力不足;宿迁市在"批发、零售和住宿、餐饮业总额"的得分最低,说明宿迁市的经济机构依然以第一产业和第二产业为主,服务业发展比较滞后;但同时"人工成本"和"私营个体经济固定资产投资占社会新增固定资产投资的比重"却是 13 市中最高,"人工成本"得分最高是因为宿迁市平均工资水平较低,"私营个体经济固定资产投资占社会新增固定资产投资的比重"得分最高充分说明宿迁市中小企业在经济中的作用较大。

　　从市场生态条件看,宿迁市的"产品供给维度"和"资源需求维度"两个维度评分分别位列第十三名和第十二名。从具体影响因子上看,宿迁市的"生产(服务)能力过剩""规模以上工业企业产品销售率""规模以上工业企业资产负债率"等指标上得分最低,排在 13 市的最后一位;同时在"新签销售合同"等营销类指标上得分也很低,可见很低的人工成本并没有带来企业对劳动力需求的增长,宿迁市中小企业对各项资源的需求比较低迷,且市场推广能力较差,这进一步显示了宿迁市中小企业整体发展的滞后性。

　　从金融生态条件看,两个维度的分值分别位居 13 市的第八名和第六名,虽然这两个维度的得分与排名均较 2016 年有明显上升,但是得分依然低于 5.0 分。宿迁市"融资需求"指标得分相对较高,但是"实际融资规模""票据融资""年末金融机构贷款"等融资类指标上得分却很低,可见宿迁市中小企业融资需求远远得不到满足,金融市场并没有很好地发挥服务实体经济的职能。

　　政策生态条件是宿迁市表现最好的一个生态条件。与 2016 年相比较,尽管"政策支持维度"得分下降了 0.500 5 个维度分,在 13 市排名下降了一个名次,从第一名下降至第二名,但是依然排在全省前三的位置。"企业负担维度"得分达到了 7.624 4 分,在 13 市排名从 2016 年的第八名上升到了 2017 年的第二名,两个维度的分值均超过了 6.0 分,说明政策生态条件加速好转。宿迁市在"融资优惠""社会保障和就业预算支出占 GDP 的比重""融资成本"等指标上得分均排在 13 市第一位,说明宿迁市政府加大了对中小企业的政策扶持力度。企业负担维度方面,由于"城镇居民可支配收入"最低,以及平均工资水平最低,导致宿迁市的"人工成本"负担最轻。

第4章 2017年江苏中小企业生态环境评价总体结论

4.1 江苏总体经济运行评价及二级景气指数比较

南京大学金陵学院企业生态研究中心发布的2017年江苏中小企业生态环境评价报告显示,2017年江苏中小企业企业景气指数为111.6,较2016年上升4.7(表4-1),整体经济运行处在绿灯区。若将2014年作为基期,即100(基准数据为107.2),则2017年的景气指数为104.1,有4.1的升幅,已经上升到100点上方,表明2017年江苏中小企业整体运营呈回升趋暖态势。

表4-1显示,2017年江苏中小企业生产景气指数为114.3,较2014年上升1.6,较2016年上升5.8,该指数2014年以来持续递增,为江苏中小企业综合景气指数2015年至2017年的稳步回升做出显著贡献;市场景气指数为109.1,较2014年仍有0.3的降幅,但较2016年有4.4的升幅,总体上看,市场景气指数自2014年以来,经2015年和2016年的低位徘徊后呈现较快回升态势;金融景气指数为110.9,较2014年有10.6的升幅,较2016年有4.9的升幅,金融景气指数自2014年以来逐年递增,是江苏中小企业综合景气指数2015年至2017年稳步回升的重要助力;政策景气指数为102.8,较2014年上升13.9,较2016年上升0.2,2014年以来持续上升的政策景气指数表明江苏各级政府出台的扶持中小企业的政策举措得到了大多中小企业的好评和认可。

表4-1 2014年—2017年江苏中小企业综合景气指数和二级景气指数

指标＼年份	2014年	2015年	2016年	2017年	2017年比2016年上升
综合指数	107.2	105.5	106.9	111.6	4.7
生产景气指数	103.9	107.4	108.5	114.3	5.8
市场景气指数	109.4	103.4	104.7	109.1	4.4
金融景气指数	100.3	106.3	106.0	110.9	4.9
政策景气指数	88.9	100.2	102.6	102.8	0.2

4.2　景气指数按企业规模、区域和城市的排名

图 4-1 显示 2014 年至 2017 年江苏不同规模企业的景气指数。可以看到,4 年来中型企业和小型企业的景气指数均高于综合景气指数,且中型企业又比小型企业更高一些,其景气指数年年高于小型企业;微型企业景气指数尽管在 2017 年有显著回升,但年年低于中型企业和小型企业,而且也低于综合指数,表明 4 年来微型企业抗经济波动和市场波动的能力弱于中型企业和小型企业。

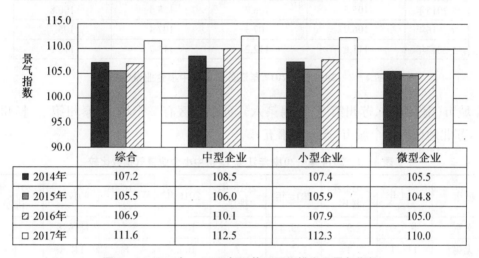

	综合	中型企业	小型企业	微型企业
■ 2014年	107.2	108.5	107.4	105.5
■ 2015年	105.5	106.0	105.9	104.8
▨ 2016年	106.9	110.1	107.9	105.0
□ 2017年	111.6	112.5	112.3	110.0

图 4-1　2014 年—2017 年江苏不同规模企业景气指数

比较江苏三地区中小企业景气指数(图 4-2)可以看到,2014 年至 2016 年,苏中地区中小企业景气指数不但高于苏南地区中小企业景气指数,也高于同期江苏中小企业综合景气指数;2017 年苏南地区中小企业景气指数(112.2)反超苏中地区中小企业景气指数(111.7),也高于同期江苏中小企业综合景气指数;苏北地区中小企业景气指数尽管在 2017 年有显著提升,但 2014 年以来年年低于苏南地区和苏中地区。总体看,2014 年以来苏南地区中小企业和苏中地区中小企业景气态势的地区差异明显缩小,苏北地区中小企业的景气态势在 2015 年滑落至低谷(100.8),且 4 年来在三地区中处在明显弱势。

表 4-2 显示 2014 年至 2017 年江苏 13 个地级市中小企业景气指数。可以看到,4 年来中小企业景气态势比较稳定且排名靠前的城市有扬州和泰州;2015 年以来南京、苏州上升较快,尤其是南京,连续两年排名第二,2017 年跃居第一;这 4 个苏中和苏南的城市排名靠前且比较稳定。2014 年以来苏北地区的宿迁、徐州和苏南地区的镇江排名比较靠后;有些城市如南通、常州、盐城中小企业景气指数的波动较大;比较稳定但排名居中的城市有无锡和连云港。2017 年排名前六的城市中,苏南地区有

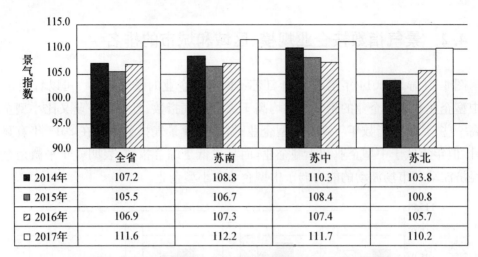

图 4-2　2014 年—2017 年江苏三地区中小企业景气指数

	全省	苏南	苏中	苏北
■ 2014年	107.2	108.8	110.3	103.8
■ 2015年	105.5	106.7	108.4	100.8
▨ 2016年	106.9	107.3	107.4	105.7
□ 2017年	111.6	112.2	111.7	110.2

3 个城市(南京第一、苏州第三、无锡第六),苏中地区有 2 个城市(泰州第二、扬州第四),苏北地区有 1 个城市(连云港第五)。

表 4-2　2014 年—2017 年江苏 13 市中小企业景气指数比较

城市	2014 年	2014 年排序	2015 年	2015 年排序	2016 年	2016 年排序	2017 年	2017 年排序
南京	106.0	9	109.4	2	108.2	2	116.8	1
无锡	111.1	4	104.9	7	106.7	8	113.0	6
徐州	103.9	11	104.3	11	106.7	8	107.2	12
常州	110.3	5	103.4	12	106.9	6	108.3	10
苏州	107.6	7	108.7	3	107.9	3	114.9	3
南通	106.0	9	109.9	1	106.7	8	108.4	9
连云港	109.8	6	105.0	6	107.0	5	113.2	5
淮安	111.2	3	104.4	10	104.8	11	109.7	8
盐城	97.1	12	104.4	9	106.9	6	113.0	6
扬州	111.4	2	108.0	4	107.1	4	113.5	4
镇江	107.3	8	104.8	8	102.4	12	103.7	13
泰州	112.1	1	106.5	5	108.9	1	115.5	2
宿迁	92.9	13	90.0	13	102.3	13	107.6	11

4.3　2014 年以来景气指数变化的主要特点

连续 4 年发布江苏中小企业景气指数后,从其中一些重要指标的变化中可清晰呈现出一些变化特点。

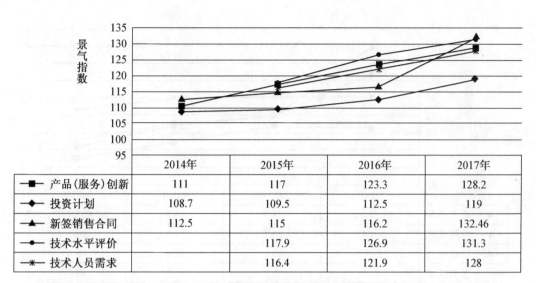

图 4 - 3　2014 年—2017 年创新和发展类部分指标的走势

注:技术水平评价和技术人员需求是 2015 年起新增的指标。

一是部分创新和发展类指标 4 年来逐年递增。从图 4 - 3 可以看到,2014 年产品(服务)创新指数为 111.0,2015 年为 117.0,2016 年为 123.3,到 2017 年达到 128.2 的高位水平,表明江苏大多中小企业具有较强的创新意识和创新动力;投资计划指数在 2014 年为 108.7,后逐年上升到 2017 年的 119.0,表明江苏大多中小企业 4 年来有持续投资扩张和发展的动力;2014 年以来新签销售合同指数也在持续递增,从 2014 年的 112.5 上升到 2017 年 132.4 的高位水平,升幅(19.9)几乎达到 20,表明产品和服务的销售在持续增加,尤其是 2017 年一年间的增幅最大(16.2);2015 年起新增"技术水平评价"和"技术人员需求"这两个与技术(创新)相关的指标,3 年来这两个指标节节攀升,到 2017 年分别达到 131.3 和 128.0,表明江苏大多中小企业越发重视和认可技术和技术人员对企业发展的贡献以及对企业创新的贡献。

图 4 - 4 显示江苏中小企业景气指数中成本类部分指数的走势。可以清楚地看到,这 4 个成本类指数 4 年来几乎均呈现逐年下降(人工成本指数 2015 年后逐年下降)的走势,且 2017 年跌幅最为明显。成本类指数为逆指数,指数下降(景气下滑)表明成本上升,这 4 个指数逐年下降的走势表明对应的人工成本、经营成本、营销费用和融资成本都在相应上升,企业成本负担(压力)越来越大。

按研究中心的景气指数等级设定,这 4 个成本类指数值都落入到预警的黄灯区(90~50),其中 2017 年人工成本指数(55.7)已接近红灯区。这一走势表明越来越多的中小企业面临巨大的成本压力,意味着这些企业的盈利能力将进一步弱化,生存空间被进一步挤压。因此,如何切实为中小企业减负,放大中小企业的生存发展空间,是经济稳定与社会和谐的迫切需要,我们江苏全社会尤其是各级政府应该高度关注和解决好这些问题。

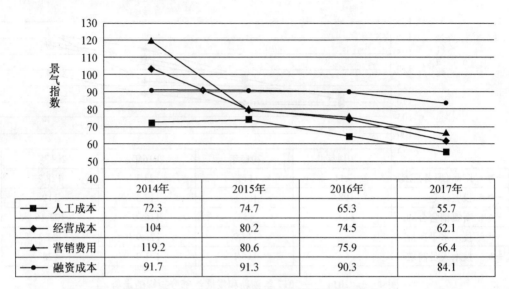

图 4-4　2014 年—2017 年成本类部分指标的走势

4.4　江苏中小企业生态环境综合评分及各维度得分

2017 年江苏中小企业生态环境综合评价总分为 4.773 8,较 2016 年(4.844 8)有 0.071 0 的微小降幅,表明 2017 年江苏中小企业生态环境呈继续弱化态势。

表 4-3　2014 年—2017 年江苏中小企业生态环境各维度分值及比较

生态条件	生态条件维度	2014 年		2015 年		2016 年		2017 年		2017 年较 2016 年分差
		评分	排序	评分	排序	评分	排序	评分	排序	
生产	经营状况维度	5.590 3	3	5.553 7	3	4.750 6	4	4.724 3	4	−0.026 4
	企业发展维度	4.567 6	2	6.196 4	2	5.207 4	2	5.202 4	2	−0.005 0
市场	产品供给维度	5.190 9	8	5.042 3	8	4.452 4	7	3.841 4	8	−0.701 0
	资源需求维度	5.206 6	4	5.177 8	4	4.845 2	3	4.664 0	5	−0.181 2
金融	运营资金维度	4.058 1	7	5.047 6	7	4.266 7	8	4.228 0	7	−0.038 7
	企业融资维度	4.747 0	6	5.076 8	6	4.600 5	6	4.531 8	6	−0.068 8
政策	政策支持维度	4.894 4	5	5.459 1	5	4.640 1	5	4.820 8	3	0.180 7
	企业负担维度	4.625 3	1	6.454 2	1	5.905 3	1	6.177 5	1	0.272 3

基于研究中心创建的中小企业生态环境评价体系计算出来的 2014 年至 2017 年江苏中小企业生态环境 8 个生态条件维度分值(表 4-3),对应生成表 4-4 的同期江苏中小企业生态环境 4 个生态条件分值。

表 4 - 4　2014 年—2017 年江苏中小企业生态条件分值比较

生态条件	2014 年		2015 年		2016 年		2017 年		2017 年较 2016 年分差
	评分	排序	评分	排序	评分	排序	评分	排序	
生产(服务)	5.079 0	2	5.875 1	2	4.979	2	4.963 4	2	−0.015 6
市场	5.198 8	1	5.110 1	3	4.693 8	3	4.252 7	4	−0.441 1
金融	4.402 6	4	5.062 2	4	4.433 6	4	4.379 9	3	−0.053 7
政策	4.759 9	3	5.956 7	1	5.272 7	1	5.499 2	1	0.226 5

可以看到,2017 年除政策生态条件分值有 0.226 5 的升幅外,其他 3 个生态条件都有不同程度的降幅,其中生产(服务)生态条件的降幅为 −0.015 6,市场生态条件的降幅为 −0.441 1,金融生态条件的降幅为 −0.053 7;以致 2017 年江苏中小企业生态环境综合分值有 −0.071 0 的降幅。不过,如果将 2016 年与 2015 年相比较,表 4 - 3 显示,2016 年 8 个生态条件维度分值均低于 2015 年,中小企业生态环境较 2015 年呈全面恶化态势;而 2017 年与 2016 年相比较,政策生态条件 2 个维度分值为正值,其余 6 个维度中除产品供给维度分差拉大外,其余 5 个维度的分值较 2016 年的分差均有一定程度的缩小;相对 2016 年政策生态条件的回升,表明各级政府为应对经济波动多变的态势而出台和实施的一些组合政策在 2017 年已经取得一定成效。

表 4 - 1 显示,2017 年江苏中小企业景气指数为 111.6,较 2016 年上升 4.7 个指数点;而 2017 年江苏中小企业生态环境综合评价总分为 4.773 8,较 2016 年(4.844 8)有 0.071 0 的微小降幅。景气评价与生态环境评价不一致的原因,一是在于企业景气指数和企业生态环境在内涵上的区别,二是景气指数源于景气问卷指标(信息),这些信息的依据是中小企业的主观评价,即对 2017 年各项指标的主观感受;生态环境评价分值源于景气问卷指标(主观评价)及官方统计指标(2016 年公布的统计数据),是中小企业主观感受与更宽泛层面(外部)的经济统计数据(经济统计数据有一年的滞后期)表现的综合体现;由此看出,由于 2015 年、2016 年以来宏观经济下行的惯性(2016 年较多统计指标数据下滑明显),放大了对 2017 年江苏中小企业生态环境的负面影响。

4.5　江苏中小企业生态环境的区域比较及城市排名

表 4 - 5 是 2014 年至 2017 年江苏三地区中小企业生态环境及生态条件评分一览表。与 2016 年相比较,2017 年苏中生态环境综合分值有 +0.038 4 的升幅,苏南和苏北分别有 0.050 7 和 0.141 9 的降幅,表明三地区中苏中地区中小企业生态环境相对好一些。

表4-5　2014年—2017年江苏三地区中小企业生态环境及生态条件评分一览表

	苏南				苏中				苏北			
	2014	2015	2016	2017	2014	2015	2016	2017	2014	2015	2016	2017
生态环境综合评分	5.3752	5.9375	5.0755	5.0248	5.0194	6.1560	5.1154	5.1538	4.2508	4.6725	4.4366	4.2947
生产生态条件	5.6617	6.2480	5.1456	5.2193	5.4709	6.7870	5.5349	5.9462	4.2611	4.9551	4.4180	4.1176
市场生态条件	5.5633	5.6638	4.9803	4.3993	5.4037	5.2942	5.5714	4.5044	4.7114	4.4458	3.7907	3.9557
金融生态条件	5.7954	6.0735	5.2553	4.9521	4.0867	5.2505	4.2694	4.5809	3.1993	3.6604	3.7105	3.6871
政策生态条件	4.4809	5.7649	4.9206	5.5291	5.1165	6.8226	4.9354	5.5836	4.8314	5.6290	5.8271	5.4186

　　在4个生态条件中,2017年苏中地区除市场生态条件分值有小幅下降外,其余3个生态条件分值均有不同幅度的上升;苏南地区除生产(服务)生态条件分值高于2016年外,其余三个生态条件分值都低于2016年;苏北地区中小企业生态环境分值和4个生态条件的分值都低于苏中地区和苏南地区,而且在2017年仅有市场生态条件分值高于2016年,其余3个生态条件分值均低于2016年,表明与苏中地区和苏南地区相比,苏北地区中小企业生态环境还有较大差距。

　　从表4-5还可看到苏中地区中小企业4年来发展迅速,2017年不但生态环境得分超过苏南地区,且4个生态条件分值中,有3个(生产、市场、政策)超过苏南地区;当然,苏南地区中小企业仍然具有发展底蕴的优势,比如2014年以来金融生态条件得分年年稳居榜首,其分值明显超过苏中和苏北地区。

表4-6　2014年—2017年江苏13市中小企业生态环境得分和排序

	2014年		2015年		2016年		2017年	
	得分	排序	得分	排序	得分	排序	得分	排序
南京	5.0416	7	6.7358	3	5.7658	2	6.4931	2
无锡	5.3959	3	5.6666	7	4.5972	8	5.0397	5
徐州	3.6361	13	5.8609	5	5.0770	5	4.1412	9
常州	5.5674	2	5.1338	10	4.9785	6	4.1337	10
苏州	6.0643	1	7.1923	1	6.6907	1	6.7993	1
南通	5.0892	6	6.9110	2	5.5047	3	4.6502	7
连云港	5.1581	5	5.2408	9	4.5167	9	4.8578	6
淮安	4.6933	9	5.7489	6	4.6671	7	4.4723	8

（续表）

	2014 年		2015 年		2016 年		2017 年	
	得分	排序	得分	排序	得分	排序	得分	排序
盐城	3.720 4	12	4.369 7	12	4.204 4	11	4.057 4	11
扬州	4.686 9	10	6.132 4	4	4.454 3	10	5.082 1	4
镇江	4.807 1	8	4.959 1	11	3.345 0	13	2.658 1	13
泰州	5.282 1	4	5.413 1	8	5.387 0	4	5.729 0	3
宿迁	4.045 9	11	2.148 5	13	3.717 7	12	3.945 0	12

表 4 - 6 是 2014 年至 2017 年江苏 13 市中小企业生态环境评分和排序。可以看到,2017 年中小企业生态环境得分前三名的城市分别是苏州、南京和泰州;位居四至九位的城市分别是扬州、无锡、连云港、南通、淮安、徐州;排名后四位的城市分别是常州、盐城、宿迁和镇江。位次上升快的城市分别是无锡、连云港和扬州;位次下跌快的城市有徐州、南通和常州。

苏州中小企业生态环境得分连续 4 年位居榜首,充分显示其发展底蕴和发展活力;南京自 2015 年以来排名持续位居前三,2016 年和 2017 年位居第二;泰州作为苏中地区的城市,2016 年和 2017 年分别位居第四和第三,中小企业生态环境有很好的改善;无锡、常州两个苏南地区的城市和南通、扬州这两个苏中地区的城市中小企业生态环境变化波动较大;苏南地区的镇江和苏北地区的宿迁排名位居十三和十二。

第5章 专题研究报告

5.1 2017年连云港市中小货代企业景气指数调研报告

李　臻①

5.1.1 调研背景及意义

　　作为新亚欧大陆桥的东方"桥头堡"和两条丝绸之路的交汇点,连云港与日韩隔黄海相望,西连陇海兰新线,经哈萨克斯坦等中亚五国,可直抵荷兰鹿特丹港。可以说,连云港连接南北,沟通中西,拥有着巨大的区位优势。

　　因而,连云港市受到"一带一路"、江苏沿海开发和东中西区域合作示范区建设等国家战略叠加,城市几个主要的发展方向是以重化工为主的临港产业基地、江苏沿海发展龙头和国际性物流商贸中心。这些新的发展要求为货代行业发展带来了机遇和挑战。

　　货运代理(freight forwarding),指在流通领域专门为货物运输需求和运力供给者提供各种运输服务业务。货代公司是货主和运输公司之间的桥梁和纽带,在发展外贸中起到举足轻重的作用(见图5-1-1)。借力"一带一路"大背景,货代行业如何整合资源,增强行业竞争力,进而带动连云港其他产业发展,不负"一带一路"的历史使命,值得思考。

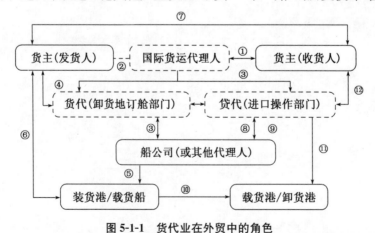

图 5-1-1　货代业在外贸中的角色

① 李臻,南京大学金陵学院2015级会计学专业本科生。本文获南京大学国家双创示范基地2017年中小企业景气调研报告大赛一等奖。

5.1.2　样本分布情况

本次共调研了 63 家连云港货代企业,他们所有制结构上都属于民营企业,地理位置上多分布在沿海的连云区和近海的海州区,平均注册资本为 906 万元。

（一）企业规模

如图 5-1-2 所示,从企业规模看,中型货代企业有 10 家,以预付货客户直接订舱为主;小型货代企业有 46 家,以预付货直客为主;微型货代企业有 7 家,以指定货为主。

（二）代理资质

如图 5-1-3,样本企业中 28 家为有船承运人,19 家为无船承运人,剩余 16 家企业既拥有一些运输工具的所有权,也会通过向船公司订舱完成订单。其中有船承运人多为中型企业,而微型企业则多为无船承运人。

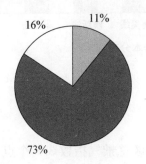

图 5-1-2　企业规模样本分布

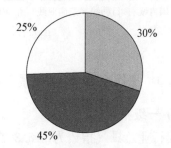

图 5-1-3　代理资质样本分布

（三）进出口经营方向

如图 5-1-4,从订单组成来看,16 家企业以进口为主,占比为 25.4%;35 家以出口为主,占比为 55.6%;12 家企业则同时经营进出口货运代理业务。

（四）运输方式

如图 5-1-5,在样本企业中,海运是最主要运输方式,占比为 63%;而涉及贵重物品、精密仪器和急件时会使用空运;国内代理则更多地利用公路铁路等进行陆路运输。

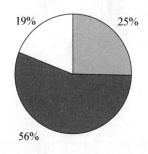

图 5-1-4　经营方向样本分布

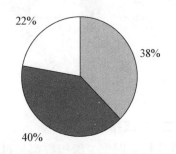

图 5-1-5　运输方式样本分布

（五）主要运输线路分布

连云港货代企业兼营国内、国际货物运输代理的比例高达 73％。海外市场主要是日韩与东南亚等邻国的客户，占比均为 25％，见图 5-1-6。

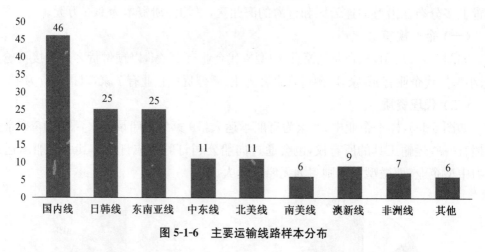

图 5-1-6　主要运输线路样本分布

5.1.3　货代企业 2017 年景气指数分析

（一）一级指数

货代行业总景气指数为 115.3，高出连云港地区总景气指数 3.6 个点，处于谨慎乐观的状态，说明货代行业在连云港地区较为景气。从不同规模来看，中型企业为 119.3，小型企业为 114.8，微型企业为 112.8，可以看出货代行业景气指数与企业规模成正比，即规模越大，指数越高，见图 5-1-7。

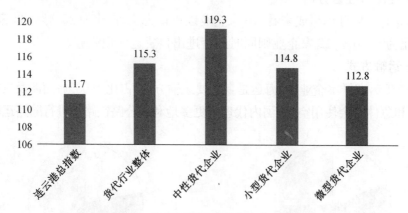

图 5-1-7　2017 年连云港货代企业一级指数

（二）二级指数

货代行业四个二级指数都超过了景气临界值 90（如图 5-1-8），说明各环境都比较稳定。与连云港整个地区相比，主要优势在于政策环境，市场景气与整个地区基本持平,而生产景气和金融景气则略低于整个地区的相应指数。说明货代行业优势在于受到国家政策的扶持,市场情况较好,但筹资集资环境较差。

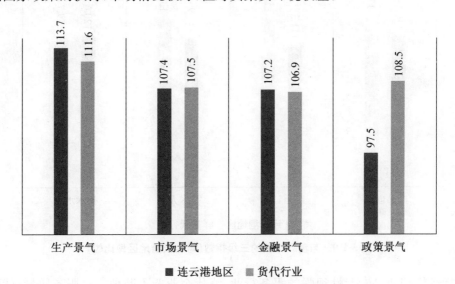

图 5-1-8　2017 年货代企业 4 个二级指数(与整个地区对比)

(三) 三级指数

1. 优势指标

(1) 创新能力

与创新相关的三个指数分别是产品创新能力指数、技术人员需求指数、技术水平指数。除了技术水平指数与连云港地区基本持平,其余两个指数都远高于连云港地区(见图 5-1-9),且绝对数值也较高,说明货代行业创新服务能力较强。

① 产品创新能力

货代行业产品创新指数高达 133.4,连云港地区为 119.4。货代行业创新与别的行业略有不同,它同时要为供应链上下游提供创新性新产品,即一方面对货主提供新的增值服务,一方面更好地帮助船公司揽货。连云港东宝国际货运代理有限公司表示他们正在增加信息技术方面的投资,以求基本实现对货物的实时追踪,使供应链信息传递顺畅,满足客户需求,同时利用大数据寻找潜在客户从而揽货。

② 技术人员需求

货代行业技术人员需求指数为 133,连云港地区为 117.9。货代公司业务员不仅要通晓我国的外贸政策和理论、税收政策、汇率走势、国际外贸法则、进出口程序和国际劳务合作等,还要理解各国不同的政治制度、法律体系和价值观念,外语交际能力要求也越来越高。在海运为主的公司,业务员还要对船公司的英文名、航线价格、船期等都熟悉。随着信息化水平的提高,创新性人才的需求也越来越大,如要熟练掌握处理电商平台交易、电算化会计处理等。

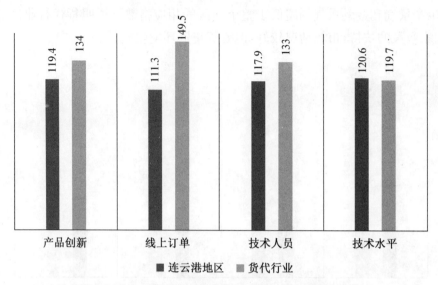

图 5-1-9　与创新相关的三级指数（与连云港地区做比较）

货运代理业是专业性很强的服务行业，货代企业要不断地提高服务质量，就要对设计服务、提供服务、售后服务整个体系不断优化创新，拓展服务领域来提高服务层次。货代企业应继续保持创新促发展模式，着眼于培育招揽高级工程师等创新人才，投资创新相关的如系统升级、供应链优化等模块。

（2）运用互联网拓宽销售渠道

货代行业线上订单指数较高，为149.5，远高于连云港地区的113.5。随着"互联网+3.0"时代即"互联网+综合服务"正式到来，物流电商快速发展，海淘这类将营销渠道下沉客户端的 App 越来越多。"运去哪"等第三方 B2B 电商交易平台在整合行业资源的同时，悄然重构着货代业生态圈。"去中间化"的呼声越来越高，平台合作货代的优势愈加明显（表 5-1-1），只靠电话促销、代理等传统线下营销难以适应未来的发展要求。

表 5-1-1　平台合作货代与传统货代的比较

	平台合作货代	传统货代
客户资源	客源丰富，客户自助在线下单	客源单一，但双方契合度高
物流管理	智能物流管理，实时追踪货物	人工运用，供应链信息传递不畅
收费标准	费用透明化，只收取标准化服务费	费用不透明，中间代理商赚取差价
促销手段	利用互联网传播，速度快，受众广	依靠同行代理和电话促销，效率低下

根据抽样调查，11 家企业中有 7 家（63.6%）都表示正在积极利用互联网与多渠道多终端融合，为客户提供更多的增值服务。已成交的线上订单主要来自三个方面（表 5-1-2）：一是 QQ、微信群，特点是订单零散而多，营销成本低，但有用信息提取率

低;二是由第三方企业发起的 B2B 电商平台,如"运去哪",特点是外贸订单资源丰富,有利于货代企业开发客户;三是由港口管理局管理的政府服务平台,如"连云港口岸业务服务系统",特点是整合了码头、内河、船代等各方面资源,有利于货物通关和出运。

表 5-1-2　货代企业主要线上营销渠道比较

营销方式	特点
QQ、微信群	订单零散而多,营销成本低
第三方 B2B 电商平台	订单丰富,利于开发客户
政府服务平台	整合多方资源,利于通关出运

互联网有着跨越时空限制、减少中间环节分利、降低各类成本的巨大优势。互联网化注定是传统货代企业未来转型的方向。营销渠道的多样化和物流平台的兴起为货代企业提供了更好的技术支持和发展环境。

一方面,企业可以继续借助第三方电商平台来应对环境变化。客户自助下单的全新模式帮助货代企业在增加新客户的同时提高了销售效率,减轻了销售难度。

另一方面,当企业发展到一定规模,也可以搭建专属线上平台,突破瓶颈,以全新的互联网思维增加线上销货渠道,立足供应链需求,开发如货物实时追踪、货主自助下单、一键通关等系统,为客户提供更多增值服务,真正提高企业的核心竞争力与抗风险能力。

(3) 政府扶持力度较大

① 税收优惠

货代行业税收优惠指数为 126.7,而连云港地区只有 99.7。财税 106 号文显示:"通过其他代理人,间接为委托人办理货物的国际运输、从事国际运输的运输工具进出港口、联系安排引航、靠泊、装卸等货物和船舶代理相关业务手续,可免征增值税。"就是说连云港货代企业进口代理可以免征增值税。无运输工具承运业务和道路通行服务开票资格也获得了承认,这些政策减轻了货代企业进口税收负担。

② 行政收费与专项补贴

货代行业行政收费指数为 129.8,专项补贴为 121.6。根据调查,连云港市政府现行政策中虽然没有对货代行业进行大额专项补贴,但基本做到了取缔冗余的行政收费,如连云港港口管理局实施了引航费优惠政策。

③ 政府服务

货代行业政府服务指数为 124,指数水平较高,说明连云港市政府为货代行业营造了一个相对良好的经营环境,但仍有改善空间。根据连云港财政局《连云港市2016 年决算报告及决算草案》,连云港市交通运输支出决算为 136 237 万元,占总公共支出的 17%,比 2015 年的 13.6% 上升 3.4%。

海运方面,连云港港口 2017 年新开了地中海、韩国蔚山、东南亚等 7 条航线,逐步发挥出多式联运的优势;同时被"海洋联盟"确立为跨太平洋航线的起始港和远东波斯湾航线的往返港,并以此加密与日韩主要港口的近洋航线密度。绿色港口节能减排运营成效显著,港口信息化水平也显著提升,基本建成了覆盖"一体两翼"的信息网络,帮助 50%以上的货代企业实现数据共享。

铁路方面,连云港积极构建辐射"一带一路"沿线国家的矿石物流基地和大宗物资交易平台,推进中哈物流中转基地建设和提高上合物流园支撑功能。目前市政府在积极推动连云港综合保税区建设和全国检验检疫一体化改革,公路上基本实现了车型标准化。

海铁联运方面,根据连云港政务网的数据,2016 年连云港海河联运总量突破 550 万吨,同比实现翻番,集装箱海铁联运量完成 20.57 万标箱,出口班列开行近 300 列,总运量位居沿海港口首位。"新亚欧大陆桥集装箱多式联运示范工程"入选全国首批 16 个国家级多式联运示范项目。

2. 劣势指标

(1) 成本负担较高

① 经营成本

货代行业经营成本指数为 55.9,说明连云港货代行业经营成本较高,原因有四:

一是行业标准混乱。各货代公司价格不透明、不统一。连云港地区缺乏对吃回扣、私自抬高报关费等潜规则的相关监管,没有将交易价格、揽货手段、佣金分配、提单移交等方面应遵照的义务标准化规章化。

二是行业竞争内耗严重。连云港货代行业中,虽然有外资背景的货代企业并不多,但中外运、中铁、中海等国企占据着"大蛋糕"。他们具有先进的管理经验和技术,资源丰富,风险承受能力强,中标率高,客户稳定而坚强。小微货代企业只能在夹缝中生存,为了争取市场份额,一些货代企业给货主"半年付款"或"一年付款"等优惠条件拉拢客户,打压资金紧张的同行。恶性竞争导致了市场秩序混乱,长期来看也使整个行业经营成本负担加重。

面对愈加激烈的竞争,企业首先应当继续遵守原则,在维护市场秩序的基础上提高自身核心竞争力,从而增强自身抵抗风险的能力。

三是人民币升值造成汇兑损失。自 2017 年 5 月以来,人民币汇率一直强势上行。人民币对美元中间价从 6.9 一路涨至 6.66 左右,三个多月上涨 3.68%。而货代交易中一般使用美元作为中间货币,从签订合同到最终收付款存在时间差,收款为美元,结汇却用人民币,这样的收款条件导致人民币上行时期货币价值降低,实际收到的运费也就变少了。而如果采取提高运费的策略,会使中国产品在国外的价格优势降低,又抑制了货主出口。

因此面对汇兑损失,企业应当及时回收应收账款,收款时采用相对人民币升值强势的货币或直接采用人民币结算。同时,可以通过外汇风险担保等金融工具进行外部风险转嫁。

四是通胀效应。根据央行信息,2017 年上半年我国整体通货膨胀率为 3.7%。

采访中企业也表示能感受到劳动力成本、土地成本和仓储成本在升高。一般情况下,货代公司向委托方收取的价款包括货物的物流费用和赚取的代理费,具体有境内运输费用、拖车费用、引航费等,港务费、报关费、装卸费、仓储费等要素价格的上涨提高了经营成本,缩小了货代企业的利润。

通货膨胀是双刃剑,适度的通胀可以刺激贸易增长。企业防止通胀损失过多可以做一些保值类投资,如将闲置资金适度用于信托等风险较小的金融投资。

② 人工成本

货代行业人工成本指数为 50.8,说明人工成本负担较重。从行业发展来看,人工成本偏高是必然趋势。

从员工素质需求来看,上文所提货代企业员工技术水平需求较高,而货代公司只有用更高的薪资水平才能吸引到高素质人才。与此同时,入职后对从业人员进行关于国际贸易专业知识的系统培训也会产生相应的培训费用。

从劳动力数量需求来看,货代业作为劳动密集型行业,订舱、仓储、堆场等一线环节工作量多,需要雇佣大量工人。货代企业内部正式员工,如负责揽活的业务员,负责订舱、报关、商检和联络客户的操作员,寻找有优势报价船公司的商务员,负责财务发票、进仓单的跑单员,财务员,负责内部网络建设系统维护的网络程序员,他们的平均工资在三千元左右。越是规模大的企业所需要员工越多(图 5-1-10),相应人工成本也就越高。

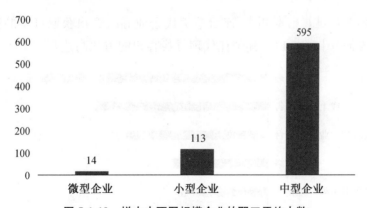

图 5-1-10　样本中不同规模企业的职工平均人数

从企业人事管理制度来看,缺乏科学的人力资源管理体系是成本升高的主要原因。行业低利润率导致的低薪酬和激励机制的缺少使得人员流动大,跳槽频繁。执业人员跳槽后"飞单",带走客户和货源会产生损失,新一批业务员的培训又会产生一批培训费用。

但从整个行业发展来看，随着货代产业谋求转型升级，对人才的需求增多，工资薪金支出的增加是必然趋势。货代企业降低人工成本应聚焦于员工职业教育；规范和健全人事管理制度和激励机制；提高提成和年终奖，增加升职空间；进行企业文化教育，培育员工的企业忠诚和职业忠诚度；改善办公条件，用健康积极的工作环境留住人才；各个岗位明确划分工作责任范围，避免企业内部人员过度竞争、权责模糊；此外，加大行规培训的投入力度，通过研修交流、在职学习、岗位培训等多种方式，提高现有人员的专业素质和语言水平。

③ 营销成本高

货代行业营销成本指数为 54.3，说明营销成本偏高。货代行业营销成本主要包括销售人员工资、销售管理费用、广告促销费用等。降低成本主要有"三难"。

一是获得订单难。一方面连云港自身腹地经济不发达，支柱产业少有持续发展的能力，外贸发展缓慢；且城市布局分散，港口与腹地产业关联度、相互支撑力弱，本地营销投资难以获得相符的本地订单。另一方面，2017 年国际贸易总体偏萧条，且中东等贸易国政局不稳，中国与日韩、东南亚等主要贸易国关系又略紧张，考虑到潜在的政治风险和国际货运结算中的法律风险，企业获取利润较高的国际订单难度加大。

二是获取信息难。连云港中小型货代企业实力较弱，融资能力差，技术条件弱，单一企业扩张难以建立起规模化的网络。海关、口岸、堆场、船公司的许多信息不提供对外接口，造成了大量有价值的信息被浪费。再加上行业内部恶性竞争导致的虚假泡沫，使得企业对市场供求关系把握不准确、不灵敏，难以把握热点营销线路，与目标客户失之交臂。

三是增加客户难。根据调查，连云港货代企业寻找客户获取订单的渠道主要来自这样几个方面（图 5-1-11）。其中让代理寻找客户的占比高达 87%，为最高；其次是

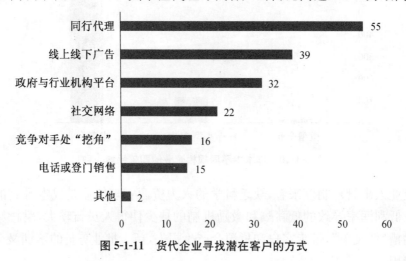

图 5-1-11　货代企业寻找潜在客户的方式

通过在行业网站或开发区港口等相关场所发布广告;一些小企业也会利用 QQ、微信货代群的消息做业务;只有少部分业务能力较强的企业通过招投标方式竞争获得订单,或者直接拜访潜在客户。

目前暂没有连云港本土货代企业能独立搭建海外代理网络和专属 O2O 平台。对于服务同质化严重的小微企业,客户忠诚度不高。增加新客户的背后是高昂的代理费、广告费及销售人员工资。

降低营销成本,首先要做好市场调查,理解客户需求。根据产业、产品、销售量和利润来细分客户群体,做好客户档案。根据企业自身优势,如价格、发货时间等找准重点营销目标客户,用个性化定制服务吸引新客户、维系老客户。做好售后回访工作,在每笔交易订货、结算、发货、收货后及时与消费者联系沟通,加强与客户的沟通交流。注重客户的隐私管理,增加客户信任感,获得良好声誉,提高客户忠诚度,获得稳定订单收入,进而增加市场占有率,提升企业价值。

其次是拓宽可靠的销售渠道。拓宽销售渠道可以有效降低销售难度。根据今年2 月 23 日《连云港日报》的消息,连云港港口控股集团正在搭建名为"蓝宝星球"的公路货运交易平台。它的核心功能是实现公路货运运力交易的信息化、公开化、透明化,同时引入信用评分机制给予货代企业以信用额度作为担保金。根据大数据帮助双方建立最经济、便捷且有保障的交易,进而整合货代行业资源,实现在线订舱、清关出关一站式服务。这一本土平台被期许以结合连云港本地运输情况、利用好本地资源、给予本土企业以优惠的责任,或许在互联网化进一步加深的未来能成为助力降低营销成本的又一途径。

④ 融资成本高,渠道单一

货代行业融资成本指数在成本类指数里相对较高,为 72.4,且中型企业优于小微企业。融资成本偏高主要有三个原因。

一是融资渠道单一,小微企业融资难。根据调查,连云港大部分货代企业融资依赖银行贷款,渠道单一,少部分企业会通过民间借贷来筹集资金。由于大多数货代企业资产较少,资产未达到 3 000 万的法定发行条件,货代企业大多难以通过发行股票或债券来募集资金。尤其是小微货代企业,它们多是无船承运人,固定资产少,没有稳定的营业收入,担保物价值不高,偿债能力低,融资困难。

二是银行贷款利率高,信用体系不健全。由于货代行业属于轻资产行业,银行对货代企业的资信评级大多不高,基本在 BB 级和 BBB 级,提供的贷款利息在 20% 左右。且由于信用制度不健全,没有信用档案,大多数银行没有"授信制度",贷款需要大额担保,所以银行贷款的融资成本一直较高。

三是风险意识缺乏,债务结构不合理。调查中发现部分小微公司缺乏风险意识,否认融资需求。部分企业存在用短期借款购买固定资产此类长期投资而导致现金流周转出现问题的情况。

随着资本金融市场的成熟,企业应当进一步强化风险意识,适度负债经营,适当发行债券或股票,综合利用银行资金和非银行资金,包括私营资金和民众资金。在融资环节上,企业可以尝试商品融资和利用具有融资性质的第三方平台。一方面货代企业自身为贸易提供金融服务,从而向生产者或消费者融通资金。另一方面,通过"货代助手"这样具有融资性质的平台,利用平台根据走货金额进行授信的功能,获得一定额度的保证金担保给进口商,从而降低融资成本。

（2）应收账款多,管理难

货代行业应收款指数较低,为55.3,流动资金指数为132,说明货代企业应收款周转率低,但基本上资金链还算完整。

从供应商来看,在"货主——货代公司——船公司"的供应链上,马士基等船公司多是世界五百强企业,而连云港货代企业多是中小企业,实力对比悬殊。世界经济不景气的情况下,造船成本和油费却在上升,为了保持完整的资金链,船公司收紧付款期,这就导致了货代公司垫付资金账期延长。

从货主来看,出口商将进口商交货时限的压力转嫁给货代企业,进口商向货代公司要货。随着采取离岸价的市场份额越来越大,单一订舱模式下企业需要垫付的资金变多,根据调查,一笔日韩线的订单回款期在4个月左右。而且一旦船公司运输超过期限,货代企业不仅难以收到代理费,有时还要赔偿货主损失。

从企业自身应收账款管理来看,货代企业的应收账款债务人分散,发票数量多,账期短,管理难度大。实际交易中,常有少部分货主逾期拖欠货款,船公司运输违约却让货代企业赔偿。而许多货代企业考虑到诉讼成本高,赔偿金少,为了保持和船公司的良好关系、维系客户,常常选择放弃权益,这就导致了应收款回款时间慢,坏账转化率高。

管理应收账款,企业首先要规范业务结算,防范控制风险,具体措施有:

一是明确费用结算时间和方式、收费标准和收费项目,防止或减少呆账、坏账的产生。

二是对客户进行信用评估。对信用等级高的长期客户,采取定期结算方式。对于货量大运费高的业务,可以要求客户垫款,并及时通知新增费用。对于信用等级低的客户,采取票结或预付运费的做法。

三是加强发票管理。主要是保管、开具、领取发票。

四是制定可行的收款方法,采用灵活多样的催款方式,并且注意账龄不超过诉讼时效。

（3）融资需求大,优惠少

货代行业融资需求指数较高,为122.9,说明企业资金缺口大,有扩张需求。这是由货代行业的行业特点决定的。货代行业属于资金密集型产业,日常经营活动离不开大量资金支持,如向船公司垫付货款、支付各类成本,一旦资金链断裂会造成严重的后果。样本货代企业注册资本平均数为 724 万,自有资金相对短缺,因此面临应收账款多、垫付资金大,融资需求也就变大了。

货代行业融资优惠指数为 95.9,低于连云港地区的 102.6。连云港地区暂时没有成熟的配套航运金融产品,银行又缺乏授信累积制度,贷款需要货代企业大额担保,且基本上没有融资优惠政策。

(4) 服务能力较低,替代品威胁大

货代行业服务能力指标较低,为 67.3。根据调查,大多数货代企业业务局限在订舱、报关、报检等代理服务,服务同质化严重,收入主要靠代理费和吃差价,提供的增值服务少、水平低。大型招标中,招标方往往对竞标方的资金、技术甚至供应链货源都有要求,缺乏核心竞争力的中小货代企业往往只能铩羽而归。

目前货代业替代品威胁主要来自第三方物流公司和自己联系货源的船公司。如阿里巴巴集团旗下的"一达通"集成了通关、物流、金融、认证四大功能(图 5-1-12),基本实现外贸全产业链一站式服务。这不仅能为外贸企业提供快捷、低成本的通关报关等进出代理服务,配套的外汇、退税等金融服务,还包揽传统货代租船订舱、保险、签发提单业务。相比之下,连云港货代企业业务单一,增值业务少,客户体验感不佳。

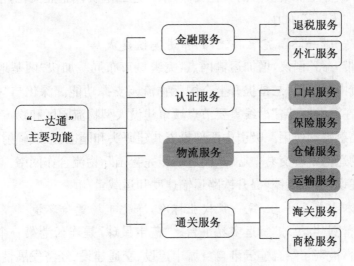

图 5-1-12　"一达通"主要外贸功能

增加服务水平,主要是要提供特色服务,进行差异化营销。面对白热化的市场竞争和愈加成熟开放的市场,货代企业必须在服务理念、内容和方式等各方面进行改革创新,超脱传统模式的束缚,才能在同质化的企业中脱颖而出。一方面根据老客户需求,延伸出增值服务,将原有业务做精做专;另一方面要寻找发掘新的潜在客户,获得新的利润增长点。对服务内容进行差异化营销,不同客户实行差异化定制服务;树立品牌形象,结合企业自身的发展战略,与客户共同寻求最佳服务方式,实现从短期交易服务到长期合同服务,从完成客户指令到实行协同运作,以适应客户需求的广泛化、多样化和个性化趋势,从而开拓新的市场并占领市场份额。

5.1.4 推动货代企业发展的建议

(一)连云港市政府

1. 加强港口建设,帮助拓宽市场,打造品牌大港

第一,积极推进口岸开放,增强对外合作交流。

推进海铁联运物示范工程和新亚欧大陆桥集装箱多式联运示范工程的试点和推广。借助"互联网+多式联运"新模式,抓住"一带一路"发展机遇,互联互通,深化港航与口岸的合作关系,建立健全贸易服务机制。

第二,全力推动航运市场发展。

加强对重点区域货源、特种货源、冷链货源的开发,创新揽货方式。本地银行开发配套的航运金融产品帮助融资。进一步畅通内河航运,服务长江经济带,组建海河联运,推进干线大港建设。

第三,打造连云港国际大港品牌形象。

加强与中欧等主要贸易国的文化交流,推广连云港货代企业文化,争取各类国家政策优惠,增加国际竞争力。

2. 围绕"一带一路",完善物流网,推进高铁建成

围绕"一带一路"倡议,增加运输网点,完善城市布局。加快"两基地"建设:一是建设中哈物流中转基地,二是提升上合国际物流园支撑功能。深化与"一带一路"沿线国家合作,在"一带一路"沿线重要节点城市建设大型物流园区和物流企业,增强连云港港口的辐射带动作用。吸引中西部投资共建码头和园区,形成辐射苏中、苏北以及沿线地区的运输中转交易中心,从而进一步完善国际物流合作网络。加快连盐、连淮扬镇铁路建设,引入高铁,提升铁路运输速度和运载量。

3. 完善本土货代平台,统一货代业标准,净化市场竞争环境

第一,完善"蓝宝星球"货运交易平台。"蓝宝星球"是连云港第一个由市政府牵头的货代平台,被寄予结合连云港自身城市建设、交通建设、经济发展情况,利用好本地资源,带动货代行业及整个外贸产业链发展的希望。市政府应为其提供相应的技术援助、资金支持和政策红利,并增强其在全国的影响力。

第二,完善相关的法律法规,统一标准,净化市场环境。市政府对国际货代业要加强立法、严格执法、打击违法。具体有明确货代企业的权利义务和经营范围;区分货代企业在交通运输业的法律归属,加强监督;就多式联运、电商物流、节能环保、降本增效等出台具体实施方法;同时将揽货手段、佣金分配、同行代理、提单移交等方面应遵照的义务规章化,规定最低和最高交易价格;打击恶意抬高、降低价格等扰乱市场秩序的恶意竞争行为,净化货代行业发展环境。

4. 发展连云区，吸引外来投资，招揽科研人才

一方面，连云区是连云港市海岸线最长的区，也是港口所在地，但由于连云港市城市布局比较分散，连云区远离市区，人口较少，经济不发达，商业和服务业难以形成规模。不像青岛、宁波、烟台几个港口城市，开发区均设立靠近中心城区。市政府发展货代行业，应当首先让港口所在的连云区拥有相应腹地实力。除了增加和市区的区际 BRT 班次和线路来发展交通以外，还应在沿线出口加工区等地加强基础设施建设，从而将连云区和海州区连成一片，使得发展规模性大型商业和外贸成为可能。连云港地区自身财政拨款和收入在全省排名并不高，所以应当积极招商引资，如吸引"一带一路"沿线的中西部投资，加强海铁联运合作。

另一方面，"互联网＋3.0"时代的到来，货代行业想要转型升级，实现行业信息化，需要大量科技人才。然而连云港科技资源有限，创新人才不足，拥有的高等院校、科研机构、研发平台数量有限且落后。因此市政府应当重视培育科技创新的人文环境，用优惠政策吸引科技人员落户。

5. 发挥区位优势与政策优势，开拓海外市场

连云港具有良好的区位优势，气候宜人，依山傍海，处于中国南北交界处。东隔黄海相望日韩，西连陇海、兰新线并延伸至阿拉山口边境，运用哈萨克斯坦等中亚五国，是海上和陆上两条丝绸之路的交汇点。省政府可以加快以连云港为核心的江苏沿海港口群的建设，加快推进连云港作为上海航运中心北翼的建设步伐，配套完善铁路、公路、航空、水利、电网等基础设施，把连云港建设成为江苏开发开放的新增长极和连接南北、沟通东西的经济枢纽。

(二) 货代行业集群战略

1. 货代企业集群的定义

货代业企业集群是指，中小货代企业加强联合和兼并，与相关机构协作构建的区域网络系统。这个集群系统既包括供应链上游的船公司和物流公司、下游的货主客户，还包括政府、科研院所和行业协会，是一种新的组织形式。

2. 货代企业集群的优势和相应具体措施

第一，共享设施，整合资源，促进融资，降低成本。企业既保留了自主决策的灵活性，又拥有了外部经济规模效应和稳定性，有效整合了市场分散的资源。地理位置的相对集中，方便各企业间共享基础设施和专业资源。具体措施如共享仓库、堆场、车辆，从而节约通信、运输、仓储等成本。与此同时，企业可以以群体的名义，以高信用等级向金融机构贷款。

第二，方便融资，使自营专属服务网络成为可能。前文得出，互联网化是货代业未来的发展方向。但无论是搭建互联网平台或实体的车队船队网络，都需要大量资金支持。因此规模小、市场窄、融资弱、单体实力较差的中小货代企业不妨"抱团取暖"，共同建立一个联盟性质平台。通过专业的 ASP，投资搭建标准化且格式统一的

信息系统,根据需求定制模块,降低运用难度,联通海外代理网络和运输网络,实现与客户的信息共享和货物跟踪,提高服务能力。

第三,重构连云港货代业生态圈,打造港城货代品牌。货代企业在合作中竞争,在竞争中联合,共同发挥组织货源的能力,船公司发挥运输供给能力,提高服务质量,科研机构为研发平台提供技术支持,货代协会协调各方,政府根据需求进行开展相应基建工作。群内多方合作共赢,打造出"连云港货代"的品牌形象,使整个连云港地区客户群扩大,完成从花费大量营销成本寻找潜在客户,到客户找上门来的转变。吸引外来投资,开拓国际市场,切实增强货代服务能力,共同推动连云港外贸经济的发展。

第四,成立连云港货运代理行业协会。根据调查,连云港市暂时没有官方的货代协会。而宁波等成熟的港口城市都设有行业协会且大有裨益。货代协会可以协助政府部门加强对货代物流行业的管理,维护经营秩序,推动会员企业间的交流合作;为中小企业发声,依法维护行业和会员企业利益;以民间形式代表连云港货代业参与国际经贸运输事务并开展国际商务往来,提高国际影响力。

5.2 南京市经营和创新层面的中小企业融资竞争力研究

陈 越[①]

5.2.1 研究背景

随着经济的发展,我国经济由投资拉动需求逐渐向供给侧改革,供给侧改革的关键在于产业的转型升级,而在这个过程中,中小企业是我国 GDP 重要的贡献主体,提高其竞争力并在经济全球化的竞争潮流中站稳则对我国经济发展有重要影响,因此对中小企业竞争力的研究也逐渐成为重要的课题。

国际学者很早就开始进行对企业竞争的理论研究,从不同视角提出了相关观点。企业资源学派认为企业内部的有形资源、无形资源以及积累的知识在企业间存在差异,资源优势会产生企业竞争优势(Birger Wernerfelt, Edith Penrose, 1984)。产业竞争力研究的学者则构建了产业国际竞争力的基本分析框架,其中经典的观点认为生产要素状况、市场需求状况、相关与辅助产业发展水平、企业策略结构及竞争对手、机遇、政府等是影响产业国际竞争力的主要因素(M. E. Porter, 1990)。企业能力学派却认为企业中蕴含着一种特殊的资本,这种资本能够确保企业"以自己特有的方式更有效地从事生产经营活动,处理遇到的各种困难",而且更多地表现为组织所拥有的资产或能力(Brian Loasby, Christian Knudsen, 1995)。企业核心能力的提出则

---

① 陈越,南京大学金陵学院 2015 级财务管理专业本科生。本文获南京大学国家双创示范基地 2017 年中小企业景气调研报告大赛一等奖。

开创了企业竞争力理论研究的核心能力阶段,核心竞争力是沟通,是参与,是对跨越组织界限协同工作的深度承诺(C. K. Prahalad,Cary Hamel,1990),还有观点认为,核心能力具有持久性,它一方面维持企业竞争优势的持续性,另一方面又使核心能力具有一定的刚性(Leonar-Barton,2000)。

我国学者受波特产业分析的影响,20 世纪 90 年代开始了企业国际竞争力评价方法研究。范晓屏(1997)构造评价指标体系,从企业的优势和资源在市场中表现出的经营业绩来评价企业竞争力;金碚(1999)等从中国工业国际竞争力理论、方法与实证分析方面展开研究,提出了工业品国际竞争力的实现指标;彭丽红(2000)对企业竞争力理论框架和分析方法做了系统的研究;穆荣平等(2000)从竞争实力、竞争潜力、竞争环境、竞争态势四个方面提出评价高技术产业国际竞争力的指标体系。

在中小企业竞争力评价理论、方法与实证分析方面,早期的文献主要集中于区域比较、行业比较研究。陈德铭和周三多(2003)设定 21 项指标从发展能力、创新能力、资源整合能力和市场开拓能力四个方面对苏州市中小企业的竞争力进行了研究;陈佳贵和吴俊(2004)从区域影响力、经营运作力、成长发展力三方面对我国中小企业进行了区域竞争力评价;林汉川和管鸿禧(2006)从行业角度,对我国主要行业的中小企业竞争力进行了比较研究。而随着研究的进一步深入和时代的特殊背景,越来越多的学者从竞争要素的角度进行研究。李琼(2008)从产业集群的角度研究集群效应给中小企业带来的竞争力影响;唐娟(2010)从电子商务的角度研究电商背景下的中小企业竞争力变化;叶飞(2012)从融资角度基于融资难、融资贵的融资环境对企业竞争力进行分析;杨亚(2014)则从知识管理下供应链特性的角度分析了对中小企业竞争力的影响;张妙龄(2016)结合互联网时代的网络数据要素角度对中小企业竞争态势进行了实证研究。

主流文献表明,已有的竞争力理论、方法与实证大多集中于区域比较、行业比较和竞争要素的维度,而且关注的聚焦点越来越多地落在中小型企业。本文将借鉴已有的研究经验,对中小企业的融资竞争力进行重点分析,研究其对中小企业经营和创新层面的影响。

5.2.2 研究方法和思路阐释

(一) 实地考察

南京大学金陵学院中小企业研究中心对江苏中小企业进行了连续四年(2014年—2017 年)的实地走访,并设计了以景气指数评价体系为基础的调研问卷,本文的研究将基于问卷数据和走访成果展开。问卷共涉及 31 个指标项,其中 28 项设立五级有序层次评价,从"很好"到"很差"的感受区间分别以 5、4、3、2、1 表示,其他三项融资渠道、企业核心优势和销售渠道则采用了多项有序层次,即以对答案项以重要性先后顺序排列。同时每个问题项设置即期和预期两项,计算时赋以 0.4 和 0.6 的权重。

景气指数的方法与主流文献选择的事实数据不同,更偏重于对企业家经营的主观感受考察,好处是数据整体性较强,具有良好的解释性,同时也方便进行量化处理。

（二）建构竞争力框架

为了更好地利用景气指数来进行比较,本文借鉴了林汉川和管鸿喜（2005）用层次分析法（AHP）对中小企业行业竞争力提出的评价梯阶层次模型,利用模型的好处在于使得景气指数分析更具有标准性,逻辑层次明确,有利于对重点指数项进行研究分析并归纳出问题的核心。

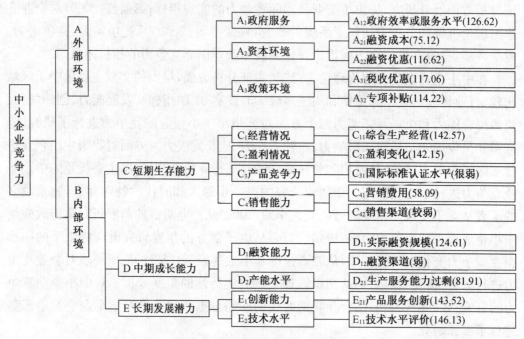

图 5-2-1　中小企业竞争力框架图

根据问卷设计情况,笔者对模型进行了修改,具体分为三个层次:(1) 第一层次:内部环境和外部环境;(2) 对内外部环境进一步细分为 11 个方面,其中内部环境进一步细分为两个层次,第一次层次评价短期、中期、长期成长情况,第二层次递进展开,对具体的指数项进行合并归纳;(3) 第三层次具体到 31 个指数项,根据前期的研究经验,将结合第二层次的分析思路选取 15 个指数项进行细分提取,以此作为最终评价依据。据上进一步细分,企业内部环境的短期生存、中期成长和长期发展是整个框架的核心。其中融资能力是我们需要重点关注的,因为融资作为中期发展的核心指标,具有承上启下的作用,贯穿企业整个生命周期,而融资难融资贵也是一直制约供给侧改革的瓶颈。在此基础上,我们加入外部环境的相关指标作为融资指标补充。同时,中小企业作为中国经济的重要支柱,短期生存的经营情况反映了其目前的生存状态,而"十九大"习近平总书记提出我国发展有投资驱动转向创新驱动,创新能力意义重大,因此下面将从融资如何影响企业经营和创新这两个视角,来研究中小企业的融资竞争力。最终构建竞争力框架以及核心研究指标如图 5-2-1。

（三）融资结构的进一步构建

为了使研究结构更清晰,本文参考主流文献将融资分为政策性融资和经营性融资。政策性融资是通过政府行为进行资源宏观调控引发的融资方式,包括税收优惠和专项补贴,征税减免使得可使用资金增加,属于间接资金补助,而财政补贴则能够直接成为企业的营业外收入,这两种手段都能使得企业资本得到相对增长。经营性融资则是企业以自身经营作为基础条件主动向社会资源获取融资,按融资来源分为内源融资和外源融资,外源融资按获取方式又分为股权融资和债务融资。

5.2.3　数据与指标分析

（一）政策性融资

首先以政策性融资作为切入点。下图 5-2-2 显示近四年来中小企业的税收优惠和专项补贴稳步增长,下面就以这两种方式作为控制变量,经营情况和创新能力作为被解释变量,因其为有序逻辑变量,因此设计相关的有序逻辑模型,为了控制遗漏变量,对数值型数据如资产、人员等进行对数处理,同时加入行业、地区、技术等其他控制变量。表 5-2-1 实证结果表明税收优惠和专项补贴的增加能够显著地引起经营情况的改善和创新能力的提升,这意味着政府对中小企业实行税收优惠和专项补贴的政策行之有效,需要继续保持。但进一步研究专项补贴对经营和创新的边际效应差额(对原方程求导,一共有四个切点)发现,差额绝对值为正值,说明专项补贴对企业经营能力的驱动效果相比于创新更明显,这是因为江苏省的专项补贴措施更多面向行业与创业企业,缺乏针对所有中小企业技术创新环节的专项补贴政策,且补贴金额被稀释,所以更适合维持经营;而与之相反的是,税收优惠对创新能力的驱动效果比经营能力更明显,通过政策梳理发现原因是税收优惠更多倾向于技术研发和创新环

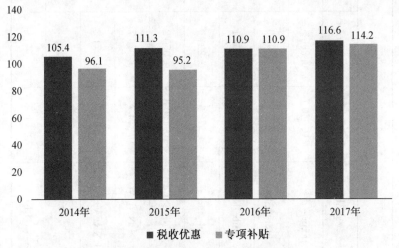

图 5-2-2　税收优惠专项补贴趋势图

表 5-2-1　政策性融资实证结果分析表

Variable	Operate				Variable	Innovation			
	Coefficient	Std. Error	z-Statistic	Prob.		Coefficient	Std. Error	z-Statistic	Prob.
taxpre_dec**	−0.060 7	0.396 5	−0.153 2	0.878 2	taxpre_dec**	−0.965 3	0.380 7	−2.535 4	0.011 2
taxpre_inc*	0.525 1	0.193 9	2.708 2	0.006 8	taxpre_inc*	0.660 2	0.191 2	3.452 4	0.000 6
sub_dec*	−0.349 3	0.365 1	−0.956 7	0.338 7	sub_dec***	−0.107 3	0.378 3	−0.283 6	0.776 7
sub_inc***	0.579 9	0.201 9	2.872 1	0.004 1	sub_inc***	0.476 0	0.197 7	2.407 6	0.016 1
LNASSET	−0.120 8	0.070 2	−1.721 8	0.085 1	LNASSET	0.013 7	0.071 2	0.192 6	0.847 3
LNNUM	0.254 7	0.076 7	3.320 4	0.000 9	LNNUM	0.056 9	0.076 1	0.747 6	0.454 7
LNREVENUE	0.056 3	0.071 8	0.784 4	0.432 8	LNREVENUE	0.065 8	0.072 6	0.906 0	0.364 9
others	controlled				others	controlled			
LR	79.466 5				LR	90.765 5			

节,如中小企业所得税规定,对新技术、新产品、新工艺的三新研发费用征税采取加计扣除方式。因此政策性融资的两种方式在创新和税收的效用具有差异性,这对政府进行资源配置的调整具有启发意义。

(二) 经营性融资

在融资结构中,政策性融资起辅助作用,而更关键的是经营性融资。其中内源融资的企业占比 28%,需要说明的是这里的研究对象内源融资指不具备外源融资而只有内部融资渠道的企业。通过对这类企业的统计发现,企业规模较小,属于初创或者弱势小微企业,缺乏外部融资能力,因此其经营情况和创新能力低于平均水平,这个现象引起了我们的关注。

1. 内源融资

传统理论认为,企业的创新往往通过财务风险较低、资本稳定性更好的内源融资方式进行。接下来我们设置内源融资为虚拟变量建立模型进行检验,结果是内源融资对创新和经营都不具有显著性。这证实缺乏外部融资方式的企业由于较小的规模和经营效益,其内部融资规模不足以维持创新发展的资本需求,甚至在经营生存上也存在竞争力短板。考虑到小微企业的现实情况,在短期内有什么方式可以弥补其在资本竞争上的弱势呢? 通过计算专项补贴边际效应差额,绝对值为正,说明专项补贴对此类企业在经营和创新的激励效果与整体水平相比具有更高的边际效应,也就意味着对此类企业而言,专项补贴的增加对外源资本的缺失具有更多的补偿作用,那么财政补贴的政策倾斜成为可能的解决方向。

表 5-2-2　内源融资边际效应分析表

	Innovation					
	Value for y	$y=1$	$y=2$	$y=3$	$y=4$	$y=5$
内源融资	sub_inc	−0.311	−0.279	−0.132	0.445	0.331
全体	sub_inc	−0.276	−0.201	−0.127	0.351	0.203
	绝对值差	0.035	0.078	0.005	0.094	0.128
	Operating					
	Value for y	$y=1$	$y=2$	$y=3$	$y=4$	$y=5$
内源融资	sub_4	−0.337	−0.235	−0.112	0.398	0.203
全体	sub_4	−0.235	−0.139	−0.068	0.323	0.149
	绝对值差	0.102	0.096	0.044	0.075	0.054

2. 外源融资

除此之外,大部分企业还具有外源融资渠道。我们以两种外源融资渠道对企业的创新和经营进行了分析,发现在进行创新研发时更倾向于财务风险较小的股权融资,而在维持经营时企业往往会选择成本更低的债务融资。这个结果和主流的研究理论保持一致。但是,更深入的研究让我们看到股权融资制约创新能力的潜在风险。股权融资的增加虽然有利于企业创新,但采取股权融资的企业不足30%,而且分析这些企业的融资结构,接近半数主要采取私募股权和风投。众所周知,这两种方式要求严苛,且对行业具有偏好,获得私募和风投的企业大都是现代服务业和技术研发、推广行业,具有较高的壁垒,因此股权融资环境的不成熟使得广大中小企业望而生畏。

同时,债务融资也有着制约企业经营的现实瓶颈。不难发现,近四年来企业的实际获得融资情况逐渐转好,这和央行宽松的货币政策有关,如2017年8月M2的增速涨破9%,因此中小企业实际可得融资有一定的好转。但相比之下债务融资的成本逐年走高,说明"融资贵"难题在债务融资方式中表现尤其突出。为了进一步分析融资贵的问题,本文建立了以融资成本为被解释变量、实际获得融资和融资优惠作为核心控制变量的实证模型,分析其边际效应,得到了两个基本结论。其一,实证显示融资优惠的增加能显著降低融资成本的压力,说明融资优惠是有效的;其二,理论上越大的融资规模更容易形成借贷资金的规模效益、降低融资成本,但实证中融资规模的增长竟然使得融资成本显著增加。于是又进一步统计企业选择债务融资方式的情况,发现银行信贷依然是目前最主要的方式。根据这个现象,推测背后可能的原因是小微企业由于抵押缺乏、自身信用等问题从银行贷款得到的融资额度有限,为了满足融资需求只能将融资额度进行拆分,剩余额度寻求其他成本更高的融资渠道如民间借贷等,越高的融资需求因为无法集中获得而丧失了规模优势,反而加重了融资成本。所以,融资优惠带来的积极作用小于额度受限带来的消极作用,从而整体上形成了融资贵的局面,进而使企业面临经营风险。

表 5-2-3 外源融资实证结果分析表

Innovation				
Variable	Coefficient	Std. Error	z-Statistic	Prob.
股权融资***	0.427 8	0.166 1	2.575 1	0.010 0
LNASSET	−0.001 2	0.071 6	−0.017 4	0.986 1
LNNUM	0.053 1	0.076 2	0.696 5	0.486 1
LNREVENUE	0.077 9	0.072 8	1.069 5	0.284 9
others	controlled			
Operating				
Variable	Coefficient	Std. Error	z-Statistic	Prob.
债务融资*	0.182 3	0.165 9	1.098 4	0.072 0
LNASSET***	0.724 7	0.076 8	9.434 7	0.000 0
LNNUM**	−0.135 1	0.056 0	−2.414 9	0.015 7
LNREVENUE	0.263 3	0.074 6	3.529 4	0.000 4
others	controlled			

5.2.4　建议和结论

最后,结合这一系列推理和实证分析提出相关的对策和建议。

针对专项补贴和税收优惠这两项政策性融资在经营和创新方面的差异性现象,可以一方面对产品、技术创新环节给予更多财政补贴,提高其在创新方面的作用,另一方面加大生产经营层面的税收优惠力度,提高其在经营方面的作用。

针对只有内源融资的初创和弱势小微企业的资本困境,政府可以给予更多专项补贴的政策倾斜,助力其渡过经营难关,为未来创新做准备。

针对股权融资发展不足阻碍创新的问题,企业方面需要加强内控,提升经营品质,增强自身融资竞争力;而政府方面则需要培育股权融资环境,可以合理增加股权基金来源,激活更多闲散的民间资本参与。

针对债务融资融资贵制约经营的问题,一方面需要加大融资优惠的力度,另一方面需要通过保贷结合、信用增级等方式提高小微企业授信额度,比如中小企业集合债设计、资产证券化(ABS)工具和已经在江阴、常州等地进行试点的"政采贷"信用融资工具。

资本是企业生存发展的原力,通过对融资问题的剥茧抽丝,我们看到企业的经营和创新所隐藏的深层风险,希望以经营和创新作为着力点对中小企业融资竞争力的研究能为企业发展带来真正的福音,最终成为中国经济的中流砥柱。

5.3　苏州地区新兴产业与传统产业比较研究
——中小企业景气指数调研报告

霍东明　杜　豪　张涵程　毕　玉[①]

5.3.1　研究背景与意义

温婉宁静的历史名城——苏州,不再单单以"人间天堂"而著称。作为改革开放的一名排头兵,历时近四十年的转型发展,苏州已经坐上全国工业总产值第二大的城市、经济总量第一大的地级市的交椅。然而在世界经济风云诡谲,国内原材料、劳动力成本持续攀升的大变局中,素以制造业闻名的苏州部分制造业外移,出口和利用外来资本也遭遇了极大的挑战,同时新兴产业[②]也在强势崛起。2016 年,传统产业占比

---

① 霍东明,南京大学金陵学院 2016 级金融学专业本科生;杜豪,南京大学金陵学院 2015 级金融学专业本科生;张涵程,南京大学金陵学院 2016 级财务管理专业本科生;毕玉,南京大学金陵学院 2016 级会计学专业本科生。本文获南京大学国家双创示范基地 2017 年中小企业景气调研报告大赛一等奖。

② 新兴产业,是指随着新的科研成果的出现和新兴技术的发明、应用而出现的新的部门和行业。现在通常讲的新兴产业,主要包括由信息、电子、新材料、生物、新能源、海洋、空间等新技术的发展而产生和发展起来的一系列新兴产业部门。新兴产业的出现,对人才的需求提出了相应的要求。

为 50.2%，新兴产业为 49.8%，而 2017 年新兴产业的占比将超过百分之五十。不难看出今天处在"量变转质变"关键跃升期的苏州，异常深刻的转型蜕变正在悄悄地进行。以新能源、生物技术为首的高附加值产业，成为引领苏州经济发展和产业升级的主力。

新兴产业发展势头如此之盛，我们是否应该放弃传统产业①，全部转向新兴产业呢？答案是否定的。世界 500 强沙钢集团董事局主席沈文荣说：沙钢转型升级，不是不要钢铁了，而是要将钢铁做强做精。苏州专家咨询团负责人方世南教授说：苏州的转型升级就像种树一样，超前谋划，梯度布局，注重培育，保持耐心，持续推进。传统工业并非不做，而是要转型，紧随时代，传统工业转型升级与新兴工业共同发展。因此，正确认识中小企业中传统工业和新兴工业的发展现状和所面临的问题，对于促进苏州地区的发展以至于我国国民经济健康可持续发展都有十分重要的现实意义。今年暑假，我们参加了南京大学中小企业生态研究课题组（即南京大学金陵学院企业生态研究中心）苏州组的调研活动，综合企业管理者的叙述和对问卷的分析，我们分析了苏州大部分中小企业的生态环境，并对所发现的问题寻根究底，提出了一些解决的方案。

5.3.2　调研概况

此次调研，我们采用景气指数调查方法，以问卷调查的方式，对苏州市的企业进行走访调查，邀请企业家们填写问卷，对中小企业的现状进行评价并对未来状况预估判断。企业景气调查是通过对部分企业负责人进行问卷调查，并根据他们对企业经营状况及宏观经济环境的判断和预期来编制景气指数，从而准确、及时地反映宏观经济运行和企业经营状况，预测经济发展的变动趋势。其信息具有较高的超前性、客观性、可靠性和连续性，弥补了传统统计方法的不足。

最后，我们通过问卷的发放、填写、收集以及最后的数据整合录入，共调研 355 家企业，获得 350 份有效的调研问卷。综合最后的汇总计算，得出以下结果：

表 5-3-1　苏州地区中小企业景气指数

苏州地区中小企业景气指数					
苏州地区	景气指数	生产景气指数	市场景气指数	金融景气指数	政策景气指数
即期企业景气指数	114.16	117.27	108.63	117.7	100.6
预期企业景气指数	117.16	121.35	112.47	117.43	103.41
总指数	115.96	119.72	110.93	117.53	102.29

① 传统产业，是指由于工业革命而发展起来的汽车、钢铁、机械制造、纺织以及化学等产业，这些产业经过多年发展，已成为支撑社会经济的坚强支柱。然而如今我们口中的传统产业，过去也曾是新兴产业，是前一个阶段主导产业高速增长后保留下来的一系列产业。因此，传统产业是一个历史的、不断变化的概念。

据测算数据显示,2017 年苏州中小企业景气指数为 115.96,整体运行态势处于绿灯区。样本企业经营者对整体经济环境评价为乐观的占 7.7％,较乐观占 23％,两者之和为 30.7％;评价一般的占 46％;给予不乐观、较不乐观等负面评价的占 23.2％。在这 4 项二级景气指数中市场景气指数最高,达到 119.72,生产、金融、政策景气指数也都高于 100,显示出较为积极的景气状态,在绿灯区运行。

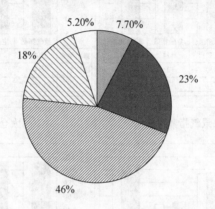

图 5-3-1　苏州中小企业景气指数整体评价

苏州地区分散的各个市的调研情况如下:

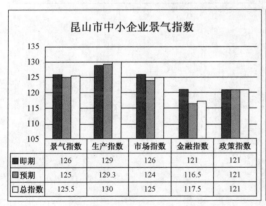

昆山市中小企业景气指数	景气指数	生产指数	市场指数	金融指数	政策指数
即期	126	129	126	121	121
预期	125	129.3	124	116.5	121
总指数	125.5	130	125	117.5	121

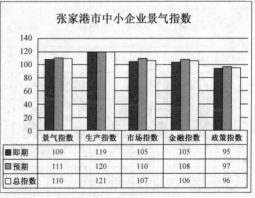

张家港市中小企业景气指数	景气指数	生产指数	市场指数	金融指数	政策指数
即期	109	119	105	105	95
预期	111	120	110	108	97
总指数	110	121	107	106	96

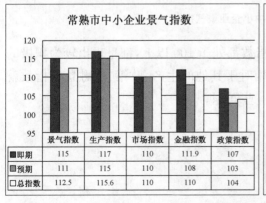

常熟市中小企业景气指数	景气指数	生产指数	市场指数	金融指数	政策指数
即期	115	117	110	111.9	107
预期	111	115	110	108	103
总指数	112.5	115.6	110	110	104

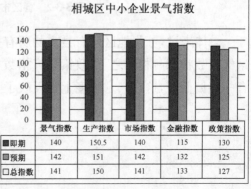

相城区中小企业景气指数	景气指数	生产指数	市场指数	金融指数	政策指数
即期	140	150.5	140	115	130
预期	142	151	142	132	125
总指数	141	150	141	133	127

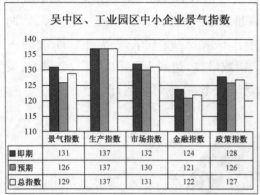

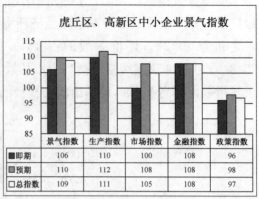

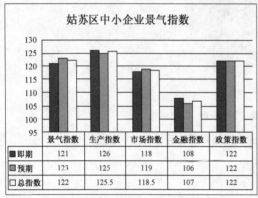

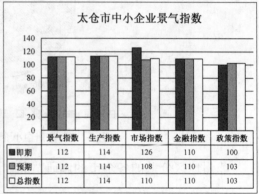

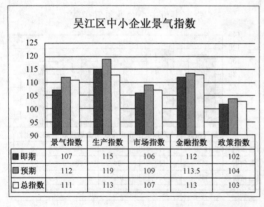

图 5-3-2　各区市中小企业景气指数

　　总体来说,苏州地区所有县市的所有指数都处于 100 以上,都呈现出较为积极的景气指数状态。相对之下,政策景气指数相对于其他的生产、政策、金融景气指数就有一些偏低了,这在一定程度上也反映了一些问题。

5.3.3 景气指数分析

(一) 生产景气指数

生产景气指数是一个与企业内部经营、管理密切相关的指标,可以从经营状况、企业发展两个维度反映中小企业内部管理与企业发展的状况,包含生产能力过剩、生产成本、盈亏变化、产成品库存、技术水平、流动资金及劳动力需求、人工成本、投资计划等问卷调查指标。

由图 5-3-3 可知,苏州市生产景气指数为 119.7,处于绿灯区,为相对景气状态。其中相城区最高为 151.4;吴中区次之,为 135.7;吴江最低,为 111.7。相城区以高于第二位 15.7 而遥遥领先。仅一个生产景气指数,最高与最低之间就相差 39.7,差距由此显现,而且整个苏州本土地区的生产景气指数都明显处于前列。

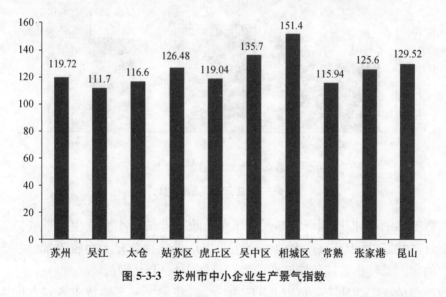

图 5-3-3 苏州市中小企业生产景气指数

进而我们对比了传统产业和新兴产业的生产景气指数,如表 5-3-2、表 5-3-3 所示。

表 5-3-2 传统产业生产景气指数

问卷答案		5	4	3	2	1	总数	景气指数
		传统产业						
数量 (份)	即期	507	1 147	1 597	661	269	4 212	117.19
	预期	468	1 121	1 862	511	210	4 212	120.6
百分比	即期	12.04%	27.23%	37.92%	15.69%	6.39%	总指数	119.24
	预期	11.11%	26.61%	44.21%	12.13%	4.99%		

表 5-3-3　新兴产业生产景气指数

问卷答案		新兴产业					总数	景气指数
		5	4	3	2	1		
数量（份）	即期	36	117	161	70	16	403	116.62
	预期	38	136	160	52	14	403	126.81
百分比	即期	8.93%	29.03%	39.95%	17.37%	3.97%	总指数	122.73
	预期	9.43%	33.75%	39.70%	12.90%	3.47%		

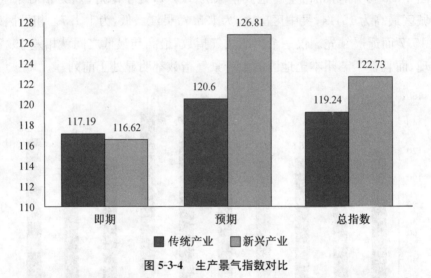

图 5-3-4　生产景气指数对比

由数据显示,我们所调研的苏州市属于传统产业的中小企业生产景气指数显示为相对景气状态,属于新兴产业的中小企业生产景气指数显示为较为景气状态。新兴产业的生产景气指数较传统产业的生产景气指数相对较好。

通过与传统工业从业人员以及 HR 的交谈,我们了解到传统工业现存的生产景气方面的一些问题:

1. 职工数量不足,流动性强

① 企业用工普遍短缺。技术工人培养了留不住,普通工人流动性太强。技术工人从社会或技校招录后大多无法立即胜任工作需要企业进行大量的培训。职工被企业培养成熟练技术工人后为追求更高工资、更好的福利条件,往往跳槽到条件更优越的企业工作。企业受到的损失得不到补偿,严重影响了企业培养技术骨干的积极性。普通职工多是外地职工流动性太强。

② 企业经营理念落后,用工环境较差,职工对企业没有归属感,往往工作两三个月就离职了,并且不提前告知企业,对企业合理安排生产任务造成重大影响。

③ 同行业之间的恶性竞争。由于几乎每个企业都缺少职工,就有部分企业以更高工资待遇从其他企业招用职工造成恶性循环,明显加剧了职工流动性。

2. 生产成本持续增加

① 原材料涨价。近年来 CPI 居高不下,通货膨胀严重。中小企业生产所用的原材料都大幅涨价。由于没有大企业那样的雄厚资本,提前购买原材料备用,使得企业生产成本上涨很多。

② 企业用工成本增加。用工成本增加体现在两方面:一是最低工资标准逐年增加。从 2017 年 7 月 1 日起苏州市最低工资标准由原 1 820 元/月调整为 1 940 元/月。二是职工的社会保险最低缴费基数上限提高至 19 613 元/月,缴费基数下限为 2 802 元/月。《社会保险法》的贯彻实施又扩大了社会保险的覆盖面,进一步增加了企业的用工成本。

③ 订单不足,造成相应管理费用的增加。受经济危机影响,各地的订单都有所减少,大订单变成小订单。但为了留住客户,小订单也得做,这样相应的管理费用就增加了。比如原来一个订单正好一个集装箱可以装满发货,但现在只有一半货的订单也得用一个集装箱发货,运输、报关等相关的费用就变相增加了。

④ 流动资金短缺,融资成本增加。为缓解通货膨胀压力,国家采取了相对紧缩的货币政策。国家数次提高存款准备金率,金融机构也数次提高了存贷款利率。企业从金融机构获得贷款作为流动资金的困难增大,企业为了生存通过非正常渠道获取流动资金,致使融资成本变高。

3. 企业产品同质化,市场竞争力小

根据调查发现,我市中小企业的产品同质化严重,市场竞争力小。中小型制造业同质化严重,产品缺乏创意,导致行业产品雷同,大家为了销售各自产品相互压价造成了恶性竞争。经济危机的时候恶性竞争更为明显,使得中小企业的经营状况更加困难。

但是通过与新兴企业的中高层交谈可知,职工数量虽然不多,但是结合智能生产线,可以创造出很客观的利润,而且员工流动性较弱,会随着企业的发展适时制定一些高层群体薪金计划措施。虽然员工不多,但工资较高,这样来算,公司整体的人工成本还是相对较低的。而且一般来讲,新兴产业的用料成本相对较低;订单多为海外账单,且国内市场稳定,所以新兴产业的即期与预期相较传统工业来说都较高。

(二)市场景气指数

市场景气指数由人工成本、融资成本、生产服务能力过剩、应收款、劳动力需求、新签售合同、主要原材料以及能源进购价格、技术人员需求、营销费用以及技术水平评价。

苏州市市场景气指数为 110.93,处于绿灯区,处于相对景气状态。再看到各个小的区县市数据,相比之下相城区市场景气指数仍处于绝对优势,142.3;吴中区次之,为 130.5;吴江区还是最低,为 107.56;最高和最低之间相差 34.74。自 2008 年全球性金融危机以来,欧美国家由于失业率上升,第三产业萎缩,积极地从"去工业化"

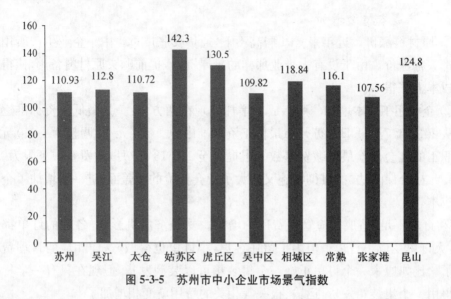

图 5-3-5　苏州市中小企业市场景气指数

向"再工业化"转变,以此来解决国内就业的问题。这些国家通过贸易保护的法案,提高对中国产品的关税,限制对中国产品的进口,使得中国产品失去了原有的价格优势。而在国内,对于传统工业来讲,无论是替代品的增多还是环保要求不达标,都大大减小了传统工业企业的市场景气指数。而新兴产业的产品相对来说都有一定的专利存在和不可替代性,国外常用的倾销判罚在新兴产品上是不成立的,并且新兴产业通常拥有稳定的海内外客户,受到的波动相对较小。传统产业和新兴产业的数据对比如表 5-3-4、表 5-3-5 以及图 5-3-6 所示。

数据显示,我们所调研的传统产业和新兴产业的市场景气指数都处于相对景气的状态。即期企业景气指数方面,新兴产业高于传统产业;预期企业景气指数方面,传统产业高于新兴产业;总体企业景气指数方面,传统产业的市场景气程度较新兴产业要高一些。这说明虽然 2016 年传统产业市场情况不如新兴产业,但它们对未来市场充满信心。

表 5-3-4　传统产业市场景气指数

传统产业								
问卷答案		5	4	3	2	1	总数	景气指数
数量 (份)	即期	354	992	1 649	748	255	4 212	108.23
	预期	363	858	2 043	510	218	4 212	117.7
百分比	即期	8.40%	23.55%	39.15%	17.76%	6.05%	总指数	113.91
	预期	8.62%	20.37%	48.50%	12.11%	5.18%		

表 5-3-5　新兴产业市场景气指数

新兴产业							
问卷答案		5	4	3	2	1	总数	景气指数
数量（份）	即期	26	102	167	69	18	403	110.17
	预期	30	98	179	54	21	403	113.15
百分比	即期	6.45%	25.31%	41.44%	17.12%	4.47%	总指数	111.96
	预期	7.44%	24.32%	44.42%	13.40%	5.21%		

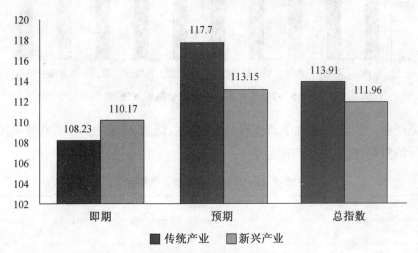

图 5-3-6　市场景气指数对比

（三）金融景气指数

金融景气指数不仅包括融资成本、获得融资与获得融资直接相关的指标，还包括了产成品库存、应收货款、流动资金等企业资金流动性问题，另外还包括了融资需求、投资计划等有关企业发展的问题。可以说金融景气指数并不是一个单纯判断是否"融资难、融资贵"的指标，而是从企业经营发展的角度来综合评估企业的金融环境，以及融资在企业发展进程中所起作用的指标。

在条形图的对比下，苏州的整体金融景气指数为 117.53，处于绿灯区，相对景气状态。相城区一直保持其优势，处于第一，为 133.7；吴中区第二；姑苏区处于最后一名，为 107.14。在本次调查中，经过数据反映和我们与经营者的谈论，我们发现其中有很多中小微型制造业企业和服务类企业没有融资方面的需求。但更多的企业仍然对融资表现出了高度的关注，同时过高的资金成本问题并不在苏州各地广泛存在。但大多企业经营者认为在企业经营不太景气或者是需要融资时，获得融资的难度较大，传统企业和新兴产业企业均认为这一状况会在下半年持续。

两类产业的数据对比如表 5-3-6、表 5-3-7 以及图 5-3-8 所示。数据显示，传统产业与新兴产业的金融景气指数均处于相对景气状态，而新兴产业的金融景气指数略

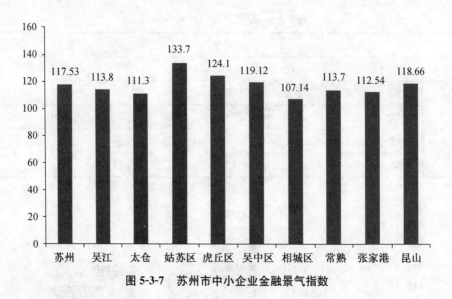

图 5-3-7　苏州市中小企业金融景气指数

高于传统产业。新兴产业由于其拥有一定的政策优惠、专利技术,不论是从民间借贷还是银行信贷都存在着一定的优势。

表 5-3-6　传统产业金融景气指数

传统产业								
问卷答案		5	4	3	2	1	总数	景气指数
数量（份）	即期	293	739	1 568	367	129	3 240	116.54
	预期	274	639	1 796	249	133	3 240	116.39
百分比	即期	9.04%	22.81%	48.40%	11.33%	3.98%	总指数	116.45
	预期	8.46%	19.72%	55.43%	7.69%	4.10%		

表 5-3-7　新兴产业金融景气指数

新兴产业								
问卷答案		5	4	3	2	1	总数	景气指数
数量（份）	即期	22	74	160	23	10	310	120.32
	预期	22	74	155	27	11	310	118.71
百分比	即期	7.10%	23.87%	51.61%	7.42%	3.23%	总指数	119.35
	预期	7.10%	23.87%	50.00%	8.71%	3.55%		

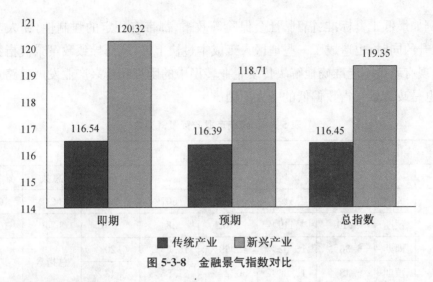

图 5-3-8　金融景气指数对比

（四）政策景气指数

所谓政策景气指数,包含了获得融资、税收负担、行政收费、人工成本等方面的内容。而在此次报告中,我们也会将政策景气指数偏低作为我们报告的重点研究现象进行剖析。

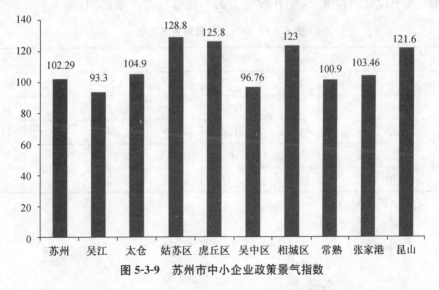

图 5-3-9　苏州市中小企业政策景气指数

从图 5-3-9 中不难看出,苏州地区整体的政策景气指数为 102.29。其中相城区最高(128.8),张家港最低(93.3),最高与最低相差 35.5。从数据中可以看出地区与地区之间存在的差异还是较大的。在四个二级指标中,政策景气指数也是相对最低的一个指数。并且我们在本次调查中还发现,人工成本作为政策景气的一项指标,是引起政策景气指数低的主要原因之一。近年来各地区在最低工资标准、员工福利等方面出台了不少政策,在造成员工收入较快增长的同时,也加大了企业负担,对于中小企业而言,这样的负担更加沉重、直接。在指标的设置中,与人工成本相关的一些政策,例如最低工资标准、福利、社会保险等政策,都带有一定的强制性,使人工成本刚性上升的同时,也造成了一些地区人工成本过快上涨,从而导致政策景气指数的偏低。而现有政策不能准确地解决传统企业转型中的困难和新兴产业发展道路上的屏障,这也是政策景气指数偏低的一大原因。

表 5-3-8　传统产业政策景气指数

传统产业								
问卷答案		5	4	3	2	1	总数	景气指数
数量（份）	即期	206	519	1 610	507	201	3 240	100.53
	预期	210	449	1 823	384	176	3 240	103.06
百分比	即期	6.36%	16.02%	49.69%	15.65%	6.20%	总指数	102.05
	预期	6.48%	13.86%	56.27%	11.85%	5.43%		

我们也对传统产业和新兴产业的数据进行了对比分析。数据显示,传统产业和新兴产业的政策景气指数处于微景气状态,但传统产业的政策景气指数与新兴产业的政策景气指数差距较大。和前三种景气指数相比较,两种产业的即期、预期政策景气指数均属于较低的程度,说明在政策方面存在着较为严重的问题。

表 5-3-9　新兴产业政策景气指数

新兴产业								
问卷答案		5	4	3	2	1	总数	景气指数
数量（份）	即期	21	44	163	29	17	310	106.13
	预期	22	56	156	21	19	310	112.26
百分比	即期	6.77%	14.19%	52.58%	9.35%	5.48%	总指数	109.76
	预期	7.10%	18.06%	50.32%	6.77%	6.13%		

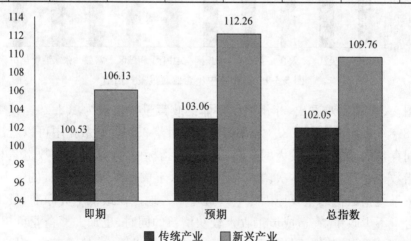

图 5-3-10　政策景气指数分析

5.3.4　原因分析

经过上述四个维度的分析,我们对苏州市中小企业景气指数有了一个直观了解。基于存在的差异,我们经过深入探究,发现了传统产业和新兴产业在指标上的差异原因,主要为以下四点。

1. 政府制定传统产业和新兴产业政策的出发点不同

纵观苏州市近三年的政府工作报告,可以读出政府在政策制定方面的不同考量。

我们在虎丘区找到了一家典型的传统企业——塑料吹膜厂作为我们这次回访的重点对象。塑料吹膜厂的主营业务是生产塑料制品,此类企业经常存在污染环境等问题,不受政府政策扶持。经过回访得知,即便所有工序都达标,政府也不会进行政策扶持。我们分析认为,政府在经济发展中的主要作用,是宏观调控和市场监管。剔除少数地区个别官员的主观因素外,我们进行三级指标计算分析时发现,传统产业"产能过剩"即期指标为 85.98,处于相对不景气状态。进而分析认为这类企业的技术门槛低,市场竞争充分,无论是产品的数量还是质量,都已经能够满足社会需求,不需要通过政府鼓励来引导生产,否则将会导致生产过剩。此外,这类企业虽然不属于典型的"三高一低"企业,但也不宜鼓励发展。

而新兴产业代表着新技术、新创造,集中体现了我们所处时代的典型特征,比如基于物联网、大数据的机器人产业、新能源汽车等,这些产业如果能够快速发展,就能够在更大程度上满足我们对美好生活的需求。因此,新兴产业往往能够得到许多鼓励发展的优惠政策。2016 年政府工作报告中显示,苏州累计减免新兴企业所得税 77.4 亿元,与去年同比增长了 16.1%。这也进一步印证了新兴产业税收优惠指标这一三级指标即期数值已经达到了 117.8,处于相对景气的情况。报告还显示,苏州市政府还与清华大学、北京大学、中科院等高等学府、高等研究院等签署了一系列合作协议,加大政产学研的推进力度,努力吸引和孵化高科技企业。

2. 对于传统产业缺少有效的转型引导

具代表性的是张家港塘桥镇。张家港塘桥镇曾以纺织业繁荣一时,但在 2010 年前后,太湖因连续发生蓝藻事件,省人大出台了《江苏省太湖水污染防治条例》,对太湖流域实行分级保护,受其影响,太湖流域境内纺织业发展进入低谷,许多中小纺织企业纷纷倒闭关停。塘桥镇的一位老板开玩笑地跟我们说:"在未来五年,这里的所有纺织业企业都会倒闭。"话语里虽然不免有夸大的情绪,但我们不难预测,如果没有政府转型引导的政策支持,这个镇的纺织产业将会成为历史的记忆。

3. 用工荒和人力成本持续上升两大因素,压缩了利润空间

我们在三级指标分析中发现,两个产业的人工成本指标都非常低,传统产业的即期指标更是低至 39.51,而新兴产业的即期指标也仅有 41.94,二者均处于红灯区。究其原因,我们发现,一方面,随着经济持续增长,人们生活水平不断提高,政府持续

上调最低工资标准，人力成本不断上升。另一方面，近年来中西部地区发展加快，人口回流导致本地劳动密集型产业出现用工荒。受两方面因素叠加影响，传统劳动密集型企业的用工压力和用工成本持续上升，出现了一幕幕类似于希捷公司在苏州撤厂的事件。而高科技产业受当前苏州过热的房价和物价影响，为新兴产业引进人才造成了一定障碍。

4. 执行优惠政策不够精准，个别地方少数部门执行随意性大

目前，政府鼓励发展的各种优惠政策不少，但执行过程不够精准，导致小部分企业"挂羊头卖狗肉"进行骗补。就比如苏州工业园区纳米科技产业园内，有很多微型的新兴企业，这些企业确实拥有一定的技术专利，其负责人也大多是符合苏州市补贴政策的领军人物。但是，相当一部分企业的专利或技术设想很难达到应用型量产，这些企业拿了补贴，也并不再进行量产化技术攻关，使得资金被挪用，技术被搁置。

在个别地方，政府基层人员存在行政乱作为现象。以刚刚提到的吹膜厂为例，环保部门要求：只有安装了指定公司的尾气处理装置，并通过第三方检测，方可继续生产，其余一律视为违规生产。更有企业主反映，部分老旧设备可以通过技术改造达到环保要求的，却被责令强制报废，换购新设备，同样给企业造成了一定压力。经计算，传统产业的经营成本这一三级指标只有 48.92，处于红灯区，极低的指标也再次印证目前企业生产成本过高的现象。

5.3.5　建言献策

最后我们紧扣习总书记针对中小企业创新要以"企业为主体，市场为主导，政府搭平台"的方略建言献策。

（一）对于政府来讲

1. 发展新兴产业和传统产业两者不可偏废。新兴产业要鼓励发展，传统产业要规范发展；发展新兴产业要给予优惠政策扶持，规范传统产业要给予产业升级政策引导。

2. 政府要支持和鼓励，并积极引导传统和新兴产业间的跨界联盟，协同生产，推动高新技术与传统行业接轨促进优势互补。正如南通的家纺产业已经形成产业集群的情况下，政府也正在积极引导传统家纺企业与新型石墨烯材料融合，创新产品结构，并已初具成效。

3. 构建企业家创新联盟和培训体系。在十九大报告中明确提出，政府应该更多地关注企业家群体，进行技能培训。所以政府应该给予企业家群体更多关注，了解他们的需求，构建企业家创新联盟和培训体系，提升和拓展企业家经营管理水平和国际化视野，进而打造企业文化，提升企业软实力。

4. 完善人才引进政策。除了设置补贴优惠政策、控制房价物价、完善生活周边基础设施建设等常规手段外，更要注重发挥构建优势产业集群吸纳人才的产业特色

优势,进一步提升基本公共服务的标准和便利性。

(二) 对企业来讲

虽然传统企业现如今的发展态势不容乐观,但却仍有转型的机遇和上升的空间。

1. 传统产业

(1) 开发线上平台,借助互联网等现代信息技术,调整营销策略,提高消费者的体验和满意度。据我们调研所知,将近90%的传统企业都没有线上销售网络。企业需要加速自身上下游整合、自建电商等各种模式,核心还是希望通过企业自身原有的核心竞争力和客户资源,尽快打通和整合整个供应链,通过完整的生态链环境和绑定模式来减弱互联网企业的进入壁垒。在这个以消费者体验为中心的时代,以企业为中心的价值思维已经过时,传统企业必须转向企业与消费者共同创造价值的思维。互联网时代讲究产品的"体验"和"极致",也就是说"以用户为中心"将产品做到极致,制造"让用户尖叫"的产品是互联网时代的不二法门。随着卖方市场变成买方市场,消费者以品牌作为选择产品与服务的标准,更注重互动、人性化服务的消费体验,客户对品牌的认知将甚至直接影响到企业的命运。企业除了在提供有保障的产品与服务外,还必须为客户提供更多的体验,满足了人们更高层次的需求,从而增强客户的满意度与忠诚度。在互联网环境下,企业的营销方式将由"强势营销"转向"软营销",传统产业可以通过此种方式保持、扩大自己的市场份额。

(2) 发挥产业融合优势,探索传统企业加科技的模式。经过供给侧改革等去产能后,传统企业在深耕现有市场后更应插上科技的翅膀,借助新兴产业来提高产品附加值,向智能制造方向过渡。

2. 稳步上升的新兴企业

(1) 保持科技创新。不断进行科技领域的探索,以创新带动行业发展。

(2) 应以传统产业为市场依托,融合发展。将自身的科技优势、服务优势嫁接到传统产业中,更快地将技术转化为生产,推动企业发展。

在今年的中国国际家纺博览会中,由江苏工院和南通强生石墨烯科技有限公司合作生产的石墨烯家纺用品得到了极大关注。这样的跨界合作,成功地将石墨烯防辐射、抗螨虫等特点嫁接于家纺产品,将传统家纺用品推向高端制造,而石墨烯研发这样的新兴产业也由此成功将自己的技术落地,投入民用市场。

5.3.6　总结

政府要用一只强有力的手将新兴产业和传统产业有效结合以达到两个产业的双赢。无论传统产业还是新兴产业,要想发展得好,政府外推力是一方面,企业自身的内驱动力和现代化经营管理模式也同时需要提升,这样才能得到更好的发展,最后成功。

5.4　比较优势合作与创新收益共享研究
——江苏中小企业创新机制初探

刘探宙　金　鸣　段心怡　刘　畅[①]

摘　要:共享经济作为目前重要的经济相关概念,在企业与产业进行新旧动能转化过程中起着越发重要的作用。企业、政府、科研院所等不同主体在发展中不断摸索与探寻路径,通过各自的比较优势合作,努力地促进信息与平台的共享,顺应着共享经济与信息时代的浪潮。在向新动能转化的道路上,各方创造出如"新型产业联盟"、科研院应用导向孵化等多元模式,不断发力,共同推动经济向好发展。

关键词:比较优势合作　中小企业　景气调研　共享经济　动能转化

5.4.1　引言

(一)国际与国内经济背景

近年来世界经济持续温和复苏,但多种现象也表明全球化红利在逐渐消失。对于中国发展而言,中国的人口红利以及全球化红利不再,亟须找寻新的比较优势与发展模式。在全球价值链的参与中,我国已逐渐从微笑曲线下端的劳动密集型转向通过高新技术占取生产链中有利地位。2015 年,中国提出供给侧结构性改革,从供给端提高供给质量;近几年共享经济模式蓬勃发展,相关产业积极发展,"共享经济"理念在新兴技术产业中的运用尤为明显;在制造业方面,智能制造成为新的强势竞争力量,十九大更是提出"创新是引领发展的第一生产力"的口号,力争擦亮"中国智造"的名片,到 2035 年跻身创新型国家前列。而与此对应,智能制造的本质即为新旧动能的转化。

(二)新旧动能转化内涵及必要性

"新旧动能"概念从 2015 年提出到 2016 年内涵丰富,再到 2017 年"新旧动能转换"具体工作推进,从演变趋势来看,中央政府已经对中国经济发展阶段有了较为深刻的判断:我国经济社会进入了"新常态",同时已着手逐步推进经济"新旧动能转换"工作。随着旧动能转化为新动能,中国逐步步入"新经济"的时期,同时"新经济"的发展也推动着新旧动能的转化。

新经济主要是指创新性知识在知识中占主导、创意产业成为龙头产业的新经济

---

① 刘探宙、段心怡,南京大学 2015 级经济学专业本科生;刘畅,南京大学 2016 级经济学专业本科生;金鸣,南京大学 2015 级金融工程专业本科生。本文获南京大学国家双创示范基地 2017 年中小企业景气调研报告大赛一等奖。

形态。而"新动能"的内涵则更加广泛,需求端和供给端都能成为经济发展的"新动能"。2016 年政府工作报告正式出现"新经济",并将"新经济"和"新动能"联系在一起。报告指出要推动新技术、新产业、新业态加快成长,培育壮大新动能,加快发展新经济。而"旧动能"则对应传统产业和传统经济模式,既包括"两高一剩"产业,也包括对经济增长支撑作用下降的对外贸易。对于"旧动能",实行产业转型升级和提升发展效率和质量,可转换为"新动能"。

在中国经济"新常态"的背景下,新旧动能转化成为"新常态"经济增长的发动机。如前文所言,中国的人口红利以及全球化红利逐渐丧失,而转化并发展新动能能为中国制造业抵御复杂变化的国际环境带来的冲击以及再次蓬勃发展提供保障与动力。因此,在目前的经济发展形势下,新旧动能转化应成为中国经济发展的重点。

5.4.2　2017 年江苏中小企业创新相关指标分析

2017 年上半年江苏中小企业总体上保持了增长的趋势。首先,私营企业和个体户总数同比增长 26.9%,创业积极性较高;其次,私营个体经济投资增速稳步回升至 10.6%,并占到全社会工业投资的 65.7%,发展态势良好;最后,中小企业技术含量稳步提高,产品附加值不断上升,开始逐渐向高端制造业、信息技术服务业等领域迈进。

为了更为精准细致地研究中小企业的创新情况,团队依托中小企业景气调研项目进行了相关调研。今年的调研对象是新兴产业的高新技术中小企业,调研主题是高科技企业创新成果转化机制研究,专项团队在商学院于润教授指导与带领下赴常州、镇江、南京、无锡等地,到常州恒利宝石墨烯有限公司、常州武进石墨烯研究院、中科特碳有限公司、江苏中科院智能科学技术应用研究院、镇江天奈科技有限公司、南京中德智能制造研究院和无锡贝斯特科技有限公司、常州剑湖金城车辆设备有限公司等企业及研究院深度调研,这些企业和研究院负责人为团队的调研给予了莫大的支持,并提供了丰富的调研资料。团队录音访谈时长超过十小时,整理后的录音访谈达 6 万余字,并通过仙林校区与金陵学院分别收集的 4 000 余份问卷进行了创新情况的数据统计分析。上述资料与调研都为探析中小企业创新成果转化机制研究铺垫了坚实的基础。

通过整理分析来自仙林校区的 300 余份江苏 13 地市中小微企业的景气问卷,得到 2017 年江苏中小企业景气指数为 117.8,即期景气指数为 117.373,预期景气指数为 118.136,均远高于景气指数临界值 100,且预期景气指数大于即期景气指数,表明目前江苏中小企业的蓬勃发展和对未来发展状况的积极预期。

此后,团队还利用 2017 年暑期南京大学仙林校区与金陵学院中小企业调研所得到的四千余份企业数据进行了研究,着力分析了不同规模、行业企业在创新、新动能转化方面的现状与预期情况,并对其中存在的许多问题进行了挖掘。

我们用与企业景气指数相同的计算方法,即(对某项指标持乐观态度与悲观态度的数量之差/总样本数＋1）＊100 计算了不同规模企业的创新指数。

从图 5-4-1 可以看出，技术水平、技术人员需求、产品（或服务）创新程度随企业规模呈现递增趋势。由于小微企业体量小、产品单一、流动性相对较低，资源相对匮乏，因此技术创新的难度和风险都明显高于大中企业。同样地，小微企业因受限于巨大的门槛和风险，其对创新、创新人才的需求也低于大中企业，从而造成未来更大的差距。

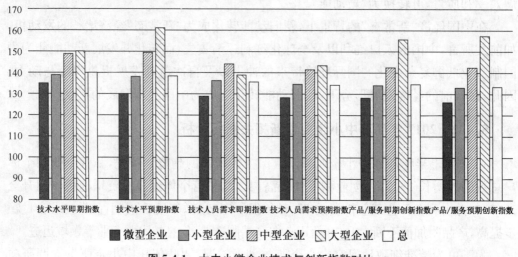

图 5-4-1　大中小微企业技术与创新指数对比

类似地，我们测算了各行业即期创新指数与预期创新指数。从总体上来说，对于技术与创新即期水平较高的几个行业是信息传输、软件和信息技术服务业、科学研究和技术服务业、文化、体育和娱乐业以及教育业，新兴产业在技术和产品创新中起到了领头羊的作用。而水平较低的行业则集中在农林牧渔，批发零售业，交通运输、仓储和邮政业，住宿和餐饮业以及房地产业。

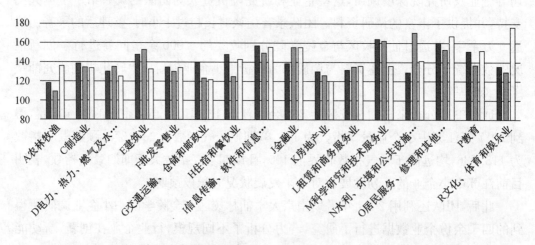

图 5-4-2　各行业即期创新指数对比

新兴技术产业和服务业由于与社会变革发展联系紧密、资产较轻及高度的竞争等因素,无论是创新水平还是对创新的需求程度都相对较高。而大部分重资产、垄断性更强的传统产业创新的难度更大,对以创新来推动发展的需求也相对较低。这一定程度上是对当下供给侧改革尤其是去产能进程的不利因素。

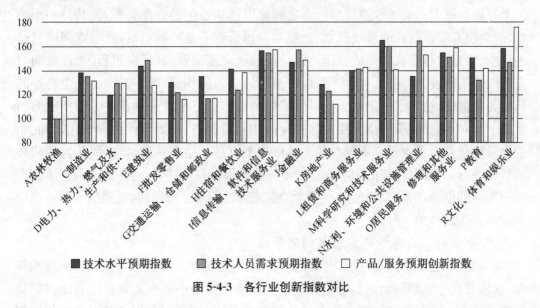

■ 技术水平预期指数　　■ 技术人员需求预期指数　　□ 产品/服务预期创新指数

图 5-4-3　各行业创新指数对比

通过对各行业预期状况的分析可以看出,文化、体育与娱乐业,信息传输、软件与信息及技术服务业,科学研究和技术服务业,居民服务、修理和技术服务业,金融业总体对未来的创新持更积极的态度。而农林牧渔,房地产业,批发零售业等传统产业则显得步伐稍慢。这一分布大体和即期的创新指数相近,没有显著提升或降低的产业,体现出各行业内在对创新的稳定的需求状况。一方面具有稳定发展的优势,另一方面也反映了新兴技术产业创新对传统产业的带动能力仍然有限,而传统产业在可预见的未来仍将占据我国主要的经济份额,所以仅仅依靠新兴产业本身的创新发展是远远不够的,只有想办法将其与传统产业有机结合,才能实现真正意义上的新动能转化。

5.4.3　当前中小企业转型发展面临的主要问题

(一) 中小企业的外部矛盾

1. 学校与院所的科研产出与企业的专业技术需求之间的矛盾

我国目前已经成长为科研大国,从去年来看,我国科研工作者总数大约 380 万,远超日本的 84 万和美国的 160 万;科研经费达到 3 600 亿美元,基本与美国持平,大幅领先于其他国家。科研产出从论文的角度来看,数量早已位居世界前列,质量也大幅提高;从专利的角度来看,去年全年共申请专利 150 余万件,已经连续数年位于世界第一。如此可观的投入只带来了 3％的转化率，远低于发达国家 20％～80％的水平。

这凸显出我国目前科研成果的主要产出端——学校与科研院所，与应用端——企业之间严重的断层，而这种断层在亟待转型的中小企业中体现得尤为严。这源于两个方面的原因：一、学校院所与企业之间难以建立稳定的合作关系，尤其是中小企业，通常没有非常明确的发展规划，企业本身运行就不是特别稳定，也很难明确自己的诉求，很难与科研机构形成合作关系。从院所角度来看，其研究过程、考评机制与企业内部的研发相差甚远，操作困难，打消了许多人的积极性。二、中小企业自身的研究力量薄弱，技术水平不足。与科研院所的合作虽然是提升企业技术创新能力的重要手段，但由于院所的研究往往与实际应用尚有距离，需要企业协助转化，因此企业自身的研究力量也是必不可少的。虽然当下有越来越多科研、技术团队自立门户进行创业，但大部分传统的中小企业并不具备足够的科研能力，这一方面限制了其产品和服务的创新，另一方面使其连技术的需求点也很难了解清楚，也限制了第一点中与院所合作的能力。

2. 企业的产出与市场需求之间的矛盾

中国经济近几年增速放缓，产能过剩问题严重，需求增速放缓并逐渐向中高端转型，这需要企业对市场动向具有极高的把握能力。而中小企业通常很难有比较全局的思考，倾向于跟风与低端化（许多虽然打着新兴技术的旗号但其本质是低端加工制造）。这使得许多中小企业难以发现市场的真正需求点在哪里，从而大批跟进一些新概念的产业如我们所调研的石墨烯等等。

另一方面，中小企业开拓自身产品市场的能力也有限，很难拿出精力为自己的新技术、新应用重新进行市场拓展。而一些初创企业，以新兴技术起家，一开始便面临更大的市场开拓困境，甚至需要他们开发出市场上原先所没有的需求（针对一些新概念的产品），其成果是很难预料的。

3. 上下游企业之间协同的矛盾

在我们所调研的常州石墨烯产业园里目前已经集聚了百余家石墨烯相关的中小企业，分布在石墨烯产业链的各个环节。但其中一位负责人向我们坦言，目前产业集聚还远远没有发挥出其所应当有的效应。企业大多各自为政，上下游企业之间也很难达成协同。而目前存在的诸多原因限制了企业之间的互联互通。

首先，缺乏一个很好的多方协作平台，信息沟通不畅、不透明，缺乏足够的商业互信，在合作中非常保守，主要停留在最基本的原料、产品供应而不是研发。其次，中小企业尤其是产业园中的许多初创企业大多也没有进行合作的前提条件，其本身缺乏研发水平，生产停留在简单加工制造上。最后，目前的知识产权保护状况也令人担忧，外加中小企业先天缺乏抗御风险的能力，很难抗御合作中技术剽窃等风险。

(二) 中小企业的内部矛盾

1. 中小企业管理能力的缺乏

管理能力的欠缺是目前中国企业普遍存在的问题,优秀的职业经理人稀缺,具有专业知识并在特定领域有较为专业的管理能力的人才或团队尤为稀少。

管理能力欠缺最直接体现为对当下生产和需求的管理。在转型升级的过程中,很多企业对资金的运用不够合理,资金没有流入研发端,也没能很好地用于开拓市场,导致企业持续经营能力不足,技术和产品长期没有得到提升。

另一方面,我们还发现相当多的中小企业缺乏长远规划的能力,生产经营管理的随意性和人员的流动造成了企业经营的短视,很多企业也没有意识到或是没有能力建立良好的培训和激励机制,员工整体素质不够,也不利于这些企业的转型升级。

2. 知识产权保护力度不够

(1) 知识产权法制建设尚不完善。知识产权保护问题也是目前中国企业创新过程中面临的重要问题。我国知识产权保护目前仍然跟不上创新的幅度,尤其是侵权案件的执法力度仍然欠缺,加上知识产权纠纷通常内容复杂,专业性强,因而执法难度巨大,造成了当下"剽窃成本低,维权成本高"的现状,对企业创新的积极性造成了极大的打击。根据其中一位企业负责人讲述,目前国内对企业间人员,尤其是核心技术人员的流动缺乏足够的管制,导致许多掌握企业关键技术的工程师自立门户或是带着技术跳槽到其他竞争企业,造成原企业巨大的损失,而追究责任却异常困难。

(2) 地方政府以产值为导向的政策计划加剧企业技术人才的流失。如果说知识产权法律尤其是执法能力的欠缺导致企业缺乏创新升级的动力,那么部分地方政府的政策就可谓是"帮凶",为了产值的上升,地方政府对企业技术人员自主创业的行为实际持支持态度,并在政策补贴上充满诱惑,对同一产业只求量上的上升而不顾市场需求,一方面导致人才流失企业难以维权,助长技术剽窃的风气;另一方面造成大量低附加值的重复生产,互相的模仿造成同质化严重,而真正积极创新的企业越来越少。

(3) 资源与资金的错配。具体表现在:① 政策资源分配的不合理。中国目前从政策层面上对创业和创新持充分积极的态度,各地方政府一直以来都大力推动新技术企业落地以及人才创业。但其中仍然充斥着大量计划经济式的产业政策和资源调度模式,对产业内部的干涉过多,形成了不少违背市场规律的供给结构,也养活了许多打着新兴技术牌子的低端制造企业。② 政策扶持的方式单一,往往不能给到企业最需要的资源。不少企业更多地依赖基础设施或是良好的市场环境,以及充裕的人才供给市场,而政府更多地集中于资金地补助。③ 高度集中的金融体系与不成熟的创投产业仍亟待改善。中小企业融资难的问题在国际上普遍存在,而在中国高度集中的金融体系加剧了这一难题,一些初创、新兴技术企业部分可以依赖政府的补助和优惠政策,而一些转型中的传统中小企业则面临着更大的考验。在当今实体经济低迷、虚拟经济高度膨胀的情况下，制造业企业融资成本普遍处于高位，直接增大了转型升级与创新的成本和风险。另一方面，中国目前的创投基金还远没有发达国家成熟，并且以投机为主要目的，和产业实际是脱节的：既没有使资金运用到最有价值的方向，也没有对起步中的企业提供管理、营销、人才等方面的帮助，不利于企业的成长。

5.4.4　江苏中小企业创新机制比较分析

（一）中小企业创新成果共享的经济含义

1. 中小企业共享经济的概念与优劣势

作为近年来最热门的经济词汇之一，共享经济随着互联网与信息技术的发展迅速崛起，也被称为协作经济，"是一个建立在人与物质资料分享基础上的社会经济生态系统"。多数共享经济主要将财产的所有权与使用权分离，通过分享使用权，并利用互联网技术实现供给与需求双方的匹配，从而提高产品的利用效率与价值，实现闲置资源的优化配置。

2. 中小企业共享经济的特点

共享经济之所以在当下如此受追捧，成为商业模式改变的趋势，就在于它具有以下特点，而这些特点所体现出的优劣势也有助于目前中小企业发展模式的转变。具体如下：

（1）分享性。共享经济包括不同人或组织之间对生产资料、产品、分销渠道、处于交易或消费过程中的商品和服务的分享。共享经济的最大特点就在于其共享性。目前我们理解的"共享"大多是消费端对于产品的共享，而企业间的"共享"则主要是渠道与平台的共享。在合作的企业间，信息、资源与平台都能够进行分享交流，而对于中小企业而言，这种分享性更多的在于平台以及技术优势互补。在自身能力不完善的情况下，企业在交流过程中得到的资源互补以及商业价值的提升。但是共享性在一定程度上会有利于部分企业搭便车以及侵犯他人的知识产权，而这也导致这种中小企业的共享发展模式具有一定的风险性，很多发展较成熟的企业则不愿意和新兴创新创业企业合作。

（2）高效性。以互联网为基础对闲置资源的再利用本身就是资源利用高效性的表现。企业间的共享经济虽然并非全依托于互联网，但是仍旧以信息技术等先进科技作为重要的信息交流沟通或合作共享的手段。在企业进行信息、平台共享并进行生产合作时，信息流通与传达的成本大大降低，时间利用更为高效。同时，资源、技术利用等效率也得以提高，上中下游产业间合作进行更为便利。

（3）专业化。共享经济以互联网为载体，信息技术为纽带提供给人们一个资源充分利用的平台。对于消费者而言，共享经济带来的是供需双方的共赢，而对于企业而言，共享经济则不再建立在供需两端。由于中小企业规模有限，其发展最多是在某一领域具备专业化水平并具有一定核心竞争力。诚然,部分中小企业确实能够利用自己这一核心竞争力保证企业自身的发展,但是绝大部分企业却因为资本、知识等约束条件而处于发展的瓶颈,自身的优势很难发挥出其应有的绩效。而在共享经济下,中小企业间能够通过合作发挥其比较优势。通过企业间共享自身优势进行技术匹配,实现优势互补,进行更为专业的行业分工,帮助企业专注于自身优势培养,并促进行业更为高效与专业化地进行生产,降低整体成本。但是专业化的形成则会使先进入市场的企业建立起一定的行业壁垒,一定程度上成为垄断经营,不利于后进企业的发展。

(4) 平台化。共享经济模式通过公开共享的信息与平台实现了企业间合作的扁平化。公开的各类信息有利于信息传达与维护信任,消除信息不对称,一定程度上降低了企业合作的风险,从而形成较为公平合作态势,也有利于供需资源间的匹配与企业合作生产的集成化。

(5) 激励性。随着共享经济的问世,多个新兴企业崛起,并在市场上产生了较大的影响力,从而带动了一批创新创业企业的建立,例如类似于 airbnb 的民宿租赁平台等。对于中小企业而言,在共享过程中,信息资源共享平台为企业的合作带来了便利与一定的保障,从而加强了企业的生产合作的可能性。形成企业间产业合作性质的共享模式有助于行业内减少恶性竞争,从而构建更为良好的企业生态,也为企业间合作降低了风险,这对于各企业发展也形成正向激励,从而促进产业整体向好发展,并有助于行业整体进步。

(6) 规范性。共享经济通过搭建平台实现闲置资源的充分再利用,而对于中小企业而言,共享经济这一平台有助于行业标准与规则的制定。通过行业组织或者行业标准的制定与划分,能够实现迅速复制的行业生产与业务模式,规范企业生产。扁平化的合作共享让企业之间相互了解情况,都使得合作企业更加遵循行业规则。同时,标准的制定也对知识产权保护等做出了保障,让企业合作与发展减少了后顾之忧。

由此我们可以看出为何共享经济成为当今最热门的经济名词,也成了最有潜力的创业创新商业模式。然而,大家目前所谈及的"共享经济",与此报告中我们所说的中小企业的共享经济发展模式并不相同。中小企业比较优势合作的共享经济模式是源于共享经济这一经济名词以及理论,但却因其适用对象的特殊性而具有特殊的含义。

(二) 中小企业比较优势合作的共享经济模式的内涵

共享经济的发展及其理念的普及推广为中小企业进行共享合作带来了巨大推力。从 2012 年初我国首次开始探索共享经济以来,这种商业模式的优势便逐渐显现,其对中小企业的发展也有很强的借鉴意义。因此中小企业也在此基础上为自身的创新发展不断摸索新路径。

中小企业比较优势合作的共享经济模式，不同于当今热门的"共享经济"理念。中小企业的"共享经济"从一定程度上与我们现在所谈及的"共享经济"有相似之处，但其本质却具备中小企业间的合作共享模式自身的特点，是种完全独立的发展模式。它并非强调商品或服务的使用权的共享，而更多强调企业在发展过程中通过多种方式进行信息与平台之间的共享合作，通过技术交流，从而更好发挥企业各自的比较优势，实现优势互补与合作共赢的模式。

首先，共享经济本身是强调产品或服务等闲置资源的共享，而中小企业共享经济则强调的是平台与自身优势的共享。中小企业选择以共享经济为发展模式符合其自身发展的特性与要求。大部分中小企业往往处于初创阶段，资金、技术、人员等各方面条件均不成熟，而且由于企业规模有限，加之在现在的社会背景之下中小企业竞争力加强，企业很难在孤军奋战之中获得较高收益。虽然各个企业有其自身竞争优势与专长领域，但却因为各种条件约束使得这些优势并未发挥其应有的效用，这便类似于共享经济中的"闲置资源"，因此，企业需要寻找一个平台充分发挥自身优势，便于与其他企业合作实现优势互补，合作共赢。而这一平台的提供就依赖于我们这里所谈及的中小企业共享经济。如果说当下热门的共享经济是由于产品过剩而触发的，那么中小企业共享经济则是由于创新型资源利用效率低而产生的趋势。由于单个企业解决这一问题的成本过高，因此只有通过某一平台实现优势互补，将自身优势与其他企业的优势进行匹配结合，才能充分发挥出自身优势的效用。

再者，共享经济的特点就在于成本低廉、资本高效、灵活性强，这也就是为什么现今中小企业倾向于选择类似于共享经济这一发展模式的原因。由于单个企业独自进行规模上下游延展成本过高，加之若每个企业都想要仅仅发展自身而进行闭门造车，那么企业研发成本以及相关配套设施成本就会急剧增加。因此企业间合作就可以通过有效分工以及共享某些非排他性以及非竞争性资源从而降低单个企业的成本，例如在合作平台上共享基础设施与服务等，加强产业内的合作，促进多方共赢。

其次，当下大多提及的共享经济的内涵在于以信息技术为纽带实现使用权共享。当然对于中小企业而言，特别是一些高新技术行业内的企业，使用权的共享会涉及产权保护这一个大问题，因此我们在此说明的中小企业的共享经济是指借助信息技术与互联网构建一个企业之间合作与交流的平台，并且利用该平台设立标准，促进整个产业的规范化发展。与互联网的共享经济不同，中小企业的共享经济往往是企业之间的直接合作，而非供需匹配的 P2P 模式。企业间合作的根本目标是各企业自身实现盈利，合作中所共享内容的供给与需求方同时为这些企业，而一般不包含其他消费者群体。中小企业间的直接合作形式多样，共享则是强调企业间不同于传统的一些信息与平台共享方式与创新的合作形式及途径的采用。但是也需强调，在中小企业合作的过程中，互联网只是载体，并非必需，合作共享形式本身多样丰富。

第三，共享的前提是合作对象间相互信任、互有需求，以及渴望共赢。各个企业有各自的核心竞争力与比较优势是各方能够合作的基础,除此以外,共享发生的前提应当基于各方都相互信任并渴望合作共赢,这同共享经济本身的要求也不谋而合。

因此我们认为,中小企业共享经济是指中小企业顺应时代浪潮,在相互信任、相互需求的基础之上,以信息技术为纽带,通过比较优势互补与创新战略合作,增强企业竞争力并实现自身发展而开辟的新路径,是新时代要求下的创新发展模式。

5.4.5　企业创新机制的中外比较

(一) 国外的知识产权保护现状及经验

1. 美国的知识产权保护

作为科技领域的领头羊,美国建立了体系完善的知识产权制度,与时俱进地不断修订知识产权法案,提高保护水平并扩大保护范围。其在知识产权保护的过程中体现出以下特点:一是范围广、力度大。国内不断根据时代发展出台新的保护政策如《跨世纪数字版权法》等,且修订频率不断提高;在国际执法上,美国通过其综合贸易法案《301 条款》,采用国家立法的形式将知识产权与贸易制裁相联系,以保护美国企业在别国申请、注册知识产权的目的。在国际贸易中,将知识产权与贸易直接挂钩,并且引入统一的争端解决机制,可以利用贸易手段,甚至交叉报复的经济制裁手段确保知识产权保护得以实现。二是知识产权保护与鼓励创新相结合。美国的专利制度相当注重激励创新和促进技术进步。当今,迅猛发展的知识经济环境也不断加强着这种趋势,比如,对于商业方法专利,美国采取严格的标准审查制度,以提高专利的创新含量,保持美国的核心竞争力,优质的专利内容也享受着在国内国际上全方位的保障。三是对专利滥用的限制。专利保护程度的加深在某种程度上也造成了垄断现象的加剧,一方面侵害了消费者的利益获得巨额利润,另一方面也使得企业不思进取坐享其成,限制了进一步的创新。美国在知识产权执法的过程中相当注意知识产权滥用在市场中的影响,并通过完备的规则对企业行为进行约束。

2. 欧盟的知识产权保护

欧盟与美国拥有类似的知识产权保护底蕴和制度建设,在国际上同样拥有领先的知识产权保护体系。与美国的体系相似中也有一些自身的特点。首先,在司法保护上,欧盟知识产权司法制度注重高效和便利,其高效性集中体现在其专利诉讼制度上。以德国为例,在专利诉讼中,其高效性主要表现在专利侵权诉讼与专利无效诉讼、侵权赔偿诉讼均分开审理。此外,无效申请不能作为侵权案件被告的抗辩理由。这些特性使专利诉讼耗时短、费用低,从而提高了审判效率。其次,欧盟积极运用多边磋商处理知识产权纠纷,这主要由欧盟的特殊性所决定。

3. 韩国的知识产权保护

与欧美不同,韩国知识产权保护进程开启较晚,但由于韩国高度发达的文化产业和"文化立国"的国情背景,韩国政府在近 20 年内大力建设知识产权保护体系,为同样起步较晚的中国提供了很好的借鉴。韩国知识产权保护的特点首先是严格、力度大,执法高效。对侵权罪的处罚力度相当大,同时允许被害人以外的第三者对侵权提起诉讼,大大提高了侵权的成本和风险。同时,中央政府各部门联合执法,中央与地方联动,显著加强了执法力度。其次,韩国的教育和公众宣传对知识产权高度重视,得以在国民心中快速培养了知识产权保护意识,后来居上,形成了优良的创新环境。

4. 国外经验对我国的借鉴意义

国内目前虽然对知识产权的法制建设力度不断加大,但无论从制度的完善程度上,还是执法的有效程度上,都与国外有很大的距离,高度依赖行政手段进行保护的现状也需要改善。群众也仍然缺乏良好的知识产权意识,需要在教育上加大力度。

然而,知识产权的建设也要结合客观实际,不能一味地强调保护的强度。研究表明,知识产权保护强度在短期并非越大越好,在许多新技术产业的起步阶段,过于严格的保护往往会阻碍创新和技术的传播,不利于形成规模化的产业集群。而在长期,严格的知识产权保护制度可以起到明显的激励和促进作用。

(二) 国外的科研成果产业化途径与经验

1. 更规范而全面的法规

立法层面对科研转化的保护和鼓励最为基本,许多注重创新的发达国家在此方面都非常重视,并很早就建立并不断地修正相关法律。

立法层面的保护首先表现为立法对知识产权的保护,这在前述各国对知识产权的保护措施上均有所体现。知识产权保护与促进科研成果产业化一脉相承。

更进一步,许多国家对企业创新、科研投入在法规层面设立了各种类型的激励措施。如澳大利亚政府规定的研发退税条例:各类型公司享有研发资金从当年税收中125%～175%不等的退回,为企业创新提供的明确的激励;日本1998年公布的《关于促进大学等的研究成果向民间企业转让的法律》同样通过法规畅通了科研成果向企业扩散的渠道。

2. 更完善的高校院所与企业的合作机制和配套环境

在建立了创新与转化的法律法规基础后,政府主动营造良好的创新和转化环境的具体措施也非常关键。具体的类型有如澳大利亚研究基金会创立的一项联系基金,通过在澳高校联合工业界合作企业一同申请,共同投入并参与研究。高校把研究水平的关,企业把实用性的关,而政府给予税收和资金上的支持。更成熟的有如德国的史太白技术转移模式,国际化、全方位、综合性的技术转移网络史太白下设柏林斯泰恩拜斯大学致力于"把技术专家培养成企业家",科学教育与商业实践并举,培养了一批创新人才。再者如美国的国家技术转让中心(NTTC)和联邦实验室技术转移联合体(FLC),有效连通美国数量庞大的实验室、大学和私人研究机构推动其成果向工业界渗透,并提供诸如各类型的咨询服务、与市场有关的联络服务甚至技术服务等,为科研机构充当了坚实的后盾。

3. 更畅通和有效的资金渠道

科研、企业创新需要大量的资金支持,尤其是科研机构和中小企业没有大型企业雄厚的资本和资源能够构建出自己的研究生态,需要政府及其设立的各种组织对其进行大量的投入。而这些资金的投入非常有讲究,不像成熟的产业当中那么有套路可循,对新兴技术及其产业化方面的投资需要同时具备极高的专业知识和市场洞察,才能有效地解决资金投给谁、如何投的问题。具有成熟配套的发达国家通过各类型的科研产业化组织和服务机构能够实现政府资金到科研机构、创新企业的科学调度,有具体的扶持思路和目标,将资金发挥最大的效用。

发达国家尤其是美国的创投基金相对国内也更为成熟,更注重科技创新并具有足够的专业实力去发掘优秀的创新想法与产品。

4. 更明确的市场需求

我国制造业长期处于价值链底端,直到21世纪开始才逐渐将注意力越来越放到创新层面。但市场缺乏积累,导致无论是企业还是科研机构都很难把握住科技成果的市场需求。在这方面发达国家长期的创新实践使得其市场需求有成熟的传递渠道,并有政府的有力引导,我国在此方面还需长期的培养。

5.4.6　成功案例:比较优势合作与创新收益共享机制

新兴产业的中小企业发展也具有其特性,团队也在调研过程中发现了中小企业发展的特性及其摸索出的一些经验模式。归纳而言,企业比较优势共享下的新动能转化模式,具体可归纳为如下三种(图5-4-4):

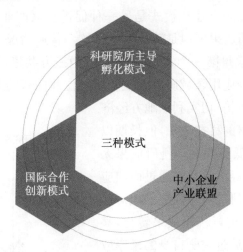

图 5-4-4　企业比较优势共享的新动能转化模式

(一) 中小企业产业联盟模式

中小企业由于企业自身资金、技术、管理等多方面资源欠缺导致独立发展具有较大压力。故而企业间自发的合作、共享与联盟形式在企业双边合作之后成为一种更为平面化高效率的合作形式。

常州石墨烯产业园的企业为新兴中小企业的发展提供了一种可参考的模式。恒利宝新材料有限公司组织当地石墨烯产业相关的公司形成了产业联盟，主要负责制定行业标准、产品合作以及信息公开等事宜。该联盟与传统的产业联盟给人印象的收费入会形象不同，涵盖企业囊括了产业链的上中下游，主要进行技术与信息共享，从而细化社会分工，整合各部分优势等工作，并对应投入份额进行企业利润分配。这种产业联盟的构成企业大多较为精简且不断核心化，如常州的石墨烯产业联盟，联盟内企业数由 31 家一直减少到剩下核心的 8 家企业，逐渐优化。第二，联盟内部上中下游相互合作，从原料到成品都能相互进行比较优势的分工，联盟内部统一价格，内外有别，也使得联盟能够更强大地应对市场环境。

第三，从合作方式看，联盟统一整合需求信息，并不对企业行为进行强制管理，企业认领生产，或者企业间自主合作，组织形式也相对灵活。

图 5-4-5　中小企业产业联盟模式

产业联盟的出现与构建帮助企业间更好进行沟通合作，信息与技术等资源的共享则是减少了企业的搜寻成本。企业之间通过产业联盟的形式进行合作，能够整合产业上下游资源，各个企业发挥其比较优势，各自从中获得最大收益，并且能够在其领先领域保持专注，从而促进行业整体发展。

（二）科研院所主导孵化模式

科研院所主导孵化的产业化模式是另一种促进新兴产业与企业发展的重要方式。面对中国目前科研成果多但是转化效率低这一普遍情况，江苏中科院智能科学技术应用研究院作为常州第一个省属科研机构，由三方共建，于 2013 年 10 月起步，专注于智能科学技术与应用领域研究。该院所定位面向智能制造领域、以成果转化为核心的应用型研发机构，切实利于地方经济。

研究院所具有丰富的科技成果，但长期以来存在产业转化效率低等问题。科研成果无法转化，则亦难以提升经济效益。通过面向应用研究的院所定位，科研院所可以更好地对接企业与市场需求，即时进行科研成果转化，甚至自行孵化新兴企业，通过院所自身的雄厚应用科技与资金、政策等优势帮助企业成长，从而也更高效率地提升科研的实际应用与转化效率。

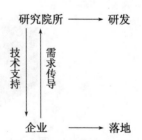

图 5-4-6　科研院所主导孵化模式（示意图）

（三）中德国际合作创新模式

中国与德国是目前全球经济发展较好的两个国家，也都对经济与工业发展充满远见与规划。德国"工业 4.0"与"中国制造 2025"在工业智能化方面有着相同的目标，而德国先进的技术与管理水平等则是中国可借鉴与学习的对象。中德智能制造研究院即代表了一种崭新的国内外合作产业化模式——利用研究院做国外资源和国内团队的中间人，让中国的速度与德国的精度相结合，德方进行指导，中方进行生产。作为集成商的研究院，着重协助企业进行规划、方案提出与问题解决。合作也不只是国内企业，还有科研机构小科技公司，把各方需求糅合在一起。合作的企业并不一定是高科技企业，目的是提升行业整体的制造能力。引进德国经验理念，再在国内培养同样的产业。中德智能制造研究院也使得生产与制造直接与需求端信息连通，构建完善的物联网系统，努力完成生态链，其培训中心的高端课程面对管理层和工程师，低端课程面对职业学院培养专业的工人，构建出良好的研发培训生态圈。

此类国家层面建立的合作研究院所作为国内外技术与管理模式学习的桥梁更是能够专业、精准地帮助企业进行明确定位与发展模式转化。

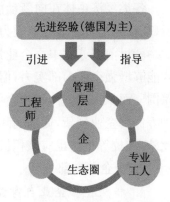

图 5-4-7　中德国际合作创新模式

（四）共享理念在企业创新中的应用

近年来，虽然不同企业在发展过程中各有差异，但在产品创新中几乎都采用了共享理念进行比较优势合作。而归纳而言，企业创新的共享不外乎信息、平台与技术的共享。

1. 信息共享

信息化时代，信息获取成为企业发展的重要因素，例如中德智能制造研究院中，与德国高新技术产业的信息共享；工业云的企业共享理念；产业联盟的企业信息共享模式等。通过信息的相互交流沟通，企业相互间减少了信息搜寻的成本，促进了效率的提升并增加了相互间合作共赢的可能性。

2. 平台（渠道）共享——上下游分工

产业联盟形式是平台共享的典型，通过提供企业间合作的平台，让企业相互了解各类资源信息情况，从而更好地进行分工合作、分享优势。在常州石墨烯产业中，石墨烯产业链形成了石墨烯产业联盟。通过搭建平台的方式实现企业间联动，上下游分工，联盟内部统一价格，联盟统一整合需求信息，企业认领生产，自主合作的模式，令人耳目一新。

3. 技术成果共享

此类新型企业合作模式基于企业相互信任、互利共赢的前提，在共同利益目标的驱动下，企业有动力进行合作与技术资本等的分享。由此企业间合作时通过技术成果相互共享一方面能够较好降低单个企业技术研发等成本,另一方面也能加强企业间的合作分工,整合研发的能力和多元的技术优势,提高整个行业的生产力,从而促进相关行业共同发展进步。而具体参与技术成果共享的主体亦是多元,企业、科研院所,乃至社会个体都可以在信息自由沟通、平台搭建完善的基础上参与其中,为生产率提高与技术创新提供支持。

5.4.7 总结及政策建议

(一) 产业发展趋势

各类经济主体在向新动能转化过程中都在不断摸索新对策,政府、企业、研究院所、高校与消费者等应该通力合作,更好地促进新兴产业发展与新旧动能转化。

就目前江苏省中小企业景气状况分析,通过创新管理、提升产品、品牌打造等方式能够增强企业内部实力,但更需要企业间进行比较优势合作,营造企业发展得更好氛围。而从市场整体和社会效益角度看,政府推行更为积极的市场政策,通过专利保护等保护企业创新,促进国际间合作等则能够为企业生存发展提供更好的市场环境。此外,院校等主体也应该积极与企业进行合作推动科研成果的产业化。

(二) 企业内部

1. 积极挖掘企业自身竞争力,提升资源使用效率

中小企业通过明确自身定位,专注产品,把握科技等核心要素形成并保持自身竞争力,并能够与时俱进创新性地研发符合与引领市场需求的新产品,挖掘先机,在较好市场环境下争取领先迅速发展,抢占市场份额。在中小企业发展初期,资金、技术等要素是企业发展的基础,保障相关资源的供给,提高使用效率,并能够为企业运行、发展提供保障。

2. 优化企业管理,不断培育企业软实力

企业当努力提升管理、营销、品牌塑造等,通过软实力构建不断扩大企业竞争力与知名度,在提升企业内部软实力与运营效率的同时,逐渐增加市场和消费者对企业的积极认知,塑造企业形象。

3. 加强与高校、研究院所合作

通过加强与高校或科研院所之间的联系,院所与企业共同搭建科研合作平台,让科研成果偏向实际应用,使企业的技术创新等更具专业性与有效性。

4. 积极与其他企业共享合作

树立企业间合作共赢理念,根据企业自身情况,以积极开放的态度参与企业共享合作。

(三) 市场与社会层面

1. 企业间合作

企业发展初期单个的每一家企业都无法支撑各方面的发展需求,各个企业间通

过类似新兴产业联盟类的合作可以更好地连接上中下游企业,收益性和市场正效应都是需要考量的因素。通过建立起产业链上中下游的相互联动,能够创新收益共享方式,进行企业间新型的比较优势合作,如前述中小企业联盟、企业交流会、"工业云理念"等具体形式。

2. 建立完善信息反馈和信任机制

企业间合作建立在相互信任、合作共赢的基础之上,必要的信息公开有利于信任机制的建立和各方互信合作的长期基础。此外,权威方引导建立的企业信息汇集与共享机制也可以促进企业与社会等各方相互了解。

(四) 政府层面

在促进企业创新方面,政府亟须建立健全外部管理和监督体系进行市场管控,具体有以下几个方面:

1. 完善法律制度,健全知识产权保护体系

产品抄袭、恶性竞争等可能对自主创新企业造成较大打击,收缩了企业市场份额且单个企业打击侵权成本过高。政府应当着力完善知识产权保护体系,减少市场恶性竞争,也为拥有企业自主知识产权提供公平的市场环境。

2. 积极推行各类企业扶持政策

政府应该明确市场与经济发展导向,营造企业生存发展的良好生态环境。通过建立具体工业园区、新兴企业孵化培育、一定程度降低税费、相关员工培训等具体落实的操作及相关政策等支持中小型新兴企业发展。

3. 为高校、科研院所与企业合作提供更为便捷的通道

深入推进"产学研"合作,相应适当放宽政策保证企业与科研院所之间能够有机联系合作。科研院所注重产品科技创新,企业推进产品市场化实践,双方通力合作实现科技成果更好地产业化。

4. 积极推进与国际先进科技型企业及科研机构的合作

积极主动实现"走出去"与"引进来"相结合,契合中国目前"中国制造2025"理念的基础上进行国际合作,如设立"中德智能制造研究院"等,在国际技术管理模式交流合作的同时,为国内企业提供了发展的经验模式与技术指导。

5. 政府对企业进行适当监管

新兴中小企业作为一种较为新兴的企业形式,在接受行业自律的同时同其他市场主体一样也需要接受一定程度的政府监管。政府需要确立技术和产品标准化的准入准出机制、信息披露制度等的确立与规范,建立健全统一的企业征信制度。

(五) 社会公众及第三方监督

第三方机构及公众监督是企业、行业内部和政府监督之外协助行业及企业进行监督管理的重要途径,建立起第三方监督机制并树立起全民监督、积极参与的观念能够一定程度弥补市场缺陷。

总而言之,中小企业发展需要社会各主体共同努力。中小企业间进行比较优势合作是一种创新的共享共赢模式,这不仅需要企业自身提升竞争力拥有比较优势,也需要企业间达成共识、相互信任,在新的市场背景下进行合作。而作为基础,政府的各类扶持、监管、引导等措施则为企业提供了必不可少的外部支持,努力助力传统的和新兴的中小企业通过创新实现新旧动能的转换。

5.5 2017 淮安地区景气指数攀升成因分析

迟阳弓　吕　航[①]

5.5.1 调研背景及意义

（一）淮安经济环境

淮安位于江苏省中北部,江淮平原东部,地处长江三角洲地区,是苏北重要中心城市,南京都市圈紧密圈层城市。淮安坐落于古淮河与京杭大运河交点,邻江近海,为南下北上的交通要道,区位优势独特,是江苏省的重要交通枢纽,也是长江三角洲北部地区的区域交通枢纽。2016 年,淮安市实现 GDP 3 048 亿元,增速位居苏北第二,高于全国 2.3 个百分点。其中,第一产业增加值 324.61 亿元,增长 1.7%;第二产业增加值 1 268.15 亿元,增长 9.1%;第三产业增加值 1 455.24 亿元,增长 10.6%。三次产业比重由上年 11.2∶42.9∶45.9 调整升级为 10.6∶41.7∶47.7,第三产业增加值占 GDP 比重达 47.7%,比上年提升 1.8 个百分点,高出第二产业 6.1 个百分点。人均 GDP 62 446 元人民币(按当年汇率折算 9 401 美元),增长 8.6%。经济运行平稳增长,产业结构持续优化,但在社会发展中还面临一些问题,在全省处于中下水平。

（二）调研数据来源

本调研组利用暑假时间走访了淮安重要的工业园区,对建材业和装饰业进行了数据调查和统计,7 名同学,发放 90 份问卷,回收 74 份有效问卷,有效率高达 82%,邀请了许多企业家填写景气指数调查问卷,并进行访谈。本次调研报告就是基于数据分析以及去企业家访谈,来进一步了解淮安市中小企业发展的现状,各项需求以及相对应的解决策略。

（三）调研方法

我们对问卷结果进行了不同层次的分类,采用南京大学中小企业生态研究中心创建的景气指数调研法。所谓景气指数是反应各行各业运行状况的定量指标,如价

① 迟阳弓,南京大学金陵学院 2016 级金融专业本科生;吕航,南京大学金陵学院 2016 级会计学专业本科生。本文获南京大学国家双创示范基地 2017 年中小企业景气调研报告大赛二等奖。

格、成交量、开工率等,或定性指标,如预期、信心等指数化,来反映经济或行业的景气变化。而景气指数也分很多种,常见的有企业景气指数、国房景气指数,以及各个行业景气指数,本次调查研究属于企业景气指数。企业景气调查是通过对部分企业负责人定期进行问卷调查,并根据他们对企业经营状况及宏观经济环境的判断和预期来编制景气指数,从而准确、及时地反映宏观经济运行和企业经营状况,预测经济发展的变动趋势的一种调查统计方法。它是适应中国社会主义市场经济发展的新形势,借鉴西方国家的经验而建立起来的一项进行事前统计的调查制度。它是增强统计服务时效性、扩大统计服务范围,提高统计服务质量的一种新的调查工作。不仅对调查当期的经济发展状况做出评述,更重要的是预期未来经济趋势。南京大学金陵学院企业生态研究中心将景气指数分为 5 个等级,突出景气指数的方向性,即更关注和监测景气下行的态势,特设预警、报警和双报警,见表 5-5-1。本篇报告将会在建材业的基础上分析淮安中小企业各项指标。

(四)调研意义

随着经济社会的发展,中小企业的发展逐渐加快,中小企业的发展是社会经济发展不可或缺的一部分。在我国,中小企业是我国国民经济的重要力量,对扩大就业、活跃市场、增加税收、稳定社会和形成合理的国民经济结构、推动我国经济发展和制度创新中都发挥着不可替代的作用。本次调研淮安地区中小企业景气指数,不仅能丰富我们的课余生活,将所学的专业知识运用到社会实践中,还可以发现淮安地区中小企业发展现状以及存在的问题,并且预期未来的经济趋势,从而有针对性地找到解决方案,为淮安地区中小企业更好的发展做出贡献。

5.5.2　问卷情况

(一)总体介绍

本次调研共有 7 位同学,一共有 73 份有效问卷,均为中小企业的调研报告。对数据做初步的分析得到如下信息。

(二)企业类型分布

首先,是企业类型的数量分布。此次调研的 73 份有效问卷中:微型企业 54 家,占比 73.97%;小企业 19 家,占比 26.03%;中型企业一家都没有。

(三)企业地区分布

由图 5-5-1 可见,此次调研问卷,主要集中在淮安区,有 30 份问卷,占比 41.1%。其次就是清江浦区和淮阴区均有 12 份,青浦区 11 份,金湖县有 8 份。总体上覆盖了淮安市的一部分,还没有做到完全覆盖每一个县区。

(四)行业分布

此次调研报告中建材与装饰类最多,有 50 家,占总数的 68.5%,其次零售业占比 19.2%,再者就是建造业和设备修理等,数量较少(图 5-5-2)。

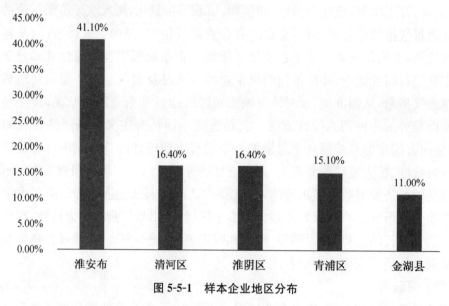

图 5-5-1　样本企业地区分布

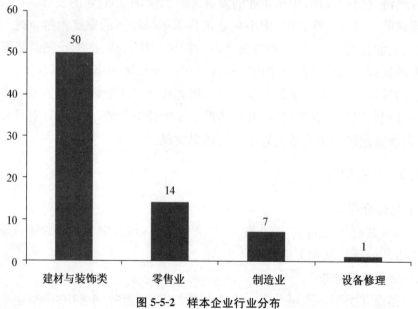

图 5-5-2　样本企业行业分布

5.5.3　2017 淮安中小企业景气情况

(一)景气指数计算及分析

　　景气指数是将各行业运行状况来定量衡量的指标,如价格、成交量、开工率等或定性指标,如预期、信心等指数化,来反映经济或行业的景气变化。

　　南京大学金陵学院企业生态研究中心将景气指数分为 5 个等级,突出景气指数的方向性,即更关注和监测景气下行的态势,特设预警、报警和双报警,见表 5-5-1。

当景气指数在90～150区间为绿灯区,景气指数在150～200区间为蓝灯区,景气指数在绿灯区或蓝灯区,表明企业景气的态势未发生明显的负面变化,或景气呈现比较乐观或乐观态势(而在强企业生态环境评价中,将对景气指数的波动态势,即上行或下行做深入的成因分析);景气指数在90～50区间为黄灯区,须立即启动预警;当景气指数下行到50～20区间,即红灯区,表明景气恶化,须立即启动报警;当景气指数暴跌到20～0区间,即双红灯区时,可能危机爆发,须加急报警。

表 5-5-1　景气指数等级构成

指数区间	颜色	预警状态
150～200	蓝灯区	—
90～150	绿灯区	
50～90	黄灯区	预警
20～50	红灯区	报警
0～20	双红灯区	双报警

在实际的企业景气指数数值上,其变动范围具有差异性,通常来说,具有三种情况:第一种情况,应用正负百分数形式表示,以0为景气指数的临界点,其数值范围在−100到100;第二种情况,运用正负纯小数来进行表示,同样以0为景气指数临界值,其数值范围在−1到1;第三种情况,以纯正数表示,以100为临界值,其数值范围在0—200。本研究关注于中小企业的景气指数评价,因此将中小企业景气指数定义为对中小企业经营状况的一种反映。在景气指数数值变动上主要参考第三种形式。

此次调研报告采用的景气指数计算公式:

即期回答良好−即期回答不佳＝即期指数

预期回答良好−预期回答不佳＝预期指数

即期指数 $*$ 0.4＋预期指数 $*$ 0.6＝景气指数

按照上述公式,根据问卷调研所得数据,分别计算出淮安整体即期指数为124.5,预期指数为147.8,而淮安的整体景气指数为138.5。根据表5-5-1,发现我市当前中小企业的发展态势处于绿灯区,无须预警,仍有较大的发展空间。

据数据统计,有42.5％的企业对目前企业情况持乐观态度,53.6％的企业认为下半年的运行情况相对乐观(见图5-5-3)。43.1％的企业目前综合生产经营状况是良好的,40.6％的企业预计下半年情况良好(见图5-5-4)。总体上可以得知大部分企业高层对本行业当前和预计下半年态度呈较乐观和一般态度,少数企业是呈不乐观态度。同时从调研结果显示,相较于去年,企业高层对目前及下半年企业情况乐观及一般态度均上涨一到二个百分点,稳中有升,说明企业在经济不断发展的大环境下呈现良好的发展趋势,使得大部分企业高层人员对下半年企业的运行还是呈乐观态度。

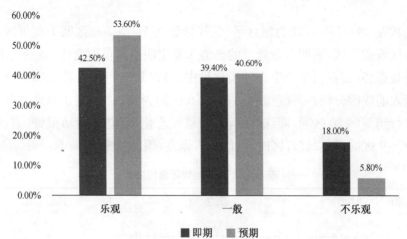

图 5-5-3 企业总体运营情况

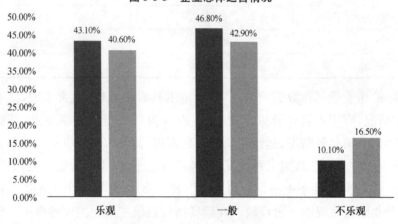

图 5-5-4 企业综合生产经营情况

(二) 二级景气指数计算及分析

生产景气	市场景气	金融景气	政策景气
3. 营业收入	5. 生产(服务)能力过剩	1. 总体运行状况	10. 人工成本
4. 经营成本	7. 技术水平评价	5. 生产(服务)能力过剩	20. 获得融资
5. 生产(服务)能力过剩	8. 技术人员需求	15. 应收款	23. 融资成本
6. 盈利(亏损)变化	9. 劳动力需求	16. 投资计划	24. 融资优惠
7. 技术水平评价	10. 人工成本	19. 流动资金	25. 税收负担
8. 技术人员需求	11. 新签销售合同	20. 获得融资	26. 税收优惠
9. 劳动力需求	12. 产品(服务)销售价格	21. 融资需求	27. 行政收费
10. 人工成本	13. 营销费用	23. 融资成本	28. 专项补贴
15. 应收款	14. 主要原材料及能源购进价格	24. 融资优惠	29. 政府效率
16. 投资计划	15. 应收款	28. 专项补贴	30. 企业综合生产经营状况
17. 产品(服务)创新	21. 融资需求		
19. 流动资金	23. 融资成本		
30. 企业综合生产经营状况			

图 5-5-5 二级景气指数及其三级指标

通过综上数据计算,企业二级景气指数如下:

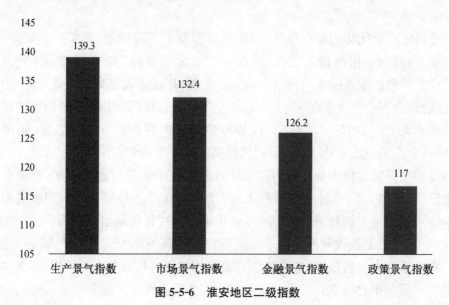

图 5-5-6　淮安地区二级指数

景气指数细致划分:0～100　　不景气区间
　　　　　　　　　100～120　　较景气区间
　　　　　　　　　120～150　　较高景气区间
　　　　　　　　　150～200　　高景气区间

从上图可以看出,生产景气指数最高,为 139.3,属于较高景气指数区间;其次就是市场景气指数,为 132.4,属于较高景气指数区间;再次就是金融景气指数,为 126.2,属于较高景气指数;最后则是政策景气指数,为 117.0,属于较景气指数。2017 年淮安的景气指数相较于前几年增长较多,其中难免会有个人的主观因素导致总体偏高,也许真实的数字会比这个小,但从中还是可以看出,工作人员对于未来的发展期望还是很大的,而市场的发展前景也是很客观的。

其中生产景气指数如此高也是有原因的:

一是企业户数快速增长。"全民创业、淮商崛起"行动开展以来,各地、各部门狠抓落实,先后制定出台了一系列有利于中小企业、民营经济发展的政策措施,企业创业门槛进一步降低,创业环境不断优化,群众创业热情得到充分迸发。2014 年,全市共新发展私营企业 14 231 户,同比增长 26.6%,累计达 5.35 万户,其中私营工业企业 17 393 户,占比 32.5%;新发展个体工商户 40 448 户,同比增长 52.07%,累计达 20.27 万户。

二是运行质态稳中有升。虽然面临本增利减多重因素叠加的不利局面,全市中小工业企业运行质态总体仍保持了稳中有升的发展态势。2014 年,全市规模以上中小工业企业共实现产值 4 128.42 亿元、主营业务收入 4 041.1 亿元、利税总额 329.52

亿元、利润总额 206.6 亿元,同比分别增长 21.6％、21.1％、27.3％和 25.8％,增幅均位居全省首位。

三是特色产业优势明显。近年来,我市按照制定一项规划、落实一套政策、组建一套班子、出台一个招商指导意见、主攻一批重大项目的"五个一"要求,全力推动"4＋2"优势特色产业规模化、特色化、高端化发展,形成了大型龙头企业带动、中型骨干企业支撑、众多小微企业配套,上下游产业配合密切、分工明确、链条衔接的现代产业集群组织形态。2017 年,"4＋2"优势特色产业实现产值 3 126 亿元,同比增长 20.6％,占全市工业比重达 55.2％,同比提高了 6.1 个百分点。

四是转型升级步伐加快。着力加强新产品新技术开发与推广应用,推动中小企业创新发展。2014 年,全社会研发投入占 GDP 比重超过 1.6％,新增国家高新技术企业 76 户、省级企业创新平台 30 个,专利申请量和授权量增幅全省第一。新增省级信息化示范、试点工程数量苏北第一。新落户知名高校院所研究机构 15 家,创成苏北第二家国家级大学科技园,建成江北首家海创智库科技服务中心。省、市级中小企业公共技术服务平台分别达 6 个、15 个;新增 12 户省级两化融合示范、试点企业;新培育五星级数字企业 2 家、四星级数字企业 26 家、三星级数字企业 80 家,苏北最多;累计创成省中小企业专精特新产品 5 件,省科技小巨人企业 6 户,省科技型中小企业 223 户,苏北领先。

虽然政策景气指数相较于其他景气指数增长缓慢,但其变化依然不可小觑。政府采取的推动中小企业的措施如下:

一是组织实施"千企帮扶"专项行动,全力帮助困难企业排忧解难。去年 9 月份,针对企业面临困难较多,工业运行下行压力增大的不利局面,我委牵头在全市开展工业企业"千企帮扶"专项行动,市、县(区)联动,相关部门协同配合,集中对下降企业进行帮扶,确保工业经济平稳较快增长。仅 2014 年剩余 3 个月,就助推 400 多户企业走出困境,实现开票增幅由负转正或利润扭亏为盈,成效初显。今年以来,结合每月全市工业运行分析暨项目推进联席会议问题交办机制,"千企帮扶"行动进一步推向深入。

二是积极创新融资担保方式,着力化解融资难融资贵。推进担保行业健康有序发展,在市场金融风险不断加大的背景下,2014 年我市融资性担保公司年检通过率达 87％,高于全省平均水平。全市 26 家融资性担保公司新增担保贷款 64.79 亿元,在保 72.9 亿元,80％以上为中小企业担保。2014 年,我委抢抓省进出口银行政策性贷款机遇,成立市中小微企业低息统贷平台,将进出口银行的低息贷款优势、政府的行政优势,以及代理银行的专业优势结合起来,当年即为 30 户中小微企业申请到省进出口银行低息贷款 2.83 亿元,贷款利息基本等于国家基准利率,且不收取任何额外费用,为企业节省利息近千万元。同时,与市农商行合作开展企业贷款业务,将贷款额度扩大到保证金的 20 倍以上,当年即为企业发放贷款 7 120 万元。今年,预计可为企业争取低息贷款 10 亿元,为防范企业贷款借新还旧期间可能出现的资金链断裂风险,争取市财政和 4 家市直国有企业共同出资,筹措首期过桥资金 4 000 万元。2014 年,国内首创的市中小企业 BCG 融资服务市场共组织县(区)行、走进乡镇工业集中区等专场对接活动 13 场,入驻银行和担保公司为 505 户中小企业发放贷款 27.4 亿元。

三是推进体系建设,增强社会化服务能力。开展中小企业服务需求调研,实现与省中心信息系统互联互通,完善中小企业网站、数据库和融资服务市场电子服务系统,组织专业服务机构轮流入驻大厅,为中小企业提供多层次、宽领域的服务。整合社会资源,编印并向企业免费发放《淮安市中小企业服务机构服务手册》,新申报 5 个省三星级以上公共服务平台;市留学生创业园被省经信委认定为五星级中小企业公共服务平台;金湖县服务中心被工信部列为苏北地区唯一的国家级中小企业公共服务平台。推进市、县(区)、乡三级服务中心和平台建设,赴外地学习服务中心建设经验,完善"一中心、八平台"中小企业服务体系,全市新建乡镇一级中小企业服务中心 32 个。全市培育各类企业服务机构超过 200 家,其中 16 家为省三星级以上公共服务平台。

四是强化政策落实,积极向上争取。完成《淮安市新型工业化政策汇编》,收录各级、各部门共 197 份政策文件供企业网上查阅,举办全民创业政策解读辅导班,送政策上门。组织 35 个部门和单位在淮安日报上专版刊登服务民营经济公开承诺,对实体经济九条、民营经济十八条等政策文件中明确的各项惠企政策的落实情况逐一进行跟踪督查,对于未落实或落实效果较差的条款,认真分析原因,及时提出处理方案,能完善的立即完善,难以办理的及时报请市委市政府予以协调。进一步加大资金扶持和向上争取力度,2014 年共帮助企业申报部、省级项目 93 个,其中争取国家中小企业发展资金 1 070 万元,全省第一。整合全市工业扶持资金,启动全市产业项目扶持资金申报工作,强化规范运作,提高透明度,提升使用绩效,对企业技术改造、装备提升、做大做强、科技创新、节能减排、两化融合、中小企业服务体系建设等方面工作予以重点引导和扶持,今年资金总额达 9 000 万元。

五是推进载体建设,加快中小企业产业集聚步伐。我市初步形成了包括国家级经济技术开发区、省级经济开发区、乡镇工业集中区、村级创业点,四级联动、协调发展的工业载体体系,涌现出金湖县石油机械、淮安区施河教学具、盱眙县古桑凹土加工等 16 个省级以上产业基地、产业集聚示范区,其中国家级 2 个。特别是乡镇工业集中区累计建成标准厂房 1 362.4 万平方米,为广大工业企业,特别是小微企业提供了价廉质高的发展载体,现已集聚工业企业 4 021 户。先后创成省高标准厂房建设与使用先进地区 7 个,全省第一。2014 年,集中区新增工业列统企业 247 户,占全市新增总数的 68.5%;现有列统企业 1 192 户,占全市总数的 47.9%;实现规模以上工业开票销售收入 601.8 亿元,占全市工业比重达 28.6%,占县域经济比重达 37.8%,

同比增幅达 38.5%。

六是搭建电商平台,帮助企业开拓市场。今年初,我委组织开发建设淮安特色工业品在线电子商务平台,吸纳全市工业企业入驻宣传自身及产品,有效增进本地工业企业间的产业互动与联系,互相交流采购信息、配套需求,努力开拓本地市场,降低物流、配送等生产经营成本,拉粗增长本地特色产业链条。

虽然发展前景不错,但依然存在诸多问题。一是经济下行压力仍然较大。二是融资难融资贵矛盾突出。三是人才等资源要素瓶颈制约难以突破。四是企业自身竞争能力较弱。

相关对策:(一) 强化政策落实,激发全民创业活力。(二) 突出重点,推动中小企业转型升级。(三) 加快产业集聚,做大"4+2"优势特色产业。(四) 优化要素保障,完善工作平台。(五) 是强化体系建设,完善服务功能。(六) 加强运行监控,帮助企业排忧解难。

5.5.4　淮安中小企业景气发展趋势

(一) 景气指数走势分析

按照公式,根据问卷调研所得以下数据:

表 5-5-2　淮安地区即期和预期二级景气指数

	即期	预期
生产景气	129.73	158.86
市场景气	123.66	151.69
金融景气	121.03	129.65
政策景气	97.59	129.97

可见,淮安 2017 年企业景气指数为 138.5,暂处于绿灯区。且企业预期景气指数比企业即期景气指数高 23.2 个百分点,说明企业情况较为乐观,未来预期相对较好。

参考 2014 年企业景气指数为 100.0,2015 年企业景气指数为 109.8,2016 年企业景气指数为 105.7,得出图 5-5-7。

通过图 5-5-7 可以得出近四年淮安中小企业景气指数总体呈上升趋势,尤其是 2017 年上升趋势明显加快。综合我们在实际调查过程中了解到的信息和对淮安统计局所发布的数据分析可以得出其主要原因:① 消费市场保持繁荣,消费价格温和上涨。上半年,全市实现社会消费品零售总额 587.96 亿元,同比增长 11.8%。其中,建材行业势头依然呈现上升趋势。② 居民收入较快增长,就业形势保持稳定。上半年,全体居民人均可支配收入 12 604 元,同比增长 9.2%,高于 GDP 增速 1.6 个百分点。按常住地划分,城镇居民人均可支配收入 16 659 元,同比增长 8.2%;农村居民人均可支配收入 8 083 元,同比增长 8.6%。上半年,全市新增就业 4.23 万人,再就业 2.69 万人,新增农村劳动力转移 1.25 万人。6 月末,全市城镇个体私营从业人员 88.54 万人。各类市场主体总户数 35.95 万户,同比增长 14.0%;其中私营企业 7.60 万户,增长 11.7%;个体工商户 25.89 万户,增长 15.1%。因而生活水平提升,对住房建材类需要增加。③ 政府政策扶植,积极鼓励行业科技进步。

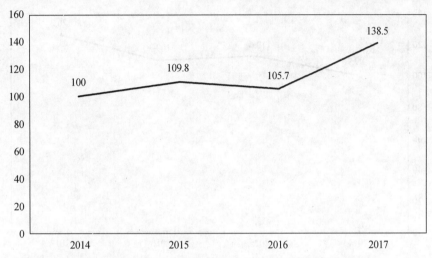

图 5-5-7　2014—2017 年淮安中小企业景气指数走势

(二)二级指数走势分析

通过对问卷的分析,我们得到 2017 年淮安四大二级景气指数分别为:金融景气指数 126.2,生产景气指数 139.3,市场景气指数 132.5 以及政策景气指数 117.02。我们从前几年的数据中可以得知,2016 年金融环境景气指数 109.3、生产环境景气指数 108.7、市场环境景气指数 105.7、政策环境景气指数 98.5。

从对比中我们不难发现,今年的四大二级指数都有明显的提高,尤其是生产景气指数和市场景气指数,上升的幅度最大,其次是政策景气指数,再者是金融景气指数。今年的各项二级指数都呈现出明显上升的趋势,且都处于绿灯区。接下来详细介绍各项指数发展趋势。

1. 金融景气指数走势分析

如图 5-5-8,2017 年金融景气指数达到四年来最高,为 126.20。除了 2016 年稍有降低以外,其余都呈上升趋势,且都处于绿灯区。如图 5-5-9,所有调研行业中,对于下半年本行业总体运行状况乐观的有 21 家,较乐观的有 30 家,一般的有 12 家,较不乐观的有 1 家,不乐观的有 3 家。2016 年我国经济正在由投资主导向消费主导转换,这是我国经济向中高端迈进的必然趋势。2016 年以来,消费需求继续稳定增长。与消费平稳增长相对应的,我国物价总水平继续保持稳定,既没有出现明显通胀,也没有明显的通货紧缩压力。2016 年 1—11 月累计,全国居民消费价格总水平同比增长2.0%，比上半年微降0.1个百分点，比上年同期提高0.6个百分点，通缩的隐忧逐步消失。体现出国家经济发展的良好态势。如图，景气指数表明企业家对于下半年行业的发展情况信心十足。由此，我们可以乐观地提出金融景气指数在下半年也将呈现持平或上升趋势。以上数据，皆为我们展现了一个发展环境较好，潜力巨大，却又存在一些瑕疵的，需要我们改进的淮安。

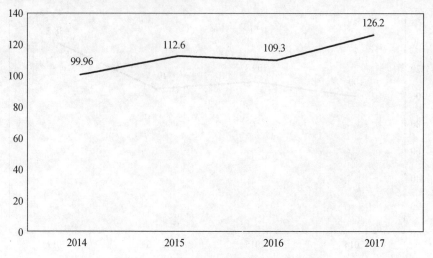

图 5-5-8　淮安近四年金融景气指数走势

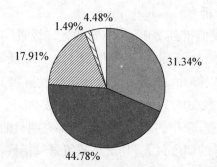

乐观　■较乐观　▨一般　▨较不乐观　□不乐观

图 5-5-9　对下半年本行业总体运行状况的预期

2. 生产景气指数走势分析

如图 5-5-10，2017 年生产景气指数也达到近四年来最高，为 139.3，也是 2017 年四大二级景气指数中最高的一项。由图 5-5-11 可得知，企业家们对于上半年企业的综合生产经营状况的看法中，乐观的有 12 家，较乐观的有 17 家，一般的有 22 家，较不乐观的有 14 家，不乐观的有 12 家。而对下半年的企业综合生产经营状况的看法中，乐观的有 17 家，较乐观的有 11 家，一般的有 29 家，较不乐观的有 10 家，不乐观的有 17 家。其中 3 家上半年经营状况较不乐观的企业对下半年的预计都转变为较好的形式,可见企业家对本企业的发展状况仍有很大信心。

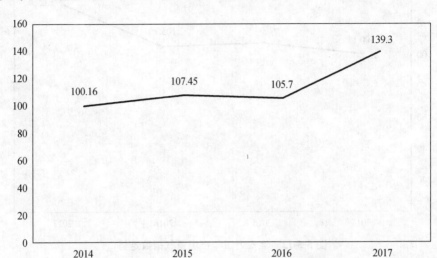

图 5-5-10　淮安近四年生产景气指数走势

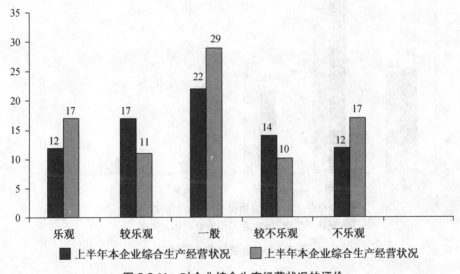

图 5-5-11　对企业综合生产经营状况的评价

3. 市场景气指数走势分析

如图 5-5-12,市场景气指数也超越以往一百零几的数值,达到 132.5 的高指标。2017 年 5 月 4 日中国行业装饰协会发布《2016 年度中国建筑装饰行业发展报告》,报告指出我国建筑装修装饰行业完成工程总产值 3.66 万亿元,同比增加 7.5%,超宏观经济增速 0.8 个百分点;其中公共建筑装修装饰全年完成工程总产值 1.88 万亿元,同比增长 8% 左右;住宅装修装饰全年完成工程总产值 1.78 万亿元,同比增长7.2%。全行业平均利润率为 1.9% 左右,比 2015 年下降了 0.1 个百分点。

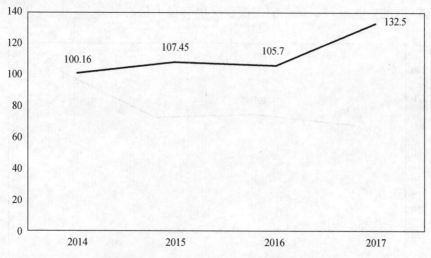

图 5-5-12　淮安近四年市场景气指数走势

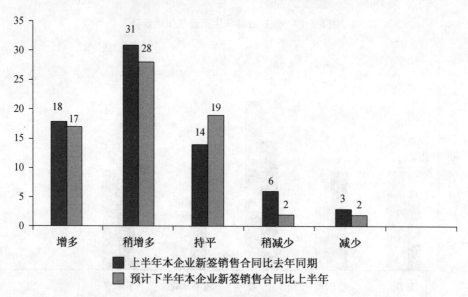

■ 上半年本企业新签销售合同比去年同期
■ 预计下半年本企业新签销售合同比上半年

图 5-5-13　新签销售合同情况

从新签销售合同的指标上来看（图 5-5-13），上半年企业新签销售合同比去年同期增多的有 18 家，稍增多的有 31 家，持平的有 14 家，总和占数据总体的 87.5%，可见企业经营状况相较于去年同时期有很多改善。然而企业家们对下半年企业新签销售合同的预计也有比较良好的看法，增多、稍增多和持平的企业占到总数的大部分，依旧认为将减少合同签订的企业还有 4 家，占到总数的 5.88%，仍有少部分企业的预计情况不太乐观。

4. 政策景气指数走势分析

从图 5-5-14 可以发现，淮安今年的政策景气形势有所缓解，相较前三年都有明显幅度的上升。但政策景气指数仍然是四大指数中最低的一个。我们组的调研中建筑装饰业的问卷量占总数的绝大部分,由此我们着重分析建筑业政策制度对政策景气指数的影响。2016 年建筑业全面实行营改增,建筑行业增值税也由此步入良性征管时代。这一变化畅通了建材行业的增值税链条效应,建筑材料从生产直到建筑业和成品房销售业终端产品保持了增值税抵扣链条的完整性;解决了国地税分别征管的脱节现象,建筑材料从始到终都由国税征管,便于从制度和体制上完善建筑材料税收的征管,消灭了税收征管的真空带。除此之外,政府在税收优惠、专项补贴、政府效率或服务水平等方面都有提高,我们由此可以乐观地预计将来的政策环境发展趋势将继续趋于平缓上升的状态。

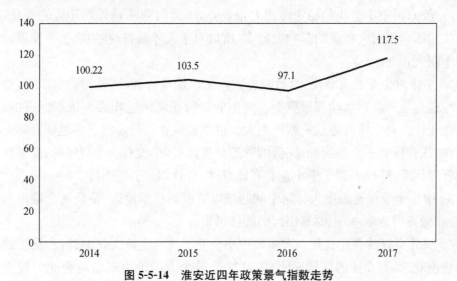

图 5-5-14　淮安近四年政策景气指数走势

结合图 5-5-15 近年的政策环境各具体指标景气指数来看,融资成本、税收负担

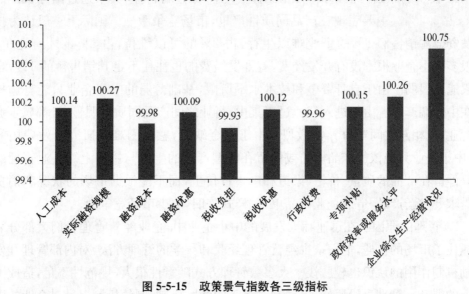

图 5-5-15　政策景气指数各三级指标

和行政收费始终是指数较低的几项，淮安这几年的政策方面的举措在部分方面有了一些成效，但仍然需要政府部门继续保持措施的实施与改进，寻求最佳方式促进政策环境的发展。

5.5.5 中小企业存在问题及解决建议

（一）淮安中小企业存在的一些问题

1. 发展规模小。我市中小企业不管是生产规模，还是人员、资产拥有量以及影响力都要小于大企业。这使得大部分的中小企业难以提供高薪、高福利来吸引人才。而且，一般来讲中小企业的稳定性比大企业差，不管内部还是外部环境的变化，对中小企业的影响比对大企业的影响大得多，所以对于人才而言，在中小企业发展的风险要高于在大企业。

2. 个体对企业的贡献度大，影响也大。无论是经营者，还是每一个职工，对企业稳定地进行生产经营活动都很重要。大企业持续正常的运作必须依靠完善的制度，中小企业往往对个体的力量依赖性更大。也就是说企业的发展更多地依靠每个人的能动性，往往没有一个系统的、完善的管理制度体系，也没有一个持续的、完整的人力资源管理体系，这也不利于中小企业有针对性、有计划地引进人才。

3. 中小企业融资难度大。这个问题难以突破的根本原因，是我国金融市场不健全，企业融资渠道单一，主要靠银行的间接融资。

4. 缺乏良好的企业文化。大多数中小企业不注重企业文化的建设，员工缺乏共同的价值观念，对企业的认同感不强，往往造成个人的价值观念与企业的理念的错位。这也是中小企业难以吸引与留住人才的一个重要原因。

5. 技术的原因。根据我们此次调查，共73家建材行业，其中通过国际认证的有4家，占5.4%。主要表现在产品同质性严重，市场竞争激烈。国际上一般认为技术开发资金占销售额1%的企业难以生存，占2%的可以维持，占5%的才有竞争力。而很多中小企业根本没有开发经费，有开发经费的也往往不足其销售额的1%，自我积累能力很弱。由于自身资金和技术水平所限，基础薄弱的中小企业只能有选择生产在中低端产品。由于进入行业过于集中，行业之间产品同质性明显，且都属于竞争性行业，故相互之间竞争异常激烈。由于资金缺乏，融资困难和研究开发费用的昂贵，中小企业只能依靠产品模仿或停留在成型产品的生产与销售上。企业管理的焦点只停留在产品的质量、价格、渠道和广告宣传上，而不能根据市场的状况和消费者的需求开发新产品，造成企业产品单一、样式陈旧、缺少市场竞争力。

6. 管理的原因。在迅速壮大发展的中小企业中，企业经营管理者们大部分靠的是抓住了市场的机遇，他们缺少经营管理经验和科学的管理方法，对内部管理和发挥激励机制作用的认识也较肤浅。大多数管理方式随意性很大，规范性不足，造成了管理上的混乱。管理手段原始、混乱和对员工的激励机制、制约机制以及对企业的财政机制的不完善也制约了中小企业进一步发展。

（二）针对目前淮安中小企业存在问题的解决建议

1. 对于企业而言：

① 加强企业技术创新和管理创新，通过自我提升，增强企业竞争力。

② 要开拓国外市场，让中国制造"走出去"。

③ 关注政府政策，积极利用政府扶植项目，增加企业融资。

2. 对于政府而言：

① 要加大税收调控力度。一方面要根据《中小企业促进法》，制定有利于中小企业发展的税收政策措施，积极发挥税收政策在拉动投资、扩大出口、结构转型、产业升级、克服瓶颈、促进创业等方面对中小企业发展的正面促进作用，尽量减少税收政策调控的时滞性、局限性等负面作用。另一方面，要积极借鉴国际上税收政策扶持中小企业的相关经验，按照国家宏观调控要求，建立助推中小企业持续健康发展的长效机制。与此同时，要妥善推进增值税转型改革以及劳动密集型产品和机电产品的出口退税工作，切实帮助中小企业摆脱生产经营困难。

② 要加大财政支持力度。设立中小企业促进专项基金，鼓励由各级政府财政预算安排，设立专项用于支持各地民营企业和中小企业发展的政府性基金，支持中小企业专业化发展、与大企业协作配套、技术创新、新产品开发及促进中小企业服务体系建设等；积极推进费改税，在清理不合理收费项目的基础上变费为税，使中小企业的负担稳定在合理的水平上。在此基础上，要进一步清理现有行政机关和事业单位收费，除国家法律法规和国务院财政、价格主管部门规定的收费项目外，任何部门和单位无权向中小企业收取任何费用，无权以任何理由要求企业提供各种助或接受有偿服务。加强对中小企业收费的监督检查，严肃查处乱收费、乱罚款及各种摊派行为，切实减轻中小企业负担。

③ 要加大金融帮扶力度。稳步改善中小企业融资服务。继续发挥各商业银行融资主渠道作用，增加中小企业特别是小企业贷款。稳步推进小额贷款公司试点，提高中小企业集合债发行规模。推进中小企业信用制度建设，鼓励和规范发展中小企业信用担保服务，建立和完善风险分担和补偿机制。加快完善中小企业板，积极推进创业板市场，健全创业投资机制，鼓励创业投资公司发展。

④ 要加大社会服务力度。要根据中小企业发展特点和服务需求，支持中小企业服务中心等各类服务机构提升能力，积极拓展业务，规范服务行为。充分发挥行业协会、商会的作用，鼓励科研院所、企业技术中心加强针对中小企业的共性技术研究，推动产、学、研、用结合。在中小企业集中特别是产业集聚地区，重点支持建设一批综合性公共服务平台，建立并完善政府购买服务支持中小企业发展的机制。

5.5.6 调研总结

本次调研由 7 名同学历经一周时间完成,样本数据的总体质量较高,从中我们可以对淮安市中小企业的生存现状以及企业家对下半年企业内外环境的预期做一个大致的把握与了解。组员们通过自己的力量每人都调研了十家企业以上,能够确保问卷的真实性。在调研之前,组员们都积极地讨论调研主要对象,初次敲定主题后能够一起分析,几经讨论之后才定下的主要研究对象并且组员们都认真对待,按规定时间完成任务。

但是在调研过程中,依然存在着一些问题,希望在明年的调查中予以修正和改进。首先,在本次调研的企业中,以微型企业居多,小型企业只占了很小一部分,而中型的企业这次一家都没有调研到,可能是由于人员比较少,我们去的地方比较局限也比较少,希望以后的调研能够注意这一问题,适当调整中、小、微型企业各自所占比例;其次,本次调研数据主要集中在建筑装饰业上,而对于其他行业的数据收集较少。再者,参加此次调研的同学只有七人,问卷也只有七十几份,所以数据还并不能完全反映淮安中小企业的实际情况,误差会偏大。还有,在让企业负责人填写问卷时,他们会因为个人原因或过于忙碌而敷衍或随便填写,使得问卷质量不够高。因此,我们希望在今后的景气指数调研中能够进一步克服以上几个问题,以进一步提高调研的质量与水平。

最后,衷心感谢带队老师王娜老师对我们的悉心指导和帮助。本次调研报告也是在老师的认真指导下完成,我们也学到了很多东西,再次感谢老师对我们的关心和帮助。

5.6 常州市制造业生存困境分析

黄 颖[①]

5.6.1 调研背景

常州,地处长江之南,太湖之滨,处于具有"世界工厂"美誉的长江三角洲中心地带,与苏州、无锡联袂成片,构成苏锡常都市圈,其制造业较为发达。

制造业是立国之本,强国之基,江苏省作为制造业第一大省,面对当前中国严峻的制造业形势,更是肩负着转型升级、领跑全国的使命。

去年 3 月,省发改委公布了《江苏省 2016 年重大项目投资计划》,在全部 230 个

---

① 黄颖,南京大学金陵学院 2015 级金融学专业本科生。本文获南京大学国家双创示范基地 2017 年中小企业景气调研报告大赛二等奖。

项目当中,常州占了 23 个。其中,有 10 个制造业项目入选,数量位居全省第一。在改革开放初期,常州就已成为闻名全国的工业明星城市,并以乡镇工业发达为时代特征,与苏州、无锡共同创造了著名的"苏南模式"。制造业历来是常州市的传统和优势产业,经过了改革开放 30 余年的发展和各方努力,已形成了具有较高技术含量和地方特色的制造体系。

看到常州制造业取得成就的同时,我们也应该清醒地认识到常州制造业虽然具备较好的优势,但量大质弱,低端产品所占比重较高,在国际市场上缺乏竞争力,处于全球价值链的加工制造环节。本次调查将分析寻找制造业的可行出路以及发展方向。

5.6.2 调研方法

本次调研通过随机抽样,以企业自愿参加为原则,由常州市中小微制造业企业高管填写调查表,汇总数据计算景气指数而成。共发放问卷 324 份,收回有效问卷 226 份,占常州市总问卷数的 69.8%。

调研采用问卷调查、企业访谈、实证研究等方法,本着据以编制景气指数,同时参考常州市统计局相关数据,通过定性与定量相结合的方式,准确地反映内生性因素和外源性因素对中小企业生态环境的影响,以及时、准确地反映宏观经济运行态势和企业生产经营状况,进而分析、研究和预测经济发展变动趋势。

5.6.3 宏观数据分析

(一) 企业类型划分

由图 5-6-1 可见,此次调研超过半数为小型企业,占比 51.56%。中型企业和微

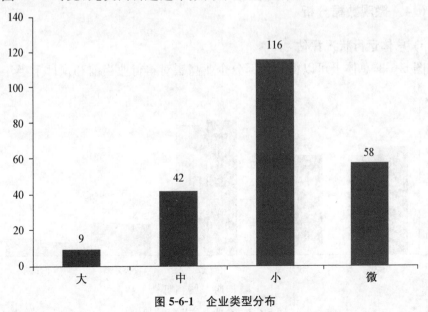

图 5-6-1 企业类型分布

型企业所占比例各为 18.67% 和 25.78%。

(二) 企业区域分布

此次问卷统计中由于加入了新北区汽车产业集群的数据,所以企业区域分布新北区占半数以上,如图 5-6-2 所示。新北区作为 1992 年经国务院批准最早成立的 52 个国家级高新区之一,在工业和文化旅游方面都取得了不俗的成绩。占比其次的是武进区,为 12%。实体经济强、制造业强、民营经济强,是武进区经济发展的三大特色,在 2016 年,武进以产业创新引领发展,在转型进程中不断释放活力,已经连续四年荣获"中国中小城市综合实力百强区"第三名。

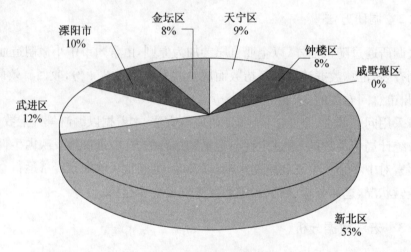

图 5-6-2　企业区域分布

5.6.4　微观数据分析

(一) 总体运行状况评估

从图 5-6-3,总体上可以得知大部分企业高层对本行业当前和预计下半年态度呈

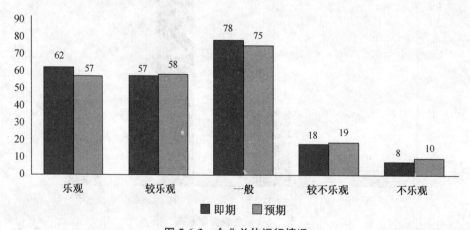

图 5-6-3　企业总体运行情况

较乐观和一般看法(占 87.16%),极少数企业是呈不乐观态度(占 12.84%),同时从调研结果显示,企业高层对下半年的运营态度较为乐观,说明总体企业高层人员对未来企业的运行还是比较有信心的。

宏观上,从经济先行指标看,5 月份全国 PMI 指数为 51.2%,与上月持平,持续高于临界点,制造业稳定增长。说明经济逐步企稳,经济走势有望实现前低后高,增长速度将逐步提升。

总的来说,常州的中小企业大部分以零售业、制造业为主,随着社会经济飞速的发展,人们生活水平不断改善,对于物质的需求也不断增加,由此使各零售业和制造业不断兴起,并且生产规模也不断扩大,企业经营状况趋于稳步上升阶段,呈现乐观的状态。并且值得一提的是,由于常州市兴建地铁,与市政工程相关的行业如钢铁行业有了较大回升。

然而,由于人才、资金、经验、规模等各方面条件的不成熟,大型的订单数的下降,制造业的进一步发展仍然举步维艰,在瞬息万变飞速发展的当今经济环境中仍然不能完全把握自己企业现状和未来发展。在调研中我们发现也有不少企业担忧自己企业处境,认为市场不景气,抗风险能力弱,并且挣扎在企业转型的边缘,对行业总体运行状况持谨慎中立和不乐观态度。

(二) 各项指标得分

由表 5-6-1 可见,经营成本指标得分最低,只有 46.37,处于红灯区,严重不景气。随着中国制造业人口红利的逐渐消失,劳动力成本越来越高,这在中小企业中得到了证实,人工成本得分只有 36.92,处于红灯区。产品(服务)的销售价格虽然得分为 106.02,处于绿灯区,但相比其他指标得分,不是很高,也需关注。营销费用得分也比较低,只有 55.58 分,对于大多数小微企业而言,营销费用方面的支出极不乐观。金融生态环境方面,融资成本得分比较低,只有 84.51 分,处于黄灯区,须引起重视。税收负担得分只有 78.23,虽然我国目前已全面实现营业税改增值税,但对于中小企业制造业而言,影响不是很大,税收对于企业而言依旧是很大的难题。因此,综上所述,微观方面,我们将重点分析三个方面,同时也是目前中小企业的三大困境:成本、价格、税收。

表 5-6-1　制造业景气指数的三级指标

制造业各指标景气指数			
总体运行状况	139.39	应收款	121.68
营业收入	141.06	固定资产投资	125.42
经营成本	**46.37**	产品(服务)创新	133.42
生产(服务)能力过剩	87.26	流动资金	122.95
盈利(亏损)变化	133.91	融资需求	119.03

(续表)

制造业各指标景气指数			
技术水平评价	145.22	实际融资规模	111.68
技术人员需求	137.7	融资成本	84.51
劳动力需求	135.75	融资优惠	103.36
人工成本	36.92	税收负担	78.23
新签销售合同	137.45	税收优惠	107.1
产品线上销售的比例	129.38	行政收费	95.83
产品(服务)销售价格	106.02	专项补贴	104.88
营销费用	55.58	政府效率或服务水平	130.53
主要原材料及能源	155.75	企业综合生产经营状况	140.09

(三) 成本

通过分析 2015 年、2016 年的数据,我们得出如下图 5-6-4:

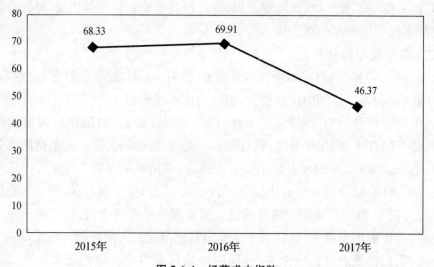

图 5-6-4　经营成本指数

　　如图所示,2016 年指数环比上升了 2.3％,2017 年指数环比下降了 33.7％,下降的幅度较大。细究原因,制造业的经营成本主要是人工成本、原材料成本、仓储成本、运输成本等其他费用支出。由于后两者没有具体的数据的支持,且实地走访时企业负责人强调最多的就是劳动力价格的上升,因此我们着重分析人工成本对生产成本的影响。先来看图 5-6-5 及图 5-6-6:

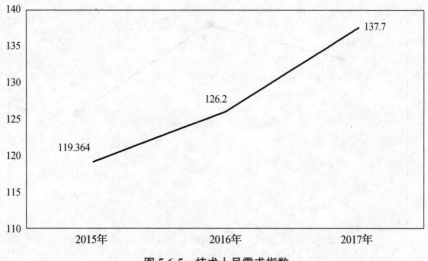

图 5-6-5　技术人员需求指数

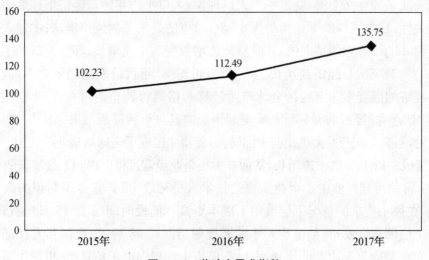

图 5-6-6　劳动力需求指数

无论是技术人员需求指数还是劳动力需求指数,2015 年到 2017 年都保持增长,且劳动力需求指数的增速较快,可见中小企业制造业对劳动力的需求之大。

面对劳动力和技术人员日益增长的需求,人工成本的严重不景气与之形成了鲜明的对比,细究人工成本上升的原因,主要有如下三方面:

(1) 中国用工成本普遍上升。在过去 30 多年中国经济高速增长过程中,人口起了很大的作用。充裕且廉价的劳动力是支持中国大量引进外资和出口导向型经济得以长期维持的重要因素。我们目前面临的问题是,人口老龄化和流动性的减少是不可逆的,中国不是一个小国,也不可能有大量移民来改变中国的年龄结构,在欧盟与日本经济都处在不断走向老龄化的过程中,中国也同样面临着这样一个不利因素。

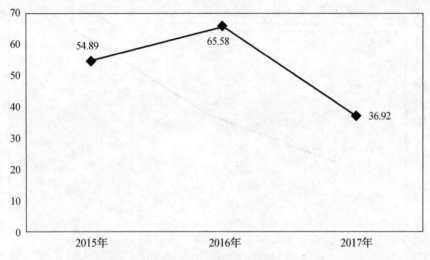

图 5-6-7　人工成本指数

经济增长从某种意义上讲，就是一个人口现象，人口平均年龄与经济增速之间存在一定的相关性：日本人口的平均年龄为 47 岁，对应的是极低的经济增速；中国人口的平均年龄为 37 岁，对应的是中国 GDP 从高速增长变为中速增长；印度人口的平均年龄只有 27 岁，对应的是经济高增长。回顾 20 世纪 70 年代以来的经济史不难发现，国别之间经济的盛衰实际上就是全球产业转移和格局再调整的过程。70 年代日本和 80 年代"四小龙"经济的崛起就是欧美制造业向其进行转移的结果。从 20 世纪 80 年代末开始，制造业又开始大规模向中国转移，使得中国成了全球制造业的大国。现在中国的用工成本以 10% 的增速增长，从而在中小企业经营过程中得到了最显著的反映。

（2）常州市制造业中小企业需要的技术人员稀缺，且具有专用知识的人才稀缺性更高，在供不应求的情况下导致用工成本更高。前段时间（2 月 15 日），教育部、人社部和工信部联合发布《制造业人才发展规划指南》。今后，教育部和人社部等部门将及时发布制造业人才需求预测，引导高校招生计划向电子信息类、机械类等与制造业十大重点领域相关的专业倾斜。权威部门的统计显示，当前我国制造业十大重点领域对人才需求量较大，预计到 2020 年，各领域的人才缺口如表 5-6-2 所示。

表 5-6-2　我国制造业十大重点领域人才缺口

新一代信息技术产业人才缺口	750 万人
高档数控机床和机器人领域人才缺口	300 万人
电力装备领域人才缺口	411 万人
航空航天装备人才缺口	19.8 万人
海洋工程装备及高技术船舶人才缺口	16.4 万人
先进轨道交通装备人才缺口	6 万人

（续表）

节能与新能源汽车人才缺口	68万人
农机装备人才缺口	16.9万人
新材料人才缺口	300万人
生物医药及高性能医疗器械人才缺口	25万人

实现制造强国的战略目标，关键在人才。《制造业人才发展规划指南》提出，到2020年，要形成与制造业发展需求相适应的人力资源建设格局，制造业从业人员中受过高等教育的比例达到22%，高技能人才占技能劳动者的比例达到28%左右，研发人员占从业人员的比例达到6%以上。

（3）企业对于人工成本如此悲观的原因一方面也是出于对沉没成本的考虑。企业对技术人员的需求巨大，不少企业都会选择优秀的员工进行教育培训，以期提高企业的劳动生产率，员工培训的时间周期较长，企业的教育成本比较高，一般情况下后期的收益也高。但花了财力培训出来的技师很容易被挖墙脚，于企业而言投入的成本并没有给其带来相应的价值收益，人财两空，久而久之，企业便不愿也不敢投资员工的教育培训，进一步导致企业对高级技术人员的稀缺。通过企业访谈，我了解到虽然企业与员工签订合同，但按《劳动法》，合同保护的是员工的利益，司法部门考虑到这个方面的企业利益，当然，这又涉及了职业道德的话题。中小企业留住人才的方式比较单一：合同，只依靠薪酬激励的方式极易造成同行业间人工薪酬的价格战，从而使用工成本越来越高。

因此，对于中小企业而言，依据赫茨伯格的双因素理论，薪酬可以消除劳动力的不满，但更重要的是企业要有自己的企业文化从而使劳动力满意，产生留下的欲望，忠诚地为企业服务。

（四）价格

2015年至2016年，产品服务的销售价格指数上升了14.75%，2017年，该指数环比下降了13.6%。由于中小企业制造业产品差异化较小，且大多为同质化竞争，因此，价格竞争成为中小企业竞争的主战场。

（1）有些企业为了降低价格，不惜减少成本，不求质量，只求销量，进货商为了减少进货成本，也会选择价格低的产品，从而造成恶性循环。其他中小企业就一直坚持，直到产品质量低的企业因为信用透支倒闭，那他们则会获得最终的胜利。这是中小企业间的竞争现状。

（2）中小企业在招投标的时候一般按照：技术20%、规模20%，价格60%的权重进行评分，如果最后得分一样，依旧看价格，价格低者胜出。这在一定程度上也导致部分制造业为了压低价格减少生产成本，从而影响了整个中小企业制造业的生存环境。

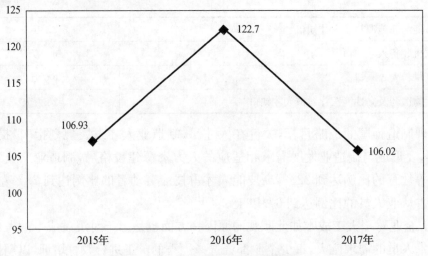

图 5-6-8　产品服务的销售价格指数

（3）分析各项指标的数据时我们不难发现营销费用得分很低，在一定程度上，中小企业制造业在形成了自己固定的客户后，便不会投入多少营销费用，这笔费用的减少一方面可以使得产品在价格上取得一定的优势，就营销而言，中小企业制造业的营销现状是：

① 营销战略只是一种形式。许多民营企业即便制定了营销战略，也仅停留在喊口号的阶段，无法把其贯穿于自身经营活动中，使营销战略成了装点门面的东西。由于战略迷失，许多企业在竞争过程中不断被动地调整自己的发展方向，白白浪费优势资源。

② 先制造后销售。许多中小企业在产品出厂时，连产品卖给谁都不清楚，就胡乱地打广告。渔夫都明白"在有鱼的地方打鱼"的道理，而许多民营企业并不清楚自己的消费者在何处，更不清楚他们的喜好、消费能力、年龄、性别、社会定位等方面的内容。

③ 营销＝广告＋促销。大量广告漫无方向地狂投及大量买赠促销过后，销量仍然不如人意。经销商开始提出退货，销售精英纷纷流失，产品大量积压面临过期，盲目跟风。许多企业一看竞争对手在电视上打广告，就迅速跟进。一看对手聘请了空降兵团，自己也毫不示弱地招兵买马。借鉴其他公司的先进营销经验本无可厚非，但许多民营企业迷信知名公司的操作方式，盲目照搬其他公司（特别是竞争公司）的经验往往给自己带来巨大损失。

④ 企业经营管理者的经营思想落后。一些企业领导人市场经济意识较差，市场营销不被他们认识和接受，或被他们错误地等同于推销或销售。此外，还有一些企业领导人习惯于接受行政管理的旧体制，对进入 21 世纪的企业营销感到不知所措。市场营销目标低、眼光浅。有些企业开展市场营销所涉及的范围狭小，对打破市场分

割、开拓新的市场缺少勇气和谋略,甚至一筹莫展。有些企业缺乏产品创新精神和扩大经营范围的开拓精神,满足于扩大企业现有产品的生产和销售,或将企业的产品限制在特定的行业中,不向相关的领域进行渗透和开拓,更没有生产一批、开发一批、销售一批的战略眼光。

因此,对于这部分企业而言,亟须改善营销观念,首先目标市场要明确,目标应投注于差异性产品,这种产品敏感度较小,价格的增值空间较大。其次,中小企业要形成自己的核心竞争力,消费者所需要的不仅仅是价格,更是质量。

(五) 税收

从图 5-6-9 中我们可以发现今年的税收负担得分是近三年最低,处于黄灯区,较不景气。虽然自 2016 年,我国已全面实施营业税改增值税,但对于大多数制造业而言,他们一直实施的就是增值税,因此,此次税改于他们而言并没有多大的影响。

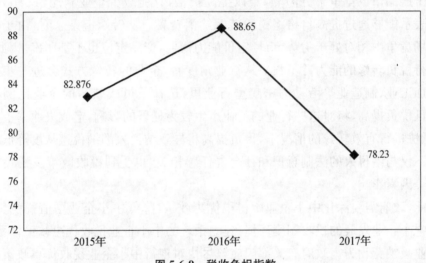

图 5-6-9　税收负担指数

此外,现行的税制中存在着不合理规定,这让中小企业在市场竞争中处于不利地位。据了解,按照现行的增值税制度,中小企业被划为小规模纳税人,从表面上看,中小企业所承受的法定税率要比一般纳税人低得多,但实际上,由于小规模纳税人的进项税额不能抵扣,其税负远远高于一般纳税人。又例如,我国目前增值税和所得税两个税种的适用企业规模大小都按同一纳税期限、纳税程序进行管理,无形中增加了规模小、财务账簿核算不规范的中小企业报税和缴税的难度。

现行的税收立法体系几乎都是采用小条例(法律)大细则的形式,临时通知、补充规定不断,有关的中小企业税收政策也只是从承受对象看主要涉及中小企业,没有一套系统的专门为中小企业量身制定的税收政策法规体系,造成相关政策执行起来随意性强,受人为因素影响大。同时,很大一部分优惠政策的制订还仅仅停留在解决残疾人就业、废旧物资回收再生等低技术层面,没有把中小企业制造业提升到当今许多高新技术的发祥地、吸纳社会新生劳动力的主渠道等这样一种战略地位来考虑,相关税收优惠政策制定的针对性、作用性不强。

中小企业的税负重问题,首先是税负本身重,即法定税负重。对中小企业进行界定,国家统计局和发改委根据企业从业人数、营业收入和资产总额划分中小企业,征税并不按这个标准,在税收中没有中小企业这个概念,纳税标准是按行业划分的。中小企业普遍感到税负重另一方面,是除了税还有费的问题,政策性收费、行政性收费、社会性收费三大类给企业带来了深重的负担,尤其以中小企业为甚。例如教育费附加费、地方教育发展费、价格调节基金、堤防费、工会经费、残疾人基金、环卫评估费、消防许可费,员工健康证费和已经取消的个体工商户管理费和集贸工商管理费等等。还有些是有关部门的乱摊派和乱罚款,无论是什么名目,对中小企业而言都是负担。

就中小企业的税负转嫁能力而言,调研结果显示,如税负上升,超过 60% 的企业认为由于产品市场竞争十分激烈,难以提高价格,只能减少企业利润,只有 14.24% 的企业表示能够通过提高价格将税负转嫁给消费者。从转嫁链条来看,由于中小企业在市场竞争中相对处于劣势,市场定价能力薄弱,产品定位也不甚明确,因此,向消费者进行税负转嫁的能力并不强。从行业角度看,企业的转嫁方式会进一步呈现差异。在加工业、制造业等劳动力密集型行业里,选择裁员或减薪的企业比例相对较高。一旦税负提高,将对这些行业的就业产生较为显著的影响,造成失业率上升。此外,在无法进行有效转嫁的情况下,税负提高将导致纳税人的纳税遵从度降低。纳税遵从度不仅与纳税人的法制意识和社会责任感相关,也受到税收政策及税负分配是否合理等因素影响。

因此,政府需要深化中小企业所得税优惠政策,降低中小企业增值税税负,构建有利于中小企业发展的税收制度环境,建立系统的中小企业税收优惠政策体系,鼓励中小企业吸纳劳动力。政府有关部门应该尽快对现行中小企业税收优惠政策进行整合,按照平等竞争、税负从轻、促进发展的原则,进一步清理针对中小企业的歧视性政策规定,切实转变按经济成分或所有制结构享受不同税收政策的情况,建立起规范统一的中小企业税收优惠政策框架,并以正式法规的形式颁布。

5.6.5 热点问题——融资

今年走访时一些企业负责人填写问卷填到融资相关选项时总会说我们不需要融资,就算要融资也不会去银行,朋友间相互借借就足够了,引起了我们调研组的重视,我统计了 368 份问卷,得出如图 5-6-10 的融资状况。

由图可见在融资需求减少的各行业占比中,制造业占比最大,为 65%。在制造业的 226 份问卷中,141 家企业的融资需求同比 2016 年不变、减少甚至不融资。我们主要从两个方面谈谈原因。

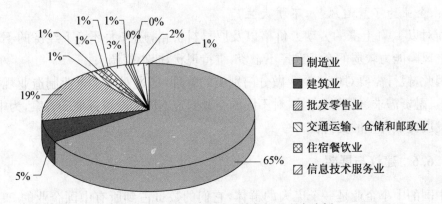

图 5-6-10　融资需求减少的各行业所占比例

1. 传统融资渠道融资成本高

(1) 从银行经营管理来看,风险管理约束加强是中小企业难以取得贷款的最主要因素,成本、收益和风险的不对称使得银行更愿意贷款给大企业,中小企业贷款数额不高,但发放程序、经营环节缺一不可,据测算,对中小企业贷款的管理成本,平均是大企业的五倍左右,而风险却高得多。银行经营,强调安全性、效益性和流动性,其中,安全性排在首位。此外,银行强调业务量,通常一家大企业的贷款数额抵得上几十家中小企业,从成本角度与风险角度考虑,中小企业融资难上加难。

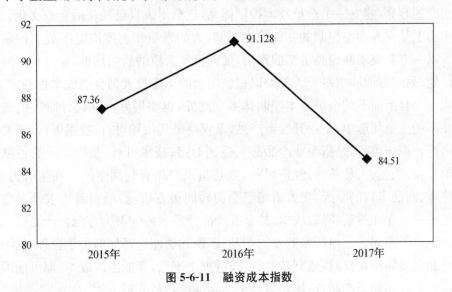

图 5-6-11　融资成本指数

(2) 中小微企业规模较小,抗风险能力弱,经济环境稍有恶化,便首当其冲受到影响,如原料成本、市场需求等都直接影响中小企业的发展。而且国家的宏观经济调控政策过多地侧重央企和大企业,缺少对中小企业的扶持。中小企业财务行为不规范,财务信息失真严重,管理水平低下,内控不严。长久以来,银行是中小企业的主要融资渠道,但由于企业自身条件的限制,使得银行贷款尤为烦琐。

2. 企业为了规避风险,不扩大生产

面对以10%上涨的劳动力价格以及原材料价格,还有大环境下经济的不景气,不少抗风险能力较弱的企业选择不融资,维持现状,船小好调头。

因此,银行需要对中小企业做分门别类的管理,通过对中小企业制造业规模、盈利能力、融资需求、信用的考核,对不同的企业制定不同的融资标准和方案,为中小企业的发展提供资金的支持。

5.6.6 建议与展望

中国的中小企业是一个庞大的群体,它们的数量占到所有中国企业的99%,创造了中国60%的GDP。同样,在创新方面,我们的中小企业仍是不容小视的群体。我们有65%的专利、75%的发明创造和80%的新产品都来自中小企业。然而,我们的中小企业制造业却深陷成本、价格、税收、融资的困境,因此,拿出可行的方案迫在眉睫。

在成本困境上,企业管理者应提高自身素质,通过主动学习和锻炼,来掌握先进的管理知识,如在计划、组织、协调、控制等基础管理方面的先进知识;市场营销、采购、研究开发、服务、生产、质量、财务、人力资源、信息化建设等业务管理方面的先进知识以及产业、行业和其他相关科学方面的先进知识等等。抓好员工的素质培养和工作态度的教育,建立一个全员成本控制体系,逐渐形成自己独特的企业文化。成本管理实质上是有人参与控制的一种管理活动,人的素质和态度决定了成本控制的成败。所以一方面要不断提高员工的素质,加强员工素质的后续培训,建立长远的员工培训计划;另一方面要求每个人都要以积极主动的态度投入到企业成本控制中去,从而形成一个自上而下的全员成本控制体系。此外,也要做好产品设计阶段的成本控制。在市场竞争环境中,企业开发新产品,不仅要做到市场可行,技术可行,还要注重经济可行。市场可行,是指企业产品必须适销对路;技术可行,是指企业具备制造该产品的设备、工艺、人员条件;经济可行,则是指该产品有利润空间。在生产力发达、科技进步、商品丰富的今天,卖方市场已全面转向买方市场,消费者需求是企业产品开发的源泉。保证质量,降低成本,是企业产品开发永恒的努力方向。产品设计者的成本意识至关重要。任何厂家开发的产品,不论其功能选择如何科学合理,倘不注意简化产品自身结构,合理挑选制造材料,改进加工工艺,降低生产成本,都可能因价格高于同行企业的同质产品,市场竞争处于不利地位乃至夭折。

在价格困境上,企业要注重营销能力的培养,选准目标市场,按单生产,由于中小企业生产规模小,营销能力有限,用于广告宣传的资金不足。如果撒开大网,漫海捕鱼,必定难有收获,也会使企业市场营销费用过高。有的中小企业生产的产品档次不高,容易过时,这使得企业要么退出市场,要么降价促销,将本就不大的利润空间进一步压缩,有时甚至陷入蒙受亏损的境地,所以,选择合适的目标市场就显得尤为重要。

此外,中小企业资金短缺,除低值易耗商品和小日用品采用存货生产外,一般厂家宜采用按单生产,按单生产既避免了生产的盲目性,克服产品的滞销,也保证了产品的质量。同时,按单生产按合同期限交货,还能建立良好的市场信誉,最终,加速资金的周转,在很大程度上弥补了资金不足的困难。

在税收困境和融资困境上,中小企业自身需要加强自身的财务规范化以及信用的提高,更多的还是政府需要发挥主力作用,在这方面,我们可以向德国和美国学习。

全世界 2 000 多家资质最好的中小企业,德国占了 47%。在经历了 2008 年的金融危机后德国政府为拯救其制造业,实行了四步走的战略:第一步,为帮助企业渡过金融危机,德国政府提供了 72 亿欧元的贷款,其中 94% 都给了中小企业,这一步帮助了 81% 的中小企业成功渡过难关;第二步,德国政府将营业税的起征点从过去的 25 万欧元增加到了 50 万欧元,此举大大减轻了中小企业的纳税负担,并且德国政府还提议修改了折旧法,替企业节省了十几亿欧元;第三步,在人工成本的方面,德国政府出资给予临时工 60% 的补贴,这 60% 是直接薪水的补贴。对于中小企业来说,员工的社保占了人工成本的很大一部分,为了降低中小企业的人工成本,德国政府决定,工人的社保前六个月政府付一半,六个月后,德国政府全部买单。还有很重要的一点,如果工人的收入下跌 10%,可以直接申请德国政府的补贴;第四步,德国政府深刻地认识到,新能源在发展制造业的整体计划中所占的重要位置,因此大力发展新能源。政府计划在 2010—2020 年投入 2350 亿欧元,用于新能源的研发,争取到 2050 年 80% 所用的能源产品均来自新能源。

美国和德国一样,也是通过政府的五板斧政策拯救制造业。第一板斧,为中小企业提供贷款。2009 年美国政府提出了两个法案,为帮助中小企业走出困境,美国政府为中小企业提供了 130 亿美元的贷款。第二板斧,减税。为了减轻中小企业的税负,2010 年美国政府提出了一个重要的法案,给中小企业减免了 120 亿美元的税收。第三板斧,鼓励大企业回归,鼓励大型制造业的回归。在企业回归的过程中,如果造成了成本的增加,美国政府同意增加的成本 20% 可以抵扣税。第四板斧,培训。为解决制造业人才缺口的问题,美国政府花了近 7 亿美元,培训了 50 万名熟练工人,其中 87% 都在培训之后找到了工作。这一步,不但帮助美国大大降低了失业率,并且帮助制造业解决了人才缺失的问题。第五板斧,大力发展新能源。和德国政府一样,从 2009 年开始,美国投入了 500 亿美元从事新能源的开发,对新能源企业提供 23 亿美元的税收补贴,争取到 2035 年实现 80% 所使用的能源都是新能源。

因此,综上所述,我国政府也可四步走,完善中小企业融资的相关法律、政策,加强对中小企业的扶持力度,重视技术人员的教育培训,大力发展新能源。

5.7 南通市纺织行业中小企业电子商务发展状况分析报告

何舒婷[①]

5.7.1 研究背景

南通,江苏省地级市,位于江苏东南部,作为全国著名的纺织之乡,纺织服装是南通第一大产业。根据 2016 年南通市国民经济和社会发展统计公报可知:2016 年全年新登记私营企业 2.53 万户,年末累计达 17.3 万户;全年新登记个体户 6.9 万户,年末累计达 48.5 万户,说明江苏南通大众创业万众创新氛围更趋浓厚。

近年来,南通市建立一系列的电子商务基地,其目的是进一步整合纺织产业资源,集聚本地优质网商,引导和促进南通传统纺织产业的转型升级。形成以产业集聚效应为核心的,产生正外部性经济效益的生态圈。

当前,世界经济和贸易低迷、国际市场动荡对我国影响加深,与国内深层次矛盾凸显形成叠加,实体经济困难加大,宏观调控面临的两难问题增多。从 2015 年开始,以去产能、去库存、去杠杆、降成本、补短板为重点的供给侧结构性改革已正式拉开大幕。此背景下,"互联网+"、大数据等在《十三五规划纲要》中被赋予未来五年拉动中国经济发展的重任。2017 年的《政府工作报告》中明确提出,要制定"互联网+"、数字经济、《中国制造 2025》行动有关文件,并且多次做出重要批示。2017 年 2 月 9 日中国商务部发布数据显示,2016 年中国网络零售交易额达 5.16 万亿元(人民币),同比增长 26.2%,是同期中国社会消费品零售总额增速的两倍有余。

为了响应"十三五"规划,国家相继出台许多政策不断地帮助传统制造业转型升级,分别从改善物流状况、诚信建设、网络安全、消费者权益保护等方面规范和发展电子商务。电商不断改变着传统商业版图,零售业的生存空间被严重挤压已经是不争的事实。随着我国中小企业数量逐步扩大,在越来越严峻的全球经济形势的不断冲击和影响下,中小企业应用电子商务再次被提到一个新的高度。

5.7.2 研究方法

(一) 样本描述

本次调研采用发放调查问卷的方式,对各企业抽样调查,本次调研中企业所属的行业均以主要产品的种类行业码进行具体划分。以下分别从样本的企业规模分布、地区分布及产品分布这三个方面说明此次的随机抽样数据比较具有代表性。

---

① 何舒婷,南京大学金陵学院 2015 级金融学专业本科生。本文获南京大学国家双创示范基地 2017 年中小企业景气调研报告大赛二等奖。

1. 样本的企业规模分布

调研样本中纺织业有效问卷共计 75 份,拥有线上销售的纺织业为 53 份,占纺织业 76.67%。拥有线上销售的企业分布如表 5-7-1 所示,且数量分布符合如今南通市纺织行业的现状。

表 5-7-1 样本企业的规模分布

	中型企业	小型企业	微型企业	合计
纺织业电子商务	17	23	13	53

2. 样本的地区分布

此次调研样本分布在南通市的 3 区 2 县 3 个县级市,主要分布在海门市,占总样本 32%,其次分布在如皋市,占总样本 16%,见图 5-7-1。

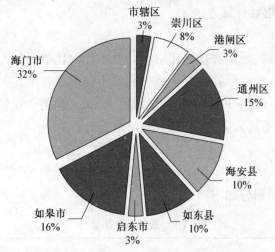

图 5-7-1 南通市纺织中小企业地区分布

3. 样本的产品分布

此次调研的样本中,大多数中小企业生产家用纺织制成品,占比为 51%,且样本分布在纺织行业的各个分支,详见图 5-7-2。

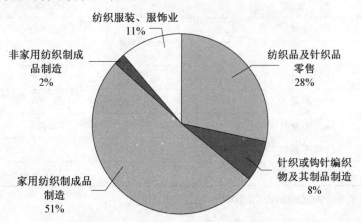

图 5-7-2 南通市纺织中小企业产品分布

（二）调研方法

本次调研采用问卷调查的方法，每位参加调查者至少调查 10 个中小企业，企业自愿参与调查活动，由中小企业的高管填写调查表。调查完毕后，需要计算企业景气指数。中小企业景气指数能够及时反映企业的生产经营状况及所处行业的景气状况和未来发展趋势等。企业景气调查法，即企业景气调查与景气分析方法的概括和总结归纳能够定期取得企业家对宏观经济运行态势和企业生产经营状况所做出定性判断和预期。

企业景气调查问卷题型有单选与多选两种，其中单选题被分为五个指标，并且予以量化。其中，正指标与逆指标在表达上有所不同，因此在处理逆指标时应将数据反置。而多选的题型，则为评价类指标，不作为景气计算。

（三）企业景气指数计算方法

1. 计算公式

即期企业景气指数＝回答良好比重－回答不佳的比重＋100

预期企业景气指数＝回答良好比重－回答不佳的比重＋100

企业景气指数＝0.4×即期企业景气指数＋0.6×预期企业景气指数

（注：计算时"3"不进入分子，但进入分母进行计算）

2. 衡量指标

在企业景气指数的分析使用上，人们通常会分为"非常景气""较强景气""相对景气"等区间，具体区间划分如下：

表 5-7-2　景气指数衡量指标

	衡量指标
非常景气	170 以上
较强景气	[170,140)
较为景气	[140,110)
相对景气	[110,100)
微景气	[100,90)
景气临界点	90
微弱不景气	[90,80)
相对不景气	[80,70)
较为不景气	[70,40)
较重不景气	[40,10)
严重不景气	10 以下

资料来源：基于研究中心创建的景气指数等级构成进一步细化。

5.7.3 景气指数计算与解读

数据分析分为两个部分,第一部分是对 2017 年南通市拥有电子商务的中小企业的生产经营状况、产品销售状况、企业融资状况及政府政策状况的三级指标分析。第二部分将 2016 年与 2017 年纺织行业拥有电子商务的中小企业的景气指标进行同比分析。

(一) 2017 年各项景气指数三级指标分析

1. 生产经营

表 5-7-3　生产经营景气指数三级指标

	营业收入	经营成本	生产能力过剩	盈利(亏损)变化	人工成本	主要原材料及能源购进价格
指数值	100.19	99.53	100.01	100.32	99.57	100.45

　　根据上表可知,南通市纺织行业中小企业电子商务生产经营状况一般,其中营业收入、生产能力过剩与盈利(亏损)变化、主要原材料及能源购进价格属于相对景气;而经营成本与人工成本均为微景气。

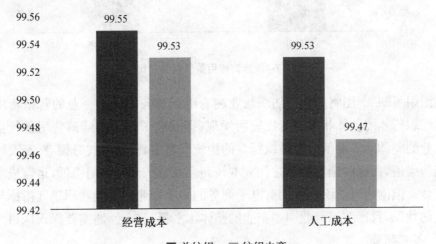

图 5-7-3　经营成本与人工成本指数对比

　　图 5-7-3 将南通市纺织行业拥有电子商务的中小企业的经营成本与人工成本景气指标与纺织行业的整体状况进行比较后发现:拥有电子商务的经营成本与人工成本的景气指标均比纺织行业的整体水平要低,根据电子商务相关研究,电子商务带来的产业集聚能够使电子商务专业化投入增加,引起规模化的生产,降低单位成本。但是在景气指标分析中,我们却发现了与电子商务的相关研究相违背的现象。

2. 产品销售

表 5-7-4　产品销售景气指数三级指标

	新签销售合同	产品线上销售的比例	产品销售价格	营销费用
指数值	100.28	100.20	100.15	99.60

据上表,南通市纺织行业中小企业电子商务市场销售状况如下:新签销售合同、产品线上销售的比例以及产品销售价格的景气指标为相对景气;营销费用的景气指标为微景气。

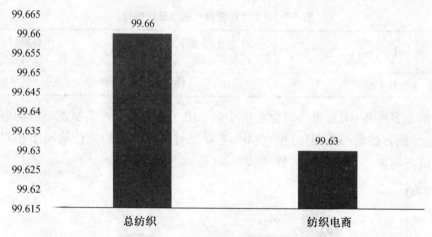

图 5-7-4　营销费用景气指数对比

由图中可知,上图将南通市纺织行业拥有电子商务的中小企业的营销费用景气指标与纺织行业的整体状况进行比较后发现:拥有电子商务的营销费用景气指标比纺织行业的整体水平要低。在纺织行业的传统贸易中,需要寻找分销商、开设线下门店等销售渠道,而这些销售渠道往往成本较高。而电子商务的门槛低,运营成本较线下销售低。但南通市纺织行业拥有电子商务的中小企业的营销费用景气指标却呈现微景气的状况,且比纺织行业中小企业的整体水平低,这个问题需要深入探讨。

3. 企业融资

表 5-7-5　企业融资景气指数三级指标

	融资需求	实际融资规模	融资成本	融资优惠
总纺织	100.14	100.05	99.86	100.05
纺织电商	100.18	100.07	99.92	100.03

根据上表可知,南通市纺织行业中小企业电子商务企业融资状况良好,其中融资需求与实际融资规模、融资优惠的景气指标为相对景气;融资成本的景气指标为微景气。说明南通市在扶持努力改善纺织行业中小企业电子商务企业融资状况。

南通市纺织行业拥有电子商务的中小企业的融资成本景气指标与纺织行业的整

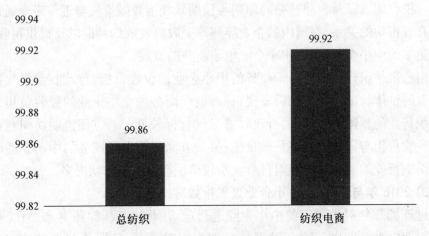

图 5-7-5　融资成本指数对比

体状况进行比较后发现：融资成本高对于南通市纺织行业中小企业而言是一个共性的现象。我国的中小企业普遍存在资金短缺、融资困难的问题，南通纺织行业拥有电子商务的纺织企业也是如此。

4. 政府政策

表 5-7-6　政策景气指数三级指标

	税收负担	税收优惠	行政收费	专项补贴	政府效率
总纺织	99.87	100.11	99.84	100.07	100.41
纺织电商	99.98	100.11	99.79	100.08	100.40

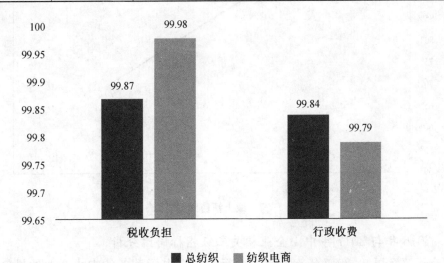

图 5-7-6　税收负担与行政收费景气指数对比

根据上表可知，南通市纺织行业中小企业电子商务政府政策状况如下：税收优惠、专项补贴以及政府效率的景气指标为微景气，税收负担与行政收费的景气指标为微景气。税收优惠以及专项补贴的即期与预期景气指数微景气与近年来南通市建立电商园有着密切的关系,在园内的企业能够享受政府发放的补贴以及提供税收优惠,以吸引更多的中小企业,助力中小企业电子商务的发展。

把南通市纺织行业拥有电子商务的中小企业的税收负担、行政收费景气指标与纺织行业的整体状况进行比较后发现:拥有电子商务的中小企业的税收负担景气指标较纺织行业的整体状况高,而行政收费景气指标较低。一方面说明纺织行业的整体状况税收负担与行政收费都是微景气;另一方面说明电子商务的中小企业的税收负担较纺织行业的整体状况轻但行政收费较纺织行业的整体状况多。

(二)2016年与2017年中小企业景气指数对比分析

通过连续几年对南通市的中小企业进行走访调研发现,2016年与2017年南通市纺织行业中小企业电子商务发展状况均为相对景气,分别是100.08与100.20。其中,2016年南通市纺织行业拥有电子商务的中小企业的地区分布主要分布在海门市,占比82.06%;其次是通州区,占比10.59%。

1. 纺织行业中小企业线上销售比例的同比分析

由图5-7-7对比可知,在南通市纺织行业中小企业中2016年的线上线下销售比例为99.42%,而2017年的线上线下销售比例为70.67%,2017纺织行业拥有电子商务的中小企业较2016年下降了28.92%,下降的幅度较大。

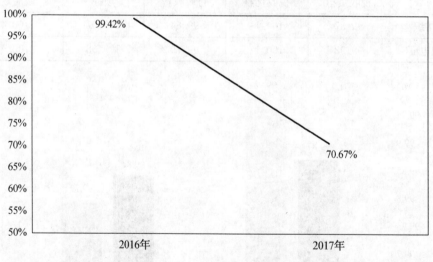

图5-7-7 线上销售比例同比

2. 2016年与2017年中小企业相关三级指标同比分析

由表5-7-7可知:2017年南通市纺织行业拥有电子商务的中小企业的景气指数三级指标均比2016年低,由此可见南通市纺织行业中小企业电子商务发展状况呈下降趋势,其可持续发展能力令人担忧。

表 5-7-7　2016 年与 2017 年部分三级指标同比分析

	经营成本	人工成本	融资成本	营销费用	行政收费	税收负担
2016	99.92	99.82	99.96	99.85	99.99	99.998 82
2017	99.53	99.57	99.92	99.60	99.79	99.981 13
增长率	−0.40%	−0.24%	−0.04%	−0.25%	−0.20%	−0.02%

5.7.4　存在的问题

　　根据第一部分调研背景分析:政府政策不断改善纺织电商的生存环境以及人们电商需求日益增长,电子商务凭借着实体行业无可比拟的优势发展迅猛。但纺织电商中小企业在发展过程中依然遇到瓶颈,且经营成本的状况不佳与现有的相关理论违背。电商在我国的发展经过长期的高速增长,现在进入一个瓶颈期。然而我国的实体零售商业,在电商的冲击下,经过 5~8 年的衰退,现在进入稳定期与复苏期,实体商业又迎来新的一轮发展机遇。

　　在电子商务的发展前期,由于竞争环境较为宽松,且多数平台的扶持力度较大,电商的生存环境较好。但是根据以下阿里巴巴云数据的饼状图,图中的售后、天猫扣点、推广成本这一类的营销费用占经营成本高达 46%,如果电子商务没有 50% 以上的净利率,电商也很难生存。

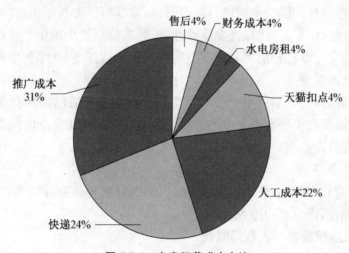

图 5-7-8　电商经营成本占比

资料来源:阿里巴巴云数据

　　由此可见营销费用的增加是导致纺织电商中小企业经营成本增加的重要原因,其中营销费用的增加主要来源于两个方面:

1. 推广成本不断上升

　　由于纺织行业是低端制造业,同质化严重,因此在纺织电商竞争中大多为低价恶性竞争,竞争者通过促销广告吸引顾客群,提高客户的黏性。同时,由于纺织电商中小企业的竞争力较弱,客户忠诚度较低,没有相对稳定的流量,在营销上利用竞价排名、竞价搜索的方式快速获取流量。

2. 技术服务费用日益增加

纺织电商中小企业大多是在大型的电商平台进行销售,例如淘宝、天猫、阿里巴巴、京东等,而这些平台往往会收取较高的技术服务费,除了每年或者每个月固定的费用外,企业的销售额也会进行一定比例的抽佣。

5.7.5　建议与对策

此部分是针对纺织电商中小企业的营销费用高的问题,为其自身的可持续发展提出的建议与对策。

(一) 企业应转变营销策略

1. 明确细分市场

把市场按顾客进行明确的划分,形成不同的目标市场,并对不同的细分市场采取不同的市场营销组合,在广告营销上针对性地投放广告,降低客户获取成本。并且可以使企业容易地掌握消费者需求,并针对各个细分市场的特点,增强企业适应市场变化的能力。

2. 优化营销渠道

找到最适合自身发展的渠道进行电商营销,取其精华去其糟粕,将投放预算发挥最大效果。拓展营销渠道,比如资金流动性差、顾客信息量少的中小企业可以采用私人定制模式;社交电商提升消费者对线上购物路径的信任度,在零售中形成复购。

3. 提升产品质量

十九大召开后,习近平总书记强调我国的社会主要矛盾已经转化为人民日益增长的美好生活需要和不平衡不充分的发展之间的矛盾,所以企业也应跟着消费者需求调整生产,提升产品质量。

4. 注重服务环节

注重营销过程中售前、售中、售后服务环节,为顾客提供良好的购物体验,提高产品口碑,客户黏性,降低客户维系成本。

(二) 企业应积极参与大数据时代

如今是大数据时代,信息大数据有效降低制造业企业运营成本,提高运营效率。通过建立数据库进行数据分析能够更好地针对顾客偏好优化产品结构;针对顾客群体投放广告降低广告推广成本;精准对不同营销渠道进行量化分配推广资金,减少信息不对称带来的不利影响。

5.8　2017 年连云港地区中小企业景气调研报告

贾　倩　吕姝洁[①]

5.8.1　调研背景及意义

(一) 连云港经济环境

连云港市是中国首批对外开放的 14 个沿海城市之一,是中国 49 个重要旅游城市和江苏省 4 大国家风景名胜区之一,是举世瞩目的新亚欧大陆桥的东方桥头堡。连云港市一纵一横国家干道通车之后,连云港成为全国 45 个公路枢纽中心之一。交通便利,港口交通尤为突出,与上海港、宁波港一起并列为长三角 3 大主枢纽港。2017 上半年,全市 GDP 达到 2 376.48 亿元,较去年同比增长 10.6%;一般公共预算收入达到 211.47 亿元,固定资产投资达到 2 385.16 亿元,社会消费品零售总额达到 933.31 亿元,城乡居民收入年均分别增长 8.3%、9%。装备制造、石化产业产值突破千亿,百亿特色产业达到 12 个。连云港跻身国家规划建设的七大石化产业基地。截至 2017 年 6 月末,全市私营个体户数累计达 19.4 万户,共计吸纳就业人员 58 万人。全市共有规模以上民营工业 1 398 户,占全部规模企业的 85.0%。全市民营经济实现增加值 550 亿元,占全市 GDP 比重为 51.2%。2016 年 1—6 月份全市民营经济实现税收 131.1 亿元,同比增长 7.6%,占全市全部税收 71.7%。对经济增长的贡献率为 52.8%,拉动经济增长 5.7 个百分点。中小企业占连云港市经济主体的大部分,中小企业是推动连云港市经济发展的重要力量之一。就江苏省总体而言,连云港发展属于中等,但就其发展速度仍属于缓慢阶段。

(二) 调研方法

本次调研依旧采用南京大学金陵学院企业生态研究中心创建的景气指数体系和指数指标,既保证了与国家统计局现行的相关标准的一致性,又可以及时准确地观测江苏中小企业的成长态势和成长环境的变化。通过走访企业高管,填写问卷和现场采访的方法,取得企业发展的第一手资料,使得数据兼具时效性和准确性;同时,以定性为主、定量为辅,定性与定量相结合的景气指标为体系,以对企业的宏观经济环境判断和微观经营状况判断相结合的意向调查为内容,弥补了传统调查统计中的问题和不足。

通过我们所得的中小企业景气指数我们可以较为准确地了解连云港企业整体的经营情况以及宏观经济在连云港的运行情况;通过对景气指数的进一步分析我们则

---

① 贾倩,南京大学金陵学院 2016 级金融学专业本科生;吕姝洁,南京大学金陵学院 2015 级会计学专业本科生。本文获南京大学国家双创基地 2017 年中小企业景气调研报告大赛二等奖。

可以预测连云港经济的发展趋势，有针对性地发现连云港经济在未来发展可能存在的问题。本篇报告则侧重于连云港地区中小企业在一带一路中如何寻求发展问题。

（三）调研意义

一个国家的经济活力很大程度取决于中小企业的发展状况。当前，中小企业发展已经站上了新的历史起点，正处于"着力培育发展与加快转型升级"的关键时期；结构调整、节能减排以及宏观调控中的货币政策趋紧等刚性约束使许多中小企业面临严峻挑战，其中小微型企业遇到了前所未有的生产经营成本剧增等突出问题；各地政府正在积极寻求促转型与保就业、保增长的一致性和均衡性，将服务和引导中小企业特别是小型微型企业科学发展作为"十二五"时期加快转变经济发展发式、保障和改善民生的重要任务。

同时在"一带一路"快速发展的时代背景下，连云港地区的中小企业如何把握住时代的浪潮，发挥其"东方桥头堡""两路交汇处"这一极其有利的地理位置优势，寻找属于民企的生存之路，也是同学在调研过程中重点访问和思考的问题。

通过此次调研，不仅可以让参与调研的各位同学在实践中了解家乡的经济发展状况，同时也可以了解当前连云港经济发展过程中所暴露出的问题，预测连云港未来经济发展趋势，从而有针对性地提出对策与解决方法，帮助连云港中小企业向更好的方向发展。

5.8.2 问卷数据统计与分析

（一）样本数量

本次调研采用景气指数调研法。本次调研连云港地区共发放 220 张问卷，回收 190 份有效问卷，有效率达 86.82%。在参与本次调研中有效的 190 家中小型企业中，我们按照规模、行业、地区对其进行了进一步的详细描述。

（二）样本企业的规模分布

从企业规模来看，本次被调研的企业，小型企业占大多数，有 92 家，占样本企业的 49%；中型企业最少，有 40 家，占 21%；微型企业有 55 家，占 30%（见图 5-8-1）。

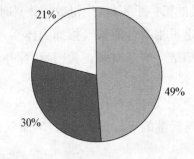

21%
49%
30%

☐ 小型企业　■ 微型企业　☐ 中型企业

图 5-8-1　企业类型

从业人数在 20～300 人的企业所占比例最大,数量为 101 家,约占 53％;从业人员在 300 以上的相对最少,数量为 6 家,约占 3％(见图 5-8-2),数量在 0～20 人的企业共 69 家,约占 36％。由于样本数较少,同学调研能力有限,在面对全市数据上存在一定程度的误差,但也不难看出小企业在整个经济市场的重要比重。

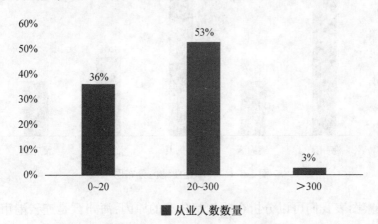

图 5-8-2　从业人员数量分布图

(三) 样本企业的分布

观察样本企业所处行业,我们可以发现在这 190 家企业当中,第一产业占比 28.3％,第二产业占比 40.3％,第三产业占比 31.4％(见图 5-8-3);分别分散于渔业、种植业、制造业、批发零售业等。

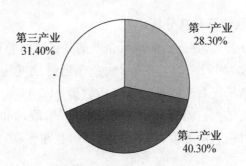

图 5-8-3　样本企业分布图

较之前几年的统计,连云港的产业机构在不断优化,各次产业内部发生了较大变化,第一产业中种植业和其他农业份额下降,牧业和渔业则成为农业经济新的增长点;第二产业结构得到进一步优化,高新技术产业发展迅速;第三产业中新兴服务行业快速崛起。

(四) 样本企业的地区分布

从样本企业的所在地看,此次调研东海区的中小企业占总样本比例 33％,赣榆区占总样本比例为 10.5％,海州区占总样本比例为 26.3％,灌云县及灌南县分别占比例15%和10.5%,由此可见今年企业样本数量覆盖了所有行政区,见图5-8-4。

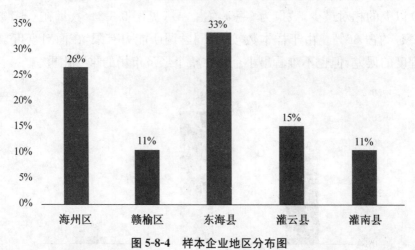

图 5-8-4　样本企业地区分布图

通过观察图表我们可以分析企业如此分布的原因:海州区是连云港市的主城区,人口密集,经济发展较为繁荣,政府扶持力度大,所以众多企业坐落在海州区。东海县拥有全国最大的水晶产业链,水晶的制造业带动了整个东海县的发展,所以东海县的企业数量偏高。赣榆区、灌云县以及灌南县以第一产业为主,赣榆区临海,以农业渔业为主,灌云灌南县以农业为主,因为中小企业的数量不比海州区与东海县。

5.8.3　2017 年连云港中小企业景气情况

(一) 整体景气指数计算及其分析

依据景气指数计算公式,在连云港调研企业的数据进行整理计算后,得出连云港中小企业整体景气指数为111.78,其中,反映企业当前景气状态的即期景气指数为110.8,反映企业对未来景气看法的预期景气指数为112.44。从指标当中可以看出,中小企业运行状况较去年而言略有下滑,处于绿灯区阶段,同时较去年而言,企业家对于未来发展预期抱以乐观的态度,仍处于绿灯区,见图5-8-5。

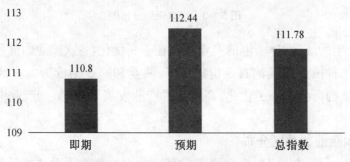

图 5-8-5　2017 年中小企业景气指数

　　结合前两年的指标,可以看到 2017 年的多项指标出现了继 2016 年下降之后又再次下降的状况。根据 2015、2016 年的数据,2016 年江苏省连云港地区中小企业景气指数为 113.5,反映企业当前景气状态的即期企业景气指数为 121.1,反映企业对未来景气看法的预期企业景气指数为 108.4;2015 年江苏省连云港地区中小企业景气指数为 100.05,反映企业当前景气状态的即期企业景气指数为 100.05,反映企业对未来景气看法的预期企业景气指数为 100.05;可以看到 2016 年相比于 2015 年即期指数上升了 20.05,预期指数上升了 7.35,总体指数上升了 13.45。2016 年到今年即期指数下降了 10.3,预期指数上升了 4.04,总体指数下降了 1.82。相比于 2016 年,2017 年的预期指数上升而即期指数下降,而在去年的报告中,2015 年与 2014 年对比,预期指数下滑幅度大于即期指数下滑幅度,在此基础上,我们发现 2017 年总体景气指数的下降主要是由 2017 年的即期景气指数的下降引起的,预期指数虽有上升,但即期景气指数下降幅度更大,更加明显。由此可以看出,2017 较 2016 年,企业家对目前经济状况的感知要低于对未来经济状况的感知,见图 5-8-6。

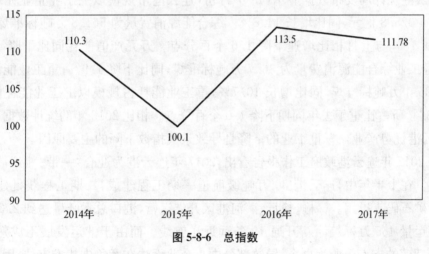

图 5-8-6　总指数

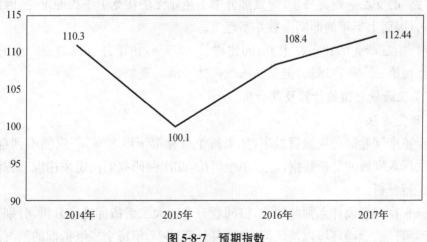

图 5-8-7　预期指数

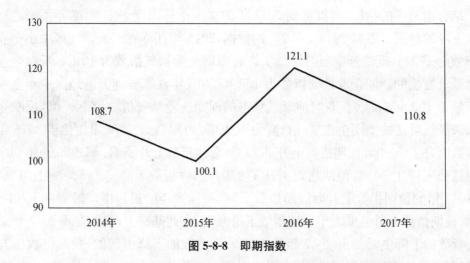

图 5-8-8　即期指数

由调研结果显示,引起景气指数下滑的主要原因为即期指数的下滑。

连云港统计局发布数据显示:1—7 月份,连云港市规模以上工业企业完成工业总产值 4 025.8 亿元,同比增长 14.8%。综合能源消费量为 561.8 万吨标准煤,同比增长 10.1%,与上月相比增速下降 1.6 个百分点。万元产值能耗同比下降 4.1%。其中,轻工业综合能源消费量为 36.7 万吨标准煤,同比下降 1.9%;重工业能源消费量为 525.1 万吨标准煤,同比增长 10.7%,重工业能耗占规模以上工业能耗的比重达 93.3%,所占比重于去年同期下降 1.0 个百分点。相比 2016 年的统计数据可以得出:连云港优势产业——重工业的下降是导致景气指数下降的主要原因。

由 2017 年连云港政府工作报告看出,2017 年连云港为迎合"一带一路",重点发展港运。在上半年中,连云港 30 万吨级航道一期工程建成,二期工程获批建设,30 万吨级矿石码头投用。赣榆、徐圩、灌河港区开港运营,港口总吞吐量达到 2.2 亿吨、集装箱运量 465 万标箱。新开通 19 条远近洋航线。而由于港运发展不成熟,同时"一带一路"的支点企业为央企,导致部分中小企业无法在竞争中找准定位,因此生产遭受冲击,因而上半年的即期指数并不理想。

同时,第三产业的比重在上升,同比增长 19.7%,由于连云港第三产业的薄弱,所以会出现第三产业在增长,但景气指数依然下滑的现象。

(二) 二级景气指数计算及其分析

1. 研究方法

由于整个问卷的题项数目过多,如果每个指标都予以考察,不仅抓不到重点,而且也无法深入细致的分析数据,经过小组讨论,此次调研我们决定采用以下方法对问卷数据进行分析。

首先根据问卷设计老师的建议,将问卷分为四大二级指标进行分析,分别为生产环境、市场环境、金融环境以及政策环境,并计算 2017 年每个二级指标的景气指数。

四大二级指标划分如表 5-8-1 所示：

表 5-8-1　二级景气指数的三级指标

生产景气指数	市场景气指数	金融景气指数	政策景气指数
营业收入	生产（服务）能力过剩	总体运行状况	人工成本
经营成本	技术水平评价	生产（服务）能力过剩	获得融资
生产（服务）能力过剩	技术人员需求	应收款	融资成本
盈利（亏损）变化	劳动力需求	投资计划	融资优惠
技术水平评价	人工成本	流动资金	税收负担
技术人员需求	新签销售合同	获得融资	税收优惠
劳动力需求	产品（服务）销售价格	融资需求	行政收费
人工成本	营销费用	融资成本	专项补贴
应收款	主要原材料及能源购进价格	融资优惠	政府效率
投资计划	应收款	专项补贴	企业综合生产经营状况
产品（服务）创新	融资需求		
流动资金	融资成本		
企业综合生产经营状况			

　　观察比较各二级指标对总体景气指数的推动和制约作用，然后在四个二级指标中着重分析景气指数最低的那个模块，具体探究景气指数最低模块中拉低指数的具体指标，并且和去年、前年进行对比分析，提出针对性建议，最后分析连云港近三年来景气指数的发展趋势。

　　2. 二级景气指数计算及分析

　　将样本企业数据按照二级指标划分标准进行归类，按照景气指数计算公式，得到连云港 2017 年二级指标景气指数，如图 5-8-9 所示：

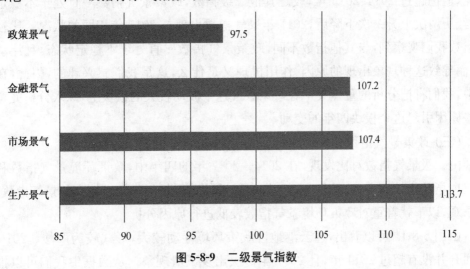

图 5-8-9　二级景气指数

根据计算,连云港地区的四大二级指标景气指数从高到低排列分别为:生产环境景气指数 113.7、市场环境景气指数 107.4、金融环境景气指数 107.2、政策环境景气指数 97.5。

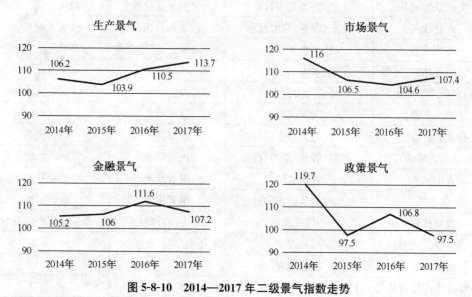

图 5-8-10　2014—2017 年二级景气指数走势

从图 5-8-10 可以看出,生产景气、市场景气、金融景气及政策景气都处于 90～150 之间,生产环境景气指数相对较高,可见企业家对生产环境的评价较高;而市场景气和金融景气相差不大且略微偏低,属于"微景气";而政策景气小于 100 分水岭,即将达到预警状态,可见企业家对政策环境的评价相对较低。

进一步由图 5-8-10 比较可以看出,市场景气表现出先下降后回升的状态;生产景气自 2016 年上升后一直处于稳定增长状态;金融景气由 2016 年上升后出现下降情况,但仍超过 2014、2015 年;较之其他二级指数,政策景气指数一直处于不稳定状态,经历两次上升一次下降后,2017 年景气指数出现与 2015 年相同的状况。比较几个指数我们观察到,与其他指数不同,政策景气指数一直处于不稳定状态,且浮动较大,而导致这种现象出现的原因、作用机理又是什么,这是我们感兴趣的,因此,在下文中,我们将把分析的重点集中在政策景气这个波动较大的板块上,深入分析究竟有哪些原因引起这个板块四年的变动。

(三) 政策景气指数分析

由二级景气指数对比发现,在 2014—2017 年的四年中,政策环境景气指数和其他三项指数比较而言,波动较大,指数较低,总体上也是下降幅度较大的景气指数,不容乐观,以下就着重对政策环境景气指数较低进行原因分析。

由图 5-8-11 可以看出,连云港地区政策环境浮动较大,形式较为严峻。2016 年的回升并没有超过 2014 年,且 2017 年再次出现下滑现象。从数据中我们可以推断出,连云港地区的政策一直处于不稳定状态,政策举措并没有什么实质性的进展。

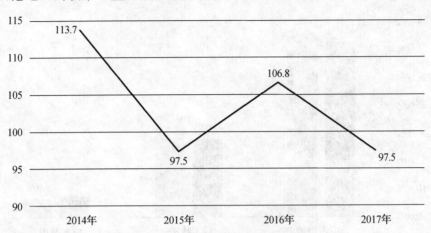

图 5-8-11　2014—2017 年政策景气走势图

为了更好地将各个因素对政策环境指标的影响区分出来,我们又分别计算了今年各具体指标的景气指数(见图 5-8-12),从政策环境的具体景气指数可以看出人工成本、融资成本、税收负担这三项在政策景气中较低,它们拉低了政策板块的指标得分,其中人工成本指数最低,为 44.1。政府效率和企业综合生产经营状况虽然指数较高,推动政策环境指数的提升,但因为人工成本、融资成本、税收负担这三项指标的指数过低,使得政策环境指数整体偏低。接下来我们将着重分析人工成本、融资成本这两项指标。

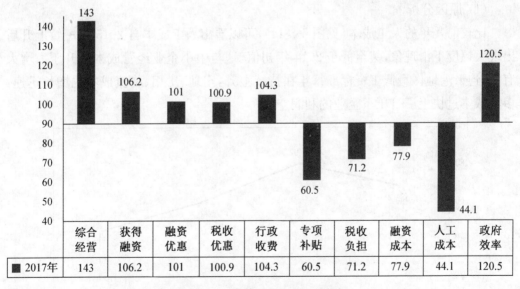

	综合经营	获得融资	融资优惠	税收优惠	行政收费	专项补贴	税收负担	融资成本	人工成本	政府效率
■ 2017年	143	106.2	101	100.9	104.3	60.5	71.2	77.9	44.1	120.5

图 5-8-12　政策景气各项三级指标

1. 人工成本指数分析

根据图 5-8-12,我们明显观察到此项指数过低,发展情况不好,在各项指标中得分最低,在 20~50 之间,已处于红灯报警区。

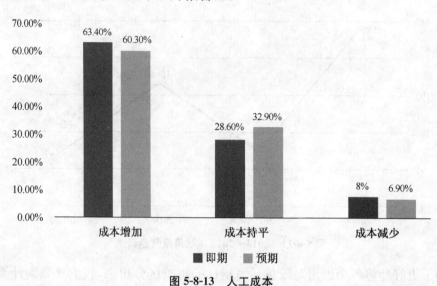

图 5-8-13　人工成本

　　由图 5-8-13 看出,对于上半年人工成本有约占 63.4％的企业认为增加,所占比例非常大;有约占 28.6％的企业认为持平;只有 8％的企业认为减少。预计下半年的人工成本有约占 60.2％的企业认为增加;有约占 32.9％的企业认为持平;仅有 6.9％的企业认为会减少。同时即期指数的不乐观也导致了企业家、高管对于未来人工成本的不乐观估计。

　　(1) 原因分析

　　比较前几年的人工成本(见图 5-8-14),可以看出人工成本自 2015 年短暂上升后出现大幅度下滑现象,甚至低于 2014 年初值,这与中小企业经营成本上升压力增大有关,连云港地区最低工资标准每年在持续上升,土地、房租、物流成本也增长迅速,多项成本过快上涨挤压了企业的利润空间。

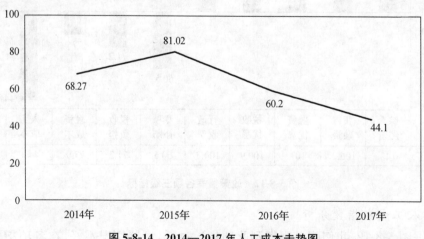

图 5-8-14　2014—2017 年人工成本走势图

自次贷危机以来，由于需求被瞬间拉低，而原材料价格却不断上涨、市场资金链断裂，以及融资成本增加等市场难题，让中小企业陷入了前所未有的困境。同时随着我国城市化进程发展，人们生活成本的增加，导致企业人工成本不断攀升，也给经营中小企业的老板带来了风险和压力。招聘员工的招聘成本，培养员工的培训成本，聘请员工需要缴纳的各种社会保险等成本，如此核算下来，企业需要支付大量的非劳动力成本，而这一切也未必能够保障企业获得想要的人工价值，因为员工的个人因素和企业的管理因素都在起着非常重要的作用。

从连云港政府颁布的政策看出，涉及人工成本的几乎没有，这就导致了人工成本在政策景气指数中远远低于其他指数。

（2）解决建议

虽然市场条件下劳动力成本在升高，但是我们仍然可以通过调整企业内部政策来减少人工成本，可以从人工总量、效益、结构等方面考虑。经过访问和讨论，我们认为可以从以下几个方面入手：

① 高效完整的组织结构，提高人工成本的组织效率

通过访问大部分的中小企业高管我们得知，对于大部分的中小企业来说，相比于整体而完善的组织机构设置，企业更多选择把大部分精力投入企业运营中，忽略组织的完善，这就会影响人工成本投入的效率。保持企业组织结构的高效完整，可以避免冗杂的人员设置，节省人工资金投入。同时有了高效的组织结构、高效化的部门管理，可以提高员工的工作效率，节约不必要的人工成本，提高人工成本投入效率。从长远来看，有效地控制了人工成本的长期投入。

② 简化却高效的人员设置

对于大部分的中小企业，尤其是创业初期，企业高管会选择"一人多岗，一岗多职"的设置思路，但容易出现岗位混乱、职务不明等问题，从而影响工作效率，在这个过程中耗费许多非必要的人工成本。同时也会出现多个监管对同一职员进行不同方面的监督，会耗费许多人工成本，也会出现过程的冗长化。因此可以把相对密切和经常联系的部门合并或者分为同一小组，可以减少人工和监察成本的投入，增加工作效率。同时也可以通过将人工成本向生产成本转化，通过增加自动化或者半自动化设备来代替人工成本，从而减少人工成本的不必要投入。

③ 打造企业文化，留住人才

中小企业人员流动较大也是人工成本较高的一大原因，这对企业长远发展是非常不利的。离职前的低效成本和离职后空缺成本都是人工成本的一种。因此企业可以通过打造独有的企业文化，用自身的战略发展理念留住优秀人才，例如海底捞的"服务至上""家文化"的企业理念。中小企业可以根据自身产品特点，发展自身独有企业文化。提供良好的工作氛围，合理的人事制度，提供长久的有生命力的职业发展规划，让员工感受自身价值，从而接受企业，全心全意服务企业，达到双赢局面。

2. 融资成本指数分析

融资一向是企业难以克服的问题,根据计算,32.1%的企业家认为即期企业的融资成本在增加,30.3%的企业家认为企业在未来的融资成本会增加,企业家对融资成本呈不乐观的态度(见图5-8-15)。近几年连云港中小企业的融资成本逐年增加,2014年融资成本指数为96.64,2015年为86.82,2016年为78.2,2017年为77.9(见图5-8-16)。

分析融资成本的变化必然绕不开融资渠道的研究。理论上来说,企业融资分为内部融资和外部融资。内部融资是通过企业自身盈利来获得资金;外部融资是直接或者通过中介来获得企业外部的资金支持。在本次的调研中,我们发现,选择个人独资和金融机构借贷的企业占大多数,而选择股权融资的只有2家。由此可以看出,在连云港地区中,小微企业更多的选择自出资金,向银行借贷难度非常大。尽管近年来不断有商业银行提出增加对中小企业贷款扶持力度的项目和政策,也确实有一些银行和地区有所尝试,但是从总体上来看,大部分银行对于中小企业的贷款还是"作壁上观"的态度,并没有真正放松这一块业务的开放程度,同时银行等金融机构的贷款去向对大型企业情有独钟。往往处于发展期的中小企业,仅仅能够占到银行贷款比例的很小一部分。

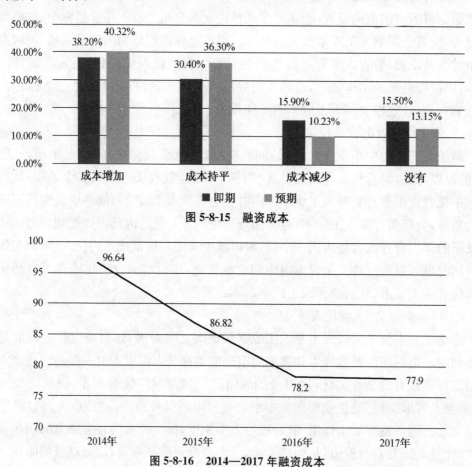

图 5-8-15　融资成本

图 5-8-16　2014—2017 年融资成本

（1）原因分析

中小企业旺盛的资金需求和狭窄的融资渠道促进了民间借贷市场的发展。而地下钱庄等民间融资渠道，都需要居民闲散资金、企业闲散资金、银行贷款等作为资金来源，然后再向中小企业放贷。这就要求民间融资机构在吸收资金时，必须向资金持有者支付远高于商业银行的利息，最终，传递到通过融资机构融资的中小企业身上必然是高昂的融资成本。

同时，由于民间融资机构缺乏正规机构的监管，风险控制较差，容易引发非正常金融活动，这就容易给中小企业带来不必要的融资成本和损失。

（2）解决建议

① 拓展融资渠道

除银行和民间融资机构外，企业债权发行等非银行金融机构（如证券公司）、小贷公司、担保机构等都是中小企业可以考虑的融资渠道，同时随着时间的推移，逐渐出现互联网融资渠道，如 P2P 平台（如人人贷等）、众筹平台（如众筹网等），也是中小企业融资过程中不错的选择。

② 构建中小企业信用担保服务体系，提升微小金融机构覆盖范围

中小企业融资具有"数量少，要求急，次数多"的特点，针对这些特点，进一步支持担保公司、微小金融机构、小额贷款公司等的发展，建立健全微小银行、金融机构的监管制度和配套法规，进一步完善微小金融机构服务体系，不断提高资金使用效率。

③ 建立针对性解决融资问题机构

对于我国中小企业的融资发展，并没有设置专门的机构解决这一问题，而是通过国务院制定相应的政策，并对我国的中小企业发展进行全面的规划。这种管理体制，导致我国的中小企业发展中出现职能交叉和缺乏连贯性等问题。为此，我国需要对当前的政府管理制度进行重新设计，设立专门的监管机构针对性地解决中小企业发展的融资问题。此外，还需要将与中小企业有关的各个政府职能部门进行重新规划，结合中小企业发展的实际情况制定相应的职能任务，通过制度的设计实现法律管理。

5.8.4　中小企业景气状况突出问题

通过分析问卷、采访高管、分析数据等，我们发现当前连云港地区中小企业存在的问题。切实解决这些问题，成为当前促进连云港地区中小企业发展的关键。

1. 要素成本上升，利润空间不断压缩

劳动力、环境、水电等要素成本随着时间和时代的发展，成本仍然持续上升，进一步挤压了中小企业的利润空间。特别是随着时间发展，中国的劳动力的突出优势也在不断减少，劳动力对于工作环境、职业发展、薪酬待遇等的诉求更强，这就侧面提高了劳动力成本，进而挤压了中小企业的利润空间。

2. 融资难、贵问题仍然突出，中小企业骨牌式倒闭依然频发

金融体系的深化改革，中央出台的中小企业减税政策使中小企业的融资环境变好，但融资难、贵问题依然是中小企业发展过程中的突出问题。在调研过程中，同学发现连云港地区的中小企业出现骨牌式倒闭，即一片厂区出现接连倒闭现象。究其原因是由于互联互保引发的资金链断裂，进而引起的中小企业连环倒闭现象。

3. 地区发展不平衡，产业结构不合理

连云港地区优势产业与江苏省其他地区相比，仍然存在许多不足。同时第二产业突出发展，第三产业处于发展过程中随着"一带一路"的发展，虽然连云港地区处于重要地位，但其港运发展受俄罗斯和青岛的影响，显得有些"气力不足"。

4. 缺乏"工匠精神"，技术创新能力有待提升

通过现场走访企业，我们发现，连云港现阶段的中小企业仍然属于"作坊式""粗放式"的发展。低技术、不熟练、流动性大的外来劳动力仍是中小企业技术工人的主力。所以，技术人才的缺乏成为中小企业发展的一个重要瓶颈。缺乏"工匠精神"，技术性企业较少，且都集中于产业链高端，这都成为中小企业创新能力传承和提升的阻碍。

5. 中小企业发展外部环境严峻

近年来，尽管各级政府出台利于中小企业发展的制度，放松一些行业的市场准入门槛，但由于中小企业资源有限，仍然受到大企业的排挤。例如在"一带一路"的发展中，过于强调国有大企业，偏爱大项目投资拉动经济，而忽视民营中小企业的发展，从而忽略了中小企业在发展过程中的权益，使其仍然难以进入垄断性行业，缺少生存和发展空间。

5.8.5　其他热点问题与相关建议

连云港虽然名字里有个"港"字，但港口的处境却有些尴尬，邻居日照港，早在2004年就成了十大港口之一，而连云港港口这些年的吞吐量并无亮点。但是随着国家发展和政策改善，连云港有望通过一带一路成为全国重要运输港口。

把握一带一路，一方面，当前连云港很多传统产业都面临饱和过剩问题，通过输出会给这一部分企业带来新的增长点；另一方面，在中国经历了30多年不间断的大量资金涌入的过程之后，连云港作为港口城市，其本身通过一带一路也有寻找出路的动力。

作为丝绸之路经济带和21世纪海上丝绸之路的交汇点，连云港具有独特地理区位和战略位置，是一带一路的重要节点。我们觉得面对得天独厚的历史条件，连云港可以在发展过程中与其他国家保持关联。利用区位优势，加强跟日韩之间的经贸往来，提升跟日韩经贸合作的档次和效益，让企业国际化的行业选择更加多元化。与此同时拓展一带一路这种新兴的经贸平台、载体和渠道。

其次,利用文化优势。一个城市伴随的历史和发展会融入很多的文化元素,"西游"文化是连云港人文化基因的重要组成部分,西游记对连云港市来讲,具有独一无二的文化印记,也是连云港的精髓和灵魂。同时,西游记作为世界性最广泛的中国古典文化的传承,具有非常广阔的影响。同时当年唐僧师徒的西天取经之路,以及取经路上敢问路在何方的精神,与今天的一带一路战略构想是一种奇妙的融合。

5.8.6 调研小结

本次调研由 22 名同学历经两个月完成,有效问卷率较高,反映的信息质量较高,从这些信息中我们对连云港中小企业的经营现状及未来发展趋势有了大致的了解。在调研过后我们希望此次调研的数据能为中小企业自身发展以及政府扶持中小企业政策建设提供些许参考。

5.9 创新驱动——基于南通制造产业集群的调研报告

陶 强 张欣妍 宗媛媛 顾吉程 邢凯燕[①]

5.9.1 引言

(一) 研究背景及意义

随着中国经济的不断发展,我国中小企业的数量正在不断增多,不断发展,现时其创造的最终产品与服务价值已超过国内生产总值的一半。当前的中国是一个经济稳定、快速增长,发展潜力巨大,发展前景广阔的新兴国家。中小企业在我国经济社会发展中具有重要的战略地位。第一,在改革开放方面,其发展推动了市场竞争机制的形成,促进了社会主义市场经济体制的确立和完善,为市场经济注入了活力;其发展也推动了我国对外开放的扩大,促进我国开放型经济水平的提高,贯彻落实"走出去"的发展战略;第二,在社保与改善民生方面,其提供了更多就业岗位,缓解就业压力,培育壮大中等收入者群体,其创业精神与优质的企业文化推动了社会进步,体现出以爱国主义为核心的民族精神与以改革创新为核心的时代精神;第三,在科技创新方面,其为科技创新增添了新的活力,培养了许多管理、科技与高技能人才,使经济发展方式加快转变到依靠科技进步、劳动者素质提高和管理创新上来。中小企业是活跃市场的基本主体,同时也是经济活力的具体体现,是促进技术创新的动力源。因此,完善我国中小企业扶持策略,优化我国中小企业发展环境,大力发展中小企业显

① 陶强,南京大学金陵学院 2016 级国际经济与贸易专业本科生;张欣妍,南京大学金陵学院 2015 级金融学专业本科生;宗媛媛,南京大学金陵学院 2016 级投资学专业本科生;顾吉程,南京大学金陵学院 2016 级金融学专业本科生;邢凯燕,南京大学金陵学院 2016 级国际经济与贸易专业本科生。本文获南京大学国家双创示范基地 2017 年中小企业景气调研报告大赛二等奖。

得尤为重要。

南通是对外开放的沿海开放城市之一，改革开放以来实现快速发展，中小企业数量也不断增加。在过去的改革开放 30 年间，南通依靠家纺、造船、建筑、地产和化工、新能源等产业迅速崛起，经济总量跃为江苏第四。但随着时代进步与国内外形势的发展，过去这些为南通经济发展起到引擎作用的产业前景不容乐观，他们不同程度地都处于危机之中，因此，加快企业转型升级刻不容缓。

根据南通市统计局统计数据显示，截至今年上半年南通市地方生产总值为 3 336.7 亿元，增长速度为 9.7%。据南通市中小企业局数据显示，各行业中占比最多的为制造业，其中纺织业占比最大，其次为设备制造业、服饰业等等。经过注册的中小企业数量已超过 14 万家并在不断上升，全市中小企业从业人员占全市人员比例超过九成，其在发明专利、技术创新和新产品开发上均有所上升。可以看出，中小企业发展处于上升期阶段。

我们小组对本次南通中小企业生态状况进行了调研、分析，其意义在于及时有效反映中小企业发展状况，为经济职能部门、中小企业经营者及其他相关机构组织提供参考，有助于该市的中小企业及时了解企业运行现状及行管行业和区域发展态势，更好地为政府部门、行业机构以及企业自身提供决策依据。通过此次调研活动我们总结出以下三点研究意义：(1) 计算景气指数，通过对中小企业景气指数的分析，可以帮助中小企业了解其所在行业或地区的整体发展态势，明确其在行业或地区的优势与不足，为中小企业在转型升级过程中制定正确的经营方针和发展策略提供一定的参考；(2) 通过对宏微观指标的解读，以及对南通代表性行业纺织业的重点研究，我们可以从环境、金融、政策等各个角度影响中小企业发展的优势与劣势，更有针对性地制定一些解决措施以促进中小企业更好地发展；(3) 此次调研所使用的调研方法，可用于全国中小企业景气研究检测基地的建设，这对于深化"政产学研"合作，促进当前我国正大力推进的中小企业公共服务平台建设也具有重要意义。

（二）调研内容与方法

本次调研采用调查问卷方式，对各企业抽样调查，共收回问卷 359 份，本次调研中企业所属行业均以主要产品的种类行业码进行具体划分。

在参与本次调研中的 359 家中小型企业中，我们按照规模、行业、地区对调研的中小企业进行了进一步的详细描述。

在参与本次调研中的 359 家中小型企业中，中型企业有 77 家，小微型企业有 282 家，根据下方饼图数据分析显示（如图 5-9-1 所示）中型企业占比 21%，小微型企业占比 79%，小微型企业

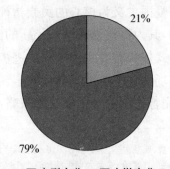

图 5-9-1 南通市中小企业类型分布图

占比明显比中型企业占比多,即将达到中型企业的 4 倍,这说明南通中小企业仍以小微型企业为主,小微型企业要加快转型升级的步伐,制定完善的经营管理,制定适当的发展战略,以加强市场竞争的能力。中型企业数量较少,还有较大的发展空间与发展潜力,要制定稳健长远的发展目标。

1. 调研内容

(1) 调查对象:南通中小企业的高层主管。

(2) 调查内容:根据企业景气调查方法,了解中小企业的基本状况,包括生产、经营、销售、管理等等,根据数据分析出所存在的问题,并提出相应解决措施。本次调研可以从微观和宏观两个方面对南通市的中小企业景气进行解读。

(3) 从微观角度分析时,具体从生产经营总体状况、主要产品的销售情况、主要生产(服务)状况以及内外部要素对企业影响程度四个方面进行分析,通过数据统计、计算来判断企业景气情况。从宏观角度进行分析时,主要从市场环境、管理创新、融资环境、政策环境等方面来解读企业景气指数。

(4) 将今年的数据与去年同期进行比较。

2. 调研方法

本次调研采用问卷调查的方法,每位参加调查者至少调查十个中小企业,企业自愿参与调查活动,由中小企业的高管填写调查表。

调查完毕后,需要计算企业景气指数,是一种企业景气调查法。所谓企业景气调查方法,是指企业景气调查与景气分析方法的概括和综合,它是通过以企业家或企业有关负责人为调查对象,采用问卷调查的方式,定期取得企业家对宏观经济运行态势和企业生产经营状况所做出定性判断和预期,据以编制景气指数,以及时、准确地反映宏观经济运行态势和企业生产经营状况,进而分析、研究和预测经济发展变动趋势的一种科学的调查和分析方法。

企业景气调查问卷题型有单选与多选两种,其中单选题被分为五个指标,并且予以量化,要求被调查的企业管理者根据掌握的情况选择一个。本次问卷中,以正指标为例,1～5 选项中,4、5 选项对应良好,3 对应一般,1、2 对应较差。

具体的计算公式如下:

企业景气指数=0.4×即期企业景气指数+0.6×预期企业景气指数

即期企业景气指数=回答良好比重－回答不佳的比重＋100

预期企业景气指数=回答良好比重－回答不佳的比重＋100

(注:计算时"3"不进入分子,但进入分母进行计算)

企业景气指数的取值范围均在 0～200 之间,以 100 为临界值,当指数大于 100,小于或等于 200 时,反映企业景气状态趋于良好,高管对于企业发展状况是乐观的,越接近 200 乐观程度越高;当指数小于 100 时,反映企业景气状态是不佳的、悲观的,越接近 0 悲观程度越深。经计算:

即期企业景气指数＝(11.34＋26.35－17.46－5.65)％＊100＋100＝114.6
预期企业景气指数＝(11.01＋24.90－14.61－5.44)％＊100＋100＝115.86
企业景气指数＝0.4＊114.6＋0.6＊115.86＝115.356
即期景气指数为114.6,预期景气指数为115.86,企业景气指数为115.356

5.9.2 景气指数指标解读

(一)南通主要行业指数比较

由调研数据计算,南通市中小企业景气指数为115.356,反映了南通的中小企业景气状态总体上是良好的、乐观的。另外,据数据分析可知南通中小企业分布最为集中的4个行业是制造业、批发零售业、住宿餐饮业、建筑业,企业数量分别为208家、61家、23家、18家,分别占样本企业总数的57.94％、16.99％、6.41％、5.01％;其营业收入总额占比分别为57.94％、23.02％、7.64％、1.02％;行业的景气指数分别为116.1、115.3、114.9、115.1。相较于全市的景气指数而言,批发零售业和制造业发展较好,而其他两个产业均略低于整体景气指数,但四个产业的发展都呈现出乐观态势,从业者对产业的发展前景看好,四个产业皆有较大的潜力与较大的发展上升空间,从业者要仔细思考规划,制定适当的经营模式与发展战略,以取得更好的发展。

(二)南通制造业的微观角度指标解读

在本次的调研中,江苏省南通市制造业企业数量为189家,占样本容量的52.65％,行业景气指数为111.94,指数良好。改革开放以来,南通市的制造业蓬勃发展,在2017年的江苏省制造大会上,李克强总理曾三次点名南通市制造业。据统计,南通市制造业在国内纺织、机械、电子、化工医药、轻工食品以及新能源、新材料等行业的领先企业、"单打冠军"已有110余家。从此次调研数据来看,虽然南通市制造业正在蓬勃发展,但仍然遭受了巨大的挑战。因此,小组成员对制造业进行更深层次的具体分析。

1. 制造企业生产经营总体状况

据小组成员统计,2017年南通市制造业总体运行状况如下图5-9-2所示。在被调查的189家企业中,62.37％的企业对当前总体运行呈现乐观心态,10.82％企业对当前运行状况持不乐观心态。而对下半年的预期中,64.02％企业呈乐观心态,仅7.41％企业抱着不乐观心态。预期状况和当前状况相比,绝大部分企业对总体运行状况呈乐观心态,说明南通市制造业发展良好。

2. 制造企业生产经营状况

根据图5-9-3结果显示,12.37％的企业认为当前生产经营不佳,仅有2.81％的企业认为下半年生产经营不佳。当前有58.06％的企业认为生产经营良好,29.57％的企业认为经营一般。而在对下半年的预期中,88.46％的企业认为生产经营良好,8.73％的企业认为经营一般,两段时间相比,预期中认为企业生产经营良好的比即期

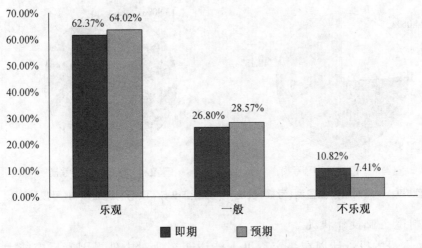

图 5-9-2 南通市制造业总体运行状况

高 30％左右,预期中认为生产经营不佳的比当前减少 10％左右,说明南通市制造业
生产经营情况良好,对未来的预期乐观,整个行业正在上升阶段。

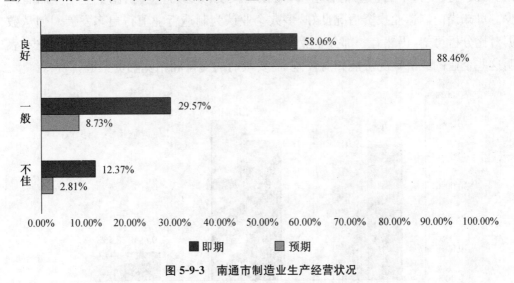

图 5-9-3 南通市制造业生产经营状况

3. 制造企业盈利(亏损)状况

对比图 5-9-4 和图 5-9-5,可以明显地看出 2017 年盈利(亏损)的变化情况,预期
增盈比即期增盈增加 6％左右,盈亏减少预期会比上半年增长 10％左右,表明当前制
造业的发展较好,企业对此抱有乐观的心态。

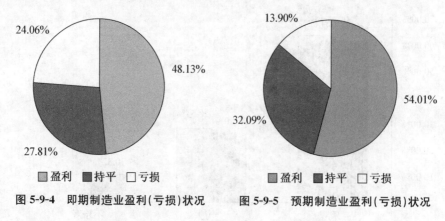

图5-9-4 即期制造业盈利（亏损）状况　　**图5-9-5 预期制造业盈利（亏损）状况**

4. 制造企业投资状况

企业本身的投资计划在一定程度上能说明企业对内外界因素反应能力。如图5-9-6所示，2017年上半年45.99％企业的投资计划处于持平状态，有44.39％的企业增加投资；预计2017年下半年企业投资计划增加的为39.04％，相比于上半年略有减少，认为投资持平的企业稍有增多，而预计投资减少的企业相比于上半年略有减少。可知当前制造业投资情况良好，多数企业认为制造行业值得更多发展。但从数据对比分析可知，仍然有一部分企业没有投资计划或者下半年投资计划正在减少，表明这些企业的经济情况可能相对较差，需要政府的支持和拓宽融资渠道。

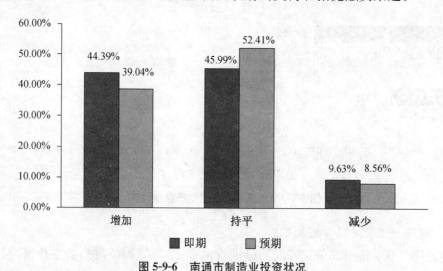

图5-9-6 南通市制造业投资状况

（三）制造业主要产品的销售状况

1. 销售收入

根据国家统计局数据显示，江苏省制造业法人单位数逐年上升，企业数量的上升带来销售收入增加以及利润的增长。

2. 销售形势

表 5-9-1　产品销售表

计量单位:家		产品销售价格	新签销售合约	营销费用
即期	增加	85	95	30
	持平	59	56	56
	减少	42	37	100
预期	增加	83	106	25
	持平	72	53	60
	减少	31	29	100

　　根据调查显示,2017 年制造业对于销售产品的售价,上半年有 15.50％ 的企业认为价格有所下降,下半年只有 11.52％ 的企业认为预期价格会下降,无论是上半年产品价格与去年同期相比,或者预计下半年与上半年对比,大部分的企业认为价格会上升或是持平,表明产品的售价降低的可能性较小。新签销售合同中,有 106 家企业预计下半年数量将持续上升,相比上半年,数量增加 10 家;而认为销售合同数量下降的企业比例减少,表明制造业下半年合同数量处于良好状态,企业家们均持有乐观的态度。而在营销费用方面,如表格统计所示,上半年同去年同期相比或下半年同上半年对比,认为营销费用增多的企业减少 5 家,近 46.30％ 的企业均认为营销费用有所减少,表明当前及未来南通市制造业的费用成本减少,营改增政策实行反应良好,销售形势良好。

3. 销售范围

　　2017 年上半年,全球经济温和复苏,国内经济稳中向好。据海关统计,2017 年上半年,我国货物贸易进出口总值 13.14 万亿元人民币,比 2016 年同期(下同)增长 19.6％。其中,出口 7.21 万亿元,增长 15％;进口 5.93 万亿元,增长 25.7％;贸易顺差 1.28 万亿元,收窄 17.7％。据数据统计分析,南通的制造业对外出口还是不少的。由图 5-9-7 可知,有 31.14％ 的企业在海外有相关业务,说明我市制造业发展海外贸易的比例较大。如图 5-9-8,出口到日韩的最多,占整体比重的 16.33％,其次是美国 14.29％、欧盟 12.24％。整体看来,制造业的销售范围广泛,出口地区较多,对外销售情况良好。

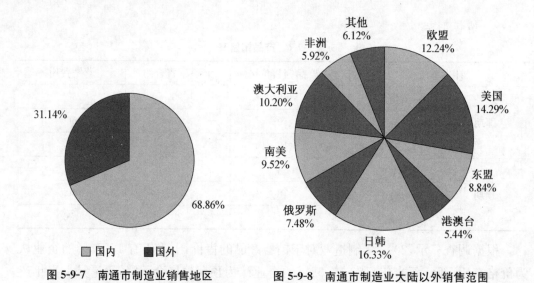

图 5-9-7　南通市制造业销售地区　　图 5-9-8　南通市制造业大陆以外销售范围

（四）内外部要素对制造业影响程度

1. 外部环境要素分析

（1）融资环境

企业的融资行为是一定时期社会融资体系的反映。在特定的市场环境下，企业将根据自身条件，诸如资本成本、税收、风险与收益等多种因素选择合理的融资方式。我国的中小企业普遍存在资金短缺问题，南通的制造业也是如此。

因此，将问卷中的企业融资情况汇总成表，如下表 5-9-2 所示。由表 5-9-2 可知：在获取融资方面，有 40.46％的企业认为当前融资成本减少，仅 18.50％的企业认为当前融资成本增加，是近几年来由于政府政策、利息等影响，降低了中小企业融资难度，进而促使中小企业更好地发展；在融资需求方面，仅有 15.47％的企业预计下半年融资需求将会有所下降，近 40％的企业认为融资需求增加，说明虽然融资成本和融资门槛在降低，但我们的企业仍然缺少足够的资金来促使他们进一步的发展；在实际融资规模中，大部分企业对实际融资规模抱着持平态度。再纵观融资优惠的数据，可以看出上半年与下半年的融资优惠状况相近，有 12.50％左右的企业认为融资优惠将持续减少，比当前增加了 7％左右，说明企业对目前实行的政策没有很大的信心，抱有质疑态度。综上所述，南通市制造业的融资环境为融资成本较少，融资需求依旧很高，目前融资优惠良好，但企业对其抱有质疑态度。

表 5-9-2　融资数据表

计量单位：家		融资需求	实际融资规模	融资成本	融资优惠
即期	增加	39.23％	31.07％	18.50％	23.81％
	持平	43.09％	51.41％	41.04％	55.95％
	减少	17.68％	17.51％	40.46％	20.24％

（续表）

计量单位:家		融资需求	实际融资规模	融资成本	融资优惠
预期	增加	38.67%	30.51%	28.17%	25.00%
	持平	45.86%	56.50%	43.66%	62.50%
	减少	15.47%	12.99%	28.17%	12.50%

（2）流动资金

企业的经营发展,流动资金是关键,唯有资金能够灵活运转,使资金链不断,才能够持久运行下去。在被调查的 189 家制造企业中,预计下半年比上半年流动资金紧张的企业比例下降至 13.23%,流动资金充足的企业数量上升(见图 5-9-9),表明制造业的资金流动状况良好,大部分企业有资金来进行正常运作。

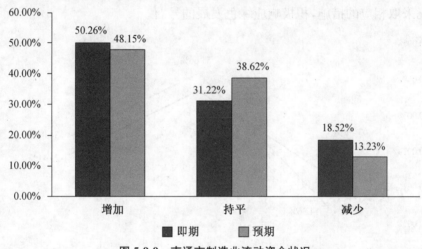

图 5-9-9 南通市制造业流动资金状况

（3）政府政策

国家的宏观调控是市场经济的一双看不见的手,国家的政府政策对于企业的影响较大,我们将政府政策分为税收负担、税收优惠、行政收费和专项补贴来进行分析。调研数据如表 5-9-3 所示,南通 189 家制造业样本企业中,这四项指标的持平项都占较大的概率,每一项的下半年预期持平的比例均比上半年上升,而增加的企业比例减少,表明当前政府政策不能促进中小企业向更好的方向发展,只能使之保持原来的水平,长此以往容易导致南通的中小企业缺少政府支持而出现发展停滞的状况。

表 5-9-3 税收数据表

计量单位:家		税收负担	税收优惠	行政收费	专项补贴
即期	增加	12.83%	26.49%	13.11%	27.49%
	持平	49.73%	58.38%	57.92%	61.40%
	减少	37.43%	15.14%	28.96%	11.11%

（续表）

计量单位:家		税收负担	税收优惠	行政收费	专项补贴
预期	增加	10.70%	24.32%	14.21%	24.56%
	持平	52.41%	61.62%	59.56%	61.99%
	减少	36.90%	14.05%	26.23%	13.45%

2. 内部环境要素分析

（1）生产能力过剩

由图 5-9-10 可以明显看出下半年生产过剩减少的企业增加 9%，大部分企业认为生产能力过剩持持平状态，而且在预期中这一比例上升 4% 左右，表明当前企业对过剩情况没有很好的措施，只能维持现状，凑合继续生存下去，高管应当在未来对该过剩情况采取相应的措施，积极响应绿色发展的号召。

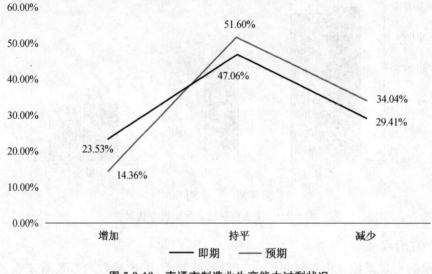

图 5-9-10 南通市制造业生产能力过剩状况

（2）企业研发创新状况

通过分析企业即期和预期的产品服务创新情况来分析企业的研发投入情况。由图 5-9-11 可知，预计下半年比上半年产品服务创新相比，认为产品创新增加的企业比例减少，而处于持平状态的企业增加 6% 左右，说明虽有部分企业意识到要进行产品创新，但还有部分采用原有的工艺，抱着走一步算一步的心态继续经营，没有主动性和前瞻性。以上说明，南通市制造业在短期内不会在技术上取得突破性的进展，无法领跑全国制造业。

（3）主要原材料和能源成本

原材料和能源的价格波动会给企业生产链的初端带来一定程度上的影响，根据调查显示，如下图 5-9-12，上半年有 71.66% 的企业认为原材料和能源的购进价格增

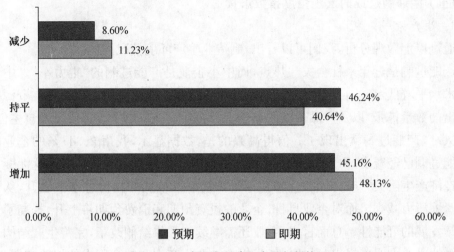

图 5-9-11 南通市制造业产品创新状况

加,有 11.23%的企业认为价格减少,而在对下半年的预期中仅有 6.42%的企业认为价格会减少。这一现象是说明目前绝大部分企业认为原材料和能源的价格只会增加,减少的可能性很低,企业无法在这方面获得成本的减少,属于必须花费的成本,这不利于企业提高收入和利润。

长此以往,企业生产的产品价格会上升,可能会出现供过于求,库存增加;也有可能抬高市场价格,引发更高的通货膨胀。企业一方面可以在人力或生产方面降低成本,维持收入和利润;另一方面,企业要积极寻找原材料和能源的性价比高的替代品,减少开支。

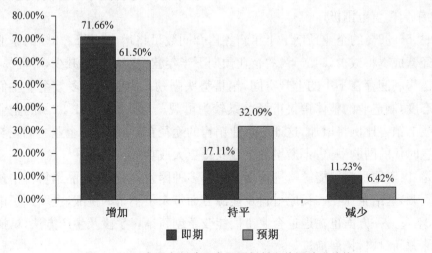

图 5-9-12 南通市制造业主要原材料和能源购进价格

（五）南通制造业的宏观角度指数解读

1. 生产景气分析

通过以上微观分析，我们可以看出，制造业生产环境情况尚佳。

产能过剩是近年来社会关注热点，而中小企业是产能过剩的"主力军"。中小企业技术水平较低，企业自主创新能力较弱，这使得企业间的竞争主要集中在资源投入和产出的数量扩张，以及产品价格的竞争上。企业往往忽略了改善质量及自主创新，久而久之，产能过剩就出现了。值得高兴的是，数据显示，我市 29.41% 的企业即期的产能过剩已经减少，34.05% 的企业主预计下半年产能过剩也将减少。这无疑会对我市经济产生巨大影响，产能过剩的下降，拉动原本较低的物价总水平上升，从而使通货紧缩压力减小。而对企业自身，企业的投资预期和消费预期将上升，提高了企业可持续发展的可能性。总而言之，企业还需继续加强供给侧改革，完善生产结构。

党的十八大明确提出"科技创新是提高社会生产力和综合国力的战略支撑，必须摆在国家发展全局的核心位置。"强调要坚持走中国特色自主创新道路、实施创新驱动发展战略。创新是永恒的推动力，根据调研，48.12% 的企业即期的产品创新在增加，45.17% 的企业预期下半年将继续增加产品创新。显而易见，我市制造业顺应了改革创新的时代精神，善于优化资源配置，存在巨大的发展潜力。

2. 市场景气分析

生产是为了消费，数据表明，我市制造业市场环境还是差强人意的。

从数据不难看出，我市制造业销售状况总体趋势良好。从销售范围来讲，有68.86% 的企业产品销售范围不局限于国内，可以延伸到国外，销售至日韩乃至更远的欧非拉美国家。由此可见，我市较好地利用了沿海的地理优势，落实了"走出去"战略，产品销售覆盖范围极广。

同时，56.38% 的企业预期下半年新签售合同数量将增多，而 54.3% 的企业预期下半年经营成本将减少，54.05% 的企业预期下半年营销费用也将减少，显而易见，制造业的销售利润存在不小的上升空间，销售势头强劲。因而绝大多数企业主们都抱着乐观态度，制造业的整体销售市场前景较为可观。与此同时，41.32% 的企业预期下半年线上销售比例将增加，这证明企业销售的途径在不断拓展，企业主们正努力适应着信息时代的网购潮流，不断增加企业获得更大成功的可能性。

但是，由于原材料及能源购进价格上涨等多种因素，制造业产品销售价格预期也将随之上调，这给企业在购买原材料及能源方面带来了不小的挑战，也增加了市场销售压力，不过另一方面也在逼迫企业主们能改革创新销售手段及生产方法，试探性地购置新能源新材料，拓展前进。

3. 金融景气分析

金融是市场经济融资体系的基础和主体，是现代经济的核心，是发展生产力不可分割的组成部分。金融的融资功能，通过严格的信用权责约束机制，高效率地优化资源配置和利用,对整个社会经济的稳定、健康发展起着重要的作用。

数据表明,我市金融环境稳定,企业融资各方面相对持平。45.86%的企业认为融资需求在下半年将持平,43.66%企业认为融资成本也将持平,56.50%企业认为实际融资规模也将持平。这种结果一方面表现了我市制造业融资方面的稳定性、企业资金周转运营的牢固性,另一方面也反映出中小制造业在融资方面长久没有突破,融资能力较差,制造业整体融资环境较差。

除此之外,中小企业融资方式非常单一。银行贷款是这些中小企业融资最主要的渠道,几乎别无二选。然而,众所周知,多数银行"惜贷""慎贷"现象严重,再加上中小企业自身的劣势:规模小、资金少、设备差、技术人才短缺等,中小企业去银行贷款极其艰难。在这个金融危机随时可能爆发的年代,金融业更加注重防范经营风险,对这些融资渠道单一的中小企业更是雪上加霜,中小企业的金融环境堪忧。

4. 政策景气分析

中小企业先天存在的弱势和宏观经济因素的制约,严重阻碍其正常发展,只凭中小企业自身的努力无法解决这一矛盾,只有通过政府强有力的政策扶持,才能改善其政策环境和市场环境,发挥其重要作用。

调研数据显示,我市制造业政策环境不容乐观。62.50%的企业认为下半年融资优惠将持平,52.41%的企业认为税收负担也将持平,61.62%的企业认为税收优惠亦将持平,59.56%的企业认为行政收费仍将持平,61.99%的企业认为专项补贴也会持平。企业主们大量而统一的看法显示出企业对政府政策的失望,各项补贴及优惠均无所变动,政策并没有给这些中小企业建立一个强有力的"保护伞"。

尽管如此,企业主们仍对政府抱有希望,有46.11%的企业还是坚信下半年政府效率及服务水平会有所提高。整体而言,政府还是要加强政策改革,加大扶持力度,为中小企业发展打造更坚固的后盾。

5.9.3　2014—2017 年南通中小企业景气指数对比

结合前三年的调研结果,我市 2014 年景气指数为 100,2015 年景气指数变为100.18,至 2016 年我市景气指数提高为 103.5,到今年我市景气指数又增高为 115.35。显而易见,我市中小企业前三年处于"瓶颈期",发展脚步滞涩,然而经过不断的探索,企业制定了正确的政策方案,做了更多防范风险的措施,不断改良完善,今年的企业景气指数取得明显上升。我市企业将迈出旧的旅程,迎来历史新阶段。

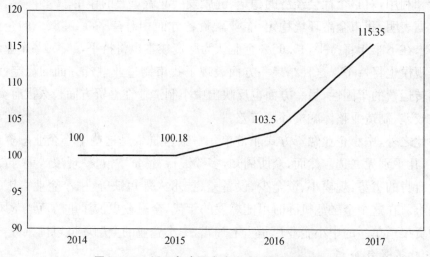

图 5-9-13　近四年南通市中小企业景气指数走势

5.9.4　南通市中小企业的主要热点问题与评价、建议

(一) 主要热点问题与评价

制造业是国民经济的主体,是立国之本、兴国之器、强国之基。十八世纪中叶开启工业文明以来,世界强国的兴衰史和中华民族的奋斗史一再证明,没有强大的制造业,就没有国家和民族的强盛。打造具有国际竞争力的制造业,是我国提升综合国力、保障国家安全、建设世界强国的必由之路。

新中国成立尤其是改革开放以来,我国制造业持续快速发展,建成了门类齐全、独立完整的产业体系,有力推动工业化和现代化进程,显著增强综合国力,支撑世界大国地位。然而,与世界先进水平相比,中国制造业仍然大而不强,在自主创新能力、资源利用效率、产业结构水平、信息化程度、质量效益等方面差距明显,转型升级和跨越发展的任务紧迫而艰巨。

通过上述宏微观分析,我市制造业存在的这几点显著而广泛的问题实际上也困扰着其他中小企业,是整个南通地区甚至整个江苏所有中小企业的"通病"。那我们不妨放在一起讨论,具体问题可以总结为以下几点:

1. 产能过剩严重,生产成本高

产能是现有生产能力、在建生产能力和拟建生产能力的总和,生产能力的总和大于消费能力的总和,即可称之为产能过剩。尽管受访企业中近三分之一的企业预计下半年产能过剩将会减少,但不可否认的是这些企业产能过剩一直很严重,如果不能"找到病根,对症下药",最终结果只能是扬汤止沸,后患无穷。

导致产能过剩的直接原因是前几年投资持续过快增长,一些行业投资明显过热,从而产能扩张速度远远超过需求扩张的速度。在南通主打的纺织业整体衰颓的情势下,越来越多的创业者转向制造业以及其他一些南通市"潜力股"企业,使得这部分企业投资急速增多。这些企业少了稳步发展壮大的过程,妄想"一口吃成胖子",产能过剩势必会发生。

除此之外,南通市中小企业近年来才逐渐发展起来,许多企业还是保留着传统的家庭作坊式的生产方式和经营模式。消耗的人工多,整体效率却还是低下,而员工薪资的上调及原材料和能源价格的不断上涨更是使得许多中小企业头疼不已。如此高的生产成本使得企业的利润空间大大缩小,导致企业生产缺乏动力,严重影响着企业的可持续发展。

2. 销售渠道狭窄

根据调研数据,在受访的三百多家中小企业中,存在线上销售的仅有不到一半,而这些存在线上销售的企业中,也仅有不到一半的企业主计划在下半年扩展线上销售。显而易见,我市中小企业销售方式单一,途径简单。

这在飞速发展的信息时代并不是明智之举。目前,"互联网+"正在快速从消费极向生产极转变,对这些传统模式的企业的经营模式和资源配置方式形成巨大挑战。古人云:"不谋万世者,不足谋一时;不谋全局者,不足谋一域。"只关注当下的利益,坚守传统的一套做法,无异于故步自封,不求进步。

3. 融资困境制约发展

随着世界经济的多元化发展,中小企业在各国经济中的地位也越来越重要。在我国,中小企业创造的最终产品和服务价值相当于国内生产总值的60%左右,上缴税收约为国家税收总额的50%,提供了75%以上的城镇就业岗位。中小企业是技术创新的生力军,中国65%的专利、75%以上的技术创新、80%以上的新产品开发,都是由中小企业完成的。尽管如此,中小企业所获得的融资与其贡献并不成比例,它们普遍面临严重的融资困境。

我国中小企业大多在改革开放后崛起,本就已经存在资金缺口加大、贷款结构矛盾突出、融资成本上升等各种困难,严峻的融资困境在2008年全球金融危机爆发后便显得更加突出,严重制约着企业发展。

由于中小企业资金少、规模小、规避风险的能力低,往往经不起市场风波的冲击。一旦市场有所变动,首当其冲的便是中小企业。而中小企业直接融资几乎只认定银行贷款这一个。再加上近些年物价持续上涨,通货膨胀"亚历山大",各家银行的信贷政策在国家宏观调控的指引下,只能将有限的贷款给经营状况好、投资风险小、还款能力高的大中型企业尤其是国有企业,中小企业想要从中"分一杯羹"简直是天方夜谭。

(二) 建议

1. 与时俱进,创新发展

扬汤止沸不如釜底抽薪,中小企业三个主要问题,其本质都是没有融进时代潮流,对传统的坚守成了桎梏发展的"镣铐"。据此次抽样调查显示,南通市 46.24％的中小企业主都预期企业的产品与服务创新将持平,甚至有 8.6％的企业主将减少产品服务创新。显然,只有解决了这一根本问题,我市中小企业才能真正焕发新生。

苹果创始人乔布斯曾说"领袖与跟风者的区别就在于创新"。党的十八大明确提出"科技创新是提高社会生产力和综合国力的战略支撑,必须摆在国家发展全局的核心位置。"强调要坚持走中国特色自主创新道路、实施创新驱动发展战略。我国中小企业的创新,必须实行彻底的改造。

从最初的生产到最后的销售应步步改革,企业必须有选择地取其精华去其糟粕。在生产方面,企业应适当扩大机械化程序化,进行信息化生产,减少人工成本。在原材料及能源方面,企业应该适当尝试新能源新材料,寻找物美价廉的可替代能源,降低材料成本。在销售方面,企业不能拘泥于传统的"一手交钱一手交货"方式。南通市作为"近代第一城",最早接收新兴事物和外来科技,到了如今互联网遍布的时代,南通企业更应学会利用互联网覆盖广、传播快等特点,多多进行线上销售及网络宣传,既拓展了销路,增加了知名度,又节省了从"生产端"到"销售端"的中间营销费用。

创新是企业求生存求发展的根本。互联网是传统产业转型的助力器,而不是传统制造的替代品。创新不是为了取代传统,而是在其基础上进行优化改造,创造出更适合市场需求和时代需求的产品。在"以用户为中心"的互联网时代,只有提升产品质量、服务质量、客户体验,才能赢得市场和客户的认可,互联网是经济发展的新动能,拿制造业来说,我们不能将互联网与制造业简单相加,而是要借助于互联网技术打造优质产品,做强中国制造,这样才能在互联网时代赢得发展机遇,才能真正落实科技强国战略,才能达到"中国制造 2025"行动纲领的战略目标。

2. 进化升级,凤凰涅槃

达尔文的物种起源,生物进化论,可以用来解释很多社会和商业现象,表达了一种全新的世界观。企业犹如人、动物一样,也有一套自己的进化论。一家企业的状况,一半是事实,一半则是人们的观点。没有恒久正确的策略,只有相对稳定的逻辑规律。

我们能做的,只有顺应规律,不断进化。调研数据显示,南通市中小企业对技术升级的要求不高。48.40％的企业主判定自己企业技术水平一般,42.02％的企业缺乏对技术人员的需求,甚至 8.51％的企业将减少对技术人员的招聘。"优胜劣汰,适者生存",达尔文的生物进化论不管在哪个时代都是真理。倘若这些中小企业一直保持原有产品,不利用优秀的技术人员对产品进行升级换代,那么,它们用不了多久就会被时代和南通的广大消费者淘汰,被踢出日新月异的交易市场。

企业的进化包括了三个部分:第一,技术创新开发,开启利润引擎。要大胆采用新技术,将"冻在冰箱里"或"锁在实验室"的科研成果大胆投入市场,密切企业与科研机构的关系,努力形成以企业为主体、市场为导向、产学研用相结合的技术创新体系。

第二,产品结构升级,准确定位,品类改造。企业要合理调整产品结构,提炼优质卖点,迎合大众的各种消费心理。第三,品牌传播升级,掌控定价的利器。多数中小企业的名字大家都没有听说过,这就显示出了品牌的力量,企业应打造自己的企业文化,甚至可以结合优秀的南通当地传统文化,创造独特的品牌形象,争取达到让受众"一眼误终生"的效果。第四,信息化管理升级,全面提高企业竞争力。南通作为全国闻名的"教育之乡",并不缺乏优质人才,企业主们要在企业外部招新时加强宣传,学会将人才留在南通;企业内部要加强管理,营造严谨认真的工作环境,全体员工都应发扬刻苦钻研的"工匠精神",上至最高管理层,下至生产车间,都要用一样的精神对待工作,减少产品出现瑕疵的概率。

3. 采取多种融资方式,营造良好的融资环境

解决中小企业融资难问题不是单一方面所能做到的,这需要企业自身、金融机构、国家三方的共同努力,共同来营造良好的融资环境。

中小企业必须改变那种"肥水不流外人田"的传统思想,要积极寻求社会闲散资金,采取多种融资方式,让社会资本投入到企业中来,增强企业的活力和实力;同时要加强自身的诚信建设,遵循诚实信用、公平竞争的原则,依法开展生产经营活动,建立诚信教育制度,积极参与信用等级评估活动。

银行机构应积极进行贷款融资产品创新,积极探索相对灵活的抵押、贷款方式,通过股权融资、债权融资以及民营银行试点扩展中小企业融资渠道,建立新技术创业风险投资机制,积极吸引社会闲置资金进入投资领域,转变国有银行、商业银行观念,坚持"不管大中小,只要效益好"的原则。

政府应当充分发挥组织、引导、规范作用,改善中小企业信贷投入环境,提供必要的政策扶持和制度性保障,营造好化解融资难的外部环境。加强对企业的引导,完善为企业的服务,规范企业行为,保障企业权益,为中小企业的创立和发展创造有利的环境。要积极推动担保和融资体系的构建,积极发展以银行为主体的,村镇银行、小额贷款公司等为补充的多层次融资体系,扩宽企业融资渠道。

10 月 9 日,中小城市经济发展委员会、中小城市发展战略研究院、中国社会科学院发展与环境研究所等单位在《人民日报》发布 2017 年中国中小城市科学发展指数研究成果暨"2017 全国综合实力百强县市""2017 全国综合实力百强区"等榜单。南通市有三县:海安县、启东市及如东县,跻身 2017 全国投资潜力百强县市前五十强,而通州区同时成为 2017 全国投资潜力百强区第 42 位与 2017 年度全国双创百强区第 57 位。由此可见,南通企业整体发展潜力巨大,不管是政府、银行还是中小企业自身,都应该对未来发展增加信心,齐心协力,共创辉煌。

5.10 徐州市创新谷的企业发展之困
——基于徐州地区调研报告

王 臻 梁思宇[①]

5.10.1 调研背景、目的及方法

(一) 调研背景

徐州市的经济发展在苏北地区一直处于领先位置。2016 年和 2017 年上半年，徐州市 GDP 总量分别以 5 808.52 万元和 3 191.62 万元稳居全省第五，苏北第一。徐州市固有"中国工程机械之都"的美誉，是国家"一带一路"重要节点城市，淮海经济区中心城市，长江三角洲区域中心城市，徐州都市圈核心城市，也是国际新能源基地。徐州市依托"五省通衢"的地理优势，凭借 14 所高校、20 万大学生高新技术人才资源，大力建设淮海经济区产业、交通、商贸物流、教育、医疗、文化、金融、旅游八大中心，进一步增强徐州区域性中心城市的吸纳集聚功能和辐射带动能力，深入落实"十三五"规划，在推动淮海经济区建设中发挥"龙头"作用。

中小企业是创造社会财富的重要主体，是扩大就业的主力，是市场经济最活跃的群体，任何国家的社会生产都建立在大型企业与中小企业相结合的基础上，中小企业在国民经济中始终占据着半壁江山，在经济社会发展中正扮演着越来越重要的角色。2016 年，徐州市新登记内资企业 36 923 户，注册资本 1 814.5 亿元，其中新增私营企业 33 283 户，注册资金 1 357.7 亿元，与上年同期相比分别增长 40.9%、51.3%。截至 2016 年 12 月底，全市实有内资企业 17.3 万户，注册资本(金)8 153.8 亿元，分别比上年底增长 25.0%、39.7%。其中，私营企业 15.5 万户，私营企业注册资本 5 461.9 亿元，分别比上年底增长 25.2%、38.6%。2016 年徐州市新增内资企业(含私营企业)户数较去年同期相比增长 46.5%，增长率居全省第二、苏北第一，注册资(本)金增长 68.8%，增长率居全省第一[②]，充分发挥了在苏北发展进程中的领军作用。

由此看来，徐州市新增企业，不论是内资企业还是外资企业，都正处在一个充满朝气的发展期。然而，中小企业在发展过程中必定会面临许多问题，也是当今全球化经济下中小企业发展所无法避免的问题。

(二) 调研目的及意义

1. 顺应中共十八届六中全会中"保持经济增长、转变经济发展方式、调整优化产

---

① 王臻、梁思宇,南京大学金陵学院 2016 级金融专业本科生。本文获南京大学国家双创示范基地 2017 年中小企业景气调研报告大赛二等奖。
② 《中国徐州网》:"2016 年度徐州市场主体发展报告出炉"。

业结构、推动创新驱动发展、加快农业现代化步伐"等指示,推进徐州市"十三五"任务目标完成。

2. 学生将书本知识逐步融入调研活动中,做到真正地将理论与实际相结合,学以致用。

3. 为了较为全面地掌握徐州市当前中小企业的发展历程,进一步了解中小企业发展的现状、各项需求和目前存在的问题,以及相对应的解决策略,从而为中小企业今后还需从哪些方面进行优化升级提供参考,并对中小企业的发展状况与对策有一个总体的把握。

4. 明确企业发展方面存在的问题,完善企业的应对策略,提高企业的存活力、竞争力,同时也为推动产业升级提供数据支持。

5. 在分析了其问题以及原因的基础上,旨在找出一套切实可行的解决方案,建立科学合理的应对策略,向相关政府部门提出可行性建议,确保企业的稳定快速发展。

(三) 调研方法

此次调研由南京大学金陵学院近二十名学生,于徐州地区进行随机抽样的方式向企业发放问卷,并且当场填写,其中选取个别代表性行业对企业高管进行采访。此次调研共有 300 余家企业参与,收取调研问卷 297 份,其中有效问卷 264 份。共有 6 个多小时的访谈录音稿,以及 5 000 余字的访谈记录。

指数计算公式如下:

企业景气指数＝0.4×即期企业景气指数＋0.6×预期企业景气指数

即期企业景气指数＝(回答良好比重－回答不佳的比重)×100＋100

预期企业景气指数＝(回答良好比重－回答不佳的比重)×100＋100

景气指数[①]有助于科学、全面地认识集群企业目前所处的情况,明确创新的必要性和迫切性。

5.10.2　国家宏观经济形势分析

(一) 我国宏观经济发展趋势分析

2016 年 10 月召开的中共十八届六中全会中指出:坚持"十三五"规划的十大任务目标,其中保持经济增长、转变经济发展方式、调整优化产业结构、推动创新驱动发展、加快农业现代化步伐这五大任务目标被放在了前五项。由此看来,经济发展仍然是一个不变法则。截至目前,我国中小企业共有 4 000 余万家,占企业总数的 99%,

---

① 研究中心创建的景气指数,其数值介于 0 和 200 之间,150～200 为蓝灯区,90～150 为绿灯区,50～90 为黄灯区(预警区),20～50(报警区),0～20(加急报警区)。

贡献了中国 60％的 GDP、50％的税收和 80％的城镇就业[1]。所以我国政府对于中小企业的发展视作重要关注对象。从主观角度看中共十八大提出的"2020 年 GDP 比 2010 年翻一番"的目标，中央似乎对十三五的增长要求明显下降。从客观角度看，资本、劳动力、土地和全要素生产率等增长要素都有下降趋势，十三五规划的目标增速定在 6.5％，依照往年的 7％的增速目标，下降了 0.5 个百分点。另外，中央实现环境控制目标，就要在一定程度上牺牲高污染企业的 GDP，限制高污染企业的不可持续或高耗能发展[2]。那么对于中小企业来说，也会存在一定程度上的限制作用。

（二）宏观经济形势下中小企业发展趋势分析

随着由国企主导的旧经济产业的价格下降、经营困难等问题，由民营企业主导的新经济产业逐渐壮大。然而国家对劳动者的保护力度加大，劳动力成本逐渐提高；十八届六中全会又再一次重申环境保护的重要性，企业的环境成本也将加大。当然，这两点都是时代进步、国家可持续发展的体现。但同时随着人们消费水平的上升，农产品、燃料等原材料的价格波动等因素导致企业生产成本上升。融资方面，虽然自银监会在 2014 年下发了《关于小微企业金融服务工作的指导意见》，明确要求银行业、金融机构单列年度小微企业的信贷计划以来，中小微企业的资金问题得到一定的缓冲作用，但对于大多新兴企业、潜力企业，以及不少的中小企业，融资一直是一个首要的、不可避免的、难以解决的问题。尤其是对于许多新兴企业中淘汰率高、成功率低、存活期短等问题，也是中小企业未来发展的一大障碍。

（三）徐州市与全国经济发展的对比分析

2017 年上半年我国国内生产总值 381 490 亿元，按可比价计算，同比增长 6.9％[3]。2017 年上半年徐州市实现地区生产总值 3 191.62 亿元，按可比价计算，同比增长 7.8％[4]。（见图 5-10-1）

由此看出，徐州市经济发展总体处于高速发展的状态，增长速度略高于江苏省总水平，并且连续数年高于全国总水平，仍处于经济发展的黄金时期。

2016 年，全国第一产业增加值 63 671 亿元，增长 3.3％；第二产业增加值 296 236 亿元，增长 6.1％；第三产业增加值 384 221 亿元，增长 7.8％。徐州市第一产业增加值 542.89 亿元，增长 1.9％；第二产业增加值 2 513.85 亿元，增长 8.7％；第三产业增加值 2 751.78 亿元，增长 9.1％[5]。（见图 5-10-2）

---

[1]　《2015—2022 年中国企业经营项目行业市场深度调研及投资战略研究分析报告》
[2]　中共中央下发地方的《十八届六中全会会议精神全文》文件。
[3]　中国青年网 http://news.youth.cn/gn/201707/t20170717_10310350.htm
[4]　《徐州统计网》www.xz.gov.cn."上半年全市经济运行情况"
[5]　中华人民共和国统计局官网 http://www.stats.gov.cn/tjsj/zxfb/201702/t20170228_1467424.html

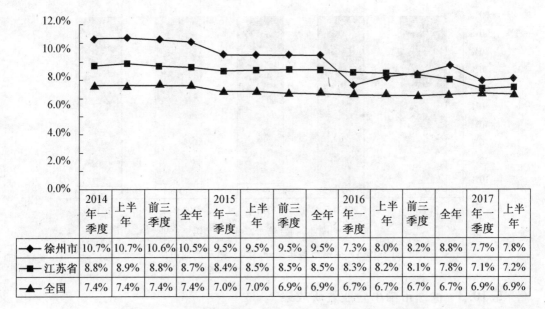

	2014年一季度	上半年	前三季度	全年	2015年一季度	上半年	前三季度	全年	2016年一季度	上半年	前三季度	全年	2017年一季度	上半年
徐州市	10.7%	10.7%	10.6%	10.5%	9.5%	9.5%	9.5%	9.5%	7.3%	8.0%	8.2%	8.8%	7.7%	7.8%
江苏省	8.8%	8.9%	8.8%	8.7%	8.4%	8.5%	8.5%	8.5%	8.3%	8.2%	8.1%	7.8%	7.1%	7.2%
全国	7.4%	7.4%	7.4%	7.4%	7.0%	7.0%	6.9%	6.9%	6.7%	6.7%	6.7%	6.7%	6.9%	6.9%

图 5-10-1　2017 年上半年全国、全省、徐州市生产总值增速

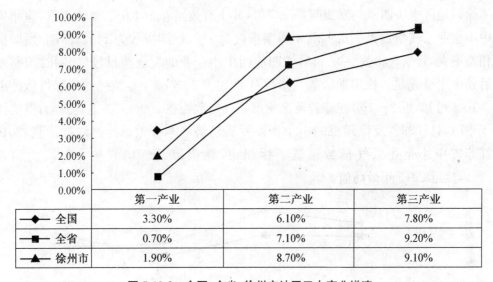

	第一产业	第二产业	第三产业
全国	3.30%	6.10%	7.80%
全省	0.70%	7.10%	9.20%
徐州市	1.90%	8.70%	9.10%

图 5-10-2　全国、全省、徐州市地区三大产业增速

由此体现出徐州地区第一产业增速略低于全国增速，第二、第三产业增速高于全国增速。近几年来徐州地区依托丰富的矿产资源，逐渐壮大第二产业的力量，导致其增速高于全国 2.6 个百分点。同时政府引导促进金融行业的发展，第三产业也在不断发展。如图 5-10-3，自 2012 年至 2016 年徐州市第三产业力量逐年增长，而相对的第二产业占比有小幅下降，第一产业则相对稳定在 9％～9.5％。总体而言，徐州地区的经济发展势头是十分有利于企业生存和发展壮大的。

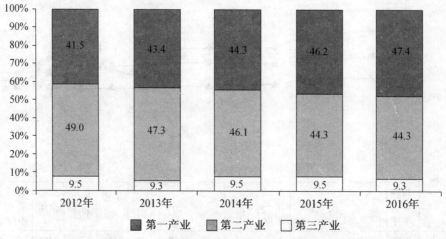

图 5-10-3　徐州市各年第一、第二、第三产业占比①

5.10.3　徐州市中小企业调研成果

（一）总体调研结果及与往年结果对比分析

徐州地区本次调研共发放问卷 297 份，其中有效问卷 264 份。整体来看，徐州地区中小企业景气指数为 116.4，其中即期指数为 117，预期指数为 116。即期、预期指数相差不大，且景气指数突破 115，说明徐州中小企业的发展前景较好，同时预期发展后劲也十分充足。徐州地区景气指数自 2014 年起连续 4 年依然处于绿灯区。由图 5-10-4 可知，近 3～4 年江苏省及徐州市景气指数均在 100～135 之间波动，但整体趋于平稳，且江苏省及徐州市的中小企业发展趋势基本一致。经过线性预测，2017年江苏省中小企业景气指数稍低于徐州市，徐州市景气指数较去年同比增加11.7％，接近 2015 年最高值。

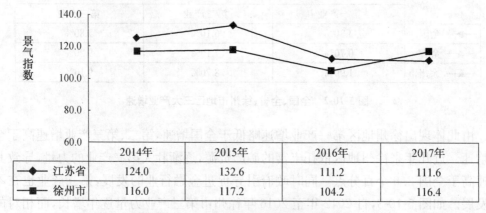

	2014年	2015年	2016年	2017年
江苏省	124.0	132.6	111.2	111.6
徐州市	116.0	117.2	104.2	116.4

图 5-10-4　江苏省、徐州市近四年景气指数

---

① 《2016 年徐州市国民经济和社会发展统计公报》http://tj.xz.gov.cn/TJJ/tjgb/20170321/011_f08f5b0d-b151-43f0-865f-a0d6cd88bcd1.htm

　　表 5-10-1 为 2016—2017 年中小企业发展状态。由表 5-10-1 可知,2016—2017 年徐州地区有 34.02% 的中小企业对未来发展趋势呈乐观态度,仅有 17.99% 的中小企业呈不乐观态度,并且预期比即期的不乐观态度下降了 0.42 个百分点,说明企业人员对于本企业未来发展抱有较大期望,未来 1 年徐州地区中小企业发展呈较为乐观态势。

表 5-10-1　2016—2017 年徐州市企业发展情况

	即期	预期
乐观	35.44%	34.02%
一般	46.15%	47.99%
不乐观	18.41%	17.99%

(二) 二级指标调研分析

　　根据调研问卷计算得到,徐州地区二级指标的景气指数分别为:

生产景气指数:128.3

市场景气指数:118.2

金融景气指数:113.6

政策景气指数:113.4

　　由此看出,生产景气指数最高,金融景气指数和政策景气指数相差不大,且低于生产景气指数 15 左右,相对来说政策景气指数显示最不乐观。

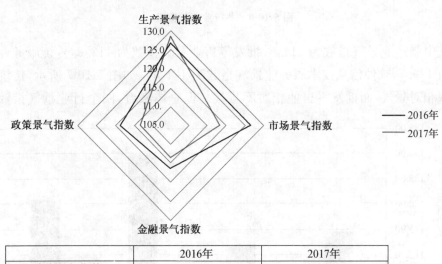

	2016年	2017年
生产景气指数	127.0	128.3
市场景气指数	126.5	118.2
金融景气指数	116.4	113.6
政策景气指数	118.5	113.4

图 5-10-5　2016 年、2017 年二级指标对比

　　如图 5-10-5,较往年相比,生产景气指数比 2016 年有小幅提高,但其他 3 个二级指

标均有不同幅度的下降,其中市场景气指数从 2016 年的 126.5 下降到 2017 年的 118.2。

5.10.4 中小企业各行业调研结果分析

(一)总体调研结果分析

如图 5-10-6,本次徐州地区调研的 264 家企业中,制造业最多,为 132 家,占总样本量的 50%;批发、零售业 68 家;传统服务业 40 家;软件信息技术服务业 17 家。

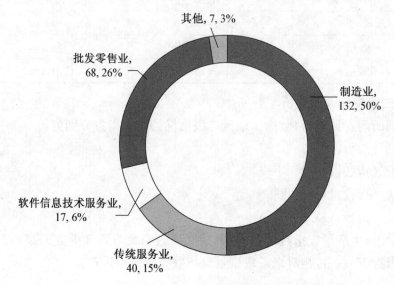

图 5-10-6 各行业调研概况

其中制造业景气指数为 114.6,批发零售业景气指数为 112.2,传统服务业景气指数为 129.7,软件信息技术服务业景气指数为 121.1。如图 5-10-7 所示,传统服务业表现相对景气,而批发零售业相对不景气。但总体来看,四个行业景气指数均在

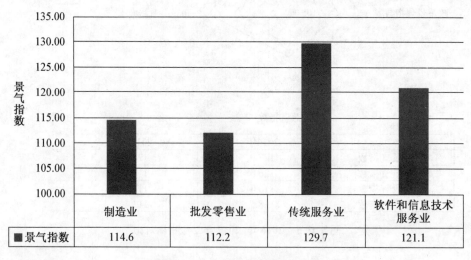

图 5-10-7 各行业景气指数比较

110 以上,传统服务业接近 130,说明徐州市中小企业整体处在发展情况较为乐观的态势,同时,徐州正在努力加快形成以高新技术产业为主导、先进制造业为支撑、服务经济为主体、现代农业为基础的现代产业体系。以下我们将选取代表性行业进行逐一分析。

(二)各行业调研结果分析

1. 制造业

(1) 概述

制造业作为现代产业体系的脊梁,是推动工业转型升级的引擎,是国家综合实力和技术水平的集中体现。然而制造业中装备制造业占据主导地位,本次调研制造业方向主要为装备制造业。现阶段,我国装备制造业整体规模趋稳,行业经营效益放缓,行业和企业之间分化加剧。研究表明,中国装备制造业运行进入中速增长期,转型升级已启动并艰难前行;同时,我国装备制造业产能过剩问题依然突出,核心技术亟须突破,装备制造业国有企业改革困难重重,中小型企业面临可持续发展难题。

"十二五"以来,江苏装备制造业发展平稳。2015 年,全省装备制造业实现产值 6.4 万亿元,占全省工业经济总量的 41.7%,"十二五"期间年均增长 10.9%。2015 年,全省装备制造业主营业务收入 6.1 万亿元,"十二五"期间年均增长 10.5%;实现利润 4 122.8 亿元,"十二五"期间年均增长 10.1%。其中,机械工业产值 4.2 万亿元,主营业务收入 4.0 万亿元,实现利润 2 999.1 亿元。

徐州是我国最大的工程机械产业集群之一。在过去的五年里,徐州老工业基地振兴成效显著,产业结构不断优化,工业总产值超过 1.2 万亿元;第三产业占比达 46.2%、高新技术产业占规模以上工业产值比重达到 36.2%,五年间分别提高 6.3 和 15.4 个百分点。装备制造业实现产值 3 777 亿元,增长 17.7%,占全市比重 26.8%。工程机械行业初步止住连续六年的下行态势,企稳回暖,以徐工集团为代表的生产挖掘机、压路机、摊铺机、平地机等产品累计销量实现正增长。2016 年,徐工集团产值 307 亿元,同比增长 5.6%;卡特彼勒徐州产值 59 亿元,增长 44%。1~12 月,通用及专用设备制造业用电 9.3 亿千瓦时,增长 0.8%[①]。

(2) 出现的问题与对策

此次调研结果显示,制造业相对发展较为不景气,如图 5-10-8,体现出徐州市大多数中小企业对于下半年制造业发展态度表现为一般。

制造业作为徐州市的主要经济发展点之一,以徐州市铜山区、高新技术开发区为例,截至 2015 年末,共有企业 100 多家,形成产值 300 多亿元,占区内全部工业产值比重达到 45%左右,种类涵盖了工程机械、矿山装备、石油机械、电力设备、数控机床等多个领域,先后荣获"中国工程机械之都""国家火炬徐州高新区安全技术与装备特

---

① 《2016 年 1~12 月份徐州市工业经济运行情况》

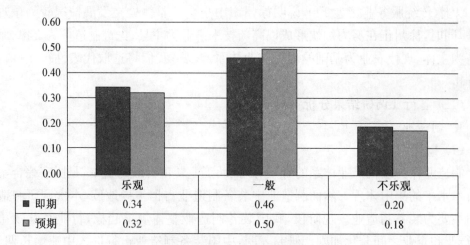

	乐观	一般	不乐观
■ 即期	0.34	0.46	0.20
■ 预期	0.32	0.50	0.18

图 5-10-8　制造业调研结果

色产业基地""江苏省工程机械及车辆制造示范基地""江苏省矿山安全技术与装备特色产业基地"。

① 问题

在产业创新升级、产品优化改造的趋势下,转型升级已经启动但是在艰难前行。同时,我国制造业产能过剩问题依然突出,核心技术亟须突破,制造业国有企业改革困难重重,中小型企业面临可持续发展难题。在经济新常态的背景下,我国制造业仍面临着较大的经济下行压力。

数据显示,徐州市中小企业制造业中的固定资产投资景气指数为 106.67,相比于制造业的 114.56 相差较大。装备制造业固定资产投资仍占制造业固定资产投资额的一半以上,但是在利润偏低、去产能化等多重因素的叠加影响下,增速明显低于制造业平均水平。固定资产投资增速下降,说明投资需求减少,固定资产投资的需求回落,成为影响制造业经济下行的主要原因。

除此之外,徐州市装备制造业产品质量不高。首先,质量基础薄弱。标准体系整体水平落后、结构不合理、标准更新速度缓慢、标准的研制能力相对薄弱、国际话语权不强。其次,质量竞争力不强。我国装备制造业缺乏世界知名的品牌和跨国企业,一方面,装备制造业品牌化建设滞后,品牌设计、品牌建设和品牌维护方面投入严重不足;另一方面,装备制造产品质量不高,每年因质量问题和技术性贸易措施给装备制造业造成了严重损失。最后,质量信誉不高。一些缺乏质量诚信的装备制造企业通过降低标准、偷工减料等办法千方百计降低成本,有些行为甚至成为"潜规则",假冒高端装备制造品牌现象屡禁不止,造假科技含量日益增高。

② 对策

2015 年来,智能制造装备备受关注。随着《中国制造 2025》、"互联网+"行动重点部署智能制造,智能制造继续加速发展,服务型制造成为重要转型方向。徐州市应依托装备制造业的技术基础和科技人才优势条件,推动工程机械、数控机床和电力装备、机器人、汽车等加快发展。加强产业联动和资源整合,推动质量提升和品牌创建,切实增强装备制造业竞争力,加快推进由装备制造大省向装备制造强省转变。

以集成化和增量优质为突破口,构建装备制造业全产业链。装备制造业技术构成复杂,配套零部件多样化,处于产业链上下游的企业和供应商、客户等利益相关者都对整个产业链的发展有重大影响。

瞄准国际、国内两个市场,拓展装备制造业的市场规模。重视"互联网+"营销的各种实现方式,找准需求和强化营销。

构建开放式创新平台,自主研发核心技术和关键共性技术。整合行业、企业等方面的资源,推进高端制造装备协同创新。加快突破制约高端装备发展的关键共性技术、核心技术和系统集成技术,逐步具备国际水准产品与技术研发能力。

扶持智能装备的"互联网+",推动信息技术和制造技术深度融合。制造装备的发展方向是低能耗、精密和高速的装备,把信息技术应用到装备的创新研发中,推进装备制造绿色智能转型。

2. 批发零售业

(1) 概述

此次调研结果显示批发零售业相比较最为不景气。相比于大型企业,中小企业批发业、零售业主营业务产品大多为生活必需品,也是属于需求缺乏弹性的商品,其价格与总收益呈同方向变动,其弹性系数很小。所以商品的价格变动会影响企业经营者收益。2016 年徐州市的价格指数温和上涨,全市城市居民消费价格总水平较上年上涨 2.3‰,涨幅较上年提高 0.8 个百分点。

(2) 出现的问题与对策

如表 5-10-2 可以看出,2016 年徐州市的生活必需品价格指数变动不大[①],有增有减,这使得企业经营者的盈利变化相对也不大。

表 5-10-2　2016 年徐州市生活必需品较上年比较

指标	比上年增长
居民消费价格总指数	102.3
♯食品烟酒	102.8
♯食品	103.7
♯粮食	99.8
食用油	101.7

---

① 《2016 年徐州市国民经济和社会发展统计公报》http://tj. xz. gov. cn/TJJ/tjgb/20170321/011_f08f5b0d-b151-43f0-865f-a0d6cd88bcd1. htm

（续表）

指标	比上年增长
菜	106.7
♯鲜菜	107.5
畜肉类	112.5
禽肉类	97.4
水产品	106.4
蛋类	93.2
干鲜瓜果	94.6
烟酒	101.0
衣着	103.2
居住	100.5
生活用品及服务	101.5
交通和通信	98.4
教育文化和娱乐	101.1
医疗保健	112.6
其他用品和服务	103.6

① 问题

以铜山区、高新技术开发区为例,到 2016 年底,铜山区拥有食品产业规模以上企业 38 家,涉及 3 大类 12 小类,完成工业产值 602.29 亿元,同比增长 16.18%,主营业务收入 598.68 亿元,同比增长 16.59%。

但是产业发展分散,关联集成不足。食品的销售和食品的制造、加工有着密不可分的联系。产品加工的深度不够,技术含量偏低。企业规模式扩张偏重、技术性支撑不足,销售的大众化产品居多、创新性技术偏少。多数加工企业以初级加工为主,而在采用新工艺、新技术进行精深加工以提高产品附加值方面明显不足,在一定程度上制约了销售行业的可持续发展,成为食品部分批发零售业发展的瓶颈。

传统商品居多,品质提升不够。经过多年竞争和积累,铜山区必需品在数量上达到了一定的高度,但传统产品居多,适应不同适用对象、按照现代食品营养学原理指导开发的高品质产品相对较少,在一定程度上影响了铜山区销售企业在全省、全国市场中的竞争力。

在当今盛行的互联网+的时代下,批发、零售业收到了很大的价格冲击。传统零售渠道链条过长,要保障每一个环节的利润空间。其次就是终端冲击,只要有互联网的存在,就可以有网络信息的传播,也就是消费者可以在地球的任一角落去选购自己心仪的产品。但传统零售终端囿于人力、物力、财力及传统零售业态游戏规则(如区域保护)的制约,无法在相应范围内建立足以覆盖所有目标消费者的传统零售终端网络。接着就是销售控制冲击,传统零售链条的存在,使品牌商能够有效地控制产品的走向和信息的收集,从而能够有效地进行销售控制,从而保障销售体系的流畅与稳定。但网络无国界,谁都可以上网开店和销售产品,品牌商无法对网络卖家进行系统的控制,从而造成产品的泛滥与恶性竞争。

② 对策

当然,互联网+时代对批发零售业也充满了积极的影响。方便快捷、价格便宜、选择多样化都是消费者大多选择网购的主要原因。

批发业、零售业等企业可以进行线下与线上同价,积极开辟自己的网上营销模式,适应网络新环境,关注网上同类产品的销售情况和价格情况,同时开展网络空间的布局,以及在经营特色、经营管理、经营方式等方面的策略。

购进优质方便耐用的产品,拥有一流用户体验的产品才会脱颖而出。

随着高速宽带网络的普及,大数据、云计算的发展,以及物联网平台型企业的成长和行业标准的推进,数字化物联网体系的发展,零售业在网络空域拓疆开土,网络购物平台的发展使得物流趋向便捷化、精准化,仓储配送体系的其他增值业务发展势头迅猛。批发零售业应当抓住机会,拓展自己的销售平台和途径。

3. 软件信息技术服务业

(1)概述

党的十八大以来的五年,是新经济、新服务快速兴起的五年,是创新引领经济发展、创业热情蓬勃高涨的五年。

我国科技服务业成长较快。2013—2016 年,规模以上与科技服务业相关的企业营业收入年均增长 11.2%。科技研发投入稳步提升,2016 年,研究与试验发展经费支出 15 500 亿元,与 2012 年相比年均增长 10.8%。规模以上技术推广服务、科技中介服务企业营业收入年均增长分别为 12.6%和 15.0%。同时,我国的软件业务收入增速趋稳。1~11 月,我国软件和信息技术服务业完成软件业务收入 43 133 亿元,同比增长 14.8%,增速同比回落 1.4 个百分点。其中,11 月软件业务收入增长 16.1%,比 10 月提高 0.9 个百分点①,如图 5-10-9。

徐州市的电子信息产业发展势头较好,处于产业生命周期的上升期,受经济周期的影响较小。当前,高新区内入驻电子信息企业 30 家,2015 年电子信息产业工业总产值达到了 350 多亿元,相比 2014 年的 280 亿元,同比增长达 25%以上。

(2)出现的问题与对策

此次调研结果显示软件信息技术服务业的景气指数为 121.06,处于较高的水平,作为一个新兴型行业,软件信息技术也是存在着一些开创初期的问题。

---

① 《服务业擎起半壁江山新兴服务业蓬勃发展——党的十八大以来经济社会发展成就系列之十五》

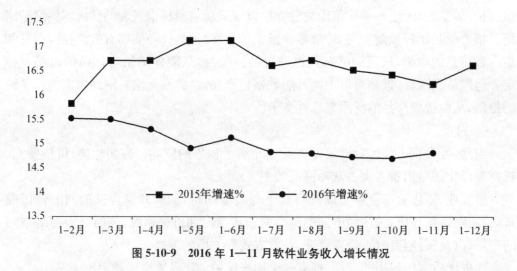

图 5-10-9　2016 年 1—11 月软件业务收入增长情况

① 问题

企业规模普遍较小,生产技术、装备水平、生产工艺等方面与国内外知名企业相比有较大的差距,多数企业以生产低端产品为主,产品同质化比较普遍,总体呈现小、多、散和低水平竞争局面。当今发展信息技术服务业人员中,大学生创业者占有的比重较大,企业规模很小。

电力设备技术水平处于低中端,充电器、充电桩、储能材料具有一定核心技术,杂散电流技术先进,但是整体市场容量较小。核心技术中小型企业很多接触不到或者是研究水平不够。

产业集中度不高,板块较为分散。以铜山区、高新技术开发区为例,电子信息产业分布于汽车电子、医疗电子、智能电力、物联网和电子仪器等多个领域,除汽车电子产业规模较高外,其他产业企业数少、产值低、市场竞争力不足,对经济发展带动能力较弱。

产业集群尚未形成,集群效应缺失。各板块企业数量均不足十家,企业数量少不利于产生协同效应。龙头企业的带动性不明显,不能有效发挥龙头企业的核心作用和带动作用。同一板块企业间的业务关联少,未能发挥明显的产业集群协同效应。

产业关联度相对较低,竞争优势不突出。小部分产品技术先进,市场竞争能力强,市场前景广阔;大部分产品处于价值链中低端,附加值低,不能形成通过技术提升推动竞争力提升的良性循环,难以形成支撑产业持续发展的有效积累。

企业自主创新能力不强,高端人才严重缺乏。高端技术人才及领军人物匮乏,研发基础条件薄弱,产业体系抗风险能力较弱。

② 对策

需要优化产业结构。企业能否在市场站得住、行得稳,关键看产品是否具有竞争力,是否具有先进的综合性能。

提高自主创新能力。创新不足,是各产业普遍存在的问题,也是制约新材料产业发展的关键问题。创新不足,主要表现为在关键核心技术专利和标准上受制于人,导致自己的产品技术含量和附加值低,缺乏竞争力。

政府应在这方面加大推进创新驱动的力度,特别是原始创新。加大政策、资金扶持力度。立足未来,重点实现产业中核心技术突破。强化企业自主创新主体地位,加强企业技术创新及技术改造,鼓励企业和科研院校合作,建立以产业为基础的创新联盟。

同时,充分利用近 20 万大学生的高新技术人才资源,鼓励大学生创业,给予适当的创业优惠政策,切实落实创业者的优惠,领头架起大型企业、中型企业、小型企业之间的交流平台,扶持有潜力、有发展力的中小微企业的发展。

5.10.5 徐州市高新区科技创新谷简析

(一) 徐州市高新区技术创新谷简介

徐州科技创新谷位于云龙湖风景区南侧的大学路两侧,发展依托徐州国家高新技术开发区、徐州国家安全科技产业园、中国矿业大学南湖校区,是徐州市主导产业和战略新兴产业研究院集聚区,是徐州市高标准打造"一城一谷一院一区"科技创新核心的重要组成部分。为响应"双创"建设的实施,双创共享平台对小微企业、孵化机构设立创业基金,在办公用房、网络等给予优惠,给予税收支持,创新投贷联动、股权众筹等融资方式给予最大限度的扶持帮助。

1. 定位

以产业前瞻性技术、共性技术和关键技术为研究重点,以推进先进技术产业化、促进产业结构升级为目标,集聚国内外科技资源,健全和提升现有科技公共服务平台,建立由政府引导,投资主体多元化,国内外一流人才团队参与的,高起点、高水平的徐州市产业技术研究院。

2. 功能

徐州产业技术研究院是集聚区创新谷的重要组成部分,研究院采用"1+N"的架构模式,广泛接连海内外高层次人才。重点围绕高端装备、新能源、生物医药、新材料、物联网和安全科技等产业,研发一批兼具技术先进性和良好市场效益的高科技产品。徐州市及高新区均针对徐州产业技术研究院出台了专项优惠政策。

3. 目标

到 2020 年,引进、培育创新创业人才团队 30 个,新建公共技术服务平台 35 家。到 2025 年,培育新兴产业集群 3~5 个,孵化科技企业 300 家以上。

(二) 徐州市及高新区出台相关优惠政策简介

为鼓励国内外科技成果到市产研院进行二次开发、转移转化,优先支持市产研院及衍生企业申报各类科技计划项目,市产研院及研究院所、衍生企业取得的财政拨款,专款专用的,可计入不征税收入管理。企业用于研发活动而购买的产研院技术成果或委托产研院进行技术研发所发生的支出,纳入企业研发费用加计扣除优惠支持范围。2015—2020年,每年从市科技项目经费中安排500万元,支持发展重点产业关键技术研发。

对新建的经相关部门认定的企业研究院、协同创新研究院、院士工作站分别给予50万、30万、20万的一次性奖励。对新认定的"国家级博士后科研工作站"和"省级博士后创新实践基地"分别给予50万和30万的一次性奖励以及其他资金奖励机制。

政府牵头,主导整合天使、风投、创投、银行、券商等各类资源,为在种子期、初创期、成长期的企业提供系统化的金融融资服务。运用好徐州高新区3支产业发展基金和10亿创新支持资金作用,推动科技成果迅速产业化。

（三）徐州市区域性产业科技创新中心建设规划指标简析

自2015年以来,政府对双创型企业的支持力度加大,徐州市高新技术企业占工业企业总数从2015年至今都有稳定的增长(见图5-10-10)。其中2016年的科技进步贡献率相比2015年增长了1.5个百分点,但相比于2016年全国科技进步贡献率的56%还有一点差距。

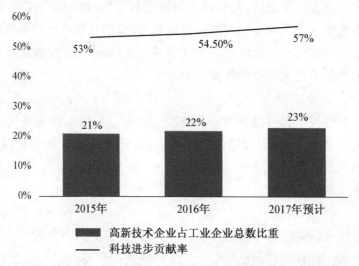

图 5-10-10　徐州市区域性产业科技创新促进可持续发展指标图

如图5-10-11,政府的科技拨款占财政支出的比重由2015年的2.64%上升到2017年的3.10%,可见徐州市政府对于科技创新发展的重视,这也直接影响了全社会R&D投入占GDP的比重的平稳增长。但相比于全国2016年全社会R&D占GDP比重为2.1%的数据,徐州市的产业科技创新投入力度还有待提高。

那么就徐州地区而言,科技的进步与创新已经造就了很大的社会贡献和经济效益,然而位于创新领头羊科技创新谷中的企业失败率仍然很高,在这其中便存在着一些中小微型企业从孵化期到成长期的诸多问题。

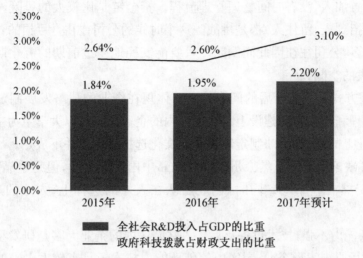

图 5-10-11　徐州市区域性产业科技创新投入指标图

（四）小微型企业发展存在的问题（以徐州市科技创新谷为例）

1. 创新谷在运营管理中不利于企业发展或成长的问题

（1）资源整合不到位。许多创业园是利用当地原有的场地、设备设施，以挂牌、共建的方式建立的，存在着有"名"无"实"的情况；在运营过程中，政府的主导作用显现不足；各职能部门以及创业者协会、中小企业协会等社会力量，缺乏行之有效的手段和具体举措来介入创业园、孵化基地建设、管理和运行。

（2）没有形成一定大的规模。创业项目单一，科技含量小，缺乏创新和市场竞争力，没有显现出其应有的示范带动作用，社会认可度不够高。

（3）创业园服务人员流失严重，专业管理和运营人才欠缺。创业园运营人员没有专业的对口输出，且要服务创业企业，必须对垂直行业都有所涉猎，对人员素质要求很高，这样的人才非常少且流失严重。

（4）与融资单位的合作有一定难度。创业园主要是以政府牵头主导来帮助企业融资，融资问题仍然是需要解决的一个很大的问题。

（5）整体核心竞争力弱。创新谷园区内企业相较于内部竞争对手而言所具备的竞争优势与核心能力差异较小。知识经济的发展离不开对知识的创新、生产与传播，离不开对创新人才的培养。没有竞争就没有发展，园区内企业水平相对接近，没有一些核心竞争力，导致企业的活跃度不够，发展力不强。

2. 入驻的企业成功率不高或存活期不长存在的自身问题

（1）创业方向选择问题。无论是有专长、有产品而创业的，还是有客户创业的，都存在着如何才能发展起来的挑战。这个时刻，所有的成本就是所谓的试错成本，资金需要不多，资金链断裂的风险不大，公司活不下去往往是因为找不到方向而放弃。

（2）扩张阶段的问题。初创企业面临的挑战是：小公司如何找到资源。没有贷款，没有人愿意加入，没有时间整理管理流程。资金链是比较大的风险，而迅速成长的能力（包括招到人、留住人）都是挑战。这个时候的公司往往是亏损的，现金流一定为负，欠账很多，公司往往因此而倒闭。只要能安稳地度过前期的孵化期，企业的成长就会有很大的空间。

（3）管理方式和观念滞后的问题。主要体现在企业的战略发展制定、人力资源管理、财务管理和企业文化建设上。在园区内的企业大多是以大学生为主的青年人，其在自己企业上的规划、战略制定以及企业文化选择方向上并不成熟。

（4）人才缺乏问题。虽然徐州创新谷北靠中国矿业大学，但是单靠一所知名大学的人才量仍然有些不够。同时，创业团队在人才的选择上、人才的运用上仍有欠缺。

（5）创新能力不强，技术设备落后。入驻园区内的企业大多是研发型、创新性企业，相比较本行业中大型企业，园区内的创新能力技术还是有较大水平的落后，由于融资后不能有足够的资金去广泛选购技术设备导致发展有些滞后。

（五）面对创新谷内企业的问题当地政府和创新谷需要采取的应对措施

1. 积极创造有利于中小企业发展的良好整体环境。在前期的场地等基础设施和服务设施建设方面进行重点支持，使企业孵化成为具有一定市场竞争力的成熟企业并走出园区。

2. 加大力度构筑中小企业融资平台。建立园区、银行、投资、担保、租赁"五位一体"的科技金融长效机制。有效整合天使、风投、创投、银行、券商等各类资源，以政府的信用担保为中小企业开辟融资通道。

3. 多管齐下提升中小企业核心竞争力。落实国家自主创新示范区向全国推行的科研项目经费管理改革、非上市中小企业通过"新三板"进行股权融资等六项优惠政策。建立安全产业发展基金、电子信息产业发展基金、绿色装配式住宅产业发展基金、产业创新支持资金等资金补助，有效利用 10 亿创新支持资金，协助发展企业强势发展点。

4. 重视人才，加大人力资源投入。政府应将园区确定为全市人才管理改革实验区，更多更好地积聚"高精尖缺"人才，为全市人才发展做模范作用。同时创新谷加大园区人才投入，将市、区财政支持及奖金优先用于人才工作投入。

5. 推进企业信息化步伐。增强竞争力、增强自我创新能力，进一步强化创新意识，建立健全中小企业自主创新的激励机制。

5.10.6 总论

2016 年是中国"十三五"规划的开局之年，2017 年是实施十三五规划的重要一年，是供给侧结构性改革的深化之年。中小企业发展面临的挑战和机遇并存，但机遇是大于挑战的。中小企业景气指数是用来衡量中小企业动态发展状况的"晴雨表"。

为了能够帮助中小企业分析当下生产经营困难,主营业务收入、利润总额等增速回落,融资难、融资贵等问题,中小企业的景气指数调研则显得尤为重要。

中国自改革开放以来,历经近 40 年的艰苦发展,成功地从落后的农业大国发展成为强大的工业大国,成长速度世界瞩目。发展过快就会带来一系列问题,中小企业面临的问题不仅是中国的问题,也是世界性难题。2016 年底召开的中央经济工作会议中,习近平总书记明确指出,目前我国经济运行仍存在不少突出矛盾和问题,产能过剩和需求结构升级矛盾突出,经济增长内生动力不足,金融风险有所积聚,部分地区困难增多等一系列问题,党中央定会高度重视,继续努力加以解决。我们相信,跟随耀龙腾飞的步伐,中国的企业发展会更上一层楼。

5.11 江苏省兴化市中小企业景气现状及市场景气分析

笪郁文 李茵之[①]

摘 要:改革开放以来,江苏的民营中小微企业一直在迅速发展。但在欣欣向荣的同时,也会面临着各种各样的问题。中小企业的现今状态和未来发展趋势如何,是我们所关注的问题。本文采用"江苏省中小企业景气指数"调研体系,在对江苏省泰州市兴化市的 20 家中小微企业进行调研的基础上,将中小企业各方面的情况量化评价,并进行数据分析、比较,所发现问题的原因和解决方法进行探究。

关键词:景气指数 兴化市 中小微企业 市场景气

5.11.1 引言

"江苏省中小企业景气指数"是一个指数体系,共有 31 项指标,由企业的高层管理者依据企业的实际情况对调查问卷上的内容做出评估,反映江苏省中小企业的经营者对过去和未来 6 个月经营、发展情况的整体评价。包括总指数和生产景气指数、市场景气指数、金融景气指数、政策景气指数四项二级指数,各分项指数都由相关的经济指标组合而成。

在 2017 年暑假的此次江苏省中小企业景气指数调研活动中,我们团队实地调研了江苏省泰州市兴化市的 20 家企业,收回 20 份有效问卷。作为样本的 20 家企业以制造业为主,兼有交通运输业。其中中型企业 4 家,小型企业 14 家,微型企业 2 家。依据问卷所填写的信息,进行数据录入和计算,并进行分析后得到以下结果。因为样本量较少,所以数据可能具有一定的特殊性,但从中也能反映出一些趋势。

---

① 笪郁文,南京大学 2015 级工业工程专业本科生;李茵之,南京大学 2015 级财务管理专业本科生。本文获南京大学国家双创示范基地 2017 年中小企业景气调研报告大赛二等奖。

5.11.2 综合景气指数分析

从所调研的 20 个样本所计算得出的企业即期景气指数为 110.7,预期景气指数为 116.2,综合景气指数为 114.0。与历史数据相比,由于这 20 家企业均位于泰州市兴化市,因而用泰州的历史数据更有参考价值。2014 年,泰州市中小企业的景气指数为 112.1,若以 2014 年为基期,令基期指数为 100,则 2017 年这 10 家企业样本的本期指数为 101.7,景气指数增长率为 1.7%,可见三年来兴化中小企业景气情况有小幅上升。

在三级指标中,衡量企业总体状况的有两项——"总体运行状况"和"企业综合生产经营状况"。对于前者,所有企业都给予企业总体运行状况"一般"以上的评价,其中认为"较乐观"和"乐观"的各有 4 家,各占 20%;可见兴化市的制造企业对于经济前景都抱有良好的信心。对于后者,所有企业也都给了"一般"以上的评价,其中"较乐观"占有 45%,认为"乐观"占 20%,可见中小企业的总体发展显出较好的走势。

5.11.3 二级景气指数分析

以下是依据所调研的 20 个样本计算出的综合指数以及各项二级指数的即期与预期指数值。

表 5-11-1 综合指数及二级景气指数的即期与预期指数

	综合指数	即期指数	预期指数
中小企业景气指数	114.0	110.7	116.2
生产景气指数	115.0	112.5	116.7
市场景气指数	107.5	104.2	109.7
金融景气指数	116.2	113.9	117.8
政策景气指数	105.2	101.6	107.6

由此表 5-11-1 可见,各项指标的预期指数值都高于即期指数,说明企业整体运营状况平稳,各个方面都处于较为稳定发展的态势,企业经营者对未来抱有良好的信心。各项二级指标中,金融景气和生产景气较为乐观,而市场景气与政策景气相对不足。

将各项二级指标与 2014 年泰州的数据相比较,得到下表 5-11-2。

表 5-11-2 2017 年与 2014 年二级指标对比

	2017	2014	变化
总指数	114.0	112.1	1.9
生产景气指数	115.0	107.7	7.3
市场景气指数	107.5	115.8	−8.3
金融景气指数	116.2	104.3	11.9
政策景气指数	105.2	88.0	17.2

从表 5-11-2 中可以明显看出,生产景气、金融景气和政策景气指数均较之 2014 年有大幅增长,涨幅均高于总指数的涨幅,其中政策景气指数增长幅度最大。而拉低总指数的则是市场景气指数,2017 年样本企业的市场景气比 2014 年有明显的下滑,市场状况较为严峻。

以下具体分析四个二级指标的变化。由于未曾掌握泰州市 2014 年各项三级指标的数据,所以以下有关三级指标的对比均采取江苏省 2014 年的历史数据。

(一)生产景气指数

这 20 家企业的生产景气指数为 115.0,略高于综合指数。其中预期高于即期,表明这些企业基本上都对未来的生产经营景气情况持有稳定发展的预期。与泰州 2014 年的数据相比,生产景气指数有明显上涨,上升了 7.3;可见在这三年内,兴化中小企业的生产状况有较好的发展。

生产景气指数包含 13 个三级指标,与 2014 年江苏中小企业生产景气指数的对比如下图 5-11-1。

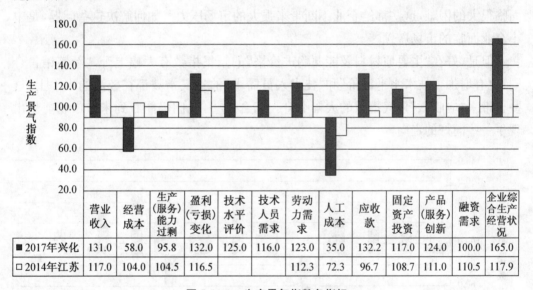

	营业收入	经营成本	生产(服务)能力过剩	盈利(亏损)变化	技术水平评价	技术人员需求	劳动力需求	人工成本	应收款	固定资产投资	产品(服务)创新	融资需求	企业综合生产经营状况
■ 2017年兴化	131.0	58.0	95.8	132.0	125.0	116.0	123.0	35.0	132.2	117.0	124.0	100.0	165.0
□ 2014年江苏	117.0	104.0	104.5	116.5			112.3	72.3	96.7	108.7	111.0	110.5	117.9

图 5-11-1 生产景气指数各指标

从三级指标来看,这 20 家企业的营业收入、盈利变化、应收款、流动资金以及总体运营情况都较 2014 年有了大幅的提高,由此推断样本企业的获利情况较好,其生产景气指数的上涨也主要得益于这几项指标的变化。另外,劳动力需求、固定资产投资和产品创新也都有不同幅度的上升。而下降的指标有经营成本、生产能力过剩、人工成本这三项,表明成本在持续增加,产能过剩的问题仍在延续。

降幅明显的三项指标中,经营成本和人工成本的降幅最为明显。具体到问卷中,经营成本和人工成本两项分别有 50% 和 65% 的企业给出了"不佳"的评价。在目前的经济大环境下,现在劳动力成本、原材料价格、生产经营活动的成本都在持续增加,企业对技术人员的需求也在不断增加，给企业经营带来了不小的压力。由此可见，如何在无法避免一些必要的成本增加的情况下提高效率，是很多企业必须解决的问题。

（二）市场景气指数

这20家企业的市场景气指数为107.5，低于综合指数。由此可见，相比较而言，大多数中小企业对于市场方面面临着较大的压力。与2014年泰州的数据相比，下降了8.3，可见总体市场走势处于下滑状态。但是，市场景气的预期指数高于即期，说明尽管目前市场较为严峻，但中小企业对市场状况仍是抱有一定的信心。

从三级指标看，主要原材料及能源购进价格、应收款两项指标大幅上升，劳动力需求、新签销售合同、产品销售价格也有明显增长。大幅下滑的指标主要是人工成本和营销费用，另外，生产能力过剩、融资需求、融资成本也均有下降。

与生产景气指数的分析类似，市场景气指标中存在的问题也主要是成本费用类的指标走向趋于变差，再加上产能过剩和融资困难的问题。产能过剩，商品库存增加，资源持续浪费，而另一方面营销费用和人工成本又在不断上升，同时企业融资也面临很大的困难，这些都给企业不断带来强大的市场压力。如何解决这些问题，是中小企业面临的市场瓶颈。

但是，好在"主要原材料及能源购进价格"的景气指数有大幅上升，"新签销售合同"也有增加，"技术水平评价"和"技术人员需求"的景气指数都在较高的水平上，这些也带来"应收款"景气指数的大幅上升。综合这些，我们仍能看到未来市场前景出现了一些向好的走向。

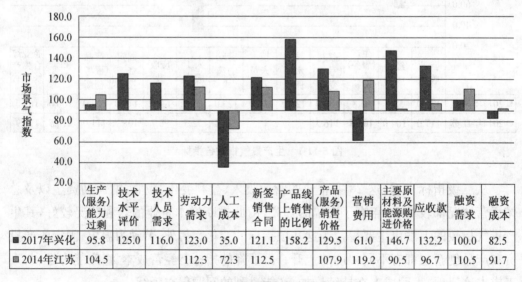

市场景气指数

	生产（服务）能力过剩	技术水平评价	技术人员需求	劳动力需求	人工成本	新签销售合同	产品线上销售的比例	产品（服务）销售价格	营销费用	主要原材料及能源购进价格	应收款	融资需求	融资成本
■2017年兴化	95.8	125.0	116.0	123.0	35.0	121.1	158.2	129.5	61.0	146.7	132.2	100.0	82.5
■2014年江苏	104.5			112.3	72.3	112.5		107.9	119.2	90.5	96.7	110.5	91.7

图 5-11-2　市场景气指数各指标

（三）金融景气指数

这20家企业的金融景气指数为116.2，整体融资情况较为乐观。与2014年相比,金融景气情况有 11.9 个点的明显提升。

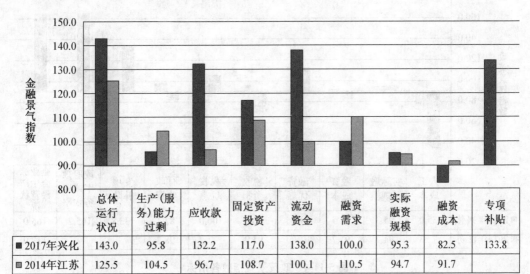

	总体运行状况	生产(服务)能力过剩	应收款	固定资产投资	流动资金	融资需求	实际融资规模	融资成本	专项补贴
■ 2017年兴化	143.0	95.8	132.2	117.0	138.0	100.0	95.3	82.5	133.8
▨ 2014年江苏	125.5	104.5	96.7	108.7	100.1	110.5	94.7	91.7	

图 5-11-3　金融景气指数各指标

在包含于金融景气指数的 10 个三级指标中,总体运行状况、应收款、流动资金的景气情况都明显走高,也正是这些指标,拉高了中小企业的金融景气指数。固定资产投资情况有所上升,实际融资规模基本持平,结合上述上升的指标,这些表现出中小企业资金流动性增强、投资能力增强、融资情况有所进步。生产能力过剩、融资需求和融资成本三项指标则有所下降。其中,融资成本降幅最为明显,可见中小企业虽然资金流动有所增强,但仍面对较大的融资壁垒;民营企业融资难的情况一直没有得到有效改善。

(四) 政策景气指数

此次调查的 20 家企业政策景气指数为 105.2,是四项二级指标中最低的,但较之 2014 年的数据有 17.2 的大幅增长,增长幅度为四项之最。这说明近几年兴化政府采取了相当有效的政策措施,为中小企业的发展营造了良好的政策环境,中小企业政策景气有了巨大的提升;但政策环境仍有不足,有较大的进步空间。

由上图可见,企业综合生产经营状况涨幅巨大,较之 2014 年增长了 47.1 个点。另外,问卷中的“政府效率或服务水平”一项,景气值高达 165.2,专项补贴一项指标也处于 133.8 的高水平。正是这三项指标的走高拉动了中小企业政策景气指数的大幅上涨。可以从中看出,近几年兴化市的中小企业确确实实从政府政策中享受到了积极利益,对政策也普遍持积极态度。另外,政策景气的预期指数比即期也有所提高,表明大多数中小企业都对政策环境充满信心。

下降较明显的有人工成本、税收负担、行政收费三项指标,另外,融资成本也有小幅的下滑,说明人工压力造成了政策景气的下滑。另外,政府在出台了一些优惠政策

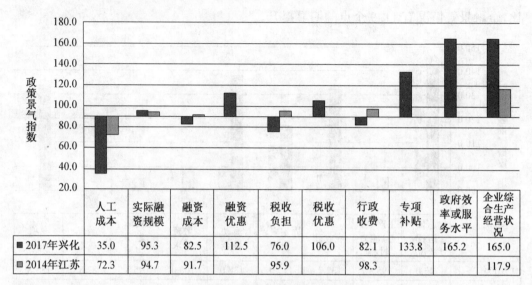

	人工成本	实际融资规模	融资成本	融资优惠	税收负担	税收优惠	行政收费	专项补贴	政府效率或服务水平	企业综合生产经营状况
■ 2017年兴化	35.0	95.3	82.5	112.5	76.0	106.0	82.1	133.8	165.2	165.0
■ 2014年江苏	72.3	94.7	91.7		95.9		98.3			117.9

图 5-11-4 政策景气指数各指标

的同时,也仍然存在着制约中小企业发展的政策壁垒,税收、行政收费等仍存在不合理之处。

5.11.4 市场景气的制约条件分析

通过对于四项二级指标的分析,我们发现发展趋势较差的是市场景气指数。从2014到2017年,市场景气指数明显下降,市场情况不太乐观。观察与市场景气相关的三级指标,我们发现降幅最明显的主要是人工成本、营销费用、融资需求与成本这几项指标。于是,我们进一步对这些问题进行了探讨。

(一) 人工成本

人工成本的上涨是受访中小企业存在的共性问题,几乎所有受访者都有所提及。仅有少数认为此问题"一般",其余都持"不乐观"或"较不乐观"态度。随着现在社会整体物价水平的上升,经济社会发展,城市化的进步带来劳动力结构和供求关系的转变,劳动力素质普遍提高,再加上国家对劳动者权益的保护力度加大,人工成本上涨是必然的问题。

为缓解高额的人工成本,最直接的方法就是减缓工资上涨。2017年至今全国多个省市已经上调了今年的最低工资标准。数据显示,每年调整最低工资标准的省份数量和调增幅度都在下降。虽然今年上半年有11个省市和深圳上调最低工资,在数量上超过了去年全年,但总体涨幅较低,比如北京今年最低工资的上调幅度仅约为5.8%。

宏观经济增长有所放缓,各地物价的涨幅也较为平稳,是最低工资涨幅回落的主要原因。除了受经济增长影响外,中国国际经济交流中心副总经济师徐洪才认为,推动企业降成本也是重要原因。他表示,近些年中国的劳动力成本上涨较快,给部分企业的生产经营带来一定压力。因此,地方政府也在推动供给侧结构性改革,适当降低工资涨幅,为企业降成本,也是为了扩大就业。徐洪才表示,最低工资标准上调幅度降低,对劳动密集型产业会有一定的正面影响。

但是减缓工资上涨仍是治标不治本的做法。对民营中小企业来说,目前要实现产业转型升级,既受到人力资源的约束,又受资金的限制。要解决这一问题,一方面,需要通过引进先进的生产线、专业的生产控制软件、优化管理方式等途径来提高生产效率,减少用工量;另一方面,需要进行劳务派遣制度改革,提高人员利用效率,进而降低人工成本,以达到降低生产成本的目的。

(二)营销费用

此项指标,有 55% 的企业认为“一般”,25% 认为“较不乐观”,20% 认为“不乐观”。营销费用的增长,主要有两个原因:一是物价水平、人工成本的普遍增长,所以在营销过程中的各项费用也随之水涨船高。二是市场竞争愈发激烈,产品同质化问题严重,产品销售周期缩短,为了扩大市场份额,抢占顾客,在现在的市场中,对营销活动的需求不断增大。

另外,由于营销费用的特殊性,这其中往往还暗藏着一个顽疾——营销黑洞。因为营销费用中有非常大一部分属于变动费用,如促销费用、赠品费用、广告宣传费、销售提成费等,这些费用弹性非常大,往往不能固定,费用多少与企业收入之间并无严格的正比关系,控制的尺度不好把握;另外,由于营销过程繁杂而又灵活,极易造成营销机制管理不规范,从而导致支出很多不必要的营销费用。营销费用投入不科学,就会挤占企业利润;为扩大利润,企业可能会投入更多营销费用,如此恶性循环,就导致了营销黑洞的产生。这种黑洞不但蚕食企业利润,还会混乱成本费用结构,提供错误信息,误导决策者,对企业的长远发展造成不利影响。

所以,企业要加强对营销过程与机制的管理,一是加强营销预算管理,建立科学合理的资金审批制度和资金跟踪制度;二是健全财务制度,从会计系统、内部审计系统对营销费用进行控制;三是探索更优的营销模式,改善现有的营销方法,杜绝营销黑洞的产生。此外,企业需要加强产品创新,让自己拥有核心竞争力,减少对营销的依赖。

(三)融资成本

对于融资成本,认为“较不乐观”和“一般”的受访者各占 40% 与 60%。中小企业融资难,是一个长时间来一直存在的问题。从企业本身而言,民营中小企业规模小,业绩不稳定,信用不高,难以吸引信贷资金。大多民营中小企业基础薄弱,总体盈利水平不高,公司机制不健全,导致银行对民营中小企业信贷资产质量的总体评估不高。而我国民营中小企业逃废银行债务情况较为严重,民营中小企业的信用等级普遍较低。兼之中小企业抗风险能力弱,抵押担保能力不足,资产负债率偏高,这一切都使得银行不愿意为中小企业提供贷款,导致融资成本大大增加。

从金融体系来看,我国的商业银行体系未真正实现市场化,激励约束机制不健全,经营目标短期化,为了防范金融风险,国有商业银行近年来实际上转向面向大企业、大城市的发展战略,对分布在县域的民营中小企业信贷服务的大量收缩。另外,金融体系结构也不尽合理。而我们此次调研的企业中,绝大多数都是以银行贷款为主要融资途径,融资渠道过于单一,这样,商业银行的融资壁垒必然大大增加其融资难度。另外,从国家层面来看,缺乏相关保护中小企业的法律法规及政策支持,限制了中小企业融资发展。

从市场角度看,中小企业融资难是市场的正常反应。随着近来市场竞争愈演愈烈,上述问题却得不到改善,所以中小企业面临的融资困境也愈发明显。只有国家和社会完善相关法律政策,改善金融体系的结构,深化贷款管理机制改革,精准服务中小企业;中小企业本身健全公司机制,提升企业信用,谋求多样化的融资途径,二者结合,才能解决问题。

5.11.5　结语

本次调研样本虽小,但以小见大,从中可以窥见江苏中小企业的发展态势。总体上说,兴化的中小企业处于较乐观的发展状态,有较好的发展前景;但同时也或多或少存在一些问题,比如融资困难、经营成本居高不下、政策壁垒等,这些需要企业、政府、人民的合作才能妥善解决。

5.12　"招工难"现象探讨与对策
——基于江苏省民营企业的调研报告

曹语涵　朱妍榕　吴易成　顾乐灵[①]

摘　要:在持续多年的"民工潮"之后,"招工难"的问题已从逐步显现,变化到如今的愈演愈烈。东南沿海地区是"招工难"的重灾区,而江苏省因其发达的经济对劳动力有着更高需求,"招工难"更成问题。在江苏省国内生产总值中,民营经济贡献过半,其所面临的问题需要得到更多的关注。本文聚焦江苏省民营企业的"招工难"问题,从"招工难"现象的特征分析出发,深入探讨"招工难"在宏观方面的经济、政策、社会和科技等影响因素,以及企业内部的招工渠道、福利保障、系统培训和企业文化等

---

① 曹语涵,南京大学管理学院会计系 2016 级本科生;朱妍榕,南京大学管理学院人力资源管理专业 2016 级本科生;吴易成,南京大学经济学院国际经济与贸易系 2016 级本科生;顾乐灵,南京大学信息管理学院信息管理与信息系统系 2016 级本科生。本文获南京大学国家双创示范基地 2017 年中小企业景气调研报告大赛二等奖。

成因,从而根据目前存在的问题,以调研的部分企业为范例,提出解决"招工难"问题的对策,为江苏省民营企业的员工吸纳与保留提出建议。

关键词:招工难 人力资源 民营企业 劳动力短缺

5.12.1 引言

当前,"招工难"在中国已经成为各地企业用工普遍面临的问题。这一现象过去主要集中在"长三角""珠三角"等东南沿海地区,现在早已向中西部蔓延,成为全国现象。在中西部地区经济加速发展、就业空间扩展、新生代民工价值观改变等时代背景下,中国流动人口的数量正呈现逐渐下降的趋势。国务院 2017 年初印发的《国家人口发展规划(2016—2030 年)》中指出,中国人口转移势头有所减弱,预计到 2020 年,流动人口有 2 亿人以上,到 2030 年,流动人口规模将减少到 1.5 亿到 1.6 亿人次。国家统计局的数据也显示,2016 年中国流动人口数量比 2015 年减少了 171 万人,尤其是农村向城镇移民的脚步已明显放缓。而自 2012 年以来,中国劳动年龄人口总量也呈现持续下降的趋势。劳动力市场的供需不平衡已使并且将使"招工难"成为长期存在的问题。

当前长期存在的"招工难"问题,一方面体现在人口周期性流动造成的季节性缺工,一方面是日益凸显的结构性用工荒。伴随着"新常态"下经济结构的调整升级,企业发展从要素驱动、投资驱动转向为创新驱动,许多企业为了生存发展纷纷转型,对技术革新愈发重视,劳动力市场需求也随之发生变化,除了普通工人难招,高端技术型工种的人才断层使技术工人短缺问题也持续蔓延。

2016 年,江苏省实现地区生产总值 76 086.2 亿元,比上年增长 7.8%,其中第二产业增加值 33 855.7 亿元,比去年同期增长 7.1%。可以说,江苏地区的经济在全国领先的情况下,仍旧处于稳健增长的状态;对劳动力需求较高的第二产业的持续发展,更使招工成了一大要务。作为江苏经济发展的中流砥柱,江苏省中小民营企业正面临值得我们关注的现状。目前,"招工难"问题限制了企业的转型发展,不利于其在市场长久立足。而且,它会使企业的衰退陷入恶性循环,进而影响我国的国民经济状况。为了保证江苏经济的稳定健康发展,民营企业的"招工难"问题亟须解决。

5.12.2 背景与研究方法

想要深入探索"招工难"问题,就首先需要了解关于"招工难"的现有研究成果。由于招工难问题最初是在东南沿海城市集中出现,并且在劳动密集型企业中体现最为明显,所以已有研究大多都聚焦在这两方面。学界也已经存在一些关于江苏中小企业"招工难"问题的研究,但是对于成因的分析和提供的对策与其他研究相比较为不全面,现实意义也相对欠缺。基于现实情况的、关注江苏省民营企业"招工难"问题的研究亟待展开。

就目前已有的研究成果而言,"招工难"的问题基本上均从三个角度进行分析研究:供给、需求和供需的匹配。

在供给一侧,"招工难"的直接原因是求职者数量的减少。而求职者数量减少的原因,在客观主要来自经济、政治方面,在主观上则在于求职者的观念、能力变化。在经济上,内陆城市经济的快速发展以及进城务工成本的升高使流向沿海地区的工人数量大量减少;在政策上,"三农"优惠政策使得原本会流向第二产业的农村空闲劳动力减少,计划生育国策的影响也逐步显现,中国的人口红利进入了最后阶段,青壮年劳动力数量客观减少。对于求职者自身而言,受教育程度的变化让他们有了更多的选择,自主创业和就业渠道增加也使得他们的观念进一步发生了变化。

在需求一侧,"招工难"主要表现为劳动力需求的不断增长和人力资源规划的不合理。一方面,在金融危机的影响逐渐减小之后,近年来经济的回暖使得企业对于劳动力的需求也不断回升;另一方面,在中小企业普遍采取"订单经济"模式的情况下,整体人力资源规划比较滞后,"旺季招工,淡季裁员"以及在性别、年龄等方面存在歧视等一些不合理做法使得招工存在着很大的脆弱性和风险性。

在供需匹配方面,除了最直接的数量不匹配之外,还存在着信息和期望的不匹配。首先,工人和企业之间存在着一定的信息不对称,企业发布招工信息与工人获取招工信息的途径之间并不一定能够形成有效的对接。其次,企业对于求职者的要求与求职者的能力之间存在着一定的差异,求职者的技术水平与企业的实际需要存在着差距,使得"招工难"与"就业难"并存的景象几乎成了常态。这事实上也是在产业结构调整阶段供需结构性失衡的表现。再次,员工对于工作的预期和实际情况之间也存在着落差,企业在物质上提供的职工薪酬、工作环境等与求职者的自我价值判断不完全匹配,在精神层面也未能给予员工足够的归属感。如果员工在这些方面的诉求未能得到良好回应,企业就会面临与"招工难"相对的另一重问题——高离职率,而这会使企业缺工情况进一步加重。

在经济发展转型升级的背景下,解决"招工难"的问题,既需要"供给侧"的改革,也需要"需求侧"的改变,更需要供需之间的有效匹配。

笔者在对江苏"招工难"的情况进行了初步了解之后,选取了江苏省不同行业、规模以及经济类型的企业,发放调查问卷收集信息,对其中多家企业的相关负责人进行了较为深入的访谈,并将会据此对"招工难"问题的成因加以分析,提出应对措施。

5.12.3 "招工难"现象的特征分析

根据2015年及2016年的《第二季度江苏省公共就业服务机构市场供求状况分析报告》以及本次调研收集到的数据,尽管全省人力资源市场表面呈现"市场供需基本平衡,第二产业需求下降"等利好现象,但"招工难"问题实际仍然严重。

(一) 文献分析

根据江苏省公共就业服务机构市场供求状况分析报告,笔者总结出了"招工难"问题的如下特征。

1. 缺工类型趋向集中,岗位"旱涝"差异大

报告中的数据显示,各类职业岗位的供给与需求有增有减,岗位间增减趋势差异较大。

在需求方面,单位负责人下降幅度最大,为25.47%。需求增长最快的是办事人员和有关人员,需求人数130 322,同比增长了19.54%,但求职人数达到234 348,同比减少0.05%,求人倍率为0.54,明显低于其他职业。

而在供给方面,农林牧渔水利生产人员同比增长最快,达到45.5%,但求职人数大大少于需求人数,求人倍率达到1.26,高于其他职业。

除办事人员及有关人员,单位负责人、生产运输设备操作工和其他人员求人倍率小于但接近1,而其他职业类别求职人员求人倍率均大于1,专业技术人员、商业和服务业人员求人倍率略低于农林牧渔水利生产人员,依次为1.21和1.20,缺口人数分别为8万和7万(见表5-12-1及图5-12-1,无要求人员按比例计入各类求职人员)。

表5-12-1 按职业分组的供求人数(单位:人次)

职业类别	需求人数	占比	同比减	求职人数	占比	同比增减	求人倍率
单位负责人	36 735	2.34	−25.47%	39 777	2.54	−19.81%	0.89
专业技术人员	378 826	24.18	−7.26%	298 808	19.07	−1.86%	1.21
办事人员和有关人员	130 322	8.32	19.54%	234 348	14.96	−0.05%	0.54
商业和服务业人员	334 711	21.36	−10.88%	264 539	16.88	−18.88%	1.20
农林牧渔水利生产人员	8 170	0.52	−13.57%	6 181	0.39	45.50%	1.26
生产运输设备操作工	611 682	39.04	−12.10%	590 762	37.71	1.31%	0.99
其他	66 414	4.24	13.28%	69 367	4.43	−39.34%	0.92
无要求	0	0.00	—	62 973	4.02	−55.77%	—
合计	1 566 860	100.00	−8.17%	1 566 755	100.00	−8.64%	1.00

资料来源:江苏省公共就业服务机构市场供求状况分析报告

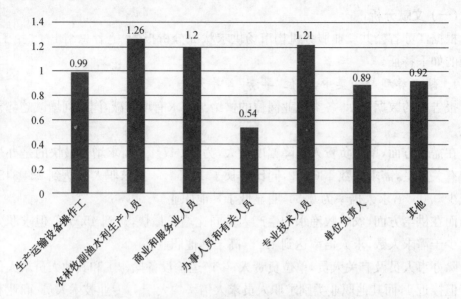

图 5-12-1 按职业分组求人倍率

2. 人岗需求同步减少，劳动主力青壮年供不应求

根据 2016 年江苏省人力资源和社会保障厅公布的数据，各年龄段除 25～34 岁年龄组供求相对稳定，其他各年龄段供求均下降，尤以 45 岁以上年龄段最为突出，岗位供方同比减少 31.29%，岗位需方同比减少 21.80%，但需方人数明显高于供方，求人倍率仅为 0.65。35～44 岁年龄段供求同步减少，均接近 20%，求人倍率为 0.81。可见，35 岁及以上大龄人员仍然处于供大于求的状态。

16～34 岁的青壮年则供不应求，16～24 岁与 25～34 岁年龄组求人倍率均为 1.09，而两者之和占总体劳动力的七成（见表 5-12-2 及图 5-12-2）。

表 5-12-2 按年龄分组的供求人数（单位：人次）

年龄（岁）	需求人数	占比	同比增减	求职人数	占比	同比增减	求人倍率	同比增减
16～24	497 124	31.73	−7.61%	501 775	32.03	−6.30%	1.09	−0.02
25～34	618 366	39.47	1.11%	625 531	39.93	−0.63%	1.09	0.01
35～44	217 002	13.85	−19.73%	305 421	19.49	−19.32%	0.81	−0.01
45 以上	73 760	4.71	−31.29%	134 028	8.55	−21.80%	0.65	−0.08
无要求	160 608	10.25	−10.25%	—	—	—	—	—
合 计	1 566 860	0.00	−8.17%	1 566 755	100.00	−8.64%	1.00	0.01

资料来源：江苏省公共就业服务机构市场供求状况分析报告

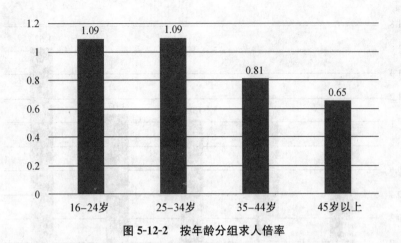

图 5-12-2 按年龄分组求人倍率

3. 无要求低学历需求不复,高学历求职者备受青睐

表 5-12-3 按文化程度分组供求人数(单位:万人)

文化程度	需求人数	占比	同比增减	求职人数	占比	同比增减	求人倍率	同比增减
初中及以下	333 693	21.30	−6.38%	405 471	25.88	−13.02%	0.90	0.02
高中	571 697	36.49	−4.57%	618 590	39.48	−10.76%	1.01	0.03
其中:职高、技校、中专	426 721	74.64	−6.22%	440 811	71.26	−14.97%	1.05	0.05
大专	310 897	19.84	−13.43%	330 432	21.09	−7.92%	1.02	−0.10
大学本科	184 861	11.80	14.17%	187 962	12.00	5.91%	1.07	0.04
硕士及以上	37 491	2.39	42.00%	24 300	1.55	25.99%	1.62	0.13
无要求	128 221	8.18	−36.93%	0	—	—	—	—
合计	1 566 860	100	−8.17%	1 566 755	100.0	−8.64%	1.00	0.01

资料来源:江苏省公共就业服务机构市场供求状况分析报告

从岗位提供方看,硕士及以上学历需求同比显著增长,为 42.00%;大学本科需求增长次之,为 14.17%。除此之外,初高中、职高、技校、专科学历需求均出现了一定幅度的下降,与求职方情况一致。

从文化程度匹配状况上看,除了初中及以下学历求人倍率小于 1 外,其他各个学历阶段求人倍率均大于 1,硕士学历求人倍率达 1.62。高学历求职者增速远低于需求人数增速,成了人才市场中的"香饽饽",专业技术人员受青睐程度次之(见表 5-12-3 及图 5-12-3)。

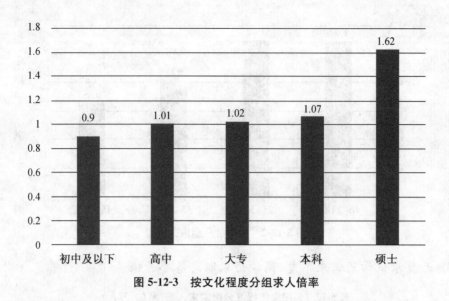

图 5-12-3　按文化程度分组求人倍率

4. 初级技能需求人数多,高级技能人才缺口大

表 5-12-4　按技术等级分组的供求人数(单位:人次)

职业资格	需求人数	占比	同比增减	求职人数	占比	同比增减	求人倍率	同比增减
职业资格五级	370 447	23.64	−4.13%	379 332	24.21	−10.37%	1.29	0.05
职业资格四级	204 903	13.08	−6.45%	230 826	14.73	−7.41%	1.20	0.00
职业资格三级	64 986	4.15	−0.09%	50 507	3.22	1.62%	1.60	−0.03
职业资格二级	34 640	2.21	−9.08%	25 401	1.62	−9.35%	1.67	−0.01
职业资格一级	19 126	1.22	33.46%	14 383	0.92	79.32%	1.64	−0.47
初级专业技术职务	215 174	13.73	−13.12%	266 757	17.03	−14.24%	1.12	0.00
中级专业技术职务	127 732	8.15	−9.70%	104 602	6.68	−21.27%	1.53	0.14
高级专业技术职务	44 496	2.84	18.08%	20 901	1.33	31.33%	2.44	−0.25
无技术等级或职称	—	—	—	474 046	30.26	−4.60%	0.31	−0.01
无要求	485 356	30.98	−12.79%	—	—	—	—	—
合计	1 566 860	100.0	−8.17%	1 566 755	100.0	−8.64%	1.00	0.01

资料来源:江苏省公共就业服务机构市场供求状况分析报告

　　从需求看,69.02%的招聘岗位对技术技能有明确要求。需求人数最多的是职业资格五级(初级技能),占需求总数的 23.64%;其次为初级专业技术职务(技术员)和职业资格四级(中级技能),占比分别为 13.73%和 13.08%。但是,初中级技能、初中级专业技术职务需求同比均下降,仅高级技师、高级工程师需求大幅提高。

　　从供给看,职业资格五级(初级技能)求职人员最多,占求职总数的 24.08%;高

级技师、高级工程师职业资格求职人员增长较快,同比增幅分别为 79.32% 和
31.33%。可见随着市场的客观要求水涨船高,求职者也在有意识地自我提高。

而在技术技能匹配状况上,各技术等级求人倍率均大于 1.1,且随技术等级提高
而同步增加,特别是技师、高级技师和高级工程师供不应求,市场求人倍率均超过
1.6,分别达 1.67、1.64、2.44(见表 5-12-4 及图 5-12-4)。

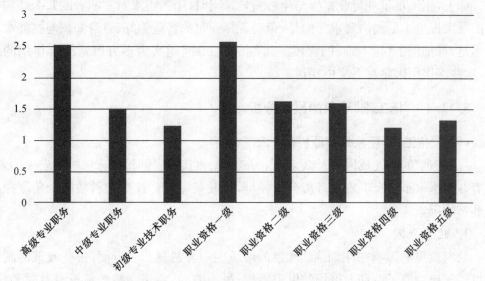

图 5-12-4　按技术等级分组的供求人数对比

(二) 调研数据分析

本次问卷调查共收集到 316 份有效数据,问卷中与"招工难"问题关系较为密切
的为关于劳动力需求和技术人员需求的两问,具体情况如下表所示。

表 5-12-5　按技术等级分组的供求人数(单位:人次)

	上半年劳动力需求比去年同期	预计下半年劳动力需求比上半年	上半年技术人员需求比去年同期	预计下半年技术人员需求比上半年
增加	59	48	46	48
稍增加	89	92	91	92
持平	117	131	148	148
稍减少	39	38	20	19
减少	12	7	8	4

根据以上数据,上半年劳动力需求比去年同期增加或稍增加的企业占比 47%;
需求保持持平的企业也不在少数,占比 37%;仅有 16% 的企业认为需求会相对减少。
这表明大多数企业一直保持着对劳动力的较高需求,劳动力空缺得不到填补。数据
同时显示,预计下半年劳动力需求的情况变化不大,恐怕也并不乐观。

技术人员需求比去年同期增加或稍增加的企业占比达到了 44%,认为在下半年需求会增加或稍增加的企业仍有所上升,需求持平的企业数量保持在高位,仅有 9% 的企业认为技术人员需求会比去年同期相对减少,可见技术人员也供不应求,其短缺情况也处于一种较为紧张的状态。由此可见,在短期内"招工难"困境不仅难以缓解,甚至可能"雪上加霜"。

综上,招工难呈现行业差异与年龄差异。同时,用工需求对求职者的知识结构与技能层次提出了更高的要求。但是,劳动者择业时的行业偏好、自身知识与技能水平的不足,都加剧了"招工难"的程度。当然,招工难问题实为多方因素综合作用的结果,这些深层原因将在下文中探讨。

5.12.4 "招工难"现象的原因分析

(一)"招工难"现象外部原因的 PEST 分析

"招工难"的问题成因涉及众多企业外部的、直接或者间接带来影响的宏观因素,笔者在此选取了 PEST 宏观环境分析模型,从政策、经济、社会和科技四个角度探讨这些影响因素。

1. 政策原因

政府政策的影响在"招工难"现象的形成中不容忽视。一方面,一些政策的副作用可能间接加剧了劳动力市场的供需错配;另一方面,由于一些政策没有及时调整,已无法适应当前的劳动力市场变化,影响了劳动力市场自身的协调配置能力。

(1)新农村改革政策和惠农政策的实行使农民工回流

国家对于"三农"问题的重视程度不断提高、投入不断加大,从 2004 到 2017 年,中央连续 14 年发布以"三农"为主题的中央一号文件。新农村改革建设持续深入,使农村的生产生活条件和环境逐渐改善,同时"新型农村合作医疗""全面免除农业税"以及"农村土地流转政策"等一系列惠农政策的出台,使得农民的收入逐年增加,生活明显改善。这在一定程度上减少了农村外流的空闲劳动力数量,并且提高了在外打工的农民工返乡务农创业的积极性。在此背景下,曾经进城务工的农村劳动力纷纷回流,城市中农民工数量减少。作为城镇化率较高的省份,江苏省的外来人口流出明显增加,这造成了企业劳动力主体的部分流失。

(2)户籍制度局限性和外来人口福利保障体系不足阻碍了劳动力迁移流动

我国当前户籍制度的局限性在一定程度上造成了劳动力迁移成本过高的问题。我国现行的城乡"二元"管理体制是以"户籍属地管理"为依据,将户籍人口和外来流动人口置于两个不同的管理体系,社会保险中的社会统筹部分也不能随意进行流动性转移。

外来人口在居住城市中属于弱势群体,基本享受不到与当地人口同等的居住、就业、教育、医疗等方面的权利,同时又缺少话语权。这给他们外出务工造成了很大的困扰——不仅面临着巨大的失业风险和可能存在的用工歧视,更要面临看病难、子女入学受教育难等一系列问题。虽然江苏省在近几年已逐步推行户籍制度改革,通过建立居住证制度、积分落户制度等放宽户口迁移条件,使更多非户籍人口在城市落户,但很多在城市生活不得不面对的基本问题仍然没有得到切实解决,外来人口的权益保障仍有很大的改善空间。为了获得更高的收入而选择向大城市迁移,但较高的生活成本和失业风险、基本权益和社会保障的欠缺无疑加重了迁移的成本,两者的权衡博弈大大影响了务工者的就业选择,阻碍了劳动力的自由流动。尤其中西部地区经济的快速发展使外出务工的相对收益愈发下降,逐渐减弱了劳动力的流动性。

（3）国家教育政策对劳动力市场的供需匹配造成影响

1999 年教育部出台了《21 世纪教育振兴行动计划》,目的是缓解当时出现的失业率大幅提高和就业问题,通过扩大普通高校及本专科院校招生人数,延缓大量年轻劳动力进入就业市场的时间。因而,各高校均大幅度增加了拟录取学生名额,数据表明,1998 年我国普通高校拟录取学生人数约为 108 万,而到 2015 年这个数字已翻了近七倍之多,高校的毛录取率更是高居不下,连续五年维持在 75% 上下。这导致了相当一批原本可以就业或接受职业技术培训的年轻人选择继续学习接受高等教育,而且接受过高等教育的学生择业观也发生了明显的改变,对工作的薪酬、环境和职业体面度等有了更高的期望。另一方面,职业教育的发展存在不足,江苏省的职业教育存在不同层次教育沟通衔接不通畅的问题,纵向贯通的"中职—高职—应用本科"现代职业教育体系尚未有效建立,中职学生进入更高层次的院校就读的机会较少,职业教育体系和治理模式也不能很好地适应市场需求的变化。如此一来,普通工人和技术工人的供给受到了影响,高校毕业生过剩与技工严重缺乏这一结构性矛盾使得很多岗位即使开出了高薪酬也无人应聘,加剧了"招工难"问题。

2. 经济原因

国内外经济环境的变化使劳动力市场迅速做出相应的反映,无论是供给侧还是需求侧都发生了改变,使得企业一旦不能及时做出调整就会陷入"招工难"的困境。

（1）中西部地区经济的崛起导致流动人口数量的减少

随着国家的区域经济发展战略和西部大开发战略的大力推进,中西部地区的经济迅速发展起来。基础设施、交通通信等硬件条件和经济政策、政府职能、法制环境等软件条件都得到明显的改善,良好的投资环境为承接沿海地区的产业转移创造了有利条件,大批的工作岗位涌现出来,给当地的劳动者提供了更多的就业可能和潜在发展机遇。经济的发展也使当地的生活水平得到极大的提高,中西部地区对人口迁出的推力逐渐减小。相反,东部沿海城市的高生活成本和并不高的工资使这些城市对流动人口的拉力减弱,有相当一部分外来务工者选择了回到家乡就业。流动人口数量的减少使一度以外来求职者为劳动力主体的江苏企业面临着长期的"招工难"问题。

（2）宏观经济的回暖与增长使劳动力需求量大幅增加

当前全球经济的全面回暖使宏观经济快速恢复,以在江苏省各产业中占比较高的出口加工制造业为例,海外大笔贸易订单量在短期内的迅速回升要求企业扩大生产规模,需要充足的人手参与劳动生产,这导致了用工需求的数量激增,尤其在经历过经济不景气时期的裁减员工后,新的劳动力供给难以及时跟上需求扩大的步伐,使得普通工人也供不应求,巨大的用工空缺得不到填补。

3. 社会原因

（1）人口结构因素的影响

一直以来,中国的人口数量与结构带来的人口红利都是中国经济高速发展的重要因素。但随着经济社会的不断发展,中国的人口结构已发生显著变化,对劳动力市场产生了重大冲击。

中国的人口年龄结构的变化对于劳动力的数量存在着很大的影响。据统计,我国已经进入人口再生产的第三个阶段:低出生率、低死亡率、低自然增长率。近年来,我国0～14岁青少儿人口所占比例及其抚养比逐年下降,65岁及以上老年人口及所占比例其抚养比逐年递增,从中可以明显看出,我国社会正逐渐向老龄化社会发展。而江苏地处东南沿海发达地区,老龄化程度也会更加严重。如今中国正逐步走出人口红利期,劳动力人口数量占总人口数量比率也由最高点缓慢下降。此外,企业用人以中青年为主,但由于人口老龄化进程的加快,中青年劳动力数量也随之下降,无法满足企业日益增长的用工需求。

人口产业结构的变化更是直接影响了劳动力的供给。随着改革开放、工业化与城镇化的推行,第一产业劳动力流失加快,第二、三产业劳动力人口数量则快速增长,劳动力结构性转移趋势明显。根据《2015年江苏统计年鉴》,2000年和2014年江苏省的产业人口结构比重分别为42.8∶30.2∶27和19.3∶43∶37.7,第二产业虽然有更多的劳动力,但第三产业的劳动力增速达到每年7.8%,高于第二产业的5.7%,由此可见,越来越多的人选择从事第三产业,因而江苏第二产业劳动力数量呈短缺状态。

（2）劳动力观念因素的影响

目前人力资源市场正处于劳动力代际更迭时期。随着"80后"群体步入生活稳定期,"90后"新生代员工也正不断为各行各业输送新鲜血液,其所占比率持续增长,逐渐成为行业的中坚力量。但与此同时,代际变化也为劳动力市场带来了种种问题。

一方面,劳动力主体诉求发生了变化,挑战着旧有的模式。

新生代员工与前几代员工的显著差异在于:他们大多受过教育,有知识,有头脑,有想法。并且作为从小接触互联网的一代,他们比以往的员工接收到更多的资讯,思维更活跃,接受能力更强。他们呼吁自我个性,追求平等公正,看重发展成长。他们拒绝在流水线上做千篇一律的工作,并且渴求拥有自己的色彩。但是,众多企业未能意识到这些问题,仍以机械化的管理模式"操控"新生代员工,使新生代员工被迫按部就班,呼吸着沉闷而压抑的空气。

而且,新生代员工大多成长于相对宽裕的家庭环境中,选择工作时不再将物质的满足作为决定性的考量标准,而会将企业文化和实现自身价值的可能等作为重要的考虑因素,但绝大部分企业都忽视了文化的建设和未来发展机会的提供,这造成了人才的疏离与"招工难"的事实。

此外,随着劳动力流动性的提高,离开家乡的新生代员工越来越多。这些人在陌生的城市往往没有安身立命的场所,成家立业的压力也如影随形。如何应对高额的消费水平,如何负担未来家庭的温饱,如何保障子女的教育,都是新生代员工面临的现实问题。所以,企业提供的薪酬待遇便成了至关重要的因素。在工资及奖金等基本薪酬之外,其他有更加活跃形式的职工薪酬若是不如人意,也必将造成新生代员工的大量流失。毕竟,新生代员工已不是经由压榨产出价值的人力资本,而是与企业共同成长创造价值的人力资源。

另一方面,新生代员工的职业技能、素质与岗位要求之间存在着不匹配。

从上文特征分析中可见,技术与知识在劳动力市场已成为备受追逐的要素。其中,所有技术岗位及要求大专以上学历的岗位求人倍率均大于1,尤其技术人员和高知分子供不应求。但是,主流社会观念仍以学技术为下,重理论轻实践,停留在"大学改变一切"的时代。许多家庭,明知孩子不适应目前的教育体制,仍力图使其接受并不符合其志趣的文化教育。其原因一是尚未看清形势,二是以工人为羞的陈旧思想作祟。而以上文职业类别分析可得,目前的人才结构问题已现,部分文职行业僧多粥少,仅江苏省便有数十万人与岗位不对口。刚出校门的学生,由于缺乏工作经验,本身已与企业的要求有很大差距,更别提学校教育忽视实验与实践环节,动手能力和实际操作能力低下。如此,许多新生代人口毕业即失业就不足为奇。

雪上加霜的是,新生代员工的职业素质客观上存在问题。由于新生代员工的家庭物质条件、经济条件相对以往已发生了质的飞跃,可谓是养尊处优,当涉及脚踏实地的劳动,他们本身的弱点就会暴露:缺乏吃苦耐劳的精神,不够敬业,不负责任,眼高手低,好高骛远……这些无疑会加剧"招工难"问题。

4. 科技原因

随着"新常态"背景下产业结构的调整与技术的升级,劳动力市场需求也发生了很大的变化。在转型升级的浪潮中,很多企业从最初的中低端劳动密集型向高端资本和技术型企业转变。技术水平的进步对劳动者素质有了更高的要求,并不断扩大着对高技能人才的需求;而自动化生产和人工智能替代方式的发展使得企业对普通工人或低技能劳动力的需求减少了。然而由于教育理念的落后、教育内容的陈旧、高校教育与市场需求的脱节,高素质人才的储备跟不上企业发展的节奏与步伐,部分劳动力所拥有的知识和技能并不足以应对技术含量较高的工作,无法适应企业的改革和变化,形成了劳动力市场供求间的"知识断裂"。这种高端技术型工种的人才断层使技术工人短缺的问题也持续蔓延,造成了当前长期的"结构性招工难"。

(二)"招工难"现象的企业内部原因

虽然外部因素为招工带来了很大的阻力,但是"招工难"的很大一部分原因还是在于企业内部。企业对求职者的诉求仍旧不够重视,用工体制也尚不健全,这些都成了"招工难"的最直接影响因素。

1. 缺乏多样招聘渠道

民营企业对于国民经济的贡献日渐增长,相应地,民营企业的招工需求也越来越大,使得缺乏有效的招聘渠道成了一个愈发明显的问题。由于民营企业大多还是中小企业,不会像大型的、知名度较高的企业一样进行大规模、多渠道的招聘,尤其是位于乡镇的企业,大多还是采取招工广告张贴和内部员工推荐的招工信息传递方式。在这种情况下,一方面,企业招工的受众只局限于已经来到当地的、并且在厂区附近寻找招工机会的求职者;另一方面,如果不能提供足够好的工作环境和薪酬待遇,通过内部员工推荐吸引求职者加入并不容易,这甚至还可能导致可能加入求职者的流失。

劳动力供给和需求的不匹配在一定程度上就源于招聘渠道多样性和有效性的缺乏。没有一个信息透明的市场,"无形之手"的调节缺位,对于"招工难"来说更是雪上加霜。

2. 缺乏切实福利保障

由于《劳动法》的严格执行,江苏省的大部分地区基本上不存在克扣工资、欺瞒压榨等情况,但是光做好"基本功"仍旧不够,企业的顺利招工仍旧需要提供更好的福利保障。

在工资、津贴等基本保障之外,外来求职者还有很多需要考虑的问题。如果没有员工宿舍和食堂,且缺乏相关补贴项目,房租水电和餐饮费用等硬性成本会造成外出务工成本的大幅提高;而受户籍制度影响而存在的家属"就医难"、子女"入学难"等问题,更是不可忽视的"招工难"缘由。缺乏切合求职者需要的福利保障,造成的不仅是单个企业的人才流失,其影响力的积聚还可能造成整个地区的劳动力供给大缺口。

企业或许已经提供了多样的员工福利,但是如若不能"切实",找到求职者的痛点,就无法有效地解决"招工难"之困。

3. 缺乏系统员工培训

企业都希望能够招收到技术熟练的员工,将没有技术或者没有熟练掌握技术的求职者拒之门外。但是为了避免出现培训好的职工一走了之的情况,即使面对技术工人的短缺,企业往往也是"坐以待毙",忽视了隐形劳动力,没有主动地采取系统的员工培训,将企业内部的普通工人或者技能不对应的技术工人培训成为精准符合需求的技术工人。虽然这可能在某种程度上会增加企业的用工成本,但是总体上来说,培养一个已经熟悉企业运作的老员工会比新招收员工花费更少的成本。

对于高级管理人员,这一问题更为严峻。首先,现在高校毕业的大学生大多对于实务并不了解,没有系统的培训,无法独当一面。其次,中小型企业普遍要求员工拥有一人适应多岗的能力,如果没有有效的培训,极有可能在人员更替时出现"断层"的情况。再次,不能提供系统规范的培训,会使得企业对新生代求职者的吸引力降低。

总而言之,缺乏系统员工培训导致的不仅仅是人力资源不合理的规划及其导致的"招工难"的加剧,还会使企业发展"后劲不足"。

4. 缺乏有力文化支撑

对于企业而言,适合的企业文化在长期发展中重要性会日益增强,而有力的文化支撑对于缓解"招工难"问题也有其独特的作用。

但是,目前大部分民营企业尚未发展出自己独特的企业文化,缺乏一个增强员工凝聚力和归属感的精神内核。从一方面而言,对于企业现有的员工,缺乏凝聚力较强的企业文化,会让员工缺乏对于企业使命和愿景的理解,无法产生认同感,在情感上也无法感受到企业文化中的人文关怀,间接地造成了高离职率问题。另一方面,企业没有可以对外传播、代表企业的文化形象,这在招收高级管理人才或者是新生代农民工方面会让企业缺乏吸引力,从而使其处于劣势。

即使在一些已经拥有企业文化的民营企业中,企业文化战略发挥的效果也并不理想,没有通过企业教化和员工内化使得企业员工真正社会化为一个企业人。企业文化仍旧停留在一个口号的阶段,没有能够真正为企业提供有力的支撑,在缓解"招工难"问题上发挥的作用也甚微。

5.12.5 "招工难"现象的对策分析

(一) 从政府角度解决"招工难"问题

政府在"招工难"问题的解决中应有效发挥"有形之手"的作用,科学合理地实施、改进相关政策措施,充分发挥劳动力市场自我调节的积极作用。

1. 通过一系列制度改革,建立城乡统一的劳动力市场

在制度方面,应进一步消除劳动力市场的不平等因素,具体包括户籍制度、分配制度、教育制度、社会保障制度以及购租房制度等。继续深化户籍制度改革,减小劳动力流动的阻力,降低流动迁移的成本,切实解决外来务工人口的"治病难"、子女"入学教育难"、福利保障不到位等问题,方能免去外来务工者的后顾之忧,让他们能够生活在城市中,最后成为城市的重要组成部分。

2. 积极采取措施引导劳动力市场供给与需求相匹配

一方面,政府应重视发展职业教育,提高职业学校教育水平与质量,强化中职与高职、职业教育与高等教育的沟通,鼓励学校与企业加强联系,融合发展,定向培养高技能人才,并加强对员工的技能培训。另一方面,可以通过采取一些实质性措施,如

减免学费、提供生活补贴等，鼓励年轻人接受职业教育。另外，可以统筹协调各类农村劳动力转移培训机构，给予农村劳动力更多受教育的机会，对农民工进行科学合理的职业技能培训，以满足产业升级和经济转型的需要。

针对就业用工问题，十九大报告中也提出了发展完善职业教育培训的明确要求，提出完善职业教育和培训体系，深化产教融合、校企合作；大规模开展职业技能培训，注重解决结构性就业矛盾；完善政府、工会、企业共同参与的协商协调机制，构建和谐的劳动关系。近年来，各地政府推动职业技能教育完善的措施也不断丰富：开展技能振兴专项活动，推动技工院校改革创新发展，启动企业新型学徒制试点，构建劳动者终身职业培训体系等，结合各地实际，这些措施取得了可观成果，值得借鉴。

（二）从企业角度解决"招工难"问题

在诸多问题中，企业最迫切的是"招工难"问题的缓解，而作为企业本身也需做出改变。对于如今的企业而言，"以人为本"的管理理念应当深深植根。实践中国式的人本管理，真正做到认知人、关心人、发展人、尊重人，劳资关系才能得到一定程度上的改善，对于缓解"招工难"问题也能成为一剂良药。

1. 企业应建立多元化招聘渠道，与求职者间建立有效联系

企业应立足于实践，在人力、物力、财力等基础上研究适合企业的招聘渠道选择，或者尝试一些组合策略，来避免和求职者之间的信息不对称性。

在本次调研的企业中，BKET 等企业尝试了网络招聘的方式，这在一定程度上减少了招工的时间限制，也扩大了招工的地域范围，尤其在招聘年轻员工上有很大的优势。相对而言，通过报纸等媒介进行的传统媒体招聘对于招收较为年长的员工则可能有更好的效果。

另外，员工推荐也是解决招工难问题的重要方法。例如，处于复合材料行业的HZ 公司部分招工就是通过员工对外"口口相传"式的推荐。在外来务工人员间存在着"老乡"的关系网络，凭借企业良好的工作环境和薪资福利，可以有针对性地、高效地找到需要的员工。

此外，校园招聘同样是招聘的重要方式。由于 J 市本地没有高校，所以校招更多的是针对技术工人，目前 J 市的很多企业都与本地职业技术学校建立了长期的合作，对于解决技术人员之荒有着很好的效果。

无论是江苏省民营企业，还是其他地区的其他企业，都应当整合传统媒体招聘、网络招聘、员工推荐招聘、校园招聘、招聘会招聘和广告张贴招聘等多种招聘方法，形成有效的招工方式组合，促进公平透明的招工市场的建立。

2. 企业应提供更加优化的安全与福利保障，切实解决员工面临的问题

想要吸引更多的员工，企业需要加强物质保障，丰富职工薪酬形式，提高职工福利水平。

首先，工作环境的保障与改善至关重要。很多企业，尤其是 YJ 制衣类的劳动密

集型企业,已经开始注重对于工作环境的改善。但是在安全方面,员工需要更多并且更加全面的保障。由于劳动法的保护,企业员工因疾病或者意外受到人身伤害、失去工作能力之时,很多损失都要企业来承担。所以,优化安全与福利保障,不仅有助于员工应有权益的落实,也有助于企业规避意外事故发生的风险。

在调研中笔者了解到,HZ 复合材料和 TY 镍网等企业会给企业员工发放高温福利;YJ 制衣和 HL 集团等劳动密集型企业在夏季对于室内的温度都有严格的控制,在车间内安排了兼职消防员来加强消防管理;而 YG 集团这样需要员工在高噪音环境中工作的企业也会配备专用的隔音耳塞。这些措施都减少了企业员工在工作中人身安全受到伤害或是患上职业病的风险。

其次,丰富多样的员工福利,是吸纳更多人才并且降低员工离职率的良好途径,也是提高居民生活水平,实现企业社会责任的一条路径。

对于仍旧保留着集体经济类型的 CJ 集团和 HX 集团,员工福利则更带有“风险共担、资源共享”的色彩。CJ 集团会每年向职工和村民发金发银,HX 集团也统一建造别墅、每年发放大量红利,将企业的收益落实至每一位成员。集体经济这种特殊的经济类型会给员工带来更强的安全感和责任感,在根据实际情况加以利用的情况下裨益良多。

HX 集团和 YG 集团还为员工专门配备了满足员工体育、阅读等发展需求的设施,丰富了员工的精神世界,这对求职者而言也会产生强大的吸引力。

再次,对于外来务工人员,家属安置和子女上学是一个很重要的、体现企业人文关怀的方面。安排好这些事项可以增强员工的组织凝聚力、幸福感和企业忠诚度,对于通过现有员工的关系网络来吸引新员工也可以达到良好的效果。

目前,HL 集团等企业提供了免费或者是低租金的员工宿舍,基本上解决了家属安置的问题。此外,员工家属也可能会成为企业的员工,这一做法在一定程度上也增加了潜在劳动力的供给。这些企业还提供了仅象征性收费以避免浪费的餐饮,降低了员工的生活成本,增强了其对企业的依赖性。

而与子女相关的问题也是外来务工人员所考虑的重点。为了避免员工家中出现“留守儿童”的情况,HL 集团给将子女带到 J 市的外来务工人员发放了每人每孩一千元的补贴。CJ 集团和 HL 集团等通过与政府的沟通设立相关教育基金,让企业员工子女可以顺利就近入学。同时,HL 集团还为员工子女提供统一接送与学习辅导,专门配备了师范专业的人才,并安排公司内部本科学历的员工进行辅导,暑期还会开设暑期班。虽然对于绝大多数的企业,这是很难达成的一个目标,但是想要保障员工的权益、留住更多的人才,还是需要尽力地与政府、学校进行良好的沟通协调,积极反映问题,促进问题的解决。

企业应当承担起更多的社会责任,在员工安全与福利上考量更多,向着“精准福利”的方向发展,这会让企业脱颖而出,得到更多求职者的青睐。

3. 企业应提供系统化、多元化、个性化的培训，给予员工更大发展空间

在马斯洛需求理论中，人类需求从低到高按层次分为五种，分别是：生理需求、安全需求、社交需求、尊重需求和自我实现需求。对于企业员工来说，最基础的基本工资等保障只能满足生理和安全上的需要，而他们需要更进一步的"福利"，来满足情感、自尊和自我实现的需求。通过内部培训达到自我提升，对于如今的员工而言相当重要。对新生代的员工而言，有利于他们个人发展的培训对他们有着强烈的吸引力。同时，如果能够使得员工个人职业发展方向和企业的发展目标相一致，对于企业的长远发展也有着潜移默化的有利影响。

FRS集团在员工培训方面已经有所建树：FRS集团专门成立了学院，优秀员工会得到进入学院学习、加入青年计划班的机会，并且获得更多的成长通道和提升空间；同时，企业还针对青年技工、青年科技人员设有创新大奖，在工作五年以后，表现突出的员工有机会参加创新人才和创新标兵的评选，能够得到相应的物质奖励和更多的培训机会。

"以人为本"原本就以实现人的全面发展为目标，培养员工也是人本管理的基本原则之一。给予员工更好的发展机遇，在缓解"招工难"之外，其实也是在为企业创造更加良好的未来发展机遇。企业可以制定长远的招聘规划，并根据自身战略规划明确具体用工需求、规模，加大企业人力资源的整合力度，挑选合适的员工进行二次培训开发，组织员工进行学习，提升职业技术水平，从而满足企业自身对于技术人员的需求，为企业的长远发展不断储备可用劳动力资源，满足企业的人才需求。

4. 培育良好企业文化，同时促进企业员工社会化

一方面，良好的企业文化可以给员工带来强烈的人文关怀，也能对员工进行进一步的社会化，产生对于企业文化的认同、理解以及依赖；另一方面，企业文化会吸引有共同理念的求职者，为企业拓宽人才来源。所以，建设企业文化是未来的一个发展趋势，老牌企业大多有自己所坚守的企业文化，目前大多数企业也已经开始意识到了这一点。

HL集团在五十多年的企业史里，就以"专一"贯穿始终。近年来，HL集团将这种"专一"的精神阐释成了具体的四个"不变"：一是做床上用品的方向不变，在资金充裕的情况下，面临着房地产、高科技、光伏等产业的诱惑，HL仍旧只围绕床上用品做产品；二是坚持科技创新发展不变，HL集团还会在节能减排、技术升级、自动化这些方面不断发展；三是坚持品牌发展不变，在代加工的同时，要大力发展自己的品牌；四是坚持为员工和社会创造价值不变。这种"专一"，既可能是支持着集团屹立不倒的精神内核，也可能影响着员工，让他们对企业有着更强的归属感。

企业文化的确立，无论对于降低离职率还是吸纳新人才都有着独特的作用，对于解决或者是缓解"招工难"来说都能起到很好的助力作用。企业要改变以往呆板单调、由上往下的员工管理模式，鼓励各级员工之间平等交往，互相尊重，真正重视员工

权益；加强文化支持与人文关怀，努力为员工营造轻松、温暖、包容的企业氛围，给予员工精神上的支持鼓励与生活上的慰问，让员工意识到自己的存在价值，也满足新生代员工的诉求。

5. 积极提高科技水平，向生产自动化发展

科技是第一生产力，当企业有了一定的资金等储备后，可以抓住时机转型升级，加大科技研发，提高科技水平，大量引入机械进行自动化生产，在大幅度提高生产效率的同时也减少企业的用工需求。

在"招工难"的压力之下，也随着产品的成熟和生产量的稳定，YJ 制衣选择了自动化的道路。由于从事服装行业，面料的特殊性质使得完全的自动化难以实现，但是通过购进有效先进的机器，YJ 制衣用机器代替部分人工，效率大幅提高。这种自动化并不仅仅是用机器来代替人工，更加注重的是一种生产流程上的优化，这对于效率来说是一种根本上的提升。

YG 集团基于其"阳光新木桶理论"探索出了独有的经纬编织法管理模式，在自动化水平已经相当高的基础上，仍在通过全面推进信息化建设、大力实施流程再造和推进纺纱、织造、印染、服装生产制造的设备改造和联网、在线监测提高生产的智能化、自动化水平，预期使现有劳动生产效率再提升 20%～30%。

对于大部分企业，尤其是劳动密集型企业而言，通过加强自动化生产来破解普通工人的招工难题是大势所趋。

6. 加强产研合作，弥补科研及高级技术人员缺口

与研究所的合作业可以部分解决企业的"招工难"问题：企业通过与对方的高水平人才合作，避免了员工数量或者能力不足而影响发展的窘境，也可以通过新技术、先进设备的引进减少对员工的需求。

DD 装备公司目前处于发展较为成熟的时期，与科学设计院接触密切，在机器设备的改进升级上颇有成效。LT 实业长期与位于一线城市的设计所合作，不断开发新产品，并通过在上海、深圳设立工作室，吸纳培养了一批设计人才，挖掘实用性高的新设计。

同时，产研合作能够加快科技成果商品化、产业化和用高新技术改造传统产业的步伐，不断增强企业的市场竞争能力。对于企业来说，这是一个可以从多方面间接缓解招工之难的有效方案。

（三）从个人角度解决"招工难"问题

作为劳动市场的主体，劳动者也扮演着"主人公"的角色。因此，解决"招工难"困局也需要劳动者的切实参与。并且，劳动者的主动改变带来的不仅是"招工难"的缓解，更是解除"就业难"困局的良方。

1. 转变就业观念，扩大就业领域

劳动者在选择职业时，其就业理念可能存在误区：蓝领地位低下，不如白领；融入

大城市、进入大企业才能体现自己的价值，停留小城市、就职于小企业是故步自封；找工作进单位编制较好，合同工身份略低一等，这些对自身价值的误解，加上嫌弃岗位起薪低、职位低、福利待遇差等对就业形势的认知模糊和过高期待，使得"就业难"和"招工难"的态势更加严重。劳动力人口必须意识到，每一个人都是建设国家的螺钉齿轮，每一份工作都发挥着重要的价值，没有高低贵贱之分。劳动者们也不能一味地向前看，忽视了俯下身子，一步一个脚印地往前走。因此，劳动者们必须切实转变就业观念，实施全方位、多层次的就业，切实解决招工难的问题，为国家创造价值。

2. 积极参加职业培训，提高就业竞争能力

笔者深入调研企业时，发现以 JM 自动化公司为代表的企业已对劳动力提出了更高的要求，例如为了操作进口机器，技术工人也需要掌握英文并熟悉工作流程。学生在进入职场前，宜提前规划职业生涯，有的放矢地进行职业培训，切实提高就业竞争能力。低水平的劳动力无法满足企业的要求，只是对教育资源无谓的浪费。这就要求学生对自己的专业有更加广泛与深刻的认识，牢固掌握专业内容。因此，劳动力必须提前将职业生涯规划和自身技能充实相结合，积极契合市场要求，既提高自身竞争力，也主动地成为企业的人才储备，实现双赢的局面。

3. 树立职业道德，培养敬业精神

以新生代员工为代表的劳动力可能欠缺的敬业精神、团队精神、责任心和刻苦钻研的毅力正是企业所期望的。因此，劳动者需要提升自我的道德修养和职业素质，培养敬业精神，做一个合格的劳动者。

5.12.6 结论

根据本次的研究与分析，笔者得出了针对江苏省民营企业的以下结论。

目前江苏省的"招工难"现象整体上表现为缺工类型、年龄和学历的集中化，专业人员、青壮年、高学历成了需求较高的求职者的关键词。

"招工难"的成因较为复杂，就企业外部的宏观角度而言，政策因素客观上造成了劳动力供给的减少；经济的转型发展使得招工的供需不匹配愈加严重；人口年龄和产业结构的变化直接影响着劳动力的供给数量，而劳动力主体的诉求也随着时代发生了很大的变化，对于用工环境等有了更高的要求；技术发展也要求自动化的普及。在企业内部，招聘渠道的单一化、福利保障的不够切实全面、培训机制的缺失、文化支撑的作用不足都使得企业对于求职者的吸引力减弱，甚至会导致现有员工的较高离职率。

而解决"招工难"的问题需要政府、企业和个人的共同努力。对政府而言，需要通过一系列制度改革建立统一的劳动力市场，积极采取措施引导劳动力供需相匹配；对企业而言，需要拓宽招聘渠道，提供更好的工作环境、基本薪金、福利和发展机遇，创建良好的企业文化；对个人而言，转变求职观念、积极参加职业培训、培养敬业精神不

仅能缓解"招工难"之困,还可以部分解决自身的"就业难"问题。

"招工难"对于江苏经济转型升级既是机遇也是挑战,"招工难"问题的解决,不仅能够促进企业用工结构的转变,甚至还能促使整个行业的转型升级。相信在多方共同努力之下,江苏民营企业终能摆脱"招工难"的困境。

5.13 南京市中小企业政府融资支持指标与企业规模的关系研究——基于单因素方差分析

吴凤菊[①]

5.13.1 研究背景及文献综述

南京作为江苏省府所在地,高新技术产值一直处于江苏前三名,其中中小企业的贡献尤为突出。中小企业数量众多,按规模大小具体又可分为中、小、微三类,融资难题仍然是制约其迅猛发展的瓶颈。为有效解决中小企业融资难的问题,江苏省及南京市陆续出台了众多融资扶持政策。不同规模的企业如何感受和评价这些融资扶持政策? 政府融资支持指标与企业规模之间有什么关系? 这些问题有必要深入研究。

关于政府在中小企业融资中发挥的作用方面,Beck(2008)认为,政府对促进中小型企业的发展起到了很好的作用,虽然中小型企业获得外部融资相对艰难,但是政府财政的发展将会有助于企业的发展,能够帮助中小型企业获得外部融资。黄刚、蔡幸(2006)认为,科技金融发展要以政策性贷款机构为核心,构建政策性担保公司、创投基金,对科技创业企业进行金融支持,形成多层次的融资体系。龚天宇(2011)认为,我国金融市场不够完善,应以政策性金融作为补充,国家开发银行运用政策性金融支持科技创新有间接平台模式、政府主导模式和直接合作三种模式。洪银兴(2011)认为,当前发展科技金融不仅需要政府提供直接的扶持,还需要政府制定必要的政策来引导、激励与培育商业银行成为科技金融的主体。胡苏迪、蒋伏心(2012)认为,由于政府、金融系统和企业对科技金融的内涵界定不清,相关的理论研究不深入,导致我国科技金融政策体系存在诸多偏颇。Francois 和 Abel(2015)发现,政府对中小企业的信贷担保,可以帮助中小企业缓解融资压力,帮助中小企业增加信用,进而从金融机构获得更多资金。

5.13.2 调研状况及政府融资支持指标选取

(一) 调研状况

2014 年到 2017 年,南京大学金陵学院企业生态研究中心(以下简称研究中心)

[①] 吴凤菊,南京大学金陵学院商学院财务管理系副教授,企业生态研究中心研究员。

每年暑假都会组织商学院的在校师生,对南京、无锡、常州等江苏省 13 个地级市的中小企业进行景气指数问卷调查。在样本选择中,调研组侧重于江苏省已经认定的 100 多个省级特色产业集群和中小企业产业集群区,采用简单随机抽样的方法确定样本企业。2014 年回收有效问卷 3 500 份,2015 年回收有效问卷 5 439 份,2016 年回收有效问卷 3 221 份。2017 年回收问卷 2 902 份,剔除其中存在缺失和错填数据的问卷后,最终有效问卷为 2 296 份。本文以 2017 年南京市回收的 255 份调研问卷作为研究对象。

（二）指标选取

研究中心将江苏省中小企业景气指数分为生产景气指数、市场景气指数、金融景气指数、政策景气指数四个二级指标,每个二级指标下设相应的三级指标。根据所有三级指标设置相应问题,了解中小企业经营者对过去 6 个月和未来 6 个月经营发展状况的评价和预期。问题采取五级评分制,即"增加""稍增加""持平""稍减少""减少",分别赋值 5、4、3、2、1;如果没有,则赋值为 0。根据调研数据,最终可计算出各三级指标的即期景气指数和预期景气指数。从这些三级指标中,本文选取与政府融资支持相关的指标,即"融资需求""融资成本""融资优惠""税收优惠""专项补贴"五个指标,通过 SPSS19.0 软件进行单因素方差分析,研究这些政府融资支持指标与企业规模的关系。

5.13.3 实证分析

（一）总体描述性统计

根据选取的五个政府融资支持指标,整理出这些指标的上半年即期数据与下半年预期数据,将调研结果从低到高分"没有""增加""稍增加""持平""稍减少""减少"六个档次,分别赋值 0、1、2、3、4、5,并运用 SPSS 软件进行总体描述性统计分析,分别得出 2017 年南京市中小企业即期与预期政府融资支持指标的总体状况,如表 5-13-1 和表 5-13-2 所示。

表 5-13-1　2017 年南京市中小企业即期政府融资支持指标的状况

	融资需求	融资成本	融资优惠	税收优惠	专项补贴
没有	6.3%	7.8%	9.0%	4.3%	18.0%
减少	2.0%	0.8%	3.1%	0	2.7%
稍减少	3.5%	3.5%	3.1%	5.5%	4.7%
持平	53.3%	50.2%	68.2%	72.9%	58.0%
稍增加	27.8%	29.4%	13.3%	15.7%	14.5%
增加	7.1%	8.2%	3.1%	1.6%	2.0%
均值	3.16	3.17	2.83	3.00	2.54
标准差	1.104	1.171	1.097	.816	1.342

由表 5-13-1 可见,超过 50％的中小企业认为上半年政府融资支持的五个指标与去年同期持平,其中"税收优惠"这项指标选择"持平"的企业最多,达到 72.9％。34.9％的中小企业上半年融资需求增加,仅有 5.5％的企业减少。融资成本方面,37.6％的企业认为比去年同期增加,仅有 4.3％的企业认为减少,说明中小企业的融资成本较高,负担过重。从融资优惠、税收优惠和专项补贴三个指标来看,均有超过16％的中小企业认为比去年同期增加,而认为减少的比例都在 6％左右。但有 18％的中小企业认为根本没有享受到专项补贴,远超过其他几个指标中认为没有的比例,这也符合只有特定行业的企业才能享受到专项补贴的实际情况。

表 5-13-2　2017 年南京市中小企业预期政府融资支持指标的状况

	融资需求	融资成本	融资优惠	税收优惠	专项补贴
没有	5.5	7.8	9.4	5.1	18.0
减少	2.4	1.6	3.1	0	2.0
稍减少	3.5	3.5	5.1	4.3	5.5
持平	56.9	52.9	67.1	74.5	59.2
稍增加	23.5	26.3	11.8	14.1	13.7
增加	8.2	7.8	3.5	2.0	1.6
均值	3.15	3.12	2.79	2.98	2.53
标准差	1.081	1.171	1.115	.851	1.321

由表 5-13-2 可见,同样有超过半数的企业预计下半年政府融资支持的这五项指标与上半年持平。超过 30％的中小企业预计融资需求和融资成本都比上半年增加,超过 15％的企业预计融资优惠、税收优惠和专项补贴三项指标比上半年有所增加。从表 5-13-1 和表 5-13-2 的均值来看,即期和预期的融资优惠和专项补贴均值都明显低于平均数 3,说明企业对这两项政策评价普遍不高。从标准差上看,专项补贴指标即期和预期的数值都是最高,远超过其他四个指标,而税收优惠的标准差最低,说明不同企业间专项补贴情况差异较大,而税收优惠差异不大。

（二）单因素方差分析

按照规模大小的不同,企业可分为大型、中型、小型、微型四种类型,并分别赋值为 1、2、3、4。因本研究的对象是中小企业,因此在调研结果中直接剔除大型企业,保留中、小、微三种类型的企业。本研究以"融资需求""融资成本""融资优惠""税收优惠""专项补贴"五个政府融资支持指标作为观测变量,以企业类型作为控制变量,运用 SPSS19.0 统计软件进行了单因素方差分析（ANOVA）。

1. 方差齐性检验

方差分析的前提是各个水平下的总体服从方差相等的正态分布。可对即期和预期的数据通过方差齐性检验来进行验证,结果如表 5-13-3 和表 5-13-4 所示,融资需求、融资成本、融资优惠和税收优惠的概率 P 值均大于显著性水平 0.05,仅有专项补贴的概率 P 值小于 0.05。这说明,不同企业类型在融资需求、融资成本、融资优惠和税收优惠上方差无显著性差异,方差齐性,仅在专项补贴上方差不齐性。

表 5-13-3　即期方差齐性检验结果

	Levene 统计量	df1	df2	显著性
融资需求	1.162	2	252	.315
融资成本	.068	2	252	.934
融资优惠	1.154	2	252	.317
税收优惠	2.273	2	252	.105
专项补贴	6.976	2	252	.001

表 5-13-4　预期方差齐性检验结果

	Levene 统计量	df1	df2	显著性
融资需求	.073	2	252	.929
融资成本	.053	2	252	.949
融资优惠	1.659	2	252	.192
税收优惠	1.424	2	252	.243
专项补贴	4.861	2	252	.008

2. 多重比较检验

单因素方差分析可通过多重比较对每个水平的均值逐对进行对比,以判断具体是哪些水平间存在显著差异。本研究采用检验敏感度较高的 LSD 方法对即期和预期的数据分别进行多重比较检验,结果如表 5-13-5 和表 5-13-6 所示。

表 5-13-5　不同企业类型 LSD 多重比较检验结果(即期)

因变量	(I) 类型	(J) 类型	均值差 (I−J)	标准误	显著性	95%置信区间 下限	95%置信区间 上限
融资需求	中型	小型	.374	.232	.108	−.08	.83
		微型	.545*	.239	.023	.07	1.02
	小型	中型	−.374	.232	.108	−.83	.08
		微型	.171	.147	.245	−.12	.46
	微型	中型	−.545*	.239	.023	−1.02	−.07
		小型	−.171	.147	.245	−.46	.12
融资成本	中型	小型	.158	.247	.523	−.33	.65
		微型	.308	.255	.229	−.19	.81

（续表）

因变量	(I)类型	(J)类型	均值差(I−J)	标准误	显著性	95%置信区间	
						下限	上限
	小型	中型	−.158	.247	.523	−.65	.33
		微型	.150	.157	.342	−.16	.46
	微型	中型	−.308	.255	.229	−.81	.19
		小型	−.150	.157	.342	−.46	.16
融资优惠	中型	小型	.152	.232	.513	−.31	.61
		微型	.140	.240	.560	−.33	.61
	小型	中型	−.152	.232	.513	−.61	.31
		微型	−.012	.148	.934	−.30	.28
	微型	中型	−.140	.240	.560	−.61	.33
		小型	.012	.148	.934	−.28	.30
税收优惠	中型	小型	−.007	.173	.969	−.35	.33
		微型	−.100	.178	.577	−.45	.25
	小型	中型	.007	.173	.969	−.33	.35
		微型	−.093	.110	.398	−.31	.12
	微型	中型	.100	.178	.577	−.25	.45
		小型	.093	.110	.398	−.12	.31
专项补贴	中型	小型	−.436	.283	.125	−.99	.12
		微型	−.346	.292	.237	−.92	.23
	小型	中型	.436	.283	.125	−.12	.99
		微型	.090	.180	.617	−.26	.44
	微型	中型	.346	.292	.237	−.23	.92
		小型	−.090	.180	.617	−.44	.26

*.均值差的显著性水平为0.05。

表5-13-6 不同企业类型 LSD 多重比较检验结果（预期）

因变量	(I)类型	(J)类型	均值差(I−J)	标准误	显著性	95%置信区间	
						下限	上限
融资需求	中型	小型	.419	.227	.066	−.03	.87
		微型	.493*	.234	.036	.03	.95
	小型	中型	−.419	.227	.066	−.87	.03
		微型	.074	.144	.609	−.21	.36

(续表)

因变量	(I) 类型	(J) 类型	均值差(I−J)	标准误	显著性	95％置信区间 下限	上限
	微型	中型	−.493*	.234	.036	−.95	−.03
		小型	−.074	.144	.609	−.36	.21
融资成本	中型	小型	.279	.248	.260	−.21	.77
		微型	.287	.255	.262	−.22	.79
	小型	中型	−.279	.248	.260	−.77	.21
		微型	.008	.157	.962	−.30	.32
	微型	中型	−.287	.255	.262	−.79	.22
		小型	−.008	.157	.962	−.32	.30
融资优惠	中型	小型	.273	.236	.249	−.19	.74
		微型	.177	.243	.467	−.30	.66
	小型	中型	−.273	.236	.249	−.74	.19
		微型	−.096	.150	.524	−.39	.20
	微型	中型	−.177	.243	.467	−.66	.30
		小型	.096	.150	.524	−.20	.39
税收优惠	中型	小型	.054	.180	.764	−.30	.41
		微型	−.131	.185	.481	−.50	.23
	小型	中型	−.054	.180	.764	−.41	.30
		微型	−.185	.114	.107	−.41	.04
	微型	中型	.131	.185	.481	−.23	.50
		小型	.185	.114	.107	−.04	.41
专项补贴	中型	小型	−.503	.278	.072	−1.05	.05
		微型	−.431	.287	.135	−1.00	.13
	小型	中型	.503	.278	.072	−.05	1.05
		微型	.072	.177	.684	−.28	.42
	微型	中型	.431	.287	.135	−.13	1.00
		小型	−.072	.177	.684	−.42	.28

＊.均值差的显著性水平为0.05。

"[I]类型"为比较基准品种,"[J]品种"是比较类型。在均值差上用"＊"号表示有显著性差异的比较企业类型。由表5-13-5和表5-13-6可见,中型企业与微型企业在融资需求上存在显著性差异,即期和预期的均值差分别为0.545和0.493,中型与小型企业的均值差为 0.374 和 0.419,说明规模越大的企业融资需求越旺盛。在融资成本上,即期与预期中型企业与小型、微型企业的差异都不显著,数值上都是中型企业大于其他两种类型的企业,但融资成本是逆向指标,这说明中型企业的融资成本优于小型及微型企业,规模特征影响企业融资成本。在融资优惠上,三种类型企业的差异同样不显著,即期和预期企业的融资优惠排序都是中型>微型>小型,在税收优惠上,三种类型企业的差异更加不显著,即期企业税收优惠的排序是微型>小型>中型,而预期企业的排序是微型>中型>小型。在专项补贴上,三种类型企业的差异虽然不显著,但小型企业的专项补贴超过中型企业,即期和预期均值差为 0.436 和 0.503,微型企业与中型企业的均值差为 0.346 和 0.431,而小型与微型企业均值差异很小,这个在折线图上更能清楚反映出来,即期专项补贴的均值折线图如图 5-13-1 所示。

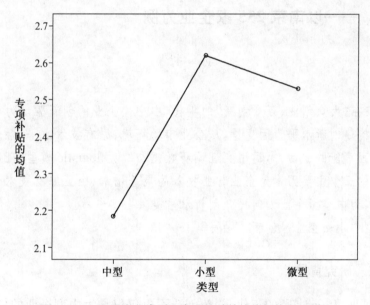

图 5-13-1　不同企业类型下专项补贴的均值折线图(即期)

5.13.4　结论

本文以 2017 年南京市中小企业景气指数调研的数据为基础,选取“融资需求”“融资成本”“融资优惠”“税收优惠”“专项补贴”五个指标反映政府融资支持状况,并将调研企业按照规模大小分为中型、小型、微型三种类型,运用单因素方差分析研究这五个指标与企业规模的关系。结果显示,过半数的企业认为政府融资支持的这五项指标与去年同期持平,但不同规模的企业间专项补贴指标差异较大,而税收优惠指标差异不大。在融资需求上,中型企业与微型企业存在显著性差异,规模越大的企业融资需求越大,这个结论也符合客观实际情况。在融资成本上,中型企业的融资成本优于小型及微型企业，说明规模越小的企业融资负担越重，融资费用和贷款利率较高。在融资优惠上，中型企业所获优惠依次大于小型企业和微型企业，这一点与融资成本的结果正好吻合，反映出银行贷款和相关融资优惠配置机制都存在一定的"规模歧视"。在税收优惠上，不同规模的企业差异不大，微型企业所获的税收优惠略多于小型和中型企业，说明政府对微型企业在税收减免和税率优惠上扶持更大些。在专项补贴方面，小型企业和中型企业差异较大，排序上是小型＞微型＞中型，这说明政府对小微企业专项拨款和直接补贴更多。总的来说，规模越小的企业更容易获得政府的直接补贴和税收优惠，但其融资成本较高，到银行或其他金融机构申请贷款很难享受到更多的融资优惠。

5.14 中小微企业创新影响因素实证研究
——以南京 255 家企业为例

孙 哲[①]

摘 要：在"大众创业、万众创新"的年代，中小微企业的创新驱动力研究有重要意义。文章构建创新水平为因变量，从企业市场环境、原有技术水平、融资水平和企业规模来刻画可能的驱动力，运用实证调研数据与二元 logistic 模型，证明了企业创新水平提升的三个主要因素是企业营业收入的显著增加、企业原有技术水平和企业的融资规模，为中小微企业如何提升创新水平提供一些参考。

关键词：中小微企业 创新 融资

5.14.1 研究背景

"大众创业、万众创新"的年代，创新创造不再仅仅是大中型企业的特权，中小企业如何通过创新不断发展成长也是热议的话题。企业创新的驱动力源于对利润的不断追求，在经济学中，寡头垄断市场和完全垄断市场的企业由于自身规模庞大，且在行业中占据优势地位，因此在技术进步和创新方面，可以投入大量研究和开发费用。而完全竞争市场中由于供应商众多、每一个供应者都不能影响价格、产品同质没有差别，因此缺乏创新。由于经济学中严格的假设，完全竞争市场几乎不存在，因此大部分的中小企业都存在于垄断竞争市场中，企业数目众多，竞争激烈，彼此的产品是相似的替代品。产品差别主要由外观、性能、品牌、质量等产生，这些差别使得产品具有独占性的垄断。因此，中小微企业虽然不如大型企业具有强大的财力支持，但是他们

---

① 孙哲，南京大学金陵学院商学院金融系副教授，企业生态研究中心研究员。

对垄断竞争中的独占性追求,使得企业极具创新的动力。

因此,本文通过对研究和文献的梳理,以南京市中小微企业为调研对象,收集有效问卷 255 份,从企业创新水平是否能提升的结果入手,研究企业自身条件、市场环境、融资与政府优惠是否能促进企业创新,利用二元 logistic 模型研究企业创新的主要影响因素,以期找出提升创新可能性的关键因素,为促进中小微企业创新提供参考和借鉴。

5. 14. 2　假设及评价指标设计与统计

1. 基本假设

创新实际上是经济系统中引入新的生产函数,使原来的成本曲线不断更新。Freeman(1973)认为创新是新产品、新过程、新系统和新服务的首次商业性转化。我国学者总结认为主要包括以下四个方面:一是经济环境的改善;二是提高技术水平或改革生产工艺;三是提高劳动者素质;四是提高管理和决策水平(孟祥云等,1999)。企业的目标都是追求利润的最大化,企业创新的动力也同样是利润的最大化。首先,企业的创新可能由于经济环境的改善。由于需求的不断发展,十九大总结我国目前的主要矛盾就是"人民日益增长的美好生活需要和不平衡不充分的发展之间的矛盾",所以假设 1:市场环境越好,企业创新的可能性越高。其次,企业的创新可能由于企业自身技术水平领先、技术储备丰厚。假设 2:企业技术水平高,企业创新的可能性越高。

Fazzari 等的"投资——现金流敏感性模型"发现,当企业因内源融资不足而需要进行外源融资时,由于资本市场的不完备,企业的外源融资成本又高于内源融资成本,导致融资约束;研发投入主要依靠企业自有资金,研发投入的强度和规模都会相对较小,融资约束与研发投入负相关。但是也有学者实证发现企业研发投资与内部现金流之间并不存在相关性。本文研究先假设企业创新动力还可能受到企业资金和规模的约束及政府的鼓励政策影响,所以假设 3:融资约束越高、获得优惠越少的企业,创新的可能性越低。

2. 模型构建

本文试图研究企业创新的动力来由,在问卷调查中,采用 likert 量表,选项采用增加、稍微增加、持平、稍微降低、降低(或者是高,较高,中等,勉强,差)5 个等级,分别赋值 5、4、3、2、1,以消除量纲和测量企业在非财务数据问题上多维度的复杂态度。采访对象为企业的负责人或财务高管,使用专家打分法来评判。

因变量设计为预计本企业的产品或者服务创新下半年是否有所上升。在采访中,由公司高层评判企业的组织、生产技术、销售与管理的各种可能创新。5 级量表中,4 和 5 代表有上升,在模型逻辑赋值为 1;其余被认为没有创新、没有上升,赋值为 0。市场环境从经济的微观环境出发,考察企业营业收入变化和企业产品价格是否上涨及程度两个层面分析;企业现有技术水平在同行中最高水平为 5 分,中等为 3 分。企业的融资约束分别使用企业的融资规模、融资成本和专税收优惠来反映。增加特征变量企业规模为分类变量,大、中、小、微分别为 1、2、3、4,其中不研究大型企业,只考虑中小微企业规模是否影响创新动力。

本文基于中小微企业的创新水平的提升,采用二元离散选择模型,自变量有序,构建 logistic 模型

$$\ln\left(\frac{p}{1-p}\right)=\alpha+\beta_1 x_1+\beta_2 x_2+\cdots+\beta_n x_n \quad (P\ \text{为}\ y=1\ \text{时的概率})$$

表 5-14-1　变量构成

类型	变量及构成
企业创新	1 提升
	0 不变或者下降
市场环境	X1 营业收入变化
	X2 产品(服务)平均销售价格变化
本企业现技术水平	X3 本企业现技术水平
融资约束	X4 融资规模
	X5 融资成本
	X6 税收
分类变量	X7 企业规模

3. 调研与统计

调研时间为 2017 年 7 月,调查范围为南京市全部 11 个市辖区,收集有效问卷 255 份,其中中型企业 27 家,小型企业 132 家,微型企业 96 家。

其中认为自己未来服务或产品创新将增加的企业有 122 家,占比 47.8%,说明南京地区中小微企业整体创新动力比较乐观。以景气指数法分析样本,景气指数按(良好比重－不佳比重)＊100＋100 计算,绿灯区间取 90 以上。调研结果表示,在市场环境方面,营业收入景气指数 135.68,表明大量企业 2017 年上半年营业收入增加。上半年产品或服务价格水平景气指数为 130.59,价格稳中有升。关于技术水平在行业中的地位,130 家企业认为自己处在中上游水平,仅有 15 家企业认为自己处在行业中下游水平,可见南京地区企业技术水平整体较高。融资景气指数则没有这么乐观,只有 74 家企业上半年融资规模有所增加,而仅有 31 家企业的融资成本有所下降。融资规模景气指数为 112.55;而融资成本景气指数则为 74.51,处于红灯区域。税收优惠的调研结果显示 186 家企业没有变化或者从未取得过,只有 44 家表示有增加,25 家表示下降,仅仅 27% 的企业有所变化。

5.14.3　模型实证

1. 回归参数估计

运用 SPSS22,计算结果如下。企业未来创新能否提升,本文考察的主要影响因素合计 R 方 0.294,说明影响因子的概率有一定影响,模型有意义。参数估计中营业收入、企业技术水平、融资规模在 95% 的置信区间,sig 值均小于 0.05,说明通过显著性检验;而专项收费没有通过,因素不显著。

表 5-14-2　模型汇总

步骤	−2 对数似然值	Cox & Snell R 方	Nagelkerke R 方
1	298.498[a]	.221	.294

a. 因为参数估计的更改范围小于.001,所以估计在迭代次数 6 处终止。

表 5-14-3　方程式中的变数

		B	S.E.	Wald	df	显著性	Exp(B)
步骤 1[a]	营业收入	.350	.145	5.807	1	.016	1.419
	产品服务价格	.228	.205	1.243	1.2	5	1.256
	本企业技术水平	.995	.203	23.990	1	.000	2.705
	融资规模	.392	.155	6.358	1	.012	1.479
	融资成本	−.219	.154	2.007	1	.157	.804
	税收优惠	.016	.207	.006	1	.938	1.016
	企业规模			3.094	2	.213	
	企业规模(1)	.605	.501	1.456	1	.228	1.832
	企业规模(2)	.521	.317	2.694	1	.101	1.683
	常数	−6.534	1.189	30.173	1	.000	.001

a. 步骤 1 上输入的变数:[%1;,1;

2. 回归结果分析

(1) 在考察经济的微观环境变化的两个指标中,营业收入通过了显著性检验,且呈正向变化。说明企业现阶段营业收入增加越多,未来企业的创新可能性越高。而产品服务价格水平没有通过显著性检验,说明 2017 年上半年当期的价格水平抬升至少对下半年创新是否能提升,没有直接刺激结果。

(2) 企业的现有技术水平是中小微企业创新可能性的显著因素。说明现有技术水平越高的企业,未来创新的可能性也越高,验证了创新具有惯性。

(3) 企业融资与政府优惠中,通过显著性检验的只有融资规模,即企业融资规模越大,未来的创新可能也越高。关于融资成本,系数证明融资成本越高的企业确实创新越低,但是并未通过显著性检验。结合市场条件说明,企业创新的可能性,源于市场提振下的营业收入的抬升,在融资规模不约束企业的情况下,融资成本不是企业创新可能性的约束条件。即营收增加下,企业有充足资金时,即使资金成本偏高,也不影响企业创新。

在资金条件下考察的税收优惠,没有通过显著性检测。原因可能仅仅 27％的企业有所变化；186 家企业没有变化或者从未取得过,只有 44 家表示有增加,25 家表示下降。此问题未区分没有获得税收优惠的选项,但是调研时多家企业表明不知道政府的税收优惠条件与品种,仅少数高科技企业和外贸型企业表明知道如何操作。

（4）企业规模,本意想研究不同规模的企业在创新可能性上是否有所区分。但是在中小微企业的创新,从规模考察无差异,因此分类变量企业规模都无法通过检测。虽然调研企业行业分布广泛,但以行业分布最多的制造业为例,营业收入 4 亿元以下为中小微企业,其中 2 000 万以上为中型、300 万以上为小型、余下为微型。可是由于创新的多样性使得他们从规模上并未产生区分,即微型企业创新并不比中型弱。

5.14.4　结论与启示

文章通过研究 255 家南京地区的中小微企业,运用二元 logsitic 模型分析企业未来创新是否能提升的影响因素。模型显著,说明企业市场环境、技术水平和融资确实影响企业的创新。参数估计说明企业原有技术水平是影响未来创新的最大因素,其次是营业收入和企业融资规模。

由此,企业需要注重创新的积累才能不断提升创新的可能性,可行的手段包括创新人才的人力资本积累和技术的累积和改进。刺激企业创新可能性,需要有较好企业的市场环境,市场选择是一场优胜劣汰,使得资源进一步集中。市场表现越优秀的企业,创新可能越高,而市场发展不好的企业固守原有状态可能使企业更容易被淘汰。而市场表现优秀的企业,可以通过融资规模的刺激来促进创新的提升。建立以企业为主体、市场为导向的技术创新体系,辅之以融资的配合,有助于提高企业核心竞争力并形成良性循环。

5.15　基于 SEM 的江苏省中小企业生态环境评价研究

刘艳博①

摘　要:本文采用结构方程模型的研究方法,在江苏省 2906 家中小企业调查问卷的基础上,构建了江苏省中小企业生态环境的二阶验证性因子模型,结果表明模型

---

①　刘艳博,南京大学金陵学院商学院财务管理系讲师,企业生态研究中心研究员。

的指标拟合较好。通过模型的各指标权重值,计算出江苏省各城市生态环境得分,提示了江苏省各城市各地区中小企业的生态环境差异。

关键词:结构方程模型 中小企业 生态环境

5.15.1 引言

自从 1998 年生态经济学的概念被提出,与其相关的研究领域得到了不断的扩展,包括全球经济生态、企业生态、金融生态、产业生态等等。企业作为经济生态系统中重要的构成主体之一,其活动既对经济生态系统产生影响同时也受到其所处的经济生态系统的影响。江苏省作为中国的经济大省之一,其企业数量也相对较多。而在江苏省的众多企业中,中小企业的数量占比一直较高,近几年一直在 97% 左右。中小企业为江苏省新增就业人数贡献了 80% 以上的工作岗位,对全省工业增长的贡献也超过了 80%。从这些数据不难看出,中小企业对江苏省的经济发展做出了巨大的贡献。与此同时,中小企业自身的发展也受到社会各方的密切关注。

本研究将利用南京大学金陵学院企业生态研究中心 2017 年暑期调研的相关数据对江苏省中小企业的生态环境状况进行评价和分析,以发现江苏省不同城市的中小企业所处的生态环境的差异,为政府、企业和其他的相关主体提供有价值的信息,帮助其做出更加有效的决策。

5.15.2 相关文献概述

针对企业环境的研究,以往的国内外学者既有从理论方面进行探讨的,也有从具体评价方面开展的。

在理论方面,国际上对于外部环境的研究着眼于组织战略与环境之间的相互作用,也由此形成了三大理论流派:第一种流派的相关学者持决定论的观点,强调环境决定战略,环境对战略选择具有主导作用,如种群生态学派、制度学派、权变理论等;第二种流派的理论则持战略选择论的观点,强调企业战略的主动性,认为企业可以通过制定战略来影响环境,进而改变环境以帮助企业处于更加主动的地位,如战略选择理论、企业行为理论和资源基础理论;第三种流派的理论则综合了以上二者的观点,认为企业战略和环境之间互相影响、协同演进,如组织学习理论和复杂理论等。国内对于企业外部环境的理论研究,也集中在战略与环境之间的关系上,并提出了经典的"环境—战略—绩效"的研究范式。

除了理论方面的研究,国内还有一些学者关注如何来评价企业环境的好坏。李林、王恒山把企业外部环境分为 6 个维度:政治、经济、社会、技术、产业和市场环境;席酉民也同样将企业外部环境分为 6 个维度:政治、经济、技术、社会文化、人口和自然环境。陈晓红将企业外部环境分为 6 个维度建立了评价指标体系,并分别采用了结构方程模型、模糊层次分析法和主成分分析法进行了评价,发现在这三种方法中,结构方程模型是进行实证数据处理的最佳方法。之后,陈晓红、王傅强,关健,侯赞等先后采用结构方程模型研究了中国中小企业的外部生存环境评价体系。

但是纵观以上研究,大多数学者将环境的研究集中在外部环境层面,而企业的环境包含外部环境和内部环境,企业发展同时受到内外环境的共同影响,因此在分析企业环境时,可以考虑将二者结合起来进行分析。

5.15.3 江苏省中小企业生态环境评价体系构建

本文的研究针对的是江苏省中小企业的行业和经济运行状况,重点分析各城市的众多中小企业生存和发展状态,因此本文将构建企业生态环境的评价模型。

与以往学者评价外部环境时所采用的模型不同,本文的中小企业生态环境评价体系包含四个维度:生产生态环境、市场生态环境、金融生态环境和政策生态环境。这四个维度下设 21 个三级指标,其中用于测量生产生态环境的指标有 6 个,测量市场生态环境的指标有 7 个,测量金融和政策生态环境的指标则分别有 4 个。

江苏省各城市中小企业生态环境的评价测量方法所采用的计算公式为:

$$Enviro = k_1 ME + k_2 PR + k_3 FE + k_4 PO$$

其中: $Enviro$、ME、PR、FE、PO 分别表示江苏省中小企业生态环境总体状况、生产生态环境、市场生态环境、金融生态环境和政策生态环境; k_1、k_2、k_3、k_4 则分别表示各维度的权重比。

各二级指标的测量所采用的计算公式为:

$$ME = \lambda_1 ME1 + \lambda_2 ME2 + \lambda_3 ME3 + \lambda_4 ME4 + \lambda_5 ME5 + \lambda_6 ME6$$

$$PE = \gamma_1 PE1 + \gamma_2 PE2 + \gamma_3 PE3 + \gamma_4 PE4 + \gamma_5 PE5 + \gamma_6 PE6 + \gamma_7 PE7$$

$$FE = \eta_1 FE1 + \eta_2 FE2 + \eta_3 FE3 + \eta_4 FE4$$

$$PO = \mu_1 PO1 + \mu_2 PO2 + \mu_3 PO3 + \mu_4 PO4$$

其中: λ、γ、η、μ 分别表示四个维度的各个测量项的权重。

本文将通过结构方程模型建模得到对各维度环境和总体生态环境的因子负荷值,并对其进行归一化处理计算出权重值,进而计算出各城市的中小企业生态环境得分。

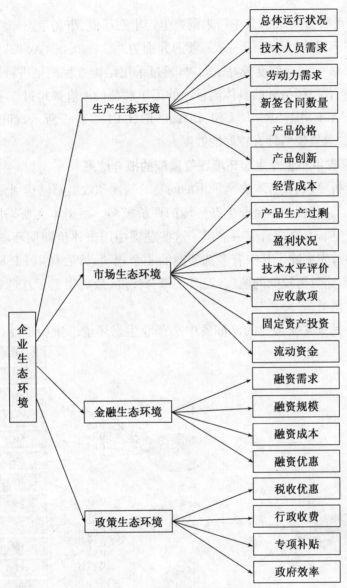

图 5-15-1　中小企业生态环境评价体系

5.15.4　实证分析

本文利用南京大学金陵学院企业生态研究中心 2017 年暑假期间的问卷调查数据,以江苏省 13 个城市的中小企业作为研究对象,对其所处的生态环境状况进行实证研究。该调研同时在江苏省的 13 个城市展开,问卷均由学生和教师亲赴各中小企业实地调研发放,一共回收问卷 2 902 份,剔除其中存在缺失和错填数据的问卷后,最终本研究采用的有效问卷为 2 296 份。

(一) 问卷信度和效度分析

本文利用 SPSS 对问卷的信度进行了可靠性分析,分析结果显示问卷总的

Cronbach's α 系数为 0.938,其中用来调查生产生态环境、市场生态环境、金融生态环境和政府生态环境的 Cronbach's α 系数则分别为 0.883, 0.884, 0.827 和 0.724。各系数均超过了 0.7,问卷信度较好。同时,通过采用结构方程模型进行二阶验证性因子分析发现,所有二级指标的具体测量项的因子载荷的 t 值都超过 2,且各项拟合优度指标 RMSEA、RMR、SRMR、CFI、IFI、NNFI、GFI 如表 1 所示,都已满足相关要求,说明本文的测量模型具有较好的效度。

(二) 江苏省中小企业生态环境评价模型的拟合结果

从以上分析可以看出,本文所采用的问卷的信度和效度都已达到要求,在此基础上,本文建立了江苏省中小企业生态环境的评价模型。由于本文所采用的问卷包含了 31 个原始题项,本文在研究中采用了这些题项中用来评价即期环境好坏的数据,在这些题项中首先剔除了其中有多选答案的 4 个题项,然后利用 LISREL8.70 对模型进行修正,删除负荷较低的题项,提高了拟合优度,最后得到了江苏省中小企业生态环境的评价模型。

图 5-15-2 是本文所构建的江苏省中小企业生态环境二阶验证性因子分析的模

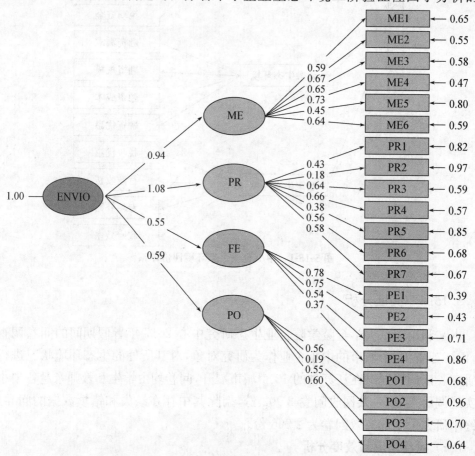

图 5-15-2 二阶验证性因子分析路径系数图

型图。该模型的拟合优度指标如表 5-15-1 所示。

一般情况下,RMSEA、RMR 和 SRMR 这几个指标值越小模型就越好,一般要求小于 0.08,由表 5-15-1 可看出,这三个指标都达到了要求。此外,CFI、IFI、NNFI 和 GFI 这四个指标值越大模型拟合得就越好,通常要求大于 0.9,本文的这四个指标全部满足要求。

表 5-15-1　江苏省中小企业生态环境二阶验证性因子分析拟合指标值

拟合优度指标	RMSEA	RMR	SRMR	CFI	IFI	NNFI	GFI
指标值	0.074 74	0.071 90	0.057 97	0.934	0.934	0.925 1	0.904 1

(三) 江苏省中小企业生态环境评价结果

根据模型的二阶验证因子分析结果可以得到,总体生态环境的四个维度:生产、市场、金融和政策生态环境的因子载荷分别为 0.94、1.08、0.55 和 0.59,根据因子载荷计算各维度的权重大小,计算公式为:

$$k_i = l_i/(l_1 + l_2 + l_3 + l_4)$$

其中 k_i 表示各维度的权重,l_i 表示各维度的因子载荷。

通过计算得到:

$$Enviro = 0.297ME + 0.342PR + 0.174FE + 0.187PO$$

之后采用同样的方法计算出四个维度各自多个测量指标的权重,再计算出各测量指标得分的均值,权重与均值相乘得出该测量指标的最终得分,运用加权平均的方法进而计算出该维度的得分。

根据以上方法,分别计算出江苏省各城市中小企业生态环境的最终得分如表 5-15-2 所示:

表 5-15-2　江苏省各城市中小企业生态环境得分

城市	总体生态环境		市场生态环境		金融生态环境		生产生态环境		政策生态环境	
	得分	排名	得分	排名	得分	排名	得分	排名	得分	排名
南京	3.461 7	1	3.629 6	1	3.335 4	1	3.518 4	1	3.208 8	3
泰州	3.385 2	2	3.506 0	2	3.191 4	5	3.474 5	2	3.210 7	1
苏州	3.377 5	3	3.472 5	3	3.222 5	4	3.465 7	3	3.209 6	2
无锡	3.343 9	4	3.429 9	4	3.241 1	3	3.437 1	4	3.132 5	5
扬州	3.309 6	5	3.388 3	5	3.125 8	8	3.398 2	5	3.193 4	4
宿迁	3.220 1	6	3.216 1	11	3.276 8	2	3.263 2	7	3.094 6	6
连云港	3.215 7	7	3.308 6	8	3.149 5	6	3.286 0	6	3.001 3	12
徐州	3.197 2	8	3.286 7	9	3.070 2	9	3.246 2	8	3.083 8	8
南通	3.195 3	9	3.320 1	6	3.063 3	10	3.213 7	10	3.086 2	7

(续表)

城市	总体生态环境		市场生态环境		金融生态环境		生产生态环境		政策生态环境	
	得分	排名	得分	排名	得分	排名	得分	排名	得分	排名
盐城	3.175 7	10	3.313 3	7	2.998 8	12	3.208 6	12	3.061 8	9
常州	3.162 8	11	3.247 6	10	3.061 8	11	3.198 0	13	3.057 6	10
淮安	3.159 0	12	3.195 5	12	3.133 1	7	3.223 8	9	3.006 8	11
镇江	3.114 2	13	3.187 8	13	2.977 6	13	3.213 5	11	2.943 1	13

从表5-15-2可以看出,在江苏省的各个城市中,南京市的总体生态环境、市场生态环境、金融生态环境和生产生态环境得分均为最高值;泰州市的政策生态环境得分最高。

表5-15-3　江苏省各地区中小企业生态环境得分

地区	总体生态环境		市场生态环境		金融生态环境		生产生态环境		政策生态环境	
	得分	排名	得分	排名	得分	排名	得分	排名	得分	排名
苏中	3.296 7	1	3.404 8	1	3.126 8	2	3.362 1	2	3.163 4	1
苏南	3.292 0	2	3.393 5	2	3.167 7	1	3.366 5	1	3.110 3	2
苏北	3.193 6	3	3.264 1	3	3.125 7	3	3.245 6	3	3.049 7	3

从表5-15-3可以看出,在江苏省的苏南、苏中和苏北三个地区里,苏中的总体生态环境得分最高,苏南地区第二,二者之间的差距较小,各维度生态环境的分值也十分接近;而苏北地区的总体生态环境得分较低,且与苏中和苏南有着明显差距。这一结论与南京大学金陵学院企业生态研究中心发布的生态景气指数比较接近,与江苏省各城市的发展现状也比较匹配。

5.15.5　结语

可用于评价企业环境的方法较多,如模糊层次分析法、因子分析法、主成分分析法等。与这些方法比较,本文采用的结构方程模型的方法不仅可以用来研究企业环境各因素之间的关系,而且也可以用来发现对潜变量间的相关关系甚至是因果关系,在一定程度上改善了原有方法的不足,更加容易得出科学的结论。本文采用结构方程模型方法进行研究,问卷的效度和信度都达到了要求,模型的各项拟合指标也基本上都满足了要求,拟合较好,是可以对江苏省中小企业的生态环境进行评价的。

从评价结果表5-15-2和表5-15-3可以看出,本文得到的江苏省各城市和各地区的生态环境评价得分基本上是符合江苏省的城市和中小企业发展实际的。即使苏南地区的常州和镇江得分较低,尤其是镇江得分最低,这一情况也与南京大学金陵学院企业生态研究中心发布的中小企业生态景气指数的结果是基本一致的。镇江从去年开始,其景气指数表现也是一直在下降的,而常州近几年的表现一直非常不稳定。除此之外,苏中地区进步显著,政府在政策方面对于中小企业的扶持较多,其政策环境与苏南、苏北有着明显的优势。而苏北在生态环境各方面的得分都明显落后,说明江苏省苏北地区的中小企业的生态环境现状急需改善。

中小企业对于经济整体发展的重要性与企业生态环境的复杂性使得本文的研究具有一定的价值;江苏省苏南、苏中和苏北地区各城市发展的不平衡与我国东部、中部和西部的差异化发展也比较相似,因此研究江苏省中小企业企业生态环境对于我国整体的中小企业生态环境研究有一定的借鉴意义。本文建立的江苏省中小企业生态环境的评价模型虽然得到了数据支持,大多数指标拟合较好,但是卡方自由度指标过高,达到了 13,这也说明本文的模型依然存在一定的缺陷。此外,本文所采用的数据包含了江苏省各行业所有数据,没有将行业特点考虑进去,企业生态环境也不仅仅只包含本文所研究的这几个方面,还包含了更加复杂的其他内容,这些都是在未来研究中需要进一步解决的问题。

5.16 江苏省中小企业景气水平综合评价指标体系研究

王 磊[①]

摘　要:本文基于江苏省 13 个地级市的 2021 家中小企业景气水平调研数据,从生产、市场、金融、政策生态环境四个维度出发,运用主成分分析方法将测度企业景气水平的 28 个相关指标提取出若干互不相关的综合指标,进而构建具有代表性和可行性的中小企业景气水平综合评价模型,探寻影响中小企业景气水平的关键因素。

关键词:江苏　中小企业　景气水平　主成分分析(PCA)

5.16.1 中小企业景气水平评价指标体系

南京大学金陵学院企业生态研究中心于 2017 年暑期对江苏省 13 个地级市中小企业景气水平展开实地调研,受访者为企业中高层管理人员。调查问卷内容采用现行的企业景气调查的指标设置,评价指标体系共分为三级,1 个一级指标为中小企业景气水平,4 个二级指标分别为生产、市场、金融、政策生态环境,28 个三级指标为具体的基础指标。其中,二级指标综合考虑企业生态环境系统,形成景气水平评价的多维度,三级指标是二级环境指标的细化展开,具有可操作性,是中小企业综合景气水平评价指标体系的具体实现。三级指标是由调查企业对指标问题的主观、直觉的判

---

① 王磊,南京大学金陵学院商学院国际经济与贸易系讲师,企业生态研究中心研究员。

断做出选择,问卷中指标变量 X_i 均为五级分类变量(增加＝5,稍增加＝4,持平＝3,稍减少＝2,减少＝1)。然而,这些主观评价指标数量较多,较为复杂,而且许多指标之间存在关联和相互作用,因此笔者根据降维的思想构建具有代表性和可行性的综合评价指标体系,提取主要指标并进行赋权,在此基础上综合分析中小企业景气水平的评价和运行机理。

表 5-16-1　中小企业景气水平评价指标体系

一级指标	二级指标	三级指标
企业景气水平综合评价	生产环境	营业收入(X_2)　经营成本(X_3)　生产(服务)能力过剩(X_4)　盈利(亏损)变化(X_5)　技术水平评价(X_6)　技术人员需求(X_7)　劳动力需求(X_8)　人工成本(X_9)　应收款(X_{15})　固定资产投资(X_{16})　产品(服务)创新(X_{17})　流动资金(X_{18})　企业综合生产经营状况(X_{28})
	市场环境	生产(服务)能力过剩(X_4)　技术水平评价(X_6)　技术人员需求(X_7)　劳动力需求(X_8)　人工成本(X_9)　新签销售合同(X_{10})　产品线上销售比例(X_{11})　产品(服务)销售价格(X_{12})　营销费用(X_{13})　主要原材料及能源购进价格(X_{14})　应收款(X_{15})　融资需求(X_{19})　融资成本(X_{21})
	金融环境	总体运行状况(X_1)　生产(服务)能力过剩(X_4)　应收款(X_{15})　固定资产投资(X_{16})　流动资金(X_{18})　实际融资规模(X_{20})　融资需求(X_{19})融资成本(X_{21})　融资优惠(X_{22})　专项补贴(X_{26})
	政策环境	人工成本(X_9)　实际融资规模(X_{20})　融资成本(X_{21})　融资优惠(X_{22})　税收负担(X_{23})　税收优惠(X_{24})　行政收费(X_{25})　专项补贴(X_{26})　政府效率或服务水平(X_{27})　企业综合生产经营状况(X_{28})

5.16.2　企业景气水平综合评价模型的构建

(一) 样本与数据来源

本文选取 2017 年覆盖江苏省 13 个地级市 2012 个中小企业有效样本作为研究对象,对具体调研问卷中的 28 个景气水平指标数据进行整理分析,并将经营成本(X_3)、生产服务能力过剩(X_4)、人工成本(X_9)等 7 个逆指标数据进行了反置处理。

(二) 研究方法

1. PCA 的可行性分析

主成分分析(PCA,Principal Component Analysis)是基于降维思想将相关的多变量利用数学变换转化为少数几个线性无关的综合变量的多元统计分析方法。本文运用 SPSS 统计软件,对江苏省中小企业景气水平评价中多个原始指标数据进行处理,提取若干主成分简化原指标体系,降低计算过程中的复杂度及指标之间的相关性。

首先对样本数据进行 KMO 检验与 Bartlett 球形检验,结果如表 5-16-2 所示,KMO 统计量值为 0.881,Bartlett 球形检验伴随概率 0.000,说明各变量之间相关性显著,适合构建 PCA 模型,可以据此展开下一步的统计分析。

表 5-16-2　KMO 统计量和 Bartlett 球形检验结果

取样足够度的 Kaiser-Meyer-Olkin 度量		.882
Bartlett 球形检验	近似卡方	15403.811
	自由度 Df.	378
	显著性概率 Sig.	.000

2. PCA 模型的构建

对经过标准化处理的原始变量 $X_j (j=1,2,\cdots 28)$ 提取主成分 $F_i (i=1,2,\cdots k)$,得到主成分的特征值 $\lambda_i (\lambda_1 \geqslant \lambda_2 \geqslant \cdots \geqslant \lambda_k)$ 和方差贡献率 φ_i,确定主成分个数 $k(k < 28)$。利用最大方差法对主成分载荷矩阵进行正交旋转,对提取的主成分进行描述,确定影响企业景气水平的主要指标。

根据旋转前的成分载荷矩阵 L_i 计算特征向量矩阵 T_i,即各个主成分的载荷值向量,计算方法是用各指标在该主成分的载荷值除以该主成分的特征值的开方,确定各主成分得分 F_i。

$$T_i = L_i / SQRT(\lambda_i)$$

$$F_i = \sum_{j=1}^{28} (T_{ij} X_j)$$

根据累计贡献率归一化原则,以各主成分的方差贡献率占累计方差贡献率的比值为权重,对各主成分进行加权求和,得到企业景气水平综合得分评价 F 的表达式:

$$A_i = \varphi_i / \sum_{i=1}^{k} \varphi_i$$

$$F = \sum_{i=1}^{k} A_i F_i$$

5.16.3　实证结果与分析

(一) 综合指标分析

本文采用 SPSS 软件基于江苏省中小企业 28 个标准化评价指标,计算指标间的相关系数矩阵并进行特征分解,得到各主成分特征值以及累计方差贡献率。为提高累积贡献率,设置特征值提取的阈值为 0.8,可以得到 12 个主成分,累计贡献率为 70.47%(表 5-16-3),即 12 个主成分反映了原来 28 个指标 70.47% 的信息,说明具有较显著的代表性。

表 5-16-3 主成分对应的特征值与方差贡献率

成分	特征值	方差贡献率	累计贡献率
F_1	6.414	22.906	22.906
F_2	2.511	8.969	31.875
F_3	1.848	6.601	38.476
F_4	1.330	4.750	43.226
F_5	1.134	4.051	47.278
F_6	1.052	3.756	51.034
F_7	1.035	3.698	54.732
F_8	0.950	3.391	58.123
F_9	0.924	3.300	61.422
F_{10}	0.893	3.188	64.610
F_{11}	0.834	2.979	67.589
F_{12}	0.807	2.882	70.471

为进一步验证提取主成分的信息代表性,笔者计算了变量共同度(Communality)这一反映变量对提取的所有公共因子的依赖程度的指标,发现该样本中大部分原有变量的共同度在70%以上,说明了提取的主成分能够反映原始变量的较大部分信息。

在采用主成分分析的基础之上,为了便于对提取的主成分进行更明确的描述和分析,使每个主成分在不同原始指标上的载荷有明显差别,因此本文结合因子分析法对公因子载荷矩阵采用正交旋转法进行旋转,这种旋转不会改变模型的拟合程度,而且经过旋转后的载荷矩阵中的载荷系数出现明显分化,结果见表 5-16-4。

表 5-16-4 旋转后的成分载荷矩阵(特征值>1)

指标	F_1	F_2	F_3	F_4	F_5	F_6	F_7
X_2	0.782						
X_5	0.769						
X_1	0.696						
X_{10}	0.658						
X_{28}	0.604						
X_9		0.805					
X_3		0.684					
X_{13}		0.676					

（续表）

指标	F_1	F_2	F_3	F_4	F_5	F_6	F_7
X_{17}			0.737				
X_{16}			0.640				
X_6			0.627				
X_7			0.560				
X_{20}				0.884			
X_{19}				0.843			
X_{22}				0.589			
X_{27}					0.798		
X_{26}					0.754		
X_{25}						0.892	
X_{23}						0.584	
X_{12}							0.651
X_{14}							0.633

　　第四主成分 F_4 在融资需求（X_{20}）、实际融资规模（X_{19}）、融资优惠（X_{22}）具有较大的载荷能力,说明融资水平高低将直接影响企业景气水平评价,因此可以将这一主成分统称为"融资能力指标"。第五主成分 F_5 在专项补贴（X_{26}）和政府效率或服务水平（X_{27}）上具有较大的载荷值,政府的直接和间接支持政策能降低企业交易成本,进一步影响企业景气水平,因此可以将这一主成分统称为"政府支持指标"。第六主成分 F_6 主要是受到行政收费（X_{25}）和税收负担（X_{23}）这两项指标的影响,因此可以将这一主成分命名为"税费指标"。第七主成分 F_7 在销售价格（X_{12}）和主要原材料及能源采购价格（X_{14}）具有较大的载荷能力,体现了原材料和产成品的市场价格对企业景气水平评价的影响,因此可以将这一主成分命名为"市场价格指标"。

表 5-16-5　提取主成分对应的综合指标解释

主成分（特征值大于 1）	F_1	F_2	F_3	F_4	F_5	F_6	F_7
综合指标解释	基本经济交易指标	经营成本指标	创新投入与产出指标	融资能力指标	政府支持指标	税费指标	市场价格指标

（二）综合评价模型分析

　　通过计算得出各个主成分在 28 个原始指标的载荷值向量 T_i,确定主成分的表达式:

$$F_1 = 0.236X_1 + 0.275X_2 - 0.198X_3 - 0.050X_4 + \cdots + 0.087X_{26} + 0.152X_{27} + 0.225X_{28}$$

$$F_2 = 0.004X_1 - 0.009X_2 + 0.204X_3 + 0.108X_4 + \cdots + 0.344X_{26} + 0.266X_{27} \cdots + 0.109X_{28}$$

$$\cdots$$

$$F_{12} = -0.265X_1 + 0.045X_2 + 0.170X_3 + 0.089X_4 + \cdots + 0.206X_{26} + 0.136X_{27} + 0.021X_{28}$$

以各主成分的方差贡献率占累计方差贡献率的比值为权重,对企业景气水平主成分进行加权求和,建立中小企业景气水平综合评价 PCA 模型,如下式所示。

$$F = 0.320F_1 + 0.131F_2 + 0.094F_3 + 0.067F_4 + 0.058F_5 + 0.053F_6 + 0.052F_7 + 0.049F_8 + 0.047F_9 + 0.044F_{10} + 0.042F_{11} + 0.042F_{12}$$

依据该模型,我们可以计算出江苏省 13 市中小企业景气水平综合得分,然后进行比较和排序,得到的表 5-16-6 中排名 Ⅰ 的结果与城市经济发展水平格局基本一致。笔者同时将南京大学企业生态研究中心发布的 2017 年江苏省 13 各城市的企业景气指数[①]进行排序,得到排名 Ⅱ,经对比发现两种排名基本一致、存在多个排名相同或者相近的结果。另外,计算城市综合得分与综合景气指数之间的皮尔逊相关系数为 0.864,表明两者显著正相关。以上两点均能验证本文构建的企业景气水平综合评价指标模型的有效性和可靠性。

表 5-16-6　区域和城市综合得分排名

城市	标准化得分	排名Ⅰ	排名Ⅱ
南京	1.196	1	1
泰州	1.094	2	2
苏州	0.976	3	3
无锡	0.913	4	5
扬州	0.883	5	4
连云港	0.124	6	6
宿迁	0.077	7	11
南通	0.049	8	9
盐城	−0.482	9	7
徐州	−0.674	10	12
常州	−1.138	11	10

---

① 按照中国经济景气监测中心关于景气指数的计算方法计算。

（续表）

城市	标准化得分	排名 I	排名 II
淮安	−1.155	12	8
镇江	−1.863	13	13

区域	平均得分	排名
苏中	0.675	1
苏南	0.017	2
苏北	−0.422	3

基于构建的 PCA 综合评价模型计算区域和城市的得分并进行评价和分析，总结如下：

1. 区域层面发展失衡

如表 5-16-4 所示，苏中、苏南、苏北地区综合得分分别为：0.675、0.017、−0.422，负值说明苏北地区得分低于平均水平，区域景气水平综合评价与江苏省地区经济发展水平格局基本一致。苏中地区中小企业景气水平综合评价得分最高，在一定程度上说明苏中企业的生态环境较好，苏南地区综合得分低于苏中，非常接近于均值，主要是由常州和镇江的企业景气水平评价得分过低所致。整体上，中小企业景气水平的区域差异特征较为明显，随着苏中崛起和苏北振兴，江苏省中小企业的区域发展差异将趋于收敛。

2. 城市层面存在聚类特征

整体上来看，各城市企业景气水平相似性和差异性并存。笔者采用系统聚类法对 13 个城市景气水平综合得分进行聚类分析，依次将景气综合评价指标相关性高的

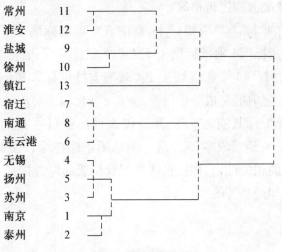

图 1　聚类树形图

城市聚类,设定聚类数目为 4。表 5-16-7 直观地反映了聚类结果:第一大类包括综合得分在 0.8 以上的南京、泰州、苏州、无锡、扬州,中小企业景气水平相对较高,且集中于苏南和苏中地区,具有良好的经济发展基础与生态环境;第二大类包括连云港、宿迁、南通,中小企业景气水平程度一般;第三大类是盐城、徐州、常州、淮安,得分均为负值,即中小企业对景气水平的评价低于江苏整体平均水平;第四大类只包括得分为－1.863 的镇江,因其景气指标和其他城市的相似度较低,无法与别的城市聚类。这一得分表明企业主认为所处的生存和发展的生态环境较差,计算结果显示,镇江在"基本经济交易指标"(F_1)、"成本指标"(F_2)、"技术创新指标"(F_3)的得分都非常低,在 13 个城市中的排名分别为 13、10、10,从而降低整体景气水平评价水平。

表 5-16-7　城市分类结果

Ⅰ	Ⅱ	Ⅲ	Ⅳ
南京、泰州、苏州、无锡、扬州	连云港、宿迁、南通	盐城、徐州、常州、淮安	镇江

(三) 单项指标权重分析

将 12 个主成分的表达式代入综合得分模型 F,得到 28 个原始指标在综合得分模型中的系数。由于所有指标的权重之和为 1,本文在原始指标系数的基础上进行归一化处理以确定权重。(篇幅限制不在此列出)结合具体指标权重的计算结果,可以发现:

1. 权重在整体均值以上的具体指标依次是:新签销售合同、产品(服务)创新、产品(服务)销售价格、产品线上销售比例、企业综合生产经营状况、盈亏变化、营业收入、固定资产投资、流动资金、技术水平评价、应收款、总体运行情况、政府效率与服务水平、主要原材料及能源购进价格等。

2. 权重较大的前 14 个单项指标中,其中有 5 项指标属于 F_1 "基本经济交易指标""基本经济交易指标",3 项指标属于 F_3 "基本经济交易指标""创新指标",2 项指标属于 F_7 "市场价格指标",1 个指标属于 F_5 "政府支持指标",其余指标产品线上销售比例、应收款也都在提取的主成分中($1>\lambda>0.8$)($1>\lambda>0.8$)。这一结果进一步说明前文提取的综合指标具有较为显著的代表性。值得一提的是,虽然营销费用(X_{13})、人工成本(X_9)、经营成本(X_3)这三个单项指标在综合模型中的赋权比较小,但是三者具有较强的相关性,它们通过线性组合构成的综合指标 F_2 "成本指标"对景气水平评价的影响却是显著的。

5.16.4　小结

本文通过构建江苏省中小企业景气水平综合评价指标体系,分析影响景气水平的主要指标,并对 13 个城市中小企业景气水平进行评价排名和分类。基于主成分分析法从 28 个评价指标中提取主成分,形成 7 个具有显著影响的综合指标,分别为基本经济交易、经营成本、创新投入与产出、融资能力、政府支持、税费、市场价格,另外根据 PCA 模型确定的单项指标权重也进一步验证了提取的主成分的显著性。基于综合评价模型,依据 13 个地市的主成分得分和综合得分进行区域评价和城市聚类分析,结果体现了企业所处生态环境的相似性和差异性,区域和城市的得分排名与我省区域经济发展水平格局基本一致,同时也与企业生态研究中心发布的景气指数保持一致,证明设立的评价指标体系稳健可靠。

5.17　江苏省常州市孟河汽摩配产业集群调研报告

孙素梅　朱春蕊[①]

5.17.1　调研背景

(一) 行业发展背景

汽车产业是世界上规模最大,也是最重要的制造业之一。近年来,随着全球经济一体化程度和产业分工的进一步发展,以中国、印度、巴西等国为代表的新兴经济体企业产业迅速发展,在全球汽车市场格局中的地位日益提升。

中国汽车整车行业在经历了十几年的快速发展之后,进入了稳定增长的阶段。图 5-17-1 是 2012—2016 年中国汽车和摩托车产量图。统计数据显示 2016 年我国汽

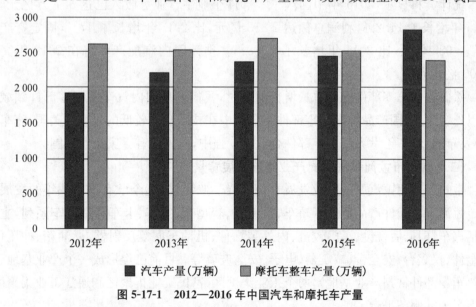

■ 汽车产量(万辆)　■ 摩托车整车产量(万辆)

图 5-17-1　2012—2016 年中国汽车和摩托车产量

① 孙素梅,南京大学商学院博士研究生、南京大学金陵学院商学院国际贸易系讲师,企业生态研究中心研究员;朱春蕊,南京大学金陵学院商学院办公室主任。

车产销总量较快增长,产销总量再创历史新高,全年汽车产销量分别为 2 811.9 万辆和 2 802.8 万辆,比 2015 年同期分别增长 14.76% 和 13.7%,高于 2015 年的 11.5% 和 9.0% 的增长速度,增速远远超过了欧美主要汽车生产国。

如下图 5-17-2 汽车产业的产业链所示,零部件产业是汽车产业的基础,随着国际分工的进一步发展,汽车零部件生产商模式也发生了变化,逐步走向了独立化、规模化的发展道路。

图 5-17-2 汽车产业的产业链

汽车行业的持续快速发展,带动了我国汽车零部件行业的发展。近十多年来我国汽车零部件行业进入了一个上升期,不论在规模、技术还是在管理方面都有了长足的进步,行业规模增长了十余倍,其增长速度高于汽车工业整体的增长速度。经过几十年的发展,目前我国汽车零部件产业已经形成六大产业集群,分别是:以长春为代表的"东北产业集群",以上海为代表的"长三角产业集群",以武汉为代表的"中部产业集群",以北京、天津为代表的"京津冀产业集群",以广东为代表的"珠三角产业集群",以重庆为代表的"西南产业集群"。目前,中国生产的汽车零部件部分产品质量和品牌商已经具备一定的竞争优势,在国际市场上得到了广泛的认可。

统计资料显示,2016 年中国汽车零部件企业主营业务收入已达 3.7 万亿元,比 2015 年增长了 14.2%,利润总额达 2 858 亿元,比 2015 年增长了 17%,固定资产投资额 8 685 亿元,比 2015 年增长了 5.88%。预计国内汽配产业将在 2019 年突破 5 000 亿元大关。

然而在汽车零部件行业总量增长的同时,我们发现国内汽车关键零部件领域仍然以外资为主,国产品牌汽车零部件主要集中在技术含量较低的领域。美国《汽车杂志》发布的 2017 年世界汽车零部件企业 100 强中,我国仅有 5 家企业入围。

(二)常州市孟河镇汽摩配产业集群发展背景

常州市孟河镇汽摩配产业发展于 20 世纪 80 年代,迄今已有三十几年的发展历史。孟河汽车配件产品覆盖了轿车、重型车、轻型车、客车、卡车和微型车系列,主要包括汽车灯具、后视镜、车门铰链、内外装饰件、机动车回复反射器、燃油箱、冲压件、钣金件、仪表台、安全带、减震器、电子、安全玻璃等。目前已经形成一个产业基地(中国汽车零部件常州产业基地),两个工业集聚区(富民工业集聚区和通江工业集聚区)和七个公共服务平台。

作为中国汽摩配名镇,孟河镇汽摩配产业集群先后荣获江苏省 100 家重点产业集群之一、江苏省 30 家重点培育创业示范基地之一、江苏省首批 19 家产业集聚示范区之一、江苏省产业集群品牌培育基地、江苏省优质产品生产示范区和常州市汽车摩托车零部件出口基地等荣誉称号。

5.17.2 研究方法

2017 年 7 月,南京大学金陵学院商学院实践团队奔赴常州孟河镇进行实地调研,调研采用景气指数调研方法,随机抽样,由企业高管填写问卷,汇总数据计算景气指数。本文通过对数据的收集和统计进行景气指数的计算,并根据景气指数分析孟河镇汽摩配产业集群的发展问题。

企业景气调查问卷设计方面主要参考的是国内外景气调查方法,在指标计算、行业分类及地址分类等方面均采用官方的规则。问卷题目以五值量表为主,每一个调查指标下设即期指标和预期指标,即期是上半年与去年下半年相比,预期是下半年与上半年相比。景气指数的计算公式为:

即期企业景气指数＝回答良好比重－回答不佳的比重＋100

预期企业景气指数＝回答良好比重－回答不佳的比重＋100

企业景气指数＝0.4×即期企业景气指数＋0.6×预期企业景气指数

南京大学金陵学院企业生态研究中心设计的景气指数分为生产景气、市场景气、金融景气、政策景气四个二级指数,每个二级指数对应不同的问卷评价指标。

5.17.3　常州市孟河镇汽摩配产业集群发展现状

(一) 整体规模

目前,孟河镇从事汽摩配件产业法人企业有 800 余家,个体工商户 2 000 余家,其中规模企业中汽摩配企业有 120 家,其中瑞悦车业、明宇交通、江苏永成销售收入将超 5 亿元。

(二) 国内市场

目前,孟河镇汽摩配生产企业在广东、北京、天津等 100 多个大中城市,设有销售网点 1 000 多个,从业人员 5 000 余人。产品覆盖了轿车、重型车、轻型车、客车、卡车和微型车系列等汽车配件,其中 SUV 系列产品市场占有率 80% 以上,并与通用、丰田、路虎等国际知名企业建立了长期合作关系。

(三) 国际市场

经过几十年的发展,孟河镇汽摩配产业集群里的企业"走出去"的越来越多,实现了在全球范围内利用和配置资源。目前孟河镇有自营进出口权的企业有 100 家左右。其中 50 家汽车配件企业进行了自营出口业务,有 200 余家企业生产的产品通过主机厂间接出口,其余通过外贸公司进行出口业务,部分公司在国外市场注册有公司或者商标等。出口市场主要集中在中东、非洲、南美、东南亚、俄罗斯、部分欧美国家等。

(四)科技与品牌

创新是经济增长的动力,是企业竞争力的持续来源,只有不断地创新,才能在产业中立于不败之地。集群内企业为进一步提升技术创新能力,有实力的企业通过建立研发中心,研发力度不断提高,不断推动核心技术的研发活动,或与江苏大学、武汉理工大学等高校开展产学研合作。目前,孟河镇汽摩配产业集群企业入选中国驰名商标1件,江苏省著名商标10件,省高新技术企业25家,常州市知名商标37件,市名牌产品23只,省、市工程技术研究中心6家,市级企业技术中心6家。

5.17.4 常州市孟河镇汽摩配产业集群景气指数分析

本次调研一共收回问卷141份,有效问卷138份,问卷有效率98%。如下表5-17-1所示,本次调研的企业中大型企业1家,中型企业12家,小型企业85家,微型企业43家,由此可以看出,孟河镇汽摩配产业集群内的企业以中小型企业为主,大型企业数量较少。被调研的企业中58家企业有出口行为,83家没有出口行为。

表 5-17-1　样本分布情况表

企业规模				有无出口	
大型	中型	小型	微型	有出口	无出口
1	12	85	43	58	83

如下表5-17-2和表5-17-3所示,2017年常州市孟河镇汽摩配产业集群景气指数总指数为112.2,处于绿灯区,四个二级景气指数分别为113.4,107.2,108.4,99.2,也全部在绿灯区,说明产业集群整体运行状况良好。从总指数到四个二级景气指数,孟河镇指数大小均大于常州市平均指数,显示出孟河镇汽摩配产业集群中小企业运行状况总体优于常州市中小企业平均水平。

表 5-17-2　2017年常州市孟河镇汽摩配产业集群景气指数与常州市景气指数对比

地区	总指数	生产景气	市场景气	金融景气	政策景气
孟河镇汽摩配产业集群	109.7	123.9	107.2	108.4	99.2
常州市	104.0	108.9	104.3	103.9	98.8

表 5-17-3　景气指数等级构成及说明

指数区间	颜色	预警状态
0~20	双红灯	加急报警
20~50	红灯区	报警
50~90	黄灯区	预警
90~150	绿灯区	运行状态平稳
150~200	蓝灯区	运行状态良好

（一）生产景气

生产景气指数对应的问卷评价指标主要有营业收入、经营成本、生产能力过剩、技术水平评价、技术人员需求、劳动力需求、人工成本、应收账款、固定资产投资、产品创新、流动资金等指标。

2017 年孟河镇汽摩配产业集群中小企业生产景气指数为 123.9，处于绿灯区，而且是四个二级景气指数中得分最高的一个指数。

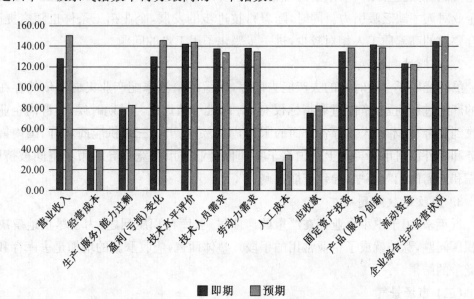

■ 即期　■ 预期

图 5-17-3　生产景气指数三级指标的即期指数和预期指数

表 5-17-4　生产景气指数三级指标构成及数值

指标	孟河镇汽摩配产业集群
营业收入	141.6
经营成本	40.9
生产（服务）能力过剩	81.2
盈利（亏损）变化	139.0
技术水平评价	143.1
技术人员需求	135.1
劳动力需求	136.1
人工成本	31.3
应收账款	79.2
固定资产投资	137.2
产品（服务）创新	139.8
流动资金	122.7
企业综合生产经营状况	147.5

由上表可以看出,经营成本、生产(服务)能力过剩、人工成本、应收账款账款指标上得分过低是拉低生产景气指数的主要原因。经调研分析认为这主要有以下几个方面的原因:

1. 用工难问题

孟河镇地处常州市的郊区,集群内企业普遍规模较小,工作时间长,劳动条件相对差,福利待遇差,用人政策上的短视效应、劳动和社会保障制度的不健全等导致中小企业对人才缺乏吸引力。同时,随着科技进步的发展,企业招工条件也随之提高。符合要求的高素质工人相对较少,进一步恶化了用工难的问题。

2. 产能过剩问题

虽然经历了一段时期的去产能去库存,但孟河镇汽摩配产业集群内依然存在严重的产能过剩问题,产能过剩指标仅有 81.2,处于黄灯区。早期时候,集群内企业由于收到资金、技术和人才等各方面的限制,主要定位于二三级供应商,面向国内售后服务和海外出口市场再加上跨国汽车零部件企业的市场竞争导致市场空间被挤压,内需和外需的相对萎缩,导致产能过剩。

3. 应收账款问题

近年来,由于中小企业存在严重的产能过剩、库存积压问题,为了尽快地解决库存积压问题,赊销就成了企业常用的手段。整体而言,应收账款的增加是去库存和市场竞争的结果。

(二) 市场景气

市场景气指数对应的主要有生产能力过剩、技术水平评价、劳动力需求、新签销售合同、产品线上销售比例、营销费用、应收账款、融资需求等问卷指标。

2017 年孟河镇汽摩配产业集群市场景气指数为 107.2,同样处于绿灯区。

表 5-17-5　市场景气指数三级景气指标构成及数值

指标	孟河镇汽摩配产业集群
生产(服务)能力过剩	81.2
技术水平评价	143.1
技术人员需求	135.1
劳动力需求	136.1
人工成本	31.3
新签销售合同	140.4
产品线上销售的比例	139.0
产品(服务)销售价格	106.1
营销费用	48.8

(续表)

指标	孟河镇汽摩配产业集群
主要原材料及能源购进价格	155.4
应收款	79.2
融资需求	122.1
融资成本	76.1

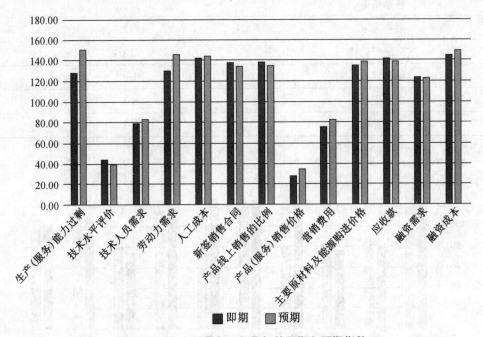

图 5-17-4　市场景气三级指标的即期和预期指数

市场景气的构成指标中,得分较低的是"生产(服务)能力过剩""人工成本""营销费用""应收账款""融资成本"等指标。这几个指标的指数值均在 90 分以下,即均处于黄灯区或以下。

(三) 金融景气

金融景气指数主要对应的问卷指标有总体运行状况、应收账款、流动资金、固定资产投资、融资需求、融资成本、实际融资规模、融资成本、融资优惠、专项补贴等。

2017 年孟河镇汽摩配产业集群金融景气指数为 108.4,其三级构成指标中"生产(服务)能力过剩""应收账款""融资成本""融资优惠""专项补贴"等指标得分相对较低,拉低了金融景气指数的整体得分。同时我们发现,实际融资规模指数低于融资需求指数,说明孟河镇汽摩配产业集群内企业同样存在融资难的问题。

表 5-17-6　金融景气指数的三级指标构成及数值

指标	孟河镇汽摩配产业集群
总体运行状况	141.3
生产(服务)能力过剩	81.2
应收款	79.2
固定资产投资	137.2
流动资金	122.7
融资需求	122.1
实际融资规模	113.3
融资成本	76.1
融资优惠	103.7
专项补贴	107.0

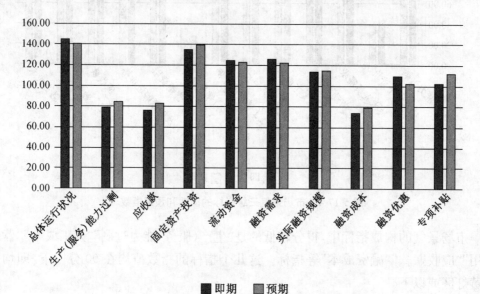

图 5-17-5　金融景气指数三级指标的即期和预期指数

　　融资成本高，一方面跟整个社会融资成本高相关。据清华大学研究显示[①]，当前中国社会融资(企业)平均融资成本为 7.6%，其中银行贷款平均融资成本为 6.6%，承兑汇票平均融资成本为 5.19%，企业发债平均融资成本为 6.68%，融资性信托平均融资成本为 9.25%，融资租赁平均融资成本为 10.7%。另一方面服务于中小企业融资的小贷公司、保理、互联网金融、民营银行等机构的数量和贷款规模都呈现持续

---

① 清华大学，社会融资环境报告

下降的趋势。

孟河镇汽摩配产业集群内的企业主要是以中小微企业为主,这类企业从银行获取贷款的能力较弱,只能转向成本更高的其他融资渠道。

(四) 政策景气

政策景气主要对应的问卷指标有实际融资规模、税收负担、税收优惠、行政费用、专项补贴、政府效率等。

2017 年常州孟河镇汽摩配产业集群政策景气指数为 99.2,处于绿灯区的下限区间,是四个二级景气指数中得分最低的一个。

从下表可以看出,"人工成本""融资成本""融资优惠""税收负担""行政收费""专项补贴""税收优惠"等指标上得分较低。

表 5-17-7　政策景气指数的三级指标构成及数值

指标	孟河镇汽摩配产业集群
人工成本	31.3
实际融资规模	113.3
融资成本	76.1
融资优惠	103.7
税收负担	72.7
税收优惠	107.9
行政收费	87.5
专项补贴	107.0
政府效率或服务水平	145.2
企业综合生产经营状况	147.5

虽然江苏省政府、常州市政府及孟河镇政府均有相应的专项资金用于孟河镇汽摩配产业集群的发展,但是专项资金由于存在相应的申请门槛,并不是普惠性的补贴,所以补贴带来的财政支出效果有限。

由于重复收税、各项费用支出的增加,中小企业普遍存在税负偏高的问题。虽然在推进供给侧结构性改革的过程中,2017 年常州市政府落实各类税费优惠 430.04 亿元,取消、停征和调整行政事业性收费和政府基金项目 50 项,全市全年减轻企业和社会负担近 5 亿元,另外 2016 年全部营改增的实施,对减轻企业负担起到了一定的作用。但是由于这几年经济处于下行时期,宏观经济不景气,企业面临产能过剩、人工成本上升、利润下降等诸多困难,承担税负的能力也随之下降。另外,减税措施实施过程中还受到体制机制等因素的影响而大打折扣。

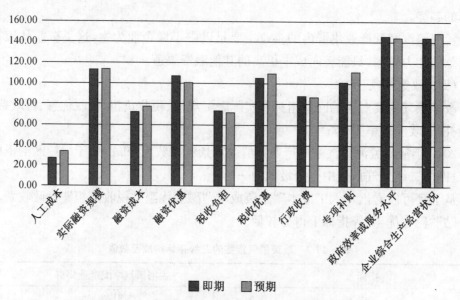

图 5-17-6　政策景气指数三级指标的即期和预期指数

5.17.5　促进孟河镇汽摩配产业集群发展的建议

(一) 加快国际化步伐

中国汽车零部件领域外商投资持股比例的放开,表明中国的汽车零部件领域更积极主动地对外开放,中国汽车零部件市场的竞争格局正在发生着重大的变革。国内汽车零部件生产企业应进一步加快走出去步伐,通过海外并购、绿地投资等方式实现多元化发展,而走出去业务的拓展可以反哺国内业务、反哺国内市场。

(二) 进一步落实企业减负政策

中共中央政治局会议专门对"降低宏观税负"做了安排,国务院常务会议更是多次部署落实"减税降费"的事宜。在前不久的座谈会上,李克强总理更是明确要求"今年要在降低收费等非税负担方面让企业有切身感受"。各级政府应进一步将企业减负落到实处,在减税、降费以及降低生产要素成本、物流成本等方面加大力度,降低制度性交易成本,切实降低中小企业税负。

(三) 发展绿色经济,积极开拓新能源汽车零部件市场

随着绿色经济概念的进一步普及,新能源行业发展迅速。新能源汽车的增长,新能源汽车零部件行业并将受益。另外,随着电动汽车发展路线、自动驾驶技术的进步,若企业还死守着传统的业务,必将被市场所淘汰。因此,孟河镇汽摩配产业集群可以此为契机,致力于新能源汽车领域、自动驾驶领域零部件的生产和研发,进一步拓展市场空间和利润空间。

(四) 提高自主创新水平

以现有的技术积累为基础,可以通过以下方式提高自主创新水平。1. 以企业兼并方式,绕过部分发达国家对中国技术引进的壁垒。2. 通过合作方式,用市场换技术。3. 建立研发中心。

在企业自主创新的过程中,政府应发挥牵线搭桥的作用,借助高校及科研院所的人才优势,推动科技孵化器的孵化作用的发挥。

(五) 优化汽摩配产业结构

大力扶持开发生产高新技术产品、机电一体化产品等,同时在集群内引进整车生产企业,以整车带动零部件生产的发展,提高零部件产业附加值。

(六) 加快汽摩配产业转型升级

从现有的比较优势出发,首先巩固其在全球价值链中的优势,同时利用长三角经济带的区位优势,通过质量、效率、成本、服务等的培育推动整个价值链曲线的提升,提升价值链,提高附加值。以产品为依托,培育壮大龙头企业,实现产品从低端到高端的转移。

综上,汽车零部件行业应加快结构调整步伐,推进从中低端产品为主的结构向以中高端产品为主的结构的转变,不断提高自主创新水平,提高产品技术含量,以满足更高层级消费者的需求;同时积极实施走出去战略,培育一批在国际市场上有强大竞争力的汽车零部件制造企业,促进汽车零部件行业的持续健康发展。

附件1 三级指数升降的经济含义

1. 与生产景气指数相关的三级指数升降的经济含义

指数名称	指数变动方向	指数变动的经济含义
营业收入	向上	给好评的中小企业居多,即营业收入增加了
	向下	给差评的中小企业居多,即营业收入减少了
经营成本(逆指标)	向上	给好评的中小企业居多,好评即乐观预期,表明企业的经营成本下降了
	向下	给差评的中小企业居多,差评即悲观预期,表明企业的经营成本上升了
产能过剩(逆指标)	向上	给好评的中小企业居多,好评即乐观预期,表明企业的库存减少或消解了
	向下	给差评的中小企业居多,差评即悲观预期,表明企业的库存增加或问题严重
盈亏变化	向上	给好评的中小企业居多,好评表明企业盈利水平增加了
	向下	给差评的中小企业居多,差评表明企业盈利水平下降了
技术水平	向上	给好评的中小企业居多,好评表明企业的技术水平提高了
	向下	给差评的中小企业居多,差评表明企业的技术水平下降了
技术人员需求	向上	给好评的中小企业居多,好评代表企业对技术人员的需求增加
	向下	给差评的中小企业居多,差评代表企业对技术人员的需求下降
劳动力需求	向上	给好评的中小企业居多,好评代表企业对劳动力需求增加
	向下	给差评的中小企业居多,差评代表企业对劳动力需求下降
人工成本(逆指标)	向上	给好评的中小企业居多,好评即乐观预期,代表企业的人工成本下降了
	向下	给差评的中小企业居多,差评即悲观预期,代表企业的人工成本增加了
投资计划	向上	给好评的中小企业居多,好评代表企业投资计划增加了
	向下	给差评的中小企业居多,差评代表企业投资计划减少了
产品与服务创新	向上	给好评的中小企业居多,好评代表企业产品与服务创新增加
	向下	给差评的中小企业居多,差评代表企业产品与服务创新减少
流动资金	向上	给好评的中小企业居多,好评代表企业流动资金较宽松了
	向下	给差评的中小企业居多,差评代表企业流动资金较匮乏或很匮乏

（续表）

指数名称	指数变动方向	指数变动的经济含义
应收款	向上	应收未收到的货款数量增加了,需要结合企业性质和相关指标变化确定经济含义
	向下	应收未收到的货款数量减少了,需要结合企业性质和相关指标变化确定经济含义

2. 与市场景气指数相关的三级指数升降的经济含义

指数名称	指数变动方向	指数变动的经济含义
生产能力过剩（逆指标）	向上	给好评的中小企业居多,好评即乐观预期,表明企业的库存减少或消解了
	向下	给差评的中小企业居多,差评即悲观预期,表明企业的库存增加或问题严重
技术水平	向上	给好评的中小企业居多,好评表明企业的技术水平提高了
	向下	给差评的中小企业居多,差评表明企业的技术水平下降了
技术人员需求	向上	给好评的中小企业居多,好评代表企业对技术人员的需求增加
	向下	给差评的中小企业居多,差评代表企业对技术人员的需求下降
劳动力需求	向上	给好评的中小企业居多,好评代表这些企业劳动力需求增加
	向下	给差评的中小企业居多,差评代表这些企业劳动力需求下降
人工成本（逆指标）	向上	给好评的中小企业居多,好评即乐观预期,代表这些企业的人工成本下降了
	向下	给差评的中小企业居多,差评即悲观预期,代表这些企业的人工成本增加了
新签销售合同	向上	给好评的中小企业居多,好评代表企业新签的销售合同增加了
	向下	给差评的中小企业居多,差评代表企业新签的销售合同减少了
主要原材料及能源购进价格（逆指标）	向上	给好评的中小企业居多,好评即乐观预期,代表这些企业的该价格下降了
	向下	给差评的中小企业居多,差评即悲观预期,代表这些企业的该价格上升了
应收款	向上	应收款数量增加了,需要结合企业性质和相关指标变化确定经济含义
	向下	应收款数量减少了,需要结合企业性质和相关指标变化确定经济含义
融资需求	向上	代表企业融资需求增加了,其经济含义是:或表明融资难问题加重,或表明规模扩张带动融资需求增加,或导致融资成本增加
	向下	代表企业融资需求减少了,其经济含义是:或表明融资难问题缓解,或表明规模收缩带动融资需求降低,或导致融资成本下降

（续表）

指数名称	指数变动方向	指数变动的经济含义
融资成本（逆指标）	向上	给好评的中小企业居多,好评即乐观预期,代表企业融资成本降低了
	向下	给差评的中小企业居多,差评即悲观预期,代表企业融资成本增加了
营销费用（逆指标）	向上	即乐观预期,代表企业营销费用减少,营销成本减少了
	向下	即悲观预期,代表企业营销费用增加,营销成本增加了
产品销售价格	向上	给好评的中小企业居多,代表该企业产品销售规模不变而其售价提高,收益增加
	向下	给差评的中小企业居多,代表该企业产品销售规模不变而其售价降低,收益减少

3. 与金融景气指数相关的三级指数升降的经济含义

指数名称	指数变动方向	指数变动的经济含义
总体经济运行状况	向上	给好评的中小企业居多,好评代表企业认为总体经济运行向上行
	向下	给差评的中小企业居多,差评代表企业认为总体经济运行向下行
生产能力过剩（逆指标）	向上	给好评的中小企业居多,好评即乐观预期,表明企业的库存减少或消解了
	向下	给差评的中小企业居多,差评即悲观预期,表明企业的库存增加或问题严重
应收款	向上	应收款数量增加了,需要结合企业性质和相关指标变化确定经济含义
	向下	应收款数量减少了,需要结合企业性质和相关指标变化确定经济含义
投资计划	向上	给好评的中小企业居多,好评代表企业投资计划增加了
	向下	给差评的中小企业居多,差评代表企业投资计划减少了
流动资金	向上	给好评的中小企业居多,好评代表企业流动资金较宽松了
	向下	给差评的中小企业居多,差评代表企业流动资金较匮乏或很匮乏
获得融资	向上	给好评的中小企业居多,代表企业资金可获性提高了
	向下	给差评的中小企业居多,代表企业资金可获性降低了
融资需求	向上	代表企业融资需求增加了,其经济含义是:或表明融资难问题加重,或表明规模扩张带动融资需求增加,或导致融资成本增加
	向下	代表企业融资需求减少了,其经济含义是:或表明融资难问题缓解,或表明规模收缩带动融资需求降低,或导致融资成本下降
融资成本（逆指标）	向上	给好评的中小企业居多,好评即乐观预期,代表企业融资成本降低了
	向下	给差评的中小企业居多,差评即悲观预期,代表企业融资成本增加了

（续表）

指数名称	指数变动方向	指数变动的经济含义
融资优惠	向上	给好评的中小企业居多，代表感受或享受到了融资优惠政策
	向下	给差评的中小企业居多，代表没有感受或没有享受到融资优惠政策
专项补贴	向上	给好评的中小企业居多，代表企业感受或享受到了这项政策优惠
	向下	给差评的中小企业居多，代表企业没有感受或享受到这项政策优惠

4. 与政策景气指数相关的三级指数升降的经济含义

指数名称	指数变动方向	指数变动的经济含义
综合生产经营状况	向上	给好评的中小企业居多，好评代表企业认为综合生产经营状况向好
	向下	给差评的中小企业居多，差评代表企业认为综合生产经营状况下滑
人工成本（逆指标）	向上	给好评的中小企业居多，好评即乐观预期，代表这些企业的人工成本下降了
	向下	给差评的中小企业居多，差评即悲观预期，代表这些企业的人工成本增加了
获得融资	向上	给好评的中小企业居多，代表企业资金可获性提高了
	向下	给差评的中小企业居多，代表企业资金可获性降低了
融资成本（逆指标）	向上	给好评的中小企业居多，好评即乐观预期，代表企业融资成本降低了
	向下	给差评的中小企业居多，差评即悲观预期，代表企业融资成本增加了
融资优惠	向上	给好评的中小企业居多，代表感受或享受到了融资优惠政策
	向下	给差评的中小企业居多，代表没有感受或没有享受到融资优惠政策
专项补贴	向上	给好评的中小企业居多，代表企业感受或享受到了这项政策优惠
	向下	给差评的中小企业居多，代表企业没有感受或享受到这项政策优惠
税收负担（逆指标）	向上	给好评的中小企业居多，好评即乐观预期，代表税收负担低或企业税收负担减轻了
	向下	给差评的中小企业居多，差评即悲观预期，代表税收负担高或企业税收负担增加了
税收优惠（逆指标）	向上	给好评的中小企业居多，好评即乐观预期，代表企业感受到或享受到税收的优惠
	向下	给差评的中小企业居多，差评即悲观预期，代表企业没有感受到或享受到税收的优惠

（续表）

指数名称	指数变动方向	指数变动的经济含义
行政收费（逆指标）	向上	给好评的中小企业居多,好评即乐观预期,代表收费低或对企业的行政收费减少了
	向下	给差评的中小企业居多,差评即悲观预期,代表收费高或对企业的行政收费增加了
政府效率	向上	给好评的中小企业居多,代表中小企业对政府效率和服务的好评
	向下	给差评的中小企业居多,代表中小企业对政府效率和服务的批评

后 记

2017 年度江苏中小企业生态环境评价报告是继 2014 年 11 月首次公开发行后的第四个年度报告。2017 年研究中心投入了更多的学生和老师利用暑期时间赴江苏 13 个地级市中小企业问卷调研,并进一步完善问卷内容和调研流程,健全评价体系,加强对学生的培训与辅导,注重研究团队的合作效率及整体科研质量,努力提升评价报告的水平。

2017 年江苏中小企业生态环境评价报告的写作人员分工如下:

陈敏,男,南京大学管理学博士,南京大学金陵学院企业生态研究中心副主任,南京大学金陵学院商学院副教授。负责景气指数的编制和评价报告的第一章和第二章部分内容的撰写。

孙素梅,女,南京大学商学院世界经济专业在读博士研究生,南京大学金陵学院商学院国际经济贸易系教师。主要负责评价报告第三章的撰写。

徐林萍,女,南京大学国际贸易专业在读博士生,南京大学金陵学院商学院副院长、副教授,南京大学金陵学院企业生态研究中心副主任。参与评价报告第一章部分内容的撰写,并负责报告的组织筹划及出版发行事宜。

傅欣,男,南京大学金陵学院商学院国际经济贸易系教师,参与评价报告第二章的指数计算及部分内容的撰写。

陈永霞,女,南京大学金陵学院企业生态研究中心办公室主任,参与评价报告第二章部分内容的撰写,以及评价报告的统稿工作。

苏文兵,男,南京大学商学院会计学系教授,管理学博士,南京大学金陵学院商学院会计学系副主任,参与评价报告第一章的企业生态环境评价模型部分内容的撰写。

于润,男,南京大学商学院金融与保险学系教授,经济学博士,南京大学金陵学院商学院院长,南京大学金陵学院企业生态研究中心主任,负责评价报告的修改、统稿和审定,以及前言和后记的撰写。

评价报告的第五部分是专题调研报告,共 17 篇调研报告或论文,是南京大学浦口校区(金陵学院商学院)部分教师和学生、南京大学仙林校区部分学生在 2017 年暑期赴江苏 13 市中小企业调研后的研究成果。

评价报告写作进程中组织过多次研讨和征求意见会,专家们对评价报告付出大量心血,提出了许多宝贵的修改建议。这些专家既是南京大学商学院的教授,又是兼任南京大学金陵学院商学院各系的系主任,同时兼任南京大学金陵学院企业生态研究中心的高级顾问,他们分别是南京大学金陵学院商学院国际经济贸易系的赵曙东主任和安礼伟副主任,市场营销系的吴作民主任,会计学系的陈丽花主任和苏文兵副主任,金融学系的杨波主任和方先明副主任。

还有南京大学经济学院副院长、银兴经济研究基金秘书长郑江淮教授,多次参与评价项目的研讨活动,担任学生调研报告大赛评委,对这个研究项目提出很多宝贵建议,并代表银兴经济研究基金对这一项目提供全方位支持。

南京大学前任校党委书记、著名经济学家洪银兴教授非常关心和支持研究中心的这一原创性项目,自 2014 年以来连续四次亲临江苏中小企业景气指数发布会,发表了热情洋溢的致辞,连续四年为评价报告作序,对项目的推进提出宝贵建议和殷切希望。更加坚定了研究中心努力完成好这一原创性成果的信心和方向。

南京大学国家双创示范基地积极支持和资助研究中心江苏中小企业景气指数及江苏中小企业生态环境评价的研究,并将 2015 年至 2017 年的年度江苏中小企业生态环境评价报告作为南京大学国家双创示范基地的重点项目研究成果,为参与本项研究的师生提供诸多帮助,为此我代表所有为本评价报告做出贡献的师生向南京大学国家双创示范基地的领导和老师表示深深的谢意!

2014 年以来江苏省经济与信息化委员会中小企业科技创新处对研究中心的中小企业景气问卷调研提供多种支持,在此表示衷心的感谢!

南京大学金陵学院企业生态研究中心　于　润
2018 年 10 月